工程法律实务丛书

律师代理建设工程施工合同纠纷案件操作指引

南京都市圈建工法律联盟　编著

中国建筑工业出版社

图书在版编目（CIP）数据

律师代理建设工程施工合同纠纷案件操作指引 / 南
京都市圈建工法律联盟编著 . -- 北京 ：中国建筑工业出
版社，2025. 6. （2025.11 重印）--（工程法律实务丛书）. -- ISBN 978-
7-112-31337-2

Ⅰ. D923.65

中国国家版本馆 CIP 数据核字第 2025PE4651 号

责任编辑：周娟华
责任校对：张惠雯

工程法律实务丛书
律师代理建设工程施工合同纠纷案件操作指引
南京都市圈建工法律联盟　编著
*
中国建筑工业出版社出版、发行（北京海淀三里河路9号）
各地新华书店、建筑书店经销
北京光大印艺文化发展有限公司制版
北京圣夫亚美印刷有限公司印刷
*
开本：787毫米×1092毫米　1/16　印张：22½　字数：473千字
2025年9月第一版　2025年11月第三次印刷
定价：**78.00**元
ISBN 978-7-112-31337-2
（44794）

本书编委会

主　　编：孙宁连

副 主 编：张　旗　　王世良　　徐燕君　　何柳枝

撰写成员：卞志亮　　方　兴　　傅明华　　何柳枝　　吕锋成　　李臣俊

　　　　　李亚男　　李志锋　　李直言　　李飞虎　　刘进军　　马　涛

　　　　　璩金来　　孙宁连　　孙洪学　　孙锡锋　　王世良　　王明辉

　　　　　王雷雷　　许兴凤　　杨海滔　　杨　青　　周腊梅　　徐燕君

　　　　　徐　飞　　赵　飞　　赵　军　　张　旗　　张海荣　　张国斌

　　　　　周成保　　周一铖

前 言

《律师代理建设工程施工合同纠纷案件操作指引》（以下简称《指引》）是由南京都市圈建工法律联盟的建工专业律师经调查研究而形成的宝贵成果，历经多轮打磨与修改，今日终于面世。

南京都市圈建工法律联盟由八家单位发起：分别是（1）南京市律师协会建设工程法律专业委员会；（2）镇江市律师协会建设工程与房地产业务委员会；（3）扬州市律师协会建筑工程与房地产法律业务委员会；（4）常州市律师协会建筑工程与房地产业务委员会；（5）淮安市律师协会建设工程业务委员会；（6）马鞍山市律师协会建设工程与房地产专业委员会；（7）芜湖市律师协会建设工程与房地产专业委员会；（8）宣城市律师协会建筑工程与房地产法律专业委员会。南京都市圈建工法律联盟旨在搭建南京都市圈建设工程法律理论和实务的研究平台，研发建工法律服务产品，提高联盟专业影响力，致力于为南京都市圈基础设施以及跨界新城、产业转移等工程建设提供专业的法律支持。

《指引》以律师办理建设工程施工合同纠纷案件整个过程所涉及的法律问题作为贯穿线索，精心梳理了各环节重点争议问题，并针对性地提出了相应的解决方法及建议，以期为律师办理建设工程施工合同纠纷案件提供清晰的操作思路及实务指引。

由于建筑市场形势变化，施工合同纠纷、分包合同纠纷、勘察设计合同纠纷、监理合同纠纷、装饰装修合同纠纷、建设工程价款优先受偿权纠纷等建设工程合同纠纷案件数量不断攀升，其中，施工合同纠纷案件数量最多，占比超过七成。因施工合同纠纷案件存在一定的复杂性、对专业性要求较高，律师从业人员在面对该类纠纷时，往往感到无从下手。本书从诉讼（仲裁）主体审查、施工合同效力、工期认定与索赔、工程质量与保修、工程价款结算与支付、司法鉴定、建设工程价款优先受偿权、诉讼与仲裁八个方面入手，对涉及的疑难法律问题进行深入剖析，为律师从业人员办理建设工程施工合同纠纷案件提供了全方位的实务操作指引。

诚然,《指引》在对实践中的争议问题进行观点总结和操作建议方面作出了努力,但不可避免地仍存在许多不足之处,尚有进一步研究和完善的广阔空间。衷心希望《指引》能够如同一位良师益友,为广大律师群体提供切实有效的帮助,同时也满怀期待地欢迎热心读者为《指引》提出更多宝贵的建议,共同推动建设工程法律实务的不断发展和完善。

法律法规全称简称对照表

序号	全称	简称
1	《中华人民共和国民法典》	《民法典》
2	《中华人民共和国民事诉讼法》	《民事诉讼法》
3	《中华人民共和国仲裁法》	《仲裁法》
4	《中华人民共和国建筑法》	《建筑法》
5	《最高人民法院关于适用〈中华人民共和国民事诉讼法〉的解释》	《民事诉讼法司法解释》
6	《最高人民法院关于贯彻执行〈中华人民共和国民法通则〉若干问题的意见（试行）》（法（办）发〔1988〕6号）	《民法通则试行意见》
7	《最高人民法院关于审理建设工程施工合同纠纷案件适用法律问题的解释（一）》（法释〔2020〕25号）	《建设工程施工合同解释（一）》
8	《最高人民法院关于审理建设工程施工合同纠纷案件适用法律问题的解释》（法释〔2004〕14号，已废止）	《建设工程施工合同解释》（已废止）
9	《最高人民法院关于审理建设工程施工合同纠纷案件适用法律问题的解释（二）》（法释〔2018〕20号，已废止）	《建设工程施工合同解释（二）》（已废止）
10	《中华人民共和国合同法》（注：已废止，由《民法典》合同编替代）	《合同法》（已废止）
11	《最高人民法院关于适用〈中华人民共和国民法典〉合同编通则若干问题的解释》（法释〔2023〕13号）	《民法典合同编通则司法解释》
12	《中华人民共和国招标投标法》	《招标投标法》
13	《中华人民共和国政府采购法》	《政府采购法》
14	《中华人民共和国政府采购法实施条例》（国务院令第658号）	《政府采购法实施条例》
15	《中华人民共和国招标投标法实施条例》（国务院令第613号）	《招标投标法实施条例》
16	《中华人民共和国土地管理法》	《土地管理法》
17	《中华人民共和国城乡规划法》	《城乡规划法》

序号	全称	简称
18	《第八次全国法院民事商事审判工作会议（民事部分）纪要》（法〔2016〕399号）	《八民会纪要》
19	《中华人民共和国标准化法》	《标准化法》
20	《中华人民共和国民法通则》（注：已废止，由《民法典》替代）	《民法通则》（已废止）
21	《全国法院民商事审判工作会议纪要》（法〔2019〕254号）	《九民会纪要》
22	《中华人民共和国审计法实施条例》（国务院令第571号）	《审计法实施条例》
23	《住房和城乡建设部、国家工商行政管理总局关于印发建设工程施工合同（示范文本）的通知》（建市〔2017〕214号）	《建设工程施工合同（示范文本）》
24	《最高人民法院关于审理买卖合同纠纷案件适用法律问题的解释》（法释〔2012〕8号）	《买卖合同司法解释》
25	《住房和城乡建设部、交通运输部、水利部、人力资源社会保障部关于印发〈造价工程师职业资格制度规定〉〈造价工程师职业资格考试办法〉的通知》（建人〔2018〕67号）	《造价工程师职业资格制度规定》
26	《最高人民法院关于民事诉讼证据的若干规定》（法释〔2019〕19号）	《证据规定》
27	《最高人民法院关于装修装饰工程款是否享有合同法第二百八十六条规定的优先受偿权的函复》（〔2004〕民一他字第14号）	《装饰装修工程优先权函复》
28	《最高人民法院关于商品房消费者权利保护问题的批复》（法释〔2023〕1号）	《商品房消费者权利保护批复》
29	《中华人民共和国企业破产法》	《企业破产法》
30	《最高人民法院关于人民法院执行工作若干问题的规定（试行）》	《执行工作规定》
31	《最高人民法院关于人民法院办理执行异议和复议案件若干问题的规定》	《执行异议和复议规定》
32	《最高人民法院关于适用〈中华人民共和国企业破产法〉若干问题的规定（二）》	《破产法规定二》
33	《中华人民共和国税收征收管理法》	《税收征收管理法》
34	《最高人民法院关于印发修改后的〈民事案件案由规定〉的通知》	《民事案件案由规定》
35	《中华人民共和国立法法》	《立法法》
36	《最高人民法院关于铁路运输法院案件管辖范围的若干规定》（法释〔2012〕10号）	《铁路运输法院管辖规定》

序号	全称	简称
37	《中华人民共和国海事诉讼特别程序法》	《海事诉讼特别程序法》
38	《最高人民法院关于审理仲裁司法审查案件若干问题的规定》（法释〔2017〕22号）	《仲裁司法审查规定》
39	《最高人民法院关于人民法院推行立案登记制改革的意见》（法发〔2015〕6号）	《立案登记制改革意见》
40	《最高人民法院关于审理民事级别管辖异议案件若干问题的规定》	《级别管辖异议规定》
41	《最高人民法院关于人民法院办理财产保全案件若干问题的规定》	《财产保全规定》
42	《最高人民法院关于人民法院民事执行中查封、扣押、冻结财产的规定》	《查封扣押冻结财产规定》
43	《中华人民共和国公证法》	《公证法》

目 录

第一章

诉讼（仲裁）主体审查

第一节　原告（申请人）

　　律师在代理建设工程施工合同案件的原告提起诉讼前，应当根据《民事诉讼法》第一百二十二条规定，审查原告与案件是否具有直接利害关系，是否有明确的被告，并应提供相应的主体资格证明材料，是否有具体的诉讼请求和事实、理由，上述事项也是法院立案审查的主要内容。此外，鉴于建设工程施工合同的各方主体、法律关系的复杂性，还需要结合原告自身的主体类型，审查诉请在法律上是否具有请求权基础，被告可能提出的抗辩（反诉）等。根据《仲裁法》第二十一条规定，提起仲裁申请必须有仲裁协议。申请人提出仲裁申请前应当审查其与被申请人之间是否有仲裁协议（仲裁条款），仲裁协议是否合法有效。有关仲裁协议的效力问题参见本书第八章相关内容。

　　在建设工程施工合同纠纷中，发包人、代建方、承包人、联合体、分包人及各种类型的实际施工人等均可以成为原告或申请人。

一、发包人作为原告（申请人）

　　发包人是指具有工程发包主体资格和支付工程价款能力的当事人以及取得该当事人资格的合法继承人。其一般包括房地产开发商、自建建筑物的建设单位，在施工合同纠纷中，也可能出现合同中的发包人主体与建设单位不一致的情况，代理律师需要考虑原告主体资格是否适格的问题。

（一）特殊情形下诉讼主体的确定

1. 联建合作建房中诉讼主体的确定

　　实践中出现的双方当事人之间订立"联建协议"或"合作建房协议"，"联建协议"或"合作建房协议"中的原告可能是协议中的一方，向协议相对方提出主张，也可能是联建、合作建房中的一方或各方，向施工方提出主张。

　　其中，在施工合同由"联建协议"中的一方与施工方订立，其他联建方未参与订立施工合同情况下，其他联建方为自身在联建工程中的利益起诉该订立施工合同的联建一方时，应审慎考虑是否有证据支持其实际参与联建合同履行，是否对案涉工程等资产享有实际权利。

　　在最高人民法院审理的崇某公司与信某公司等执行异议之诉案〔（2016）最高法民终763号〕中，案外人崇某公司基于其与被执行人佳某公司就涉案房屋关于建设、分配问题签署的协议主张其对涉案房屋享有所有权，最高人民法院着重针对案外人能否依据《物权法》第三十条基于合法建造取得涉案房屋所有权进行分析，认为基于合法建造的事实行为取得物权应当具备的前提条件是必须具备合法的建房手续，而本案建房手续均为被执行人办理，案外人并不是合法建造人，据此纠正了一审法院关于案外人依《物权法》第三十条的合法建造事实取得所有权的观点。

在上海市高级人民法院再审的宋某与裕某公司联建合同纠纷一案〔（2008）沪高民再终字第 2 号〕中，法院认为，裕某公司虽与恒某公司及宋某分别签订了两份内容相同的《联合开发某大厦合同》，但是合同签订后，裕某公司及恒某公司、宋某均未办理合作建房的有关手续，宋某个人亦不具有房地产开发经营的资质，因此原一、二审认定系争两份联建合同均为无效合同，并无不妥，法院予以维持。裕某公司依据上述合同收受 2326 万元钱款无法律依据，应作相应返还。宋某起诉主张该笔钱款的实际支付人系其个人，返还钱款应归其所有，但未提供钱款属其个人所有，并以其个人名义支付的充分证据；而恒某公司与裕某公司签订了真实的联建合同，宋某亦认可该合同签订于宋某与裕某公司间的联建合同前。此后，裕某公司收到由恒某公司以转账支票及贷记凭证形式支付的联建款 2326 万元。恒某公司的主要负责人又参加了裕华大厦的开工典礼，裕华大厦结构封顶可以交付使用时，也按照恒某公司的业务需要进行了装修。上述事实使裕某公司有理由认为恒某公司履行了与其之间的联建合同，是合同的相对方。据此认定恒某公司是涉案联建合同及履行该合同付款义务之主体，并判令驳回宋某的联建款返还主张。

该种情形下，律师应重点审查以下内容。

（1）联建合同的法律性质是什么？联建合同因权利义务约定内容和实际履行情况不同，根据《国有土地使用权合同纠纷司法解释》等相关规定，可能被认定为合作开发房地产合同或者土地使用权转让合同、房屋买卖合同、借款合同、房屋租赁合同等。联建一方提起诉讼，应当根据上述法律关系来确定请求权基础，并确定主张权利的相对方。

（2）联建合同一方与相对方是否订立施工合同或其他协议？在由联建合同中的一方作为发包人与施工方订立施工合同的情形下，由于联建合同其他方可能与施工方无直接合同关系，其提出相关主张时，应当核实是否实际参与合同履行，是否与相对方存在资金来往，是否对案涉工程享有权利等。为了查明案件事实，建议列联建合同其他方为无独立请求权第三人参与诉讼。

2. 委托代建关系中诉讼主体的确定

委托代建的法律关系下，委托方为施工合同标的物的实际权利义务承受人，而受托方作为施工合同中的建设单位与施工方订立施工合同，在施工方不履行施工合同义务或者履行不符合约定时，委托方能否直接起诉施工方？

实务中，有关委托代建法律关系的认定，主要有以下观点。

（1）委托代建合同属于房地产经营开发合同，不属于建设工程合同范畴。例如，《民事案件案由规定》将"委托代建合同纠纷"归类于"十、合同纠纷 90. 房地产开发经营合同纠纷"的次级案由与"合资、合作开发房地产合同纠纷"案由并列。

（2）委托代建合同本质属于承揽合同。《民法典》第七百七十条规定："承揽合同是承揽人按照定作人的要求完成工作，交付工作成果，定作人支付报酬的合同。"而委托代建合同即代建方按照委托方的要求完成建设工作，最终将建设成果交付给委托方的合同。

（3）委托代建合同本质属于委托合同。《民法典》第九百一十九条规定："委托合同是委托人和受托人约定，由受托人处理委托人事务的合同。"委托代建合同即委托人根据一定标准选择具有相应资质及专业技能的代建单位，并将代建工程项目的勘察、设计、施工等管理单位的选任及监督作业"发包"给代建单位承包经营的合同，其性质类似委托人与受托人签订的委托合同。但需注意的是，委托人与代建单位签订的名为代建、实为承包或联合开发或土地使用权转让等的"委托代建合同"，应结合其具体合同内容进行分析认定。

《民法典》第九百二十五条规定："受托人以自己的名义，在委托人的授权范围内与第三人订立的合同，第三人在订立合同时知道受托人与委托人之间的代理关系的，该合同直接约束委托人和第三人；但是，有确切证据证明该合同只约束受托人和第三人的除外。"在《杭州永某高速公路安全设施工程有限公司与杭州市城某基础设施开发总公司、杭州市西湖区道某综合整治指挥部建设工程施工合同纠纷一审民事判决书》[杭州市上城区人民法院（2014）杭上民初字第 90 号]所涉案件中，委托代建合同由业主（委托人）与代建人双方签订，施工合同由代建人（发包人）与承包人签订，但约定工程款直接由业主（委托人）向承包人支付。承包人起诉要求业主与代建人共同承担支付工程款义务。法院认为，代建人与原告订立建设工程施工合同未超出委托人的授权范围，且施工合同明确约定合同价款由业主直接支付给原告，故原告在订立合同时应知道二被告之间存在代理关系；在工程施工过程中，业主直接支付工程款给原告，其应知晓原告系诉争工程的施工人。因此，代建人与原告订立建设工程施工合同直接约束业主和原告，涉案工程价款的付款主体应为业主。据此，判令业主单独承担支付工程款义务。同理，在此情况下，委托方具有原告主体资格，可以收集相关证据起诉施工方。

在《联某建设工程有限公司，深圳华某投资开发（集团）有限公司与深圳市交某运输委员会龙某交通运输局建设工程施工合同纠纷二审民事判决书》[广东省高级人民法院（2014）粤高法民终字第 18 号]中，龙某交通局代表区政府作为案涉市政道路项目的建设单位，与华某公司签订《工程总承包合同》，约定项目建设资金来源为市政府拨款，并由区政府委托龙某交通局实行项目专项建设资金的调拨；项目全部工程款的支付，均需以市政府拨款及时到位为前提等内容。龙某交通局出具《授权委托书》授权华某公司就案涉工程的第一标段等多项工程与联某公司签订数份工程施工合同。承包人起诉要求业主与代建人对工程款支付承担连带责任。法院认为，《建筑法》规定，施工总承包合同的重要特征之一是建筑工程主体结构的施工必须由总承包单位自行完成，但投资公司仅对涉案项目进行管理，并不参与工程的施工，与典型的施工总承包合同明显不同。根据《深圳市政府投资公路建设项目代建管理办法（试行）》的规定，该市由政府投资的公路建设项目应当实行代建制。涉案工程由龙某区政府投资建设，属于上述办法规定的必须实行委托代建的范围，且《总承包协议书》的目的是龙某交通局委托华某公司对涉案工程项目进行管理，亦与上述法律规定的代建制吻合。因此，应将《总承包协议》的性质界定为委托代建合同。龙某交通局和华某公司签订的《总承包协议》虽为委托代建合同，但与《合同法》规定的委托合同有重大区别。国家推行代建制目的是使代建单位作为项目建设的法人，全权负责项目建设全过程的组织管理，控制项目投资规模、风险。涉案工程属于行政强制规定必须进行委托代建的工程，龙某交通局作为委托人不能决定是否进行委托施工，也不能依据合同法委托合同的规定随时解除合同，此类合同带有明显的行政管理色彩。根据《总承包协议》对代建单位职责的约定，表明其实际为该建设项目的项目法人，应独立对外承担法律责任。华某公司依据《合同法》关于委托合同的规定，认为其作为代建单位与联某公司签订的施工合同，应直接约束龙某交通局与联某公司，华某公司无需承担支付工程款的义务，与《总承包协议》约定的华某公司作为建设项目法人的义务不符，且有违国家出台非经营性政府投资项目中推行代建制的目的。而且，在实际招标过程中，龙某交通局作为招标人确定施工单位联某公司，然后授权华某公司与中标单位联某公司签订施工合同，三方签订《补充协议》亦明确华某公司代龙某交通局向承包人支付工程款的行为视为龙某交通局直接付款，联某公司直接向龙某交通局开具工程款发票。上述事实表明龙某交通局以发包人的身份参与了涉案工程的招标，并履行了投资公司作为项目法人应承担的部分责任。据此，判决业主与代建人应就涉案工程款的支付承担连带责任。

根据《民法典》第九百二十六条第一款规定，代建方以自己的名义与施工方订立合同时，施工方不知道代建方与委托人之间的代理关系的，代建方因施工方的原因对委托人不履行义务，代建方应当向委托人披露施工方，委托人因此可以行使代建方对施工方的权利。但是，施工方与代建方订立合同时如果知道该委托人就不会订立合同的除外。因此，委托方可收集施工方违约的证据，并要求代建方配合提供相关材料，直接向施工方提起诉讼。

该种情形下，律师应重点审查以下内容。

（1）各方是否具有真实委托代建的意思表示，合同条款约定及合同履行是否符合委托代建的法律特征？

（2）委托代建情况下，业主是否参与招标，是否有政府文件规定项目采用委托代建方式，合同中是否明确约定只约束代建方和承包人？

（3）业主是否作为发包人，是否参与合同订立，是否作为合同主体，工程款的支付流程中，承包人是否直接向业主开具发票？

（4）承包人是否明知委托代建的法律关系，合同是否直接约束代建人与承包人，无特别约定时，业主可直接向承包人行使权利。如承包人不知情，委托人应要求代建方披露承包人，是否有证据证明施工方与代建方在订立合同时如果知道该委托人就不会订立合同。

（二）发包人的诉讼请求（仲裁请求）

发包人诉讼请求的确定，应当结合案件具体情况和发包人的实际诉求等因素来确定诉讼方案，论证发包人的诉求是否具有请求权基础，是否在诉讼时效内，并应了解案件的背景，借助互联网工具查询相对方的资信情况、履行能力及涉诉状况等。

根据《民法典》及其相关法律法规、司法解释的规定，施工合同项下发包人可主张的诉请包括但不限于以下内容。

（1）承包人施工质量不合格的，发包人可主张修复、返工、改建及承担违约责任等，如承包人拒绝，发包人可主张减少支付工程款（《民法典》第八百零一条，《建设工程施工合同解释（一）》第七条、第十二条）。

（2）承包人将建设工程转包、违法分包的，发包人可主张解除合同，并主张承包人承担赔偿责任、违约责任等（《民法典》第八百零六条第一款）。

（3）承包人原因导致工期延误，发包人可主张工期延误的损失、违约责任等（《建设工程施工合同解释（一）》第十五条）。

（4）承包人原因导致财产损失、人身损害，如给发包人造成损失的，发包人可主张承包人承担赔偿责任（《建设工程施工合同解释（一）》第十八条）。

除上述诉请外，根据《建设工程施工合同解释（一）》第一条规定，承包人不具备资质、超越资质或借用资质的，发包人可主张施工合同无效，并要求有过错的承包人承担赔偿责任。实践中，发包人还可能因超付工程款要求承包人返还，该诉请的提出应当结合案件中进度款的支付情况、合同约定的计价方式及合同履行情况等作出综合判断，并考虑承包人可能提出的抗辩事由。

另外，发包人在确定诉请时，应当预先考虑被告可能提出的反诉事由；同样，在承包人起诉发包人的案件中，发包人作为被告提出反诉时，对反诉请求的审查及确定也与此类似。

发包人确定诉讼请求（仲裁请求）时，律师应重点审查以下内容。

（1）诉请是否具有事实和法律依据，请求权基础是否与事实相适应？

（2）权利行使有无超过诉讼时效或除斥期间？

（3）相对方可能提出的抗辩事由或反诉（反请求）并提前做好应对。

（4）如案件审理可能涉及司法鉴定，预先做好对鉴定资料的准备和审核。

（5）对财产诉讼保全和证据保全的考虑。

二、承包人作为原告（申请人）

（一）承包人的类型

承包人是指被发包人接受的具有工程施工承包主体资格的当事人以及取得该当事人资

格的合法继承人。根据《建筑法》《建筑业企业资质管理规定》等法律、规章规定，承包建筑工程的单位应当持有依法取得的建筑业企业资质证书，并在其资质等级许可的业务范围内承揽工程。建筑业企业资质分为施工总承包资质、专业承包资质和施工劳务资质三个序列。施工总承包资质、专业承包资质按照工程性质和技术特点分别划分为若干资质类别，各资质类别按照规定的条件划分为资质等级。施工劳务资质不分类别与等级。除上述具有建筑业企业资质的施工企业外，承包人也包括具有勘察、设计等相关资质的单位。实践中，也可能出现以下特殊情况。

1. 联合体中诉讼地位的确定

在联合体作为承包人与发包人发生纠纷时，联合体中的一方成员能否单独作为原告起诉发包人？是否必须追加联合体其他成员作为当事人？对此，存在以下不同观点。

一是认为联合体成员可单独或以牵头人名义单独诉讼。例如，在《四川国某咨建筑工程有限公司、重庆市宇某房地产开发有限公司再审审查与审判监督民事裁定书》[最高人民法院（2020）最高法民申 207 号]所涉案件中，据查明，国某公司与宇某公司、桃某公司三方签订的《联合体施工承包合同》第七部分约定，排列顺序在前的文件效力高于在后的文件效力，案涉《融资协议书》签订在《联合体施工承包合同》之前。《联合体施工承包合同》所附合同专用条款第 15 条约定的工程款支付方式和时间为：由发包人与联合体主办方办理，具体支付方式和时间按《融资协议书》约定回购方式执行。而《融资协议书》对于回购款的支付方式已有约定，且该合同当事人仅有宇某公司和桃某公司，国某公司并未参与。同时，国某公司与宇某公司签订的《联合体协议书》第 2.2 条约定，工程一切工作由宇某公司负责组织，双方按内部划分比例具体实施。《联合体协议书》第 2.4 条约定，国某公司负责现场组织管理，宇某公司负责筹集资金和与发包人办理工程款或回购款的支付事宜，并划入宇某公司指定账户。综合以上合同约定，宇某公司诉请桃某公司和桃某集团支付的是工程回购款及其他资金，依据系《融资协议书》而并非《联合体施工承包合同》。而《联合体施工承包合同》中，宇某公司和国某公司实为一方相对人。对于工程款的请求给付事宜，在三方签订的《联合体施工承包合同》与国某公司和宇某公司签订的《联合体协议书》中约定一致，由宇某公司负责办理，且支付条件、方式等又依照《融资协议书》的约定，应视为国某公司同意宇某公司单独向业主主张给付工程价款或回购款项，宇某公司单独提起本案诉讼，并未违反合同约定或法律规定，原审法院并未遗漏必要共同诉讼当事人。至于国某公司提出，该公司可能因未参加诉讼承担巨额损失，因该公司并未提交证据证明其是否参加诉讼对原审判决结果具有重大影响，该主张缺乏依据。国某公司可以依据其与宇某公司签订的《联合体协议书》，按照双方所约定的内部比例，向宇某公司主张分配案涉工程款，从而驳回国某公司的再审请求。

二是认为联合体成员应当共同诉讼。例如，在《上诉人深圳市朗某实验室建设有限公司与被上诉人沈阳市某检验所建设工程施工合同纠纷二审民事裁定书》[辽宁省沈阳市中级人民法院（2019）辽01民终8456号]所涉案件中，法院认为，《建筑法》第二十七条第一款规定："大型建筑工程或者结构复杂的建筑工程，可以由两个以上的承包单位联合共同承包。共同承包的各方对承包合同的履行承担连带责任。"该条款中已明确规定"共同承包的各方对承包合同的履行承担连带责任"，因此，在规范的联合体承包模式下，如因承包合同产生纠纷，联合体各方应当共同作为原告或被告。依照《最高人民法院关于适用〈中华人民共和国民事诉讼法〉的解释》第七十三条规定"必须共同进行诉讼的当事人没有参加诉讼的，人民法院应当依照民事诉讼法第一百三十二条的规定，通知其参加；当事人也可以向人民法院申请追加"，故本案应撤销原裁定，指令原审法院审理本案，追加中宇公司为本案的当事人。

对该类情形，律师应重点审查以下内容。

（1）联合体与发包人签订的施工合同、联合体参加招标投标的过程性文件包括联合体协议书等，对联合体内部以及与发包人之间权利义务的约定内容。

（2）除联合体协议书和施工合同外，其他协议的约定内容之间是否存在冲突，有无约定联合体成员一方有权收取工程款。

（3）是否属于必要的共同诉讼，有无遗漏诉讼参与人。

2. 分公司诉讼地位的确定

《民事诉讼法》第五十一条第一款规定："公民、法人和其他组织可以作为民事诉讼的当事人"。《民事诉讼法司法解释》第五十二条规定："《民事诉讼法》第四十八条规定的其他组织是指合法成立、具有一定的组织机构和财产，但又不具备法人资格的组织，包括：……（五）依法设立并领取营业执照的法人的分支机构"。据此，对实践中由建筑企业依法设立的不具备法人资格的分公司作为承包人与发包人签订施工合同并履行的情形，该分公司可以作为原告，对发包人享有独立的诉权。

3. 合伙承包中诉讼地位的确定

在民事合伙作为承包人，向发包人提起诉讼时，是以全体合伙人作为原告还是由某一合伙人单独作为原告，实践中存在不同观点：一是认为合伙人中有一人与发包人订立合同的，应根据合同相对性规则，只能以签订合同的一方为原告，其他合伙人作为有独立请求权的第三人可加入诉讼；二是认为合伙人之间的纠纷应当另行提起诉讼，不应在施工合同纠纷中解决。

在《周某、川某建设集团有限公司建设工程施工合同纠纷再审审查与审判监督民事裁定书》[最高人民法院（2020）最高法民申3234号]所涉案件中，法院有以下观点。其一，本案中，川某公司作为案涉项目的承包人，将项目整体转包给并无施工资质的陈某，由陈某履行川某公司与聚某公司之间签订的《建设工程施工合同》，可见，陈某属于实际施工人。陈某与周某等五人签订《股东合作协议书》，约定五人共同出资承建案涉项目，周某负责降低资本投入的策划和实施，该合作协议并未将陈某承包的案涉工程分包或转包给周某，周某与陈某等人之间属于合伙关系，而非分包转包关系，故周某不能独立成为建设工程领域所称的实际施工人。其二，根据《民法通则试行意见》第五十五条"合伙终止时，对合伙财产的处理，有书面协议的，按协议处理……"的规定，周某请求对合伙财产进行处理即请求分配工程盈余款应当依据五人合伙签订的《股东合作协议书》进行结算和清算。《股东合作协议书》第五条规定："盈余分配与债务承担：1. 盈余分配：除去经营成本、日常开支、工资、奖金、需缴纳的税费等的收入为净利润……。2. 债务承担：如在合伙经营承建过程中有债务产生，合伙债务先由合伙财产偿还，合伙财产不足清偿时，以合伙人出资为据，并按比例承担。"第八条规定："合伙的终止与清算：1. 合伙期限届满，即本项目竣工验收合格，结算完毕。……3. 合伙的清算：合伙终止后，应当按下列顺序进行债权债务清算，合伙财产及合伙收入在支付完全部工程成本、税费、合伙债务、返还完合伙的出资。清偿后的盈余按上述盈余分配约定分配。"由于五人合伙至今未清算，该五人合伙经营期间是否产生了经营成本，是否有债权债务等费用发生均处于不明状态，故周某应先行请求对五人合伙进行清算。其三，根据原审法院已认定的事实，陈某、田某、周某系聚某公司股东，实际控制聚某公司的经营管理。在个人合伙结清后，如有工程款盈余可供分配但因三分之二以上合伙人怠于行使权利时，周某可以在合伙清算后，依据在合伙中享有的权益份额行使债权人之代位权，请求聚某公司和川某公司向周某支付工程盈余款。故裁定驳回周某的再审申请。

在《孙某、重庆市五某实业（集团）有限公司建设工程施工合同纠纷二审民事裁定书》［最高人民法院（2020）最高法民终266号］所涉案件中，法院认为，依据案涉《合作协议》约定，孙某与廖某系合伙关系，孙某系案涉工程实际施工人，各方当事人对此均无异议。孙某就其独立完成及其与廖某共同完成的案涉工程对发包人五某公司享有工程款受偿请求权。当事人之间虽然以审计结果为结算依据形成会议纪要，但是案涉师院片区工程已交付使用，城南大道工程也已通车，且孙某在2016年2月已退出施工，案涉工程发包人五某公司至今仍未完成审计。孙某在一审中即申请对案涉工程造价进行司法鉴定，以查明案涉工程量及价款，及时清结当事人之间权利义务。原审判决以孙某不同意对其单独施工部分进行司法鉴定及对其与廖某共同完成的案涉工程不享有工程款受偿请求权为由，驳回孙某的诉讼请求，认定基本事实不清，适用法律不当。依据《民事诉讼法》第一百七十条第一款第三项规定，裁定撤销［贵州省高级人民法院（2017）黔民初111号］民事判决，发回贵州省高级人民法院重审。

该种情形下，律师应重点审查以下几方面。

（1）承包人之间有无书面合伙合同，能否证明合伙关系事实。

（2）有无证据证明合伙一方已经参与工程施工，投入资金、人力及设备等，即具备实际施工人的法律特征。

（3）合伙人之间是否明确约定分成比例，是否与发包人形成结算协议。

（4）是否需要加入施工合同诉讼，诉讼参与人有无遗漏。

（二）承包人的诉讼请求（仲裁请求）

根据《民法典》及相关司法解释、法律法规等规定，承包人可主张的诉请包括但不限于以下几方面。

（1）主张发包人按合同约定支付工程款（《民法典》第八百零七条）。

（2）主张发包人承担承包人垫付工程款的利息（《建设工程施工合同解释（一）》第二十五条）。

（3）主张发包人承担欠付工程款的利息（《建设工程施工合同解释（一）》第二十六条）。

（4）因发包人原因导致工期延误的违约责任或赔偿责任（《民法典》第八百零三条、第八百零四条）。

（5）因发包人根本违约，主张解除合同并要求承担违约责任或赔偿责任（《民法典》第五百六十六条、第五百八十四条）。

（6）因发包人提供的主要建筑材料、建筑构配件和设备不符合强制性标准或者不履行协助义务，可以主张解除合同，合同解除后，已经完成的建设工程质量合格的，发包人应当按照约定支付相应的工程价款（《民法典》第八百零六条第二款、第三款）。

（7）建设工程价款优先受偿权（《民法典》第八百零七条、《建设工程施工合同解释（一）》相关条款）。

（8）要求发包人承担工程质量缺陷过错责任（《建设工程施工合同解释（一）》第十三条）。

（9）要求发包人返还工程质量保证金（《建设工程施工合同解释（一）》第十七条）。

（10）双方约定发包人收到竣工结算文件逾期不答复视为认可竣工结算文件的，请求按竣工结算文件结算工程款（《建设工程施工合同解释（一）》第二十一条）。

（11）中标后，双方另行订立的建设工程施工合同背离中标合同的实质性内容，承包人主张以中标合同作为价款结算依据（《建设工程施工合同解释（一）》第二十三条）。

另外，工程挂靠、转包、违法分包情形下，承包人可能与实际施工人存在权利冲突，实际施工人直接领取工程款，而承包人可能会因实际施工人的行为对外承担法律责任，也即承包人对建设施工合同的履行具有法律利益。承包人可以主张实际施工人无权直接收取工程款，要求发包人将工程款支付给承包人。例如，在《淮安市天某房地产开发有限公司、淮安市鹏某建筑工程有限公司建设工程施工合同纠纷再审审查与审判监督民事裁定书》[最高人民法院（2019）最高法民申 6732 号]所涉案件中，天某公司一、二审中主张已付工程款既有向鹏某公司直接支付的款项，也有向实际施工人项某支付的款项，亦有根据项某委托向第三人支付的款项。天某公司申请再审提出的应当认定为本案已付工程款的 4657631 元均不是直接支付至鹏某公司名下。天某公司认为，根据《建设施工合同解释》第二十六条第二款"发包人只在欠付工程价款范围内对实际施工人承担责任"的规定，其有权向实际施工人支付案涉工程款。上述司法解释有关发包人在欠付工程价款范围内对实际施工人承担责任的规定是对合同相对性原则的突破，在适用时应当予以严格把控。从全文文义解释来看第二十六条，该条款直接适用于实际施工人以诉讼方式向发包人主张权利的情形。而对于实际施工人非以诉讼方式向发包人主张权利的情形，并不能直接适用。在挂靠施工情况下，虽然实际施工人直接组织施工，但对外仍然是以承包人的名义，承包人可能会因实际施工人的行为对外承担法律责任，也即承包人对建设施工合同的履行具有法律利益。如容许发包人随意突破合同相对性，直接向实际施工人付款，则可能会损害承包人的权益。故在缺乏正当理由情况下，发包人不能未经承包人同意，违反合同约定直接向实际施工人支付工程款。故在天某公司与鹏某公司在施工协议中明确约定了支付工程款的开户银行及账号情况下，二审判决认定开发公司应当按约定方式支付工程款并无不当。此外，除案涉项目外，项某还为天某公司施工附属工程，天某公司亦负有向项某支付附属工程款的义务。因此，二审判决认为天某公司未经鹏某公司同意直接向项某或其指定第三人的付款不属于对本案工程款的有效支付，并无不当。

承包人在确定诉请时，应当审查事项可参见本章前述相关内容，但在其对案涉工程存在向实际施工人进行转包、违法分包等情形下，承包人还需要对实际施工人以及有独立请求权的第三人参加诉讼的可能及风险加以考虑和预防。

三、实际施工人作为原告

实践中，实际施工人作为原告向承包人及发包人提起诉讼的情况较为普遍；而多数情况下，实际施工人不是发包人施工合同中的相对主体，受仲裁条款的约束，较少出现实际施工人向发包人申请仲裁的情形（有关实际施工人突破合同相对性时涉及仲裁条款的问题参见本指引第八章相关内容）。实际施工人作为原告，一种情况是依据所签转包、违法分包等合同向合同相对人主张权利；另一种情况是突破合同相对性，向与其不具有直接施工合同关系的发包人提出主张，还可要求以有独立请求权的第三人的身份参加承包人已对发包人提起的工程款诉讼。实际施工人的类型不同，其诉讼对象以及请求权基础也有所区别，应审慎审查其在施工合同中的主体地位，确定诉讼对象，判断能否突破合同相对性提出主张。

（一）实际施工人的类型

实际施工人是指无效合同情形下的实际完成工程建设的主体，主要存在以下几种情形：承包人非法转包、违法分包建设工程；没有资质的施工主体，借用他人名义签订建设工程施工合同，即挂靠、转包、违法分包情形下的实际施工人。其中，就挂靠施工的类型，又可根据发包人对挂靠事实是否知情再区分为发包人知情的挂靠和发包人不知情的挂靠两种。而在转包、违法分包情形下，还会存在层层转分包的情况；并且，还可能因施工范围、施工部位以及施工工种等因素，导致在一个工程项目中出现多个横向和纵向的实际施工人。因此，实际施工人应当尽可能固定、收集、保留其参与实际施工的证据材料，并尽可能与承包人、被挂靠人、前手转分包人甚至发包人，通过订立协议、工程纪要等形式来确认自己的施工人身份。

司法实践中，对劳务分包作业人能否作为实际施工人存在争议，有观点认为，对建设工程进行劳务作业的，只能认定为劳务分包人，不能认定为实际施工人。如深圳市中级人民法院《关于建设工程合同若干问题的指导意见》（2010 年修订）第 35 条明确规定："劳务分包人不属于实际施工人，劳务分包人以建设工程的发包人为被告主张劳务报酬的，不予支持"。但在实务中，多有以劳务分包为名而实际为挂靠、转包、违法分包性质的情形。对此，律师应审查劳务分包合同中各方权利义务、施工内容、计价结算等的约定和合同履行情况，注意劳务分包和名为劳务分包实为挂靠、转包、违法分包的区分，以正确行使权利。

在《四川博某建筑劳务有限公司与中国某水电工程局有限公司、中国水电建设集团某工程有限公司、贵广某有限公司劳务（雇佣）合同纠纷二审民事裁定书》[最高人民法院（2014）民一终字第 84 号]所涉案件中，法院有以下观点。首先，根据本案《施工总价承包合同协议书》《劳务协议》约定，案涉工程由贵广某公司整体发包给水电某公司进行施工建设；水电某公司作为承包人，将该工程中路基部分的劳务作业分包给博某公司。博某公司承包水电某公司所承建一部分工程的劳务作业，符合《建筑法》第二十四条关于建筑工程发包、承包范围及方式的规定。故《劳务协议》约定的分包关系合法。其次，根据案涉《劳务费、机械租赁费结算单》，博某公司与水电某公司自 2009 年 1 月 21 日至同年 12 月 20 日间的相关费用，已依据《劳务协议》《机械租赁协议》约定实际结算。对此，双方并无异议。案涉《工程量结算单》以工程量统计费用的方式及"此结算单为暂验工，最终结算以合同签订后的合同条款确定"备注内容，针对水电某公司与博某公司就部分作业内容的结算方式及依据问题。因双方已依据《劳务协议》结算了部分费用，故《工程量结算单》仅影响其余费用的结算方式及依据。且上述《工程量结算单》并未突破双方《劳务协议》关于博某公司作业范围的约定，亦不违反《建筑法》第二十四条关于建设工程分包方式的规定，故该结算单并未变更博某公司与水电某公司之间劳务分包的法律关系。最后，博某公司所主张的其参与案涉工程施工的细节，不是《建设工程施工合同解释（一）》所规定的构成实际施工人的充分条件。如前所述，《劳务协议》约定的劳务分包内容不属违法分包且获实际履行，本案不符合《建设工程施工合同解释》关于实际施工人规定的适用情形。

（二）实际施工人的诉讼请求

实际施工人作为原告提起诉讼的主要目的是为索要工程款，当然可以将与其签订合同的相对人作为被告主张欠付工程款，也可以根据《建设工程施工合同解释〔一〕》第四十三条、第四十四条规定，在一定条件下突破合同相对性起诉发包人而将转包、违法分包人作为第三人，或者在转包、违法分包人怠于行使到期债权或从权利时对发包人提起代位权诉讼。实践中，应根据实际施工人在施工合同关系中的地位、合同履行情况等提出具体诉请，并注意司法裁判观点的变化。

长期以来，司法实践中对实际施工人能否向发包人主张工程价款优先受偿权、多层转分包的实际施工人能否突破合同相对性，以及挂靠情形下的实际施工人如何主张工程款权利，一直存在争议，也直接影响实际施工人诉讼请求的确定。2022年1月，最高人民法院民事审判第一庭（以下简称"最高院民一庭"）发布2021年第21次、第22次专业法官会议纪要，对此类争议似有盖棺论定之意，尽管该法官会议纪要的性质并不能等同于最高院的司法解释和批复等普适性规定，在业内也有对此不同意见，但在实务中其对下级法院的指导作用却不容忽视。

（1）实际施工人不享有建设工程价款优先受偿权。

最高人民法院民一庭第21次专业法官会议纪要认为，建设工程价款优先受偿权是指在发包人经承包人催告支付工程款后合理期限内仍未支付工程款时，承包人享有的与发包人协议将该工程折价或者请求人民法院将该工程依法拍卖，并就该工程折价或者拍卖价款优先受偿的权利。依据《民法典》第八百零七条以及《建设工程施工合同解释（一）》第三十五条之规定，只有与发包人订立建设工程施工合同的承包人才享有建设工程价款优先受偿权。实际施工人不属于"与发包人订立建设工程施工合同的承包人"，不享有建设工程价款优先受偿权。具体内容详见本书第七章第一节。

在《彭某、云南同某建筑实业（集团）有限公司建设工程施工合同纠纷再审民事判决书》〔最高人民法院（2019）最高法民再89号〕所涉案件中，同某公司与创某公司签订《建设工程施工合同》，约定由同某公司就创某商贸城项目土建、装饰、道路、地下管网工程进行施工，合同价款按云南省（2003）版定额据实结算，暂定1.1亿元。合同签订后，彭某向同某公司支付了600万元工程保证金，并进行了实际施工。合同履行过程中，创某公司、同某公司因资金问题，中止履行该合同。此后，彭某退场，工程停工，双方未对工程造价进行结算。彭某提起诉讼，主张同某公司、创某公司连带支付工程款26685676.47元，并确认彭某对拖欠工程款享有优先受偿权。最高人民法院再审认为，依据《合同法》第二百六十八条的规定，建设工程价款优先受偿权系法定优先权，故对其权利的享有和行使必须具有明确的法律依据，即合法性。本案中，主要系彭某个人无建筑施工资质，导致与同某公司事实上的建设工程合同无效，案涉工程未竣工验收，也未交付使用，无法判断案涉工程质量是否合格，故彭某主张其对欠付工程款享有法定优先受偿权不符合上述法律规定。

（2）借用资质以及多层转包和违法分包关系中的实际施工人不能依据《建设工程施

工合同解释（一）》第四十三条规定向发包人主张权利。

最高人民法院民一庭第22次法官会议讨论认为，《建设工程施工合同解释（一）》第四十三条涉及三方当事人、两个法律关系。一是发包人与承包人之间的建设工程施工合同关系；二是承包人与实际施工人之间的转包或者违法分包关系。原则上，当事人应当依据各自的法律关系，请求各自的债务人承担责任。该条解释是为保护建筑工人的利益，突破合同相对性原则，允许实际施工人请求发包人在欠付工程款范围内承担责任，故对该条解释的适用应当从严把握。该条解释只规范转包和违法分包两种关系，未规定借用资质的实际施工人以及多层转包和违法分包关系中的实际施工人有权请求发包人在欠付工程款范围内承担责任。因此，可以依据《建设工程施工合同解释（一）》第四十三条规定，突破合同相对性原则，请求发包人在欠付工程款范围内承担责任的实际施工人，不包括借用资质及多层转包和违法分包关系中的实际施工人。

（3）借用资质的实际施工人与发包人形成事实上的建设工程施工合同关系且工程验收合格的，可以请求发包人参照合同约定折价补偿。

最高人民法院民一庭第22次法官会议讨论认为，没有资质的实际施工人借用有资质的建筑施工企业名义与发包人签订建设工程施工合同，在发包人知道或者应当知道其系借用资质的实际施工人的情况下，发包人与借用资质的实际施工人之间形成事实上的建设工程施工合同关系。该建设工程施工合同因违反法律的强制性规定而无效。在建设工程经验收合格的情况下，借用资质的实际施工人有权请求发包人参照合同关于工程价款的约定折价补偿。

在《南通四某集团有限公司、获嘉县岚世某房地产开发有限公司建设工程施工合同纠纷二审民事判决书》［最高人民法院（2020）最高法民终1269号］所涉案件中，法院认为，四某公司虽然与世某公司签订《建设工程施工合同》及《补充协议》，实际是将其施工资质出借给黄某用于案涉工程的施工，四某公司并无签订、履行合同的真实意思表示，黄某借用四某公司的资质承揽案涉工程，是案涉工程的实际施工人。因此，原审依据《建设工程施工合同解释》第二条"建设工程施工合同无效，但建设工程经竣工验收合格，承包人请求参照合同约定支付工程价款的，应予支持"的规定，准许黄某以自己的名义向世某公司主张相应施工价款并无不当。

从上述会议纪要意见和最高院裁判观点可知，在发包人知道或者应当知道系借用资质的实际施工人进行施工的情况下，借用资质的实际施工人与发包人之间形成事实上的建设工程施工合同关系。实际施工人是基于该事实上的施工合同关系向发包人主张工程款权利，与转包、违法分包关系中的实际施工人依据《建设工程施工合同解释（一）》第四十三条规定向发包人主张权利的路径不同，而并非其不能向发包人提出诉讼请求。但对多层转包和违法分包下的实际施工人而言，则不能突破合同相对性向与其没有合同关系的上一层转分包人以及发包人主张工程款。

而且，前述法官会议纪要意见并未区分发包人对实际施工人借用资质施工并不知情的情况，该类实际施工人如何主张工程款权利？实践中，有观点认为，该种情形下实际施工人不得向发包人主张权利。例如，在《黄某、北京建某集团有限责任公司建设工程施工合同纠纷二审民事判决书》[最高人民法院（2018）最高法民终611号]所涉案件中，法院认为，在挂靠关系下，挂靠人系以被挂靠人名义订立和履行合同，其与作为发包人的建设单位之间不存在合同关系。对实际完成施工的工程价款，其仅能依照挂靠关系向被挂靠人主张，而不能跨越被挂靠人直接向发包人主张工程价款。《建设工程施工合同解释》第二十六条的规定不适用于挂靠情形，是因挂靠关系中的实际施工人不能援引该司法解释直接向发包人主张工程款，而非免除被挂靠人的付款义务。从这个意义来看，建某公司上诉主张工程系黄某挂靠施工，故其不应承担付款责任，黄某应向酒店公司直接提出主张意见，没有法律依据。

而另一种观点则认为挂靠情形下如发包人不知挂靠事实，可参照转包、违法分包处理，即实际施工人可以突破相对性向发包人主张权利。例如，在《陈某某、阜阳创某医院建设工程施工合同纠纷二审民事裁定书》[最高人民法院（2019）最高法民终1350号]所涉案件中，最高人民法院认为，在处理无资质的企业或个人挂靠有资质的建筑企业承揽工程时，应进一步审查合同相对人是否善意、在签订协议时是否知道挂靠事实来作出相应认定。如果相对人不知晓挂靠事实，有理由相信承包人就是被挂靠人，则应优先保护善意相对人，双方所签订协议直接约束善意相对人和被挂靠人，此时挂靠人和被挂靠人之间可能形成违法转包关系，实际施工人可就案涉工程价款请求承包人和发包人承担相应的民事责任；如果相对人在签订协议时知道挂靠事实，即相对人与挂靠人、被挂靠人通谋作出虚假意思表示，则挂靠人和发包人之间可能直接形成事实上的合同权利义务关系，挂靠人可直接向发包人主张权利。

（4）对承包人已起诉发包人支付工程款的，实际施工人可以在一审辩论终结前申请作为第三人参加诉讼，不能另诉请求发包人在欠付工程款范围内承担责任。

最高人民法院民一庭第21次法官会议讨论认为，转包和违法分包涉及三方当事人、两个法律关系，承包人有权依据与发包人之间的建设工程施工合同关系请求发包人支付工程款，实际施工人有权依据转包或者违法分包的事实请求承包人承担民事责任。《建设工程施工合同解释（一）》第四十三条规定是为保护建筑工人利益所作的特别规定。实践中存在承包人与实际施工人分别起诉请求发包人承担民事责任的情况。为防止不同生效判决判令发包人就同一债务分别向承包人和实际施工人清偿的情形，需要对承包人和实际施工人的起诉做好协调。在承包人已经起诉发包人支付工程款的情况下，实际施工人可以在一审辩论终结前申请作为第三人参加诉讼，其另诉请求发包人在欠付工程款范围内承担责任的，不应受理。实际施工人作为第三人参加诉讼后，如果请求发包人在欠付工程款范围内承担责任，应当将承包人的诉讼请求和实际施工人的诉讼请求合并审理。

鉴于上述法官会议纪要意见对司法审判实务的影响，客观上加大了多层转分包关系下的实际施工人以及发包人不知情的挂靠人，主张和实现工程款权利的难度，律师在代理该类实际施工人案件时，应当全面核实其自介入工程起的所有与案涉工程相关的行为和材料，审时度势，准确判断和确定其在工程各方关系中的法律地位和实际施工人类型，尽可能简化、明确请求权基础。一方面，可依据《建设工程施工合同解释（一）》第四十三条突破合同相对性或者依据《民法典》第一百四十六条"虚伪通谋"等规定直接向发包人主张工程欠款；另一方面，可依据《建设工程施工合同解释（一）》第四十四条规定直接提起建设工程代位权诉讼，也可与债务人（即合同相对人）达成债权转让协议后，间接地以工程款债权受让人的身份，对上一层转分包债务人或者发包人主张代位权。

四、转分包情形下中间层次的承包人作为原告（申请人）

本条所述中间层次的承包人主要存在以下情形：发包人将工程项目发包给承包人，而承包人又将工程转包给其他承包人，或将部分工程项目分包给其他承包人，或者第三人借用承包人名义承包，再将工程项目进行转包、分包。实践中转包或分包形式下，中间层次的承包人可能与其上游承包人或者下游承包人订立承包协议、分包协议等；也可能不订立相关协议，以口头形式进行约定。中间层次的承包人可能与其上游承包人或下游承包人之间订立仲裁协议，有关该协议的效力及适用参见本书第八章。中间层次的承包人要成为原告，一种情形是依据其与上游或下游承包人订立的合同，向合同相对人主张权利；另一种情形是突破合同相对性，向与其不具有直接合同关系的主体提出主张。

有关层层转包、分包下实际施工人能否向与其没有合同关系的转包人、违法分包人主张工程款，实务中存在两种观点。

一种观点认为，层层转包、分包下实际施工人不能向与其没有合同关系的转包人、违法分包人主张工程款，只能向发包人主张权利。最高院民一庭于2021年5月10日发布的《关于实际施工的人能否向与其无合同关系的转包人、违法分包人主张工程款问题的电话答复》（〔2021〕最高法民他103号）中认为，《民法典》和《建筑法》均规定，承包人不得将其承包的全部建设工程转包给第三人或者将其承包的全部建设工程肢解以后以分包的名义分别转包给第三人，禁止承包人将工程分包给不具备资质条件的单位，禁止分包单位将其承包的工程再分包。因此，基于多次分包或转包而实际施工的人，向与其无合同关系的人主张因施工而产生折价补偿款没有法律依据。又如山东省高级人民法院《关于审理建设工程施工合同纠纷案件若干问题的解答》第八条规定，在多层转包或者违法分包情况下，实际施工人原则上仅可以要求与其有直接合同关系的转包人或者违法分包人对工程欠款承担付款责任。四川省高级人民法院、河北省高级人民法院、陕西省高级人民法院亦持该观点。

例如，在《杨某、陕西省城某建设综合开发公司等建设工程施工合同纠纷其他民事民事裁定书》［最高人民法院（2021）最高法民申 4495 号］所涉案件中，法院认为：凤县政府将涉案工程发包给城某公司，城某公司将工程交由路某公司施工，路某公司又将工程交由杨某（丰禾山隧道施工队）施工。杨某主张本案工程款。一、二审判令路某公司承担本案付款责任。杨某再审申请认为城某公司应当与路某公司承担连带责任。在工程施工过程中，城某公司虽然多次向杨某支付工程款，但该支付行为应视为城某公司代路某公司支付工程款。城某公司与杨某（丰禾山隧道施工队）无直接合同关系，双方并非本案合同相对人。杨某要求城某公司承担本案连带责任，无明确法律依据，原审对其该主张未予支持，并无不当。杨某另主张城某公司与路某公司为高度关联公司，但其未向法庭提交充分证据予以证明。故杨某再审申请认为原审判决适用法律错误，要求城某公司承担连带责任的意见，于法无据，本院不予支持。

另一种观点认为，实际施工人不仅能突破相对性向发包人主张权利，也可向与其没有合同关系的转包人及违法分包人主张工程价款。例如，在《崔某、洛阳路某建设集团第二工程有限公司建设工程施工合同纠纷再审审查与审判监督民事裁定书》［最高人民法院（2019）最高法民申 5724 号］所涉案件中，法院认为：高速某公司将涉案工程发包给隧某集团，隧某集团将涉案工程分包给路某集团，路某集团又将该工程交由其子公司路某集团二公司，路某集团二公司与崔某签订《工程联合合作协议书》，将案涉工程转包给崔某，并由崔某实际施工建设。依据上述内容，崔某有权请求发包人高速某公司在欠付工程款的范围内承担责任。如果高速某公司已经向隧某集团支付全部工程款，不存在欠付工程款的情况，则隧某集团应当在欠付工程款范围内向崔某承担责任，依次类推，确定案涉工程的发包人、分包人、转包人应向实际施工人崔某承担责任的范围。二审判决以不能突破合同相对性、崔某无证据证明本案其他被申请人之间存在违法转包的情形为由，认定路某集团、隧某集团、高速某公司不应向崔某承担责任，缺乏事实和法律依据。

（一）中间层次承包人的类型

实践中，中间层次承包人可能在一个工程项目中不止一人，因此主张权利的中间层次承包人应当尽可能保留并提供其参与实际施工的证据材料。另外，中间层次承包人也可以与总包人、转包人、分包人、被挂靠人订立协议等形式来确认其身份。中间层次承包人可根据其在挂靠、工程转分包中的地位、实际参与施工情况及工程款支付情况等确定自身主体地位并提出相关主张。

中间层次承包人可能存在于合法的分包合同关系中，也可能存在于法律禁止的挂靠、转包、非法分包关系之中，因此需要对中间层次承包人所处的法律关系进行判断。判断上述法律关系的必要性在于：一是不同的法律关系可能对合同效力产生影响；二是中间层次承包人行使权利主张需要对各类法律关系识别后再提出主张，不同法律关系下主张权利的方式有所区别。

识别上述法律关系的主要判断因素包括但不限于以下几方面。

（1）是否存在挂靠、转分包事实，例如招标投标之前或过程中中间层次承包人是否参与合同磋商谈判，除发包人与承包人订立的施工合同外中间层次承包人与发包人之间是否订立补充协议，除施工合同外承包人与中间层次承包人是否订立协议，承包人从发包人处领取工程款后资金流向等。

（2）反映挂靠、转分包事实的约定，例如是否有关于内部承包、管理费、工程垫资、工程款支付（背靠背条款）等。

（3）参与施工的各主体是否具备施工或相关资质。

（4）施工合同与挂靠、转分包合同对工程范围的约定，以及合同约定的工程计价方式和结算方式。

（5）发包人与承包人订立的施工合同中有无限制、禁止转分包的约定。

（6）分包合同是否经过发包人同意。

（7）发包人是否知道或应当知道挂靠、转分包的事实。

（8）合同履行过程中发包人是否对中间层次承包人参与施工或作为工程的转分包方知情但未提出异议。

（二）中间层次承包人的诉讼请求（仲裁请求）

中间层次承包人的起诉对象，可以向其上游或下游的承包人主张，中间层次的承包人可以向发包人、上游的承包人主张工程款，也可以向下游承包人主张其无权直接收取工程款。

中间层次的承包人根据其主体地位，可能以实际施工人的身份主张权利，也可能以转包人、分包人的主体身份主张权利。当中间层次承包人以实际施工人身份主张权利时，可参照本书前面内容提出诉请。当中间层次承包人以转包人、分包人身份主张权利时，应考虑其与发包人、总包人及其下游的承包人之间的法律关系是否有效，其权利主张是否有法律依据。

实践中，中间层次的承包人可能因上游承包人扣留其应收工程款发生争议，中间层次的承包人可以向上游承包人提出权利主张，但应注意"背靠背条款"的适用。另外，发包人还可能超越合同相对性向实际施工人等主体直接支付工程款，如该款项属于中间层次承包人应收工程款的，中间层次承包人也可以主张发包人超越合同相对性直接支付款项的行为无效，要求发包人支付工程款或要求实际施工人返还。

（三）"背靠背条款"

现实中，承包人为分散自身风险，避免因建设单位不支付工程款造成自身资金压力，通常会在与下游承包人或实际施工人订立的合同中约定诸如"总承包人在收到建设单位支付工程款后，才有向分包人付款的义务""按照业主支付进度在业主资金到账后按比例支付""甲方未收到建设单位工程款前，乙方不得以任何理由要求甲方支付分包工程款"等条款，也就是行业内俗称的"背靠背条款"。承包人在其对下游承包人或实际施工人请求支付工程款的诉讼中，往往引用"背靠背条款"进行抗辩。那么，"背靠背条款"的法律性质如何界定、其效力是否受分包合同（挂靠合同）的效力影响、承包人不当阻却"背靠背条款"成就的法律后果等争议在实践中较为普遍。

北京市高级人民法院《关于审理建设工程施工合同纠纷案件若干疑难问题的解答》第22条规定："分包合同中约定待总包人与发包人进行结算且发包人支付工程款后，总包人再向分包人支付工程款的，该约定有效。因总包人拖延结算或怠于行使其到期债权致使分包人不能及时取得工程款，分包人要求总包人支付欠付工程款的，应予支持。总包人对于其与发包人之间的结算情况以及发包人支付工程款的事实负有举证责任。"

江苏省高级人民法院《关于审理建设工程施工合同纠纷案件若干问题的解答》第5条规定："建设工程施工合同无效，建设工程经竣工验收合格的，当事人主张工程价款或确定合同无效的损失时请求将合同约定的工程价款、付款时间、工程款支付进度、下浮率、工程质量、工期等事项作为考量因素的，应予支持。"

安徽省高级人民法院《关于审理建设工程施工合同纠纷案件适用法律问题的指导意见（二）》第十一条规定："非法转包、违法分包建设工程，实际施工人与承包人约定以发包人与承包人的结算结果作为结算依据，承包人与发包人尚未结算，实际施工人向承包人主张工程价款的，分别对下列情形处理：（一）承包人与发包人未结算尚在合理期限内的，驳回实际施工人的诉讼请求。（二）承包人已经开始与发包人结算、申请仲裁或者诉至人民法院的，中止审理。（三）承包人怠于向发包人主张工程价款，实际施工人主张参照发包人与承包人签订的建设工程施工合同确定工程价款的，应予支持。"

获全国法院系统 2021 年度优秀案例的［上海市第二中级人民法院（2020）沪 02 民终 4054 号］判决认为，"背靠背条款"系附条件约定，其实质是附条件的民事法律行为。根据权利义务对等原则和诚实信用原则，作为总包方负有积极向发包人主张工程款的义务，以确保其与分包方的"背靠背条款"得以履行。总包方因与分包方就部分结算事项存在争议，即怠于向发包人请款，特别是在分包方提起诉讼后对此仍持消极态度，其行为有失妥当，也系对合同附随义务之违反，故不再适用"背靠背条款"约定，对分包方要求总包方支付工程款的主张予以支持。

关于"背靠背条款"的法律性质，主要有附期限说和附条件说两种观点，区别在于附期限说基于确定事实，附条件说则反之。附期限说的主要理由在于工程质量合格的前提下，业主支付工程款应为确定的事实，仅是付款期限长短的问题；而附条件说的观点则认为，"背靠背条款"以获得业主付款作为支付条件，本身包括了承包人无法获得业主付款就无需支付的含义。"背靠背条款"中的付款条件成就包括以下两种：自然成就指构成条件内容的事实按照当事人的约定在履行中实现；视为成就即《民法典》第一百五十九条"附条件的民事法律行为，当事人为自己的利益不正当地阻止条件成就的，视为条件已成就；不正当地促成条件成就的，视为条件不成就"的规定。在实务中，"背靠背条款"主要是指司法裁决通过规制该条款对分包方的影响，从而实现条款中付款条件的非正常成就，具体包括以下几方面。

（1）该条款中的付款条件本身已经成就，例如，发包人已依约付款，承包人却未按约定做相应支付。

（2）承包人为自己的利益故意阻止条件成就，例如，承包人为自己承建发包人其他项目上的利益而接受发包人延缓付款或变更承包合同付款条件、退还结算资料以及恶意串通等。

（3）承包人以消极的方式致使条件不成就，即长期怠于向发包人主张权利，例如，在结算条件具备时，未提交结算资料；在发包人违约不付款时，不予催告；在发包人长时间不结算、不审计的情况下，没有及时提起诉讼主张权利等。

（4）承包人因与分包方无关的其他原因与发包人发生纠纷，如承包人因自身违约或者为与分包方无关的事项发生结算或履行争议，导致发包人有权拒付工程款等。

（5）若客观上已经发生该条款条件不可能成就的事件，则应否定"背靠背条款"对分包方的继续约束效力，如发包人已经确定不拖欠承包人款项、发包人已经破产清算、承包合同已经解除或者终止等。

第二节　被告（被申请人）

根据《民事诉讼法》第一百二十二条、第一百二十四条规定，原告起诉应当有明确的被告，起诉状应记明被告的姓名、性别、工作单位、住所等信息，法人或者其他组织的名称、住所等信息。因此，律师代理被告时应做到以下几方面，首先，应当审查起诉状载明被告的名称、住址、法定代表人或负责人等信息是否准确无误。其次，应当审查被告是否具备《民事诉讼法》及《民事诉讼法司法解释》规定情形的诉讼主体资格。第三，所列被告与原告之间的法律关系。一般情形下，合同纠纷只能确定合同相对方作为案件被告，但在施工合同纠纷案件中，实际施工人可以依据《建设工程施工合同解释（一）》第四十三条规定，突破合同相对性将发包人作为被告，也可依据该解释第四十四条向发包人提起代位权诉讼，以及通过受让工程款债权的方式向债权转让方的合同相对方主张权利。根据《仲裁法》第二十一条规定，提起仲裁申请必须有仲裁协议。申请人必须与被申请人存在有效仲裁协议才能向其提出仲裁申请。

一、发包人作为被告（被申请人）

（一）发包人作为被告的情形

建设工程施工合同纠纷中，除与发包人有合同关系的承包人外，转包、违法分包关系中的实际施工人可以依据《建设工程施工合同解释（一）》第四十三条、第四十四条规定，借用资质的实际施工人也可以依据事实上的施工合同关系，将发包人列为施工合同案件的被告。

建设单位包括房地产开发公司的职能部门或分支机构作为发包人签署施工合同的，列建设单位为被告。

建设工程的临时性机构（比如筹建处、工程指挥部等）作为发包人签署施工合同的，列该工程的归口单位或者组织为被告；如果归口单位不明确的，列设立临时性机构的单位或者工程主管部门为被告。但临时机构已经合法批准成立并已经具有法人资格的，应列为被告。例如，在《鄂尔多斯市人民政府、远某装饰工程股份有限公司建设工程施工合同纠纷二审民事判决书》[最高人民法院（2017）最高法民终871号]所涉案件中，法院认为，住房领导小组虽然是没有独立法人资格的临时性组织，本身并不能对外独立签订协议并承担责任，但其由市政府办公厅下发公文通知所设立，且由市委常委、常务副市长担任组长，由市建设委员会主任担任办公室主任。这些事实足以让远某公司相信其是代表鄂尔多斯市政府签订案涉《合作协议》。故市政府应受《合作协议》约束，承担相应责任。

房地产项目存在合作开发情形的，一般以招标人、施工合同签字盖章的发包人为被告，也可以将未签订合同的其他联合开发人列为共同被告。

施工合同的发包人与建筑物所有权人不一致时（比如委托代建），有关委托代建中诉讼主体的确定，具体参见本书第一节第一条。村委会或者有独立财产的村民小组作为发包人，应列为被告。

个人合伙发包，列合伙发包人为被告。例如，在《张某、杨某建设工程施工合同纠纷再审民事判决书》[湖南省高级人民法院（2019）湘民再202号]所涉案件中，法院认定合伙经营活动，依法应由全体合伙人承担民事责任。

（二）发包人答辩的主要事项

（1）发包人是否为适格主体，即原告能否突破合同相对性起诉发包人、发包人是否应向原告支付工程款，发包人与原告之间是否存在合法的发、承包关系。

（2）原告方诉讼时效问题：根据《建设工程施工合同解释（一）》第二十七条规定，施工合同对于工程款支付期限未进行约定或约定不明时，若建设工程已经交付的，以交付之日起算诉讼时效；工程未交付，以提交竣工结算文件之日起算；工程未交付也未结算的，起诉之日为诉讼时效起算之日。当事人既约定工程款的支付期限，也约定债权人可以通过"以房抵债"的形式实现债权时，应当结合双方真实意思表示的内容判断"以房抵债"协议的法律性质和法律效力，在此基础上确定诉讼时效。双方已达成结算协议的，结算价款的诉讼时效为约定的支付期满之日起3年或《建设工程价款结算暂行办法》第十四条规定的时间节点起3年。

（3）原告方诉请是否有事实及法律依据。

（4）如果原告为实际施工人的，依法其应属于何种类型的实际施工人，以及发包人是否存在欠付承包人工程款的事实。

在施工合同纠纷中，发包人相关人员的行为是否构成表见代理、是否属于无权代理等既关系到诉讼主体资格的确定，也关系到一些实体的权利义务认定。例如，在《南通海某建设有限公司、独某县教育局等建设工程施工合同纠纷民事申请再审审查民事裁定书》[最高人民法院（2021）最高法民申5177号]所涉案件中，法院认为，《价格认定单》所涉人工费单价系施工合同的主要内容，但该《价格认定单》既没有载明签订时间，也没有经发包人独某县教育局负责人加盖公章确认。蒙某某作为该项目工程现场办公室负责人，其在《价格认定单》上签名并加盖"独某县第一中学项目业务专用章"的行为不能代表独某县教育局对人工费计算依据予以确认的意思表示，对独某县教育局不具有约束力。故海某公司关于蒙某某的签字盖章行为构成表见代理的再审申请理由不能成立。

（三）发包人的反诉和其他抗辩

作为被告的发包人在已开始的本诉中有权提起反诉。

承包人为追索工程款提起诉讼后，发包人以工程质量、施工工期不符合合同约定或者法律规定为由要求承包人支付违约金或者赔偿修理、返工、改建的合理费用等损失的，宜通过反诉、另诉处理；发包人仅以质量存在问题要求减价或者拒付工程款的，可以通过抗辩来主张。

关于反诉和抗辩的区分问题，《江苏省高级人民法院建设工程施工合同案件审理指南（2010年）》第八条第一款规定，发包单位（发包人）以工程质量问题为由要求施工单位（承包人）支付违约金或赔偿金的，应当提起反诉；发包人以质量不符约定为由仅请求拒付或减付工程款的，或者合同中明确约定可以直接将工程质量违约金或赔偿金从应付工程款中扣减的，属于抗辩，无需反诉；建设工程案件中，发包人以工程质量问题为由请求拒付、减付工程款，以及请求承包人支付违约金或赔偿损失，是否必须另行反诉，一直存在争议。对此，应当根据发包人主张的内容，区分情况对待。

（1）发包方以工程质量存在问题为由要求承包人支付违约金或赔偿金的，其诉求不仅明确而且具体，具备《民事诉讼法》"诉"的全部条件，属于独立的诉。发包人不提出反诉的，原则上不在本诉中审查。

（2）发包人以质量不符合约定为由请求拒付或减付工程款，但没有提出承包人因质量不符合约定应当承担的违约金或赔偿金的，其请求不具备《民事诉讼法》"诉"的全部条件，只是对承包人请求的一种对抗理由，根据《民事诉讼法》第一百零八条的规定，这种情形下的诉求视为抗辩权的行使，发包人无须提起反诉，对发包人这一抗辩意见应当审查。发包人抗辩成立的，应当直接支持其意见。

（3）如双方在合同中明确约定可以直接将工程质量违约金或赔偿金从应付工程款中扣减的，发包人提出扣减请求的，因双方已有了明确的约定，故该请求可以视为抗辩，发包人也无须提起反诉。

二、承包人作为被告（被申请人）

承包人作为被告（被申请人）时，首先应当审查起诉状载明被告的名称、住址、法定代表人或负责人等信息是否准确无误。其次，应当审查被告是否具备《民事诉讼法》及《民事诉讼法司法解释》规定情形的诉讼主体资格，承包人的职能部门或未经批准设立的临时性机构不能作为被告，符合《民事诉讼法司法解释》第五十二条规定的法人的分支机构作为承包人的，该分支机构也可以作为被告，享有独立的诉权。最后，一般情形下，合同纠纷只能确定合同相对方作为案件被告，但因实际施工人借用承包人资质挂靠施工造成建设工程质量不合格的，发包人可根据《建设工程施工合同解释（一）》第七条规定，请求出借方与借用方对建设工程质量不合格等因出借资质造成的损失承担连带赔偿责任。

根据《仲裁法》第二十一条规定，申请人必须与承包人订有仲裁协议才能对承包人提出仲裁申请。

（一）承包人作为被告的主体类型

承包人作为被告主要有以下情形：中标通知书上的中标人、施工合同上的承包人可作为被告；联合承包时，若联合承包已组成具有法人资格的联营体，则联营体为被告，否则，列所有联合承包人为共同被告；施工合同盖项目部印章时，列设立该项目部的企业法人为被告。

（二）承包人答辩的主要事项

针对发包人起诉承包人工程质量问题、工期问题、保修责任、赔偿损失、工程款超付等诉讼请求，承包人答辩的主要事项如下。

1. 工程质量问题的答辩事项

（1）案涉工程具备合同约定或法定的质量验收条件、承包人遵循了约定或法定验收程序、验收结果合格或发包人接受并使用视作合格等。

（2）案涉工程质量争议应进行司法鉴定等。

2. 工期问题的答辩事项

（1）开工日期的认定、工期顺延情形、竣工日期的认定。

（2）因发包人的原因导致工期延误情形。

（3）约定的工期少于合理工期等。

3. 保修责任的答辩事项

（1）施工合同关于保修范围、保修期限、缺陷责任期、保修义务的约定。

（2）案涉工程是否存在保修问题、承包人是否履行了保修义务等。

（3）应根据不同部位的保修期限确定诉讼时效等。

4. 违约责任的答辩事项

违约责任的答辩事项包括施工合同的效力、施工合同中有无违约责任条款、施工合同履行中发包人的过错、违约金数额过高等。

值得注意的是，在施工合同纠纷中，承包人相关人员的行为是否构成表见代理，项目部印章、资料专用章、材料收讫章等的效力问题，影响着案件实体的权利义务认定。一段时间以来，建设工程领域项目经理表见代理的认定，几乎是每个案件都存在的焦点问题。

《最高人民法院关于适用〈中华人民共和国民法典〉合同编通则若干问题的解释》（以下简称《民法典合同编通则司法解释》）第二十条有以下规定。

法律、行政法规为限制法人的法定代表人或者非法人组织的负责人的代表权，规定合同所涉事项应当由法人、非法人组织的权力机构或者决策机构决议，或者应当由法人、非法人组织的执行机构决定，法定代表人、负责人未取得授权而以法人、非法人组织的名义订立合同，未尽到合理审查义务的相对人主张该合同对法人、非法人组织发生效力并由其承担违约责任的，人民法院不予支持，但法人、非法人组织有过错的，可以参照民法典第一百五十七条的规定判决其承担相应的赔偿责任。相对人已尽到合理审查义务，构成表见代表的，人民法院应当依据民法典第五百零四条的规定处理。

合同所涉事项未超越法律、行政法规规定的法定代表人或者负责人的代表权限，但是超越法人、非法人组织的章程或者权力机构等对代表权的限制，相对人主张该合同对法人、非法人组织发生效力并由其承担违约责任的，人民法院依法予以支持。但是，法人、非法人组织举证证明相对人知道或者应当知道该限制的除外。

法人、非法人组织承担民事责任后，向有过错的法定代表人、负责人追偿因越权代表行为造成的损失的，人民法院依法予以支持。法律、司法解释对法定代表人、负责人的民事责任另有规定的，依照其规定。

《民法典合同编通则司法解释》第二十一条有以下规定。

法人、非法人组织的工作人员就超越其职权范围的事项以法人、非法人组织的名义订立合同，相对人主张该合同对法人、非法人组织发生效力并由其承担违约责任的，人民法院不予支持。但是，法人、非法人组织有过错的，人民法院可以参照民法典第一百五十七条的规定判决其承担相应的赔偿责任。前述情形，构成表见代理的，人民法院应当依据民法典第一百七十二条的规定处理。

合同所涉事项有下列情形之一的，人民法院应当认定法人、非法人组织的工作人员在订立合同时超越其职权范围：

（一）依法应当由法人、非法人组织的权力机构或者决策机构决议的事项；

（二）依法应当由法人、非法人组织的执行机构决定的事项；

（三）依法应当由法定代表人、负责人代表法人、非法人组织实施的事项；

（四）不属于通常情形下依其职权可以处理的事项。

合同所涉事项未超越依据前款确定的职权范围，但是超越法人、非法人组织对工作人员职权范围的限制，相对人主张该合同对法人、非法人组织发生效力并由其承担违约责任的，人民法院应予支持。但是，法人、非法人组织举证证明相对人知道或者应当知道该限制的除外。

法人、非法人组织承担民事责任后，向故意或者有重大过失的工作人员追偿的，人民法院依法予以支持。

《民法典合同编通则司法解释》第二十二条有以下规定。

法定代表人、负责人或者工作人员以法人、非法人组织的名义订立合同且未超越权限，法人、非法人组织仅以合同加盖的印章不是备案印章或者系伪造的印章为由主张合同对其不发生效力的，人民法院不予支持。

合同系以法人、非法人组织的名义订立，但是仅有法定代表人、负责人或者工作人员签名或者按指印而未加盖法人、非法人组织的印章，相对人能够证明法定代表人、负责人或者工作人员在订立合同时未超越权限的，人民法院应当认定合同对法人、非法人组织发生效力。但是，当事人约定以加盖印章作为合同成立条件的除外。

合同仅加盖法人、非法人组织的印章而无人员签名或者按指印，相对人能够证明合同系法定代表人、负责人或者工作人员在其权限范围内订立的，人民法院应当认定该合同对法人、非法人组织发生效力。

在前三款规定的情形下，法定代表人、负责人或者工作人员在订立合同时虽然超越代表或者代理权限，但是依据民法典第五百零四条的规定构成表见代表，或者依据民法典第一百七十二条的规定构成表见代理的，人民法院应当认定合同对法人、非法人组织发生效力。

项目部不同于企业的工程处或其他职能部门，其随项目产生而组建，随项目结束而解散，属于企业的临时机构，不具备法人资格，未办理工商登记。项目部可能与建筑施工单位是上下级行政隶属关系，也可能是挂靠关系。项目部印章、资料章等用于项目部与业主、建设单位、施工配合单位联系工作、资料报验所用，现场负责人以项目部的名义对外实施的交易行为，一般认为得到建筑企业的授权，项目部印章不能单独作为认定合同效力的证据。建筑企业认可项目部印章对外订立合同的，项目部印章的效力按企业公章或合同专用章的效力处理。建筑企业对项目部印章不予认可的，权利人应举证证明该枚印章由该单位持有并在其他具有公示效力的场合使用过，该枚印章具有缔约或结算效力。

例如，在《四川省彭州市天某建筑工程有限公司、李某建设工程施工合同纠纷再审民事判决书》[四川省高级人民法院（2019）川民再361号]所涉案件中，法院认为，表见代理的构成，客观上需存在相对人相信代理人具有代理权的权利外观，主观上要考量相对人信赖的合理性。李某具备一定的建设工程承包经验，应该具备一般承包主体的辨别和谨慎注意能力，在选择交易对象时应该尽到审慎的注意义务，包括签约主体以及结算主体的基本认定和判断。万某与李某签订合同以及履行合同过程中不存在使李某相信万某具有天某公司代理权的权利外观表象，万某的行为不构成《合同法》第四十九条规定的表见代理。天某公司提交给法庭的天某公司与万某签订的《转承包合同》约定，该公司只收取2%的管理费，工程全部由万某出资，独立自主经营，自负盈亏，证明天某公司系将案涉工程全部违法转包给万某。万某与天某公司不具有劳动关系，不属于天某公司的工作人员，天某公司也未任命万某担任案涉工程的项目经理，因此，万某的行为也不属于履行法定职责的行为。根据合同相对性原则，李某与万某二人之间签订的合同，法律后果应当由万某个人承担。因此，原审法院判决天某公司承担支付责任于法无据，本院予以纠正。

（三）承包人的反诉和其他抗辩

承包人在发包人已开始的本诉中有权提起反诉。

发包人起诉工程质量问题、工期问题、保修责任、合同解除、赔偿损失、工程款超付等诉讼后，承包人可以就追索工程款、合同解除的损失赔偿、违约责任等通过反诉处理。

三、转分包情形下中间层次的承包人作为被告（被申请人）

转分包情形下，中间层次的承包人要成为被告，一种情形是其与上下游承包人订立有合同，合同相对方向其主张权利，《建设工程施工合同解释（一）》第四十三条规定："实际施工人以转包人、违法分包人为被告起诉的，人民法院应当依法受理。"另一种情形是中间层次的承包人系缺乏资质的单位或者个人，其借用有资质的建筑施工企业名义签订建设工程施工合同，发包人突破合同相对性，请求出借方与借用方对建设工程质量不合格等因出借资质造成的损失承担连带赔偿责任。

（一）转分包情形下中间层次的承包人为被告（被申请人）的类型

列中间层次承包人为被告的主要情形有：与其有合同关系的上下游承包人或者是因建

设工程质量不合格提起诉讼的发包人。

例如，在《株洲银某房地产开发有限公司、浙江东某建设集团有限公司建设工程施工合同纠纷二审民事判决书》［最高人民法院（2020）最高法民终 723 号］所涉案件中，法院认为，建设工程施工合同纠纷中，银某公司起诉主要是基于其与东某公司签订的《施工合同》及《补充协议》，金某并非合同当事人，不是本案必须参加诉讼的当事人。银某公司的诉讼请求中包括因工程质量不合格产生的修复费用，根据《建工司法解释一》第二十五条的规定，银某公司可以选择一并起诉东某公司与金某，但其在本案诉讼过程中并未选择向金某主张权利，一审法院不主动追加金某为被告并无不当。银某公司关于一审判决遗漏当事人的上诉主张，不能成立。

（二）中间层次承包人答辩的主要事项

针对上下游承包人依据合同关系提起的诉讼，中间层次承包人答辩的主要事项参见本章第二节承包人答辩的主要事项。

针对发包人就建设工程质量问题提起连带责任之诉，参见本章第二节工程质量问题的答辩事项。

（三）中间层次承包人的反诉和其他抗辩

中间层次承包人在合同相对方已开始的本诉中有权提起反诉。

中间层次承包人的抗辩还应当注意建设工程施工合同纠纷和损害公司债权人利益责任纠纷两个案由的问题。民事案件案由原则上应当依据当事人诉争的民事法律关系的性质确定。同一诉讼中存在多个诉争法律关系的，应根据诉争法律关系并列确定相应的案由。中间层次承包人作为被告的抗辩意见除应当注意表见代理等影响实体权利义务的事实外，还应当注意上下游合同相对方及其关联公司构成人格混同损害承包人权益的权利主张。例如，在《内蒙古盛某建设（集团）有限公司、北京锦某新天地园林景观工程有限公司等建设工程施工合同纠纷民事二审民事判决书》［最高人民法院（2020）最高法民终 503 号］所涉案件中，法院认为，林某 1 系盛某公司股东，林某 2 系案涉款项划转时锦某公司、铭某公司的股东，林某 1、林某 2 为兄弟关系，案涉《债权转让协议》确认了林某 1、林某 2 为盛某公司、锦某公司的实际控制人。盛某公司、锦某公司、林某 1、林某 2 将案涉款项划转给铭某公司，属于林某 1、林某 2 利用其实际控制的关联公司进行利益输送的情形，铭某公司在没有合同及法律依据的情况下占有使用案涉工程款，上述行为共同损害了债权人美某公司的利益。故铭某公司作为债务人盛某公司、锦某公司的关联公司，其法人人格应予以否认，其就接收盛某公司、锦某公司的款项的返还应与盛某公司、锦某公司承担连带责任。根据已查明的事实，盛某公司向铭某公司转入工程款 14517 万元，锦某公司向铭某公司转入工程款 1300 万元，故铭某公司就该两笔债务本息的返还应承担连带责任。

第三节　第三人

　　民事诉讼的第三人，是指对当事人争议的诉讼标的具有独立的请求权，或者虽无独立的请求权，但案件处理结果同他有法律上的利害关系，从而参加到他人已开始的诉讼中去的人。根据《民事诉讼法》第五十九条规定，第三人可以分为两类：有独立请求权的第三人和无独立请求权的第三人。有独立请求权的第三人对本诉中的诉讼标的有独立请求权，此时第三人相当于新的诉讼中的原告。无独立请求权的第三人对于本诉中当事人双方的诉讼标的没有独立的请求权，但是案件处理结果同他有法律上的利害关系。

　　不论是否具有独立的请求权，第三人具有区别于原被告、其他诉讼参与人的特征如下：①与原、被告之间不存在共同的权利义务，区别于共同诉讼人；②都与案件存在法律上的利害关系，为了维护自身利益参与诉讼，或享有独立的请求权，或案件处理结果与之有利害关系；③已存在一个已经开始的诉讼为前提，只有案件已经受理尚未终结，才会存在第三人参与诉讼的情况，如果他人之间的诉讼已经因调解或法院作出判决而结束，如果相关当事人有异议，则需要另行起诉。

　　区分有独立请求权的第三人和无独立请求权的第三人，两者有以下不同点，见表1-1。

有独立请求权的第三人和无独立请求权的第三人的区别　　　　　　表1-1

项目	有独立请求权的第三人	无独立请求权的第三人
参与诉讼的依据	对本诉中双方当事人争议的诉讼标的，主张独立的请求权	裁判结果与其具有法律上的利害关系，但对原被告争议的诉讼标的没有独立的请求权
诉讼地位	相当于原告的诉讼地位，有权向人民法院提出诉讼请求和事实、理由	在一审诉讼中，无独立请求权的第三人无权提出管辖异议，无权放弃、变更诉讼请求或者申请撤诉，被判决承担民事责任的，有权提起上诉。人民法院调解民事案件，需由无独立请求权的第三人承担责任的，应当经其同意
参加诉讼的途径	主动提出	申请或由人民法院依职权追加
经人民法院传票传唤，无正当理由拒不到庭的，或者未经法庭许可中途退庭的后果	比照《民事诉讼法》第一百四十六条的规定，按撤诉处理	不影响案件的审理
意义	避免作出相互矛盾的判决，便于查明案情，彻底解决纠纷	将一个正在进行中的诉讼与将来可能发生的诉讼合并审理，简化诉讼，便利当事人，彻底解决纠纷

（一）第三人加入诉讼的方式

1. 原告在起诉时列明

原告在诉状中列明的第三人，视为其申请法院追加该第三人参加诉讼。法院审查后决定是否通知第三人参加诉讼。该第三人是无独立请求权的第三人。

2. 被告在诉讼中申请

被告可能在诉讼中提出要申请追加第三人，分为两种情形：一种情形是被告申请追加有独立请求权的第三人，例如被告认为原告无权向其主张全部工程款，部分工程另有实际施工人，被告向法院追加实际施工人为第三人。另一种情形是被告申请追加无独立请求权的第三人，例如实际施工人起诉总包索要工程款，但实际施工人与总包之间签订的是背靠背条款，总包申请追加发包人为第三人以便查明未收到发包人的工程款。

3. 案外第三人主动提出

不论是有独立请求权的第三人，还是无独立请求权的第三人，都可以在案件受理后、审理终结前主动提出。有独立请求权的第三人有权向法院提出诉讼请求和事实理由，成为当事人。无独立请求权的第三人认为案件处理结果与自己有法律上的利害关系的，可以向法院申请。

4. 法院依职权追加第三人

法院依职权追加的第三人只能是无独立请求权的第三人，如果法院依职权追加有独立请求权的第三人，则有帮助当事人主张权利的嫌疑，不符合法院中立的地位。

（二）第三人未能参与诉讼的救济途径

根据《民事诉讼法》及其司法解释的规定，第一审程序中未参加诉讼的第三人，申请参加第二审程序的，法院可以准许。有独立请求权的第三人在第一审程序中未参加诉讼的，第二审法院可以根据当事人自愿的原则予以调解，调解不成的，发回重审。

因不能归责于本人的事由未参加诉讼，但有证据证明发生法律效力的判决、裁定、调解书的部分或者全部内容错误，损害其民事权益的，可以自知道或者应当知道其民事权益受到损害之日起六个月内，向作出该判决、裁定、调解书的法院提起诉讼。法院经审理，诉讼请求成立的，应当改变或者撤销原判决、裁定、调解书；诉讼请求不成立的，驳回诉讼请求。

（三）仲裁法未设定第三人制度

《民事诉讼法》及其司法解释中对第三人有明确的规定，但是我国《仲裁法》中没有规定第三人制度，实务中也不存在仲裁案件的第三人。但近年来，"虚假仲裁"现象频发，极易导致仲裁案外人的权益受损，是否需要建立仲裁第三人制度在学术界引起了讨论。有的学者认为应当按照诉讼第三人制度建立仲裁第三人制度，有利于查明案件事实，保障第三人的权益；有的学者认为"基于仲裁的特性、纠纷解决相对性原则和仲裁裁决效力相对性原则，仲裁裁决效力相对性是对仲裁案外人权益最好的程序保障与救济机制，没有必要设立一般化的仲裁第三人参加制度"；也有的学者认为，在仲裁程序进行中，第三人加入后的主体资格，不宜采用"第三人制度说"，而是"身份转换说"，即在符合所设定的标准或重新达成仲裁协议的特定情形下，仲裁第三人直接以当事人而非第三人的身份参与仲裁。详见第八章第五节第二条第二款。

一、发包人作为第三人

发包人一般是指具有工程发包主体资格和支付工程价款能力的当事人，又称发包单位、建设单位、业主。

在建设工程案件中，发包人经常作为被告出现在诉讼中，一般情形为实际施工人将总包和发包人列为共同被告，要求发包人在欠付工程款范围内承担连带责任；或者因质量、工期等问题发包人作为原告起诉承包人承担违约责任。

（一）发包人的类型

申请追加发包人为第三人，可能是为了要求发包人承担付款责任，可能是为了查明合同已付款，但是如果实际施工人起诉承包人，申请将发包人列为第三人却不要求发包人承担责任时，法院有可能会不予追加。例如，在《马某与金某建设工程分包合同纠纷二审民事判决书》［宁夏回族自治区银川市中级人民法院（2020）宁01民终3286号］所涉案件中，法院就以此为由拒绝了原告的申请。

（二）发包人的诉讼请求（答辩意见）

发包人作为有独立请求权的第三人时，其诉请的确定应当结合案件的具体情况，论证发包人对当事人双方争议的诉讼标的是否具有全部或部分的请求权基础和法律依据，是否在诉讼时效期内等等。例如，在承包人起诉实际施工人要求其承担损害赔偿（包括工期赔偿、质量赔偿等）时，发包人可以作为有独立请求权的第三人主动参与庭审要求实际施工人对其承担赔偿责任。

当发包人作为无独立请求权的第三人时，根据法院判决的结果可以分为需要承担责任的无独立请求权的第三人和无需承担责任的无独立请求权的第三人。作为无独立请求权的第三人，发包人答辩需要针对原告的诉讼请求进行，主要从以下几种情况入手：①工程概况，是否存在违法分包、转包、挂靠等情形，发包人是否明知；②工程的结算款、已付款；③是否存在工期、质量违约。

例如，在《中国电力工程顾问集团华某电力设计院有限公司、某安装建设集团有限公司等建设工程施工合同纠纷民事二审民事判决书》［最高人民法院（2021）最高法民终662号］所涉案件中，万某公司与华某公司签订有《合作协议》与《总承包合同》，华某公司与某安装公司签订《基础和组件支架安装施工合同》。后某安装公司起诉华某公司主张工程款，华某公司提出万某公司与某安装公司是实际施工合同关系，但是法院经审理后认为总承包人华某公司将案涉工程中的部分发包给某安装公司，双方之间存在合同关系，华某公司应当承担付款责任。根据各方意见及庭审情况，无法证明万某公司与某安装公司之间存在合同关系，也无证据证明案涉工程存在非法转包关系，因此，法院判决华某公司向某安装公司支付工程款。

二、承包人作为第三人

（一）承包人的类型

承包人是与发包人直接签订施工合同的施工单位、个人。承包人的类型可分为以下几种：①实际承包项目的施工单位或个人；②承包工程后将整个工程转包给其他单位或个人；③出具资质但不进行实际施工的单位或个人。

承包人作为诉讼中的第三人，会有以下几种情形。

（1）实际施工人借用承包人资质，与发包人签订合同。如果发生纠纷，可能会以承包人名义起诉发包人索要工程款。如果实际施工人与承包人关系不好，或者承包人经济状况存在问题，实际施工人可以以自己的名义起诉发包人索要工程款，将承包人列为第三人，主张实际施工人与发包人存在合同关系，当然在此种情形下也有可能是发包人申请追加承包人为第三人以此抗辩无需向实际施工人支付工程款。

（2）承包人与他人签订债权转让协议，约定将与发包人之间签订的合同项下的全部权利义务转让给他人，受让人起诉发包人主张权利时，承包人作为转让人以无独立请求权的第三人的身份参与诉讼。

发生债权转让行为时，受让人可能就是工程的实际施工人（挂靠或内部承包较为多见），也有可能是与工程无关的其他人或单位。受让人以该份债权转让协议起诉发包人主张权利时，通常会在诉状中主动将转让人列为第三人，以便法院查明案件事实。

（二）承包人的诉讼请求（答辩意见）

在挂靠的情形下，实际施工人起诉发包人主张工程款，将被挂靠人总包单位列为第三人时，该总包的诉讼地位是无独立请求权的第三人，在其对实际施工人向发包人的工程款诉请不持异议情况下，其参加诉讼是为了查明案件事实，排除其对发包人的名义债权。所以，总包的答辩意见主要从工程的实际情况（主要是各方之间真实的合同关系），工程总价款和已付款情况，以及无需承担相关责任等方面入手。

例如，在《上饶市建某实业发展有限公司、郭某反诉被告建设工程施工合同纠纷民事二审民事判决书》[最高人民法院（2022）最高法民终 4 号]所涉案件中，实际施工人借用总包资质与发包人签订建设工程施工合同，起诉发包人主张工程款，总包为第三人。发包人反诉要求实际施工人上交工程完整竣工资料，且总包对上述义务承担连带责任。由于在挂靠情形下，实际施工人与总包之间不存在施工、分包等合同关系，真正存在关系的是发包人与实际施工人，因此，总包在案件中扮演的角色是为了查明案件的事实，只需要针对原告的诉讼请求阐述案涉工程的具体情况，并表明自己无需承担付款责任即可。

三、转分包下中间层次的承包人作为第三人

（一）转包分包下中间层次的承包人的类型

转包是指承包单位承包建设工程后，不履行合同约定的责任和义务，将其承包的全部建设工程转给他人或者将其承包的全部建设工程肢解以后以分包的名义分别转给其他单位承包的行为（参考《建设工程质量管理条例》第七十八条）。转包人根据情形，可分为两种类型：①将其承包的工程全部转包的转包人；②将其承包的全部工程肢解后以分包的名义转包的转包人。转包签订的合同无效，转包的承包人也称为实际施工人。

分包包括专业工程分包和劳务分包。专业工程分包是指总包单位将其承包的工程中的专业工程发包给具有相应资质的施工单位。劳务分包是指总包单位或者专业分包单位将其承包的工程中的劳务作业发包给具有劳务资质的单位。分包人可以分为两类：①总承包单位依法将非主体结构部分的工程分包给专业施工单位，与总包签订专业分包合同的分包人；②总承包单位将劳务作业分包给劳务单位，与总承包单位签订劳务分包合同的分包人。总承包单位将工程分包给不具有资质的单位或者将主体结构部分分包为违法分包，分包单位将工程再分包也属于违法分包。在违法分包情形下，只有实际承担施工任务的分包人，才被称为实际施工人。

转包人或分包人不仅可以在建设工程案件中作为第三人，还可能成为代位权诉讼中的第三人。

在慈溪市人民法院审理的一起代位权诉讼案件中，吾某公司与伟某公司签订建设工程施工合同，约定将案涉项目发包给伟某公司施工。伟某公司又将其中的脚手架部分分包给了天某公司施工。天某公司起诉伟某公司索要工程款一案已经由浙江省高级人民法院作出生效判决，但是伟某公司无财产可供执行。因此，天某公司起诉吾某公司行使代位权。起初，仅将吾某公司列为被告，但是经慈溪市人民法院立案庭"审查"，以便于查明案件事实为由要求天某公司在诉状中将伟某公司列为第三人。按照《民法典合同编通则司法解释》第三十七条规定，债权人以债务人的相对人为被告向人民法院提起代位权诉讼，未将

债务人列为第三人的，人民法院应当追加债务人为第三人。故代位权诉讼中，若转包人或分包人为债务人，则是必须参加诉讼的第三人。

（二）转分包下中间层次的承包人的诉讼请求（答辩意见）

在上述代位权诉讼中，转包人或违法分包人的诉讼地位是有独立请求权的第三人还是无独立请求权的第三人呢？《民法典合同编通则司法解释》第三十九条规定："在代位权诉讼中，债务人对超过债权人代位请求数额的债权部分起诉相对人，属于同一人民法院管辖的，可以合并审理。不属于同一人民法院管辖的，应当告知其向有管辖权的人民法院另行起诉；在代位权诉讼终结前，债务人对相对人的诉讼应当中止。"由此可见，此时的转包人或违法分包人应当是有独立请求权的第三人。此时作为第三人的转包人或者违法分包人主张的诉讼请求可以是要求发包人对其承担付款责任，但必须属于同一个法院管辖。

当实际施工人依据《建设工程施工合同解释（一）》第四十三条规定，直接向发包人主张权利时，转包人或违法分包人作为无独立请求权的第三人，答辩意见应当同做被告时一致，主要从以下几个方面入手：实际施工人主张的工程款、工程量是否具有事实依据，是否存在扣减工程款、是否存在过错、是否需要承担赔偿责任等。

四、实际施工人作为第三人

（一）实际施工人的类型

实际施工人是指无效的施工合同中实际进行施工的主体，包括施工企业、包工头等各类法人、个人工商户或个人。实际施工人存在三种特征：①没有资质或者超越资质签订合同的施工人；②借用资质签订合同的施工人；③转包、违法分包的施工人。

实际施工人作为第三人参与诉讼有以下几种情形。

（1）在转包和违法分包的情况下，承包人起诉发包人索要工程款，实际施工人可以主动以有独立请求权的第三人身份参与诉讼。

对于承包人为原告起诉发包人索要工程款的情况，实际施工人为了维护自身合法权益，可以主动向法院提出自己的诉讼请求，要求发包人在欠付工程款范围为向自己承担付款责任。正如《最高人民法院民事审判第一庭2021年第21次专业法官会议纪要》中指出：只有在转包和违法分包的情况下，承包人已经起诉发包人支付工程款的，实际施工人可以在一审辩论终结前申请作为第三人参加诉讼，其另诉请求发包人在欠付工程款范围内承担责任的，不应受理。

（2）在挂靠情形下，承包人（被挂靠人）起诉发包人，法院认为，为查清事实确有必要或者应发包人申请，可以追加挂靠人为第三人参加诉讼。

例如，在《新疆北某路桥集团股份有限公司、临湘长某建设投资有限公司建设工程施工合同纠纷二审民事裁定书》[最高人民法院（2020）最高法民终 1296 号]所涉案件中，法院裁判认为承包人北某公司及张某均主张该工程由张某实际组织施工完成，张某是否为案涉工程实际施工人，影响发包人长某公司主张的已付工程款是否用于案涉工程的事实认定；长某公司主张的已付工程款，包括一审判决认定的已付工程款中，大部分支付至案外人娄某公司的账户，娄某公司与本案处理结果具有直接利害关系，但其并未参加本案诉讼。最高人民法院二审认为一审判决基本事实认定不清，为进一步查清基本事实，本案应发回重审。一审法院在重审时，应当将张某、娄某公司追加为本案第三人参加诉讼，在进一步查明张某是否系借用承包人北某公司资质实际组织施工、施工合同效力以及娄某公司是否认可其收取的款项属于案涉工程价款等有关事实的基础上，依法处理本案。

同样，在《海城燕某房地产开发有限公司、海城江某建设有限公司建设工程施工合同纠纷民事二审民事裁定书》[辽宁省鞍山市中级人民法院（2021）辽 03 民终 2744 号]所涉案件中，二审法院认定，江某建设公司与案外人梁某签订了《工程内部承包责任协议》并约定税金管理费按照 9% 收取，可知梁某作为实际施工人，借用江某建设公司名义，对案涉工程进行施工，梁某证实已收到燕某公司款项。二审法院认为一审判决认定基本事实不清，为查清案件事实，应当追加梁某为本案第三人，进一步查清梁某收到的工程款是否为本案案涉工程的工程款及具体数额，若为案涉工程款，是否应当在已付款项中予以扣除，进而查明燕某公司是否尚欠江某建设公司工程款以及欠付工程款数额。

（3）违法分包项目中的实际施工人起诉总包索要工程款，总包为了查明已付款向法院申请追加"内部承包"关系中的实际施工人为第三人。

在一起施工合同案件中，水某公司为总包，许某与水某公司签订内部承包协议，双方之间的关系名为内部承包实为挂靠，许某为实际施工人。许某将其中的一部分工程内容又分包给了王某，以水某公司的名义与王某签订分包合同。后因工程款发生纠纷，王某起诉水某公司索要工程款，水某公司在庭审中向法院申请追加许某为第三人，以查清对王某的已付款。

（二）实际施工人的诉讼请求（答辩意见）

作为有独立请求权的第三人，实际施工人主张的诉讼请求可以是要求发包人直接向自己付款并承担利息损失。例如，在《原告湖南华某工程建设有限公司与被告衡阳市尚某房地产开发有限公司、第三人李某、莫某建设工程施工合同纠纷一案一审民事判决书》[湖南省衡阳市中级人民法院（2018）湘 04 民初 274 号]所涉案件中，华某公司起诉尚某公司索要工程款并主张对案涉项目享有优先受偿权，立案后，李某、莫某申请作为有独立请求权第三人参加诉讼，经法院审查后受理。李某、莫某向法院提出诉讼请求：①判令尚某开发公司向李某支付工程款 2120 万元及逾期付款利息损失；②判令尚某开发公司向莫某支付工程款 800 万元及逾期付款利息；③判令李某、莫某对案涉项目折价或拍卖价款享有优先受偿权；④本案诉讼费用由尚某公司承担。

作为无须承担责任的无独立请求权的第三人，通常是为了查明案件事实，答辩意见与承包人方向一致即可。例如，在《贵州凯某建设工程有限公司、天某县交通运输局等建设工程施工合同纠纷民事再审民事判决书》[最高人民法院（2021）最高法民再318号]所涉案件中，王某借用凯某公司的资质，以凯某公司名义完成了与天某县交通局签订的《建设工程施工合同》施工内容。由于双方对工程量及工程价款存在争议，凯某公司起诉天某县交通局主张工程款及利息，实际施工人王某为本案中的第三人。在案件审理过程中，有一笔90万元是否为已付工程款是争议焦点之一，在一审中，法院认为属于实际施工人以其他公司的名义借款，没有进入承包人的账户为由未纳入审理范围。二审中，法院认为系实际施工人出具的借条应当视为已付款。再审中，由于实施施工人和承包人均认可该笔款项为已付款，未将该笔款项作为争议焦点。最终，法院将该笔90万元扣除后作出判决，要求天某县交通局向凯某公司支付工程款及利息。如果不将实际施工人列为第三人，可能会存在部分案件事实无法查清的情况，因此，无论是原被告申请追加第三人，还是法院依职权追加，都有利于查明事实。

五、委托代建情形下的第三人

"委托代建制"实际上是一种项目建设管理制度模式，它是一种由项目出资人委托项目代建单位对项目的可行性研究、勘察、设计、监理、施工等全过程进行管理，并按照建设项目工期和设计要求完成建设任务，直至项目竣工验收后交付使用人的项目建设管理模式。

代建模式下涉及两种法律关系，一是委托人与代建单位之间的委托代建合同关系，双方主要就资金投入、监督协调、工程质量、资金拨付流程、工程款结算、代建方职责等进行约定；二是代建单位与施工单位之间的建设工程施工合同关系，明确代建方、施工方之间的责任。

委托人与代建单位因工程款或违约发生纠纷，属于委托代建合同纠纷，诉讼主体只有原被告，无需将施工单位列为第三人。但如果是施工单位起诉代建单位索要工程款时，是否需要将委托人列为承担责任的第三人呢？需个案进行判断。例如，最高人民法院在2016年公布的一起案例[（2006）民一终字第52号]，施工单位起诉代建单位索要工程款，并未将建设单位和开发商列为第三人，建设单位和开发商也未主动申请参加诉讼，二审法院认定一审法院不予追加建设单位和开发商为第三人并无不当，判决代建单位给付工程款及利息。

在某些情况下，需要将委托人列为被告或者无独立请求权的第三人以查清对施工单位的已付款。例如，在《郑州市正某建设有限公司与北京八某众信国际投资有限公司建设工程施工合同纠纷二审民事判决书》[最高人民法院（2015）民一终字第118号]所涉案件中，通某县政府与八某公司签订了《某新校区建设项目开发合作合同》，约定通某县政府委托八某公司代建新校区建设项目。该合同签订后，八某公司与正某公司签订了《新校区建设工程项目承包协议书》，并约定由正某公司承包新校区的建设工程。承包协议签订后，正某公司进场施工。因工程款支付问题，正某公司和八某公司发生纠纷，后在通某县政府主持协调下，双方达成了一致和解，并签订了《关于 2011 年 8 月 3 日〈承包协议书〉的补充协议》，通某县政府予以见证确认。后双方又因支付工程款问题发生纠纷诉至法院。二审法院认为，从正某公司与八某公司之间签订的《承包协议书》及《补充协议》的内容来看，是典型的建设工程施工合同，八某公司是发包人，正某公司是承包人，承建的是新校区项目中的土建、安装等工程。八某公司是以发包人的身份将整个工程发包给正某公司施工。双方之间是建设工程的发包与承包合同关系。同时，对于正某公司与通某县政府之间并未成立建设工程施工合同关系予以确认。该案中正某公司曾向一审法院申请变更通某县政府为被告，二审法院认为，其申请时间是在一审辩论终结以后，时间明显不当，且变更通某县政府的诉讼地位能够影响已经进行的诉讼程序，将损害案件其他当事人的利益，而维持通某县政府无独立请求权第三人的诉讼地位，并不损害正某公司的诉讼利益和实体权利。二审法院最终认定该通某县政府在该案中为无独立请求权的第三人。

六、债权转让情形下的第三人

《民法典》第五百四十五条规定："债权人可以将债权的全部或者部分转让给第三人，但是有下列情形之一的除外：（一）根据债权性质不得转让；（二）按照当事人约定不得转让；（三）依照法律规定不得转让。当事人约定非金钱债权不得转让的，不得对抗善意第三人。当事人约定金钱债权不得转让的，不得对抗第三人。"

建设工程中的工程款债权转让，通常为承包人或实际施工人将其施工项目下的全部工程款债权及从权利（下同）转让给受让人，由受让人向其前手主张相应的工程款债权。

受让人起诉债务人主张债权，是否必须将转让人列为第三人，法律并未有明确的规定。在实践中，为了查明案情和维护自身合法权益，受让人在起诉时往往直接将转让人列为第三人。或者债务人为了提出抗辩、主张存在抵销时向法院申请追加转让人为第三人，但是法院有权依据案情决定是否追加，转让人并非必须参与诉讼。例如，在《某国宾馆开发有限公司、海南全某汇建筑工程有限公司建设工程施工合同纠纷再审审查与审判监督民事裁定书》[最高人民法院（2019）最高法民申 2013 号]所涉案件中，某国宾馆公司申请再审称原审遗漏债权转让的转让人。最高人民法院认为：某国宾馆公司主张原审遗漏当事人的理由不成立。某国宾馆公司与中某八局签订了建设工程施工合同，双方建设工程施工合同关系成立，工程竣工验收合格后，中某八局将该建设工程施工合同项下的工程款债权转让给了全某汇公司，因此，某国宾馆公司、中某八局、全某汇公司之间债权转让合同关系成立。现因某国宾馆公司未向全某汇公司履行债务，全某汇公司提起诉讼。该案中，某国宾馆公司认为对中某八局享有债权，可以在该案中主张抵销。原审法院可以依照案情决定是否追加原债权人中某八局作为第三人参加诉讼，但并非必须追加中某八局作为第三人参加诉讼。某国宾馆公司认为原审未追加中某八局参加诉讼属程序违法的理由不能成立。

七、EPC（Engineering Procurement Construction）联合体中的第三人

联合体承包是指两个及两个以上法人或者其他组织组成联合体以一个承包人的身份承包一个工程项目。我国《建筑法》《招标投标法》《政府采购法》《政府采购法实施条例》等法律、行政法规对联合体承包均进行了相应规定。如《建筑法》第二十七条规定："大型建筑工程或者结构复杂的建筑工程，可以由两个以上的承包单位联合共同承包。共同承包的各方对承包合同的履行承担连带责任。"《招标投标法》第三十一条规定："两个以上法人或者其他组织可以组成一个联合体，以一个投标人的身份共同投标""联合体各方应当签订共同投标协议，明确约定各方拟承担的工作和责任，并将共同投标协议连同投标文件一并提交招标人"。

鉴于联合体成员内部以及联合体与发包人之间复杂的法律关系，当有诉讼发生时，联合体中牵头单位作为适格诉讼主体还是以各联合体成员作为适格诉讼主体常常是争议的焦点。例如，在《中某成都勘察研究总院有限公司与四川三某湖建设开发有限公司建设工程勘察合同纠纷一审民事判决书》[成都高新技术产业开发区人民法院（2020）川 0191 民初 706 号]所涉案件中，法院最终支持联合体成员中某公司单独起诉，判决仅解除 EPC 合同中中某公司与三某湖公司相关的合同内容。又或者在《上海宝某集团有限公司与重庆市渝某区体育发展有限公司、重庆市渝某区文化委员会等建设工程施工合同纠纷一审民事判决书》[重庆市第一中级人民法院（2015）渝一中法民初字第 00214 号]所涉案件中，法院认定宝某公司和渝某区体育公司各自的施工范围、工程价款、责任承担以及竣工结算均完全独立，能够相互区分，宝某公司单独起诉符合法律规定，不存在遗漏当事人的情形。

此外，法院有可能追加第三人以查清案件事实。例如，在《上海慧某装饰设计有限公司、中建富某集团有限公司等与广西红某国际云服务科技有限公司建设工程施工合同纠纷一审民事判决书》[百色市右江区人民法院（2018）桂 1002 民初 39 号]所涉案件中，原告慧某公司、富某公司作为联合体中标被告红某公司招标的"中国东盟商务信息港室内装修工程总承包"工程，项目竣工验收后，红某公司拖欠工程款，联合体一方慧某公司单独起诉。富某公司原来被法院列为第三人，后自己申请将诉讼地位变更为原告。法院准许后，富某公司以另一原告慧某公司未就本案纠纷达成协议即处分了富某公司诉权为由，申请撤回对被告的起诉。后法院询问慧某公司，慧某公司不同意撤回对红某公司的起诉，对富某公司的撤诉申请不予准许。慧某公司、富某公司之间的内部关系双方可另行处理。

第二章

施工合同效力

第一节　合同效力

一、合同效力概述

随着建筑业的高速发展，建筑市场也乱象丛生，纠纷类型也越来越多样化。合同效力审查系对案件基本事实的确定。相对于其他类型的合同，施工合同效力判断的重要特点在于合同无效的情形较多且类型丰富。常见的施工合同无效事由通常包括以下三个方面。

1. 资质欠缺

建设工程施工主体需要具备法律认可的资质，而实践中却存在大量有资质的不实际施工、实际施工的无资质的情形。

2. 违反招标投标法规

部分工程建设项目，特别是政府投资项目，需要经过严格的招标投标程序，相关施工合同如招标投标程序违法、违规或应招未招，将导致施工合同无效。

3. 违法转分包

在工程分包过程中出现违法违规的现象，如违法分包、转包的现象大量存在，也是导致合同无效的重要原因。

除以上情形之外，还有其他诸多原因导致合同无效的情形。办理建工案件，首先需要对合同效力进行判断。

二、施工合同效力把控、判断的维度

审查一份施工合同的效力需要从多个角度进行审视，作为案件的代理律师不仅要从对己方更有利的角度出发来考量案情，还需要站在法官以及对方代理人的角度多维度思考合同效力。只有通过多样化的思维，在面对瞬息万变的庭审时才能自由、熟练地把控。

（一）有效施工合同的基本要件

一份有效的施工合同通常应符合《民法典》第一百三十五条、第一百四十三条、第七百八十九条的规定，具体来说，至少具备以下要件：施工合同主体适格、施工内容合法、双方意思表示真实且不违反法律、行政法规强制性规定且符合法律规定的形式。

施工合同主体适格包括发承包双方均应适格，发包方一般应具有法人资格，通常情况下还要求该主体和办理相关手续的主体完全一致，如果是房地产企业，则应具备相应的开发资质。承包方应具有相应的建筑领域施工资质；施工内容合法，没有违反法律、行政法规的强制性规定，不违背公序良俗。施工内容办理了法律许可的合法手续且不得超越规划范围等；双方意思表示真实，不存在规避《招标投标法》进行的串通行为；合同形式合法，双方以书面形式订立了合同。

（二）无效施工合同的判断

对于无效的施工合同，结合《民法典》第一百四十三条以及《建设工程施工合同解释（一）》的相关规定，主要涉及主体是否合法？承包人是否具备资质？施工内容是否合法？施工项目有没有办理规划许可证？存不存在应招未招的情形？以及在建设工程分包领域是否存在违法分包等。具体见本章第二节内容。

（三）可撤销施工合同的判断

根据《民法典》第一百四十七条至第一百五十一条规定，可撤销合同是指合同当事人因重大误解作出错误意思表示或受欺诈、胁迫，违背真实意思订立合同，或合同成立时显失公平，受损害方自知道或应当知道撤销事由之日起一年内，依法向人民法院或仲裁机构请求撤销的民事法律行为。

在建设工程代理实务中，当事人主张撤销施工合同的案例不是很多，但是主张撤销结算协议的案例不在少数。在《晏某某、袁某某确认合同无效纠纷民事一审民事判决书》〔济宁市兖州区人民法院（2021）鲁 0812 民初 1796 号〕所涉案件中，法院认为晏某某与袁某某签订的《工程施工合作结算协议》，对案涉工程价款核算总价为 15799839.97 元，而济宁市兖州区审计局出具兖审投〔2018〕3 号审计报告，对案涉工程价款核算总价为 23744553.29 元，两者相差 7944713.32 元。晏某某与袁某某均认为签订《工程施工合作结算协议》时，对实际的案涉工程价款存在重大误解，对双方的权益均造成了损害。《民法典》第一百四十七条规定："基于重大误解实施的民事法律行为，行为人有权请求人民法院或者仲裁机构予以撤销。"

（四）职务代理与合同效力

在建筑工程行业，项目经理或名为项目经理的实际施工人，以建筑企业的名义，购买建筑材料、办理签证、进行二次分包或转包甚至是借贷的现象并不鲜见，相关纠纷层出不穷。在这些纠纷中，所签订文件的效力、项目经理等工作人员的代理权限往往是案件的争议焦点。

《民法典》第一百七十条对职务代理的法律效力作出了明确的规定。但是，在实务中比较突出的一个问题是，项目经理或其他工作人员以建筑企业的名义签订合同或其他文件的过程中，什么时候构成职务代理、什么时候构成无权代理，当事人之间常常发生分歧。

《民法典合同编通则司法解释》第二十一条对职务代理的界限进行了界定。

法人、非法人组织的工作人员就超越其职权范围的事项以法人、非法人组织的名义订立合同，相对人主张该合同对法人、非法人组织发生效力并由其承担违约责任的，人民法院不予支持。但是，法人、非法人组织有过错的，人民法院可以参照民法典第一百五十七条的规定判决其承担相应的赔偿责任。前述情形，构成表见代理的，人民法院应当依据民法典第一百七十二条的规定处理。

合同所涉事项有下列情形之一的，人民法院应当认定法人、非法人组织的工作人员在订立合同时超越其职权范围：

（一）依法应当由法人、非法人组织的权力机构或者决策机构决议的事项；

（二）依法应当由法人、非法人组织的执行机构决定的事项；

（三）依法应当由法定代表人、负责人代表法人、非法人组织实施的事项；

（四）不属于通常情形下依其职权可以处理的事项。

合同所涉事项未超越依据前款确定的职权范围，但是超越法人、非法人组织对工作人员职权范围的限制，相对人主张该合同对法人、非法人组织发生效力并由其承担违约责任的，人民法院应予支持。但是，法人、非法人组织举证证明相对人知道或者应当知道该限制的除外。

法人、非法人组织承担民事责任后，向故意或者有重大过失的工作人员追偿的，人民法院依法予以支持。

对于施工企业来说，签订合同时最好在合同中明确相关员工的权限，如在施工合同中明确项目经理的职权范围、在材料采购合同中明确签收人员及权限，并在人员变动时及时通知合同相对方，减少发生相关纠纷的风险。

第二节　建设工程施工合同无效的情形

在建设工程施工合同纠纷案件中，合同效力一直是案件参与方首先关注的问题。建设工程本身的专业性以及合同履行中的复杂情形，使得合同效力认定涉及了诸多复杂的因素，故作为代理律师应对照相关法律规定审查施工合同是否属于合同无效，施工合同常见的无效情形包括违反建筑领域资质管理规定、违反招标投标领域法律与行政法规、未办理建设工程规划许可证等规划审批手续、转分包、肢解发包这五种。同时，建设工程施工合同纠纷案件中也存在施工合同条款无效的情形，包括任意压缩工期、让利免责等导致施工合同条款无效的几种常见情形。《民法典》第一百五十六条规定："民事法律行为部分无效，不影响其他部分效力的，其他部分仍然有效。"在代理案件时，代理律师应当注意区分合同整体无效与合同部分条款无效。

一、违反建筑领域资质管理规定导致施工合同无效

（一）承包人未取得建筑施工企业资质或者超越资质等级的

1. 关于资质的相关规定及律师审查要点

《建筑法》第十二条、第十三条、第二十六条及《建设工程质量管理条例》第二十五条、《建设工程施工合同解释（一）》第一条均规定，承包人应当具有建设企业资质。住房和城乡建设部《关于印发建设工程企业资质管理制度改革方案的通知》（建市〔2020〕94号文）将10类施工总承包企业特级资质调整为施工综合资质，可承担各行业、各等级施工总承包业务；保留12类施工总承包资质，将民航工程的专业承包资质整合为施工总承包资质；将36类专业承包资质整合为18类；将施工劳务企业资质改为专业作业资质，由审批制改为备案制。综合资质和专业作业资质不分等级；施工总承包资质、专业承包资质等级原则上压减为甲、乙两级（部分专业承包资质不分等级）。其中，施工总承包甲级资质在本行业内承揽业务规模不受限制。建筑业企业资质可在全国建筑市场监管公共服务平台查询，在天眼查或企查查也可以迅速查询到企业的资质证书。建筑业企业资质仅限于企业，任何个人或施工班组均没有建筑业企业资质，即便个人具有相关资格证书，其以个人名义签订的施工合同也属于无效合同。

在招标投标业务中，对企业资质的审查较为严格，在资质审查环节，招标人或招标代理人首先会对投标人是否具有相应的建筑企业资质进行审查。在资质这方面，不仅形式上要符合要求，实质上也要满足相关法规的要求。在司法实践中，资质缺陷系建设工程施工合同中最常见的无效事由之一。在施工合同中，代理人应首先审查承包人是否取得相应的建筑业企业资质这一基础性法律事实，因为施工合同是否有效关系到案件的走向及当事人的诉争利益。

2. 承包人的安全生产许可证对合同效力的影响

安全生产许可证是施工企业进行生产、施工过程中必不可少的证件。取得建筑施工资质证书的企业，同时应具有安全生产许可证，方可参加招标投标和施工。在施工合同履行过程中，如果承包人的安全生产许可证出现已失效或被暂扣、吊销或者被降低、吊销相应的资质，这将导致承包人不得进行生产经营，导致合同目的无法实现，但不影响合同的效力，因为合同效力应该以签订时为判断节点。在《重庆秀山西某水泥有限公司与钱某确认合同无效纠纷二审民事判决书》[重庆市第四中级人民法院（2016）渝04民终503号]所涉案件中，法院认为，双方签订《石灰石开采承包合同》，西某水泥公司将石灰石开采业务发包给钱某，由钱某供应石灰石给西某水泥公司，该合同行为本身并不必然损害国家利益或者社会公共利益，有无安全生产许可证只是限制了能否进行生产作业，西某水泥公司可以在满足取得安全生产许可证的条件下，申请取得安全生产许可证后，再由承包人钱

某进行相应的开采作业。行政法规对安全生产许可证的相关规定属于管理性强制性规定，不会对案涉合同的效力产生影响。同理，钱某未取得非煤矿矿山企业安全生产许可证，违反的也是管理性强制性规定，亦不影响案涉合同的效力。案涉《石灰石开采承包合同》能够体现双方当事人的真实意思表示，并不具有《合同法》第五十二条规定的合同无效的情形，应认定为有效。

3. 超越资质等级的施工合同效力补正

《建设工程施工合同解释（一）》第四条规定："承包人超越资质等级许可的业务范围签订建设工程施工合同，在建设工程竣工前取得相应资质等级，当事人请求按照无效合同处理的，人民法院不予支持。"

该条规定超越资质等级的建设工程施工合同效力补正时间为建设工程竣工前补正。对于可以进行效力补正的合同应当限定在这一规定的情形之下，不应再扩大合同效力补正的范围和补正时间。在《上海裕某建筑工程有限公司、安徽冠某建筑劳务有限公司等建设工程分包合同纠纷民事二审民事判决书》[安徽省蚌埠市中级人民法院（2021）皖03民终2667号]所涉案件中，法院认为，该案中冠某公司与裕某公司签订了《防水工程劳务分包合同》，但在实际施工中冠某公司不仅提供劳务作业，还包工包料，案涉合同名为劳务分包合同，实为建设工程分包合同。合同签订时，冠某公司尚未取得建筑业企业资质证书，工程于2020年12月完工，尽管2020年11月16日，冠某公司取得建筑业企业资质证书，包括"防水防腐保温工程专业承包二级"和"施工劳务企业资质劳务分包不分级"等，但其违反了有关建筑市场主体准入制度强制性规定，合同应为无效。

（二）借用资质导致施工合同无效

1. 借用资质的内涵

借用资质即通常所讲的"挂靠"，指一个不具有相应施工资质的企业或者个人向具有资质的企业借用该企业的资质证书、营业执照等法律文件，以该企业名义对外承接工程的行为。

《认定查处管理办法》第十条规定："存在下列情形之一的，属于挂靠。

（1）没有资质的单位或个人借用其他施工单位的资质承揽工程的。

（2）有资质的施工单位相互借用资质承揽工程的，包括资质等级低的借用资质等级高的，资质等级高的借用资质等级低的，相同资质等级相互借用的。

（3）本办法第八条第一款第（三）～（九）项规定的情形，有证据证明属于挂靠的"。

《民法典》第一百五十三条规定："违反法律、行政法规的强制性规定的民事法律行为无效"。

《民法典》第七百九十一条规定："禁止承包人将工程分包给不具备相应资质条件的单位"。

因借用资质违反上述法律规定，应属无效。在《四川省泸州市第某建筑工程有限公司、湖北萧某茶业股份有限公司建设工程施工合同纠纷二审民事判决书》［湖北省高级人民法院（2019）鄂民终 600 号］所涉案件中，法院认为，胡某借用泸州某建公司资质与萧某茶业公司签订《建设工程施工合同》，根据《建设工程施工合同解释（一）》第四条"承包人非法转包、违法分包建设工程或者没有资质的实际施工人借用有资质的建筑施工企业名义与他人签订建设工程施工合同的行为无效"的规定，该《建设工程施工合同》应为无效。

2. 挂靠事实的证明

司法实践中，证明挂靠关系的存在，首先须着眼挂靠方与被挂靠方之间的挂靠协议，但一般挂靠协议名称不会有"挂靠"字眼，而是可能采用"联营、合作、内部承包、专业分包、劳务分包"等形式，代理人要善于从合同主要权利义务所指向的内容和性质判断法律关系的性质。挂靠协议核心内容主要有：被挂靠方出借资质给挂靠方，同意挂靠方以被挂靠方的名义对外承接工程，被挂靠方通常收取一定比例的管理费，质量、安全、经济等风险由挂靠方承担，挂靠方对涉案工程自主管理、自负盈亏。为预防风险，通常工程款须进入被挂靠方账户，扣除管理费和税费等费用后支付给挂靠方。

其次，代理人在挂靠方不存有挂靠协议时，应能够通过其他证据证明挂靠事实的存在。毕竟挂靠是违法的，被挂靠方一般为保护自己免受行政处罚，一般挂靠协议仅自己留一份，不给挂靠方。在这种情形下，或者干脆就未曾签订过挂靠协议的情况下，代理人需要通过其他证据来证明挂靠事实的存在。例如，承包人与发包方签订了施工承包合同，但驻工地的项目管理人员如"五大员"等并非承包人所指派，实际承包人并非承包人派驻的项目经理或其他管理人员，与承包人不存在劳动关系；实际承包人以承包人的名义现场管理或者委派他人管理，业主代表、监理工程师、分包单位等也认为其可以代表承包人；对外采购合同由实际承包人决定或者履行；承包人从业主所领取的工程款，在截留部分后支付给实际承包人或其指定的第三人。当事人提供上述证据后，如果承包人或实际承包人否认挂靠关系的存在，应当合理说明并提供证据支持，如承包人与实际承包人系分包、转包关系，承包人与实际承包人系劳动关系、代理关系等。如果承包人与实际承包人不能合理说明，可以从民事案件高度盖然性的角度，对其两者之间存在挂靠关系予以综合认定。

3. 挂靠与企业内部承包的区分

企业内部承包一般是企业将其承包的全部或部分工程交由其下属的分支机构或在册的项目经理等企业职工进行内部承包，企业对工程施工质量、安全、工程款等进行管理，对外承担施工合同全部权利义务。区分挂靠与内部承包，主要看以下几方面：①实际承包人是否为企业的在册职工，是否缴纳社会保险和连续发放工资；②项目部的"五大员"等工程管理人员是否由企业指派，并接受企业内部考核；③企业是否为实际承包人提供资金、技术、设备、资料、管理等支持，以保障工程的顺利施工。

在北京市北协建设工程公司与原北京市北协建设工程公司第三工程处挂靠经营纠纷案[（2006）民二终字第71号]中，最高人民法院认为，挂靠经营指挂靠者通过借用被挂靠者的资质证书、营业执照、银行账户等资质，以被挂靠企业名义对外开展业务。被挂靠者收取固定的管理费或挂靠费，挂靠方自负盈亏。被挂靠企业不对实际施工活动实施管理，二者是平等的民事主体关系。内部承包经营指发包方除提供了资质证书等外，还提供工程所需的必要技术管理、技术服务，进行必要的安全、质量管理，二者存在管理被管理的关系。

区分内部承包与挂靠经营包括以下三个方面。①主体：承包人须为本单位人员，即为与本单位有合法的人事或者劳动合同、工资以及社会保险关系的人员。而挂靠方，则不一定是本单位的工作人员。②经营人的财产投入：内部承包是以承包使用企业的财产为主，自己投入的财产在使用的财产中仅占次要的地位，而挂靠是以使用自己投入的财产为主，企业投入的财产为辅。③企业管理方面：内部承包是企业内部的一种经营管理方式，虽然是自主经营，但企业对其管理相对紧密。挂靠模式下，挂靠方自主经营具有较大的随意性，被挂靠企业对其管理往往较为松散，甚至放弃管理。实践中，对上述两个法律关系性质的判断更为复杂。特别是单位的工作人员借用资质进行挂靠的情况下，该法律关系与内部承包的区别就更加难以区分。

4. 挂靠责任的承担

（1）对于建设工程质量不合格，根据《建筑法》第六十六条规定，应由挂靠方与被挂靠方对发包方承担连带责任。

（2）对于挂靠方对外商事行为，是否构成表见代理系认定责任主体之关键，对于挂靠方对外商事行为构成表见代理的，则应当由被挂靠方承担责任；反之，则按照合同的相对性原则，应由挂靠方承担责任。具体见表见代理部分。

在《信阳笨某科技有限公司、河南省新某代建筑工程有限公司等买卖合同纠纷民事一审民事判决书》[河南省信阳市平桥区人民法院（2021）豫1503民初3353号]所涉案件中，法院认为，关于新某代建筑公司承担的是连带责任还是补充清偿责任的问题。《最高人民法院关于适用〈中华人民共和国民事诉讼法〉若干问题的意见》第五十二条仅规定："借用业务介绍信、合同专用章、盖章的空白合同书或者银行账户的，出借单位和借用人为共同诉讼人"。关于挂靠责任的承担，《建筑法》第六十六条规定："建筑施工企业转让、出借资质证书或者以其他方式允许他人以本企业的名义承揽工程的，并且对因该项承揽工程不符合规定的质量标准造成的损失，建筑施工企业与使用本企业名义的单位或者个人承担连带赔偿责任。"该案的买卖合同之债不符合上述情形，故在尚无法律明文规定要求新某代建筑公司应承担连带责任的情况下，该案中新某代建筑公司应当对允许他人违法挂靠的后果承担补充清偿责任，故该院对于新某代建筑公司辩称不应当承担任何责任的意见不予采纳。

二、违反招标投标领域法律、行政法规导致施工合同无效

（一）应依法招标而未招标

1. 相关规定

《招标投标法》第三条规定："在中华人民共和国境内进行下列工程建设项目包括项目的勘察、设计、施工、监理以及与工程建设有关的采购，必须进行招标：（一）大型基础设施、公用事业等关系社会公共利益、公众安全项目；（二）全部或者部分使用国有资金投资或者国家融资的项目；（三）使用国际组织或者外国政府贷款、援助资金的项目。前款所列项目的具体范围和规模标准，由国务院发展计划部门会同国务院有关部门制定，报国务院批准。法律或国务院对必须进行招标的其他项目的范围有规定的，依照其规定。"

《必须招标的工程项目规定》及《必须招标的基础设施和公用事业项目范围规定》对必须招标的具体范围和规模标准作出规定。如果涉案工程属于必须招标投标的范围，但未经招标投标程序而直接签订建设工程施工合同的，则合同无效。

2. 相关案件审查要点

（1）审查项目是否属于必须进行招标投标的工程建设项目，应从工程性质、资金来源以及工程规模等几个方面确定涉案工程是否属于《招标投标法》《必须招标的工程项目规定》以及《必须招标的基础设施和公用事业项目范围规定》等规定的必须进行招标的工程建设项目。

（2）审查招标方式是否合法，应该公开招标的项目没有采用法定招标的方式，必须招标的项目采用了直接发包的方式。在《广州江某房地产有限公司、广州常某房地产开发实业有限公司委托代建合同纠纷再审审查与审判监督民事裁定书》[最高人民法院（2020）最高法民申 1422 号]所涉案件中，法院认为，江某公司主张本案代建管理项目不属于必须进行招标的项目。经审查，《代建管理合同》虽属于委托合同，但约定的代建管理服务内容包括案涉建设工程项目从规划报建到工程竣工验收合格所需的管理工作，该服务属于与工程建设有关的服务，根据《代建管理合同》签订时行政法规的规定，该代建管理服务属于应当招标的项目，故原审法院以未经依法招标为由认定《代建管理合同》无效，并无不当。

（二）招标人的行为所导致的中标无效

1. 违规代理导致的无效

招标代理机构违反《招标投标法》第五十条规定，泄露应当保密的与招标投标活动有关的情况和资料的，或者与招标人、投标人串通损害国家利益、社会公共利益或者他人合法权益，并影响中标结果的，中标无效。

在招标代理活动中，招标代理机构与招标人之间的关系为代理人与被代理人的关系，招标代理机构处于代理人的地位。招标代理机构与招标人、投标人串通，主要有以下几种情况：①是招标代理机构与招标人串通，违反本法的规定进行招标投标；②是招标代理机构与投标人串通以使该投标人中标，从中牟取不正当利益；③是招标代理机构与招标人、投标人共同串通，牟取非法利益。上述违法行为，都可能损害国家利益、社会公共利益或者他人的合法权益。

2. 招标人泄露相关信息导致的无效

根据《招标投标法》第五十二条规定，依法必须进行招标的项目的招标人向他人透露已获取招标文件的潜在投标人的名称、数量或者可能影响公平竞争的有关招标投标的其他情况的，或者泄露标底的，该行为影响中标结果，中标无效。招标过程中有关情况的保密性是招标投标"公开、公平、公正"原则的前提。

根据《招标投标法》第二十二条规定，已经获取招标文件的潜在投标人的名称、数量等属于应予保密的内容，招标人不得向他人透露。除此之外，其他任何可能影响公平竞争的情况，如评标委员会成员的组成等，也不得向他人透露。在某些项目的招标过程中，招标人可能设有标底，招标人一般将标底作为衡量投标报价的基准。由于标底与投标报价之间存在着这种关联性，关系到投标人能否中标，因此标底是保密的，任何人不得透露。招标人如果违反本法规定实施了上述行为，即构成违法；如果该行为影响中标结果，则中标无效。

3. 违法谈判导致的无效

《招标投标法》第四十三条、第五十五条规定依法必须进行招标的项目，招标人违法与投标人就投标价格、投标方案等实质性内容进行谈判，该行为影响中标结果的，中标无效。公开、公平、公正原则是该法的最重要的基本原则，保护公共利益，确保自由、公正竞争是招标投标法的核心内容。如果允许招标人在确定中标人之前就这些实质性问题与投标人进行谈判，招标人可能会利用一个投标人提交的投标对另一个投标人施加压力，迫使其降低投标报价或者作出其他让步，同时还有可能导致招标人与投标人串通，使投标人有机会从招标人处获得有关信息而对投标报价等实质性内容进行修改，这样就损害了其他投标人的利益，也违反了公平原则。

在《新疆华某安居房地产开发有限公司、中国铁某大桥工程局集团有限公司建设工程施工合同纠纷二审民事判决书》[最高人民法院（2019）最高法民终347号]所涉案件中，法院认为，根据法律法规的规定，招标人与投标人就合同实质性内容进行谈判的行为影响了中标结果的，中标无效，中标无效将导致合同无效。经招标投标程序，发包人与承包人签订建工合同，虽然发包人或者承包人一方自称其违反《招标投标法》的规定致使中标无效，但在没有证据证明工程在招标投标过程中存在其他违法违规行为可能影响合同效力的情形下，该发包人或者承包人一方应对其违法违规行为是否影响了中标结果加以证明，否则应认定双方签订的建筑工程合同真实、有效。

4. 违法确定中标人导致的无效

《招标投标法》第五十七条规定，招标人在评标委员会依法推荐的中标候选人以外确定中标人的，依法必须进行招标的项目在所有投标被评标委员会否决后自行确定中标人的，中标无效。招标人应当根据评标委员会的书面评标报告及推荐的中标候选人来确定中标人，否则法律规定的评标工作就没有存在价值。

（三）投标人的行为所导致的中标无效

1. 串通投标导致的中标无效

《招标投标法实施条例》第三十九条、第四十条规定对串通投标作了界定。投标人相互串通投标的，中标无效。其中，有下列情形之一的，属于投标人相互串通投标：①投标人之间协商投标报价等投标文件的实质性内容；②投标人之间约定中标人；③投标人之间约定部分投标人放弃投标或者中标；④属于同一集团、协会、商会等组织成员的投标人按照该组织要求协同投标；⑤投标人之间为谋取中标或者排斥特定投标人而采取的其他联合行动。

有下列情形之一的，视为投标人相互串通投标：①不同投标人的投标文件由同一单位或者个人编制；②不同投标人委托同一单位或者个人办理投标事宜；③不同投标人的投标文件载明的项目管理成员为同一人；④不同投标人的投标文件异常一致或者投标报价呈规律性差异；⑤不同投标人的投标文件相互混装；⑥不同投标人的投标保证金从同一单位或者个人的账户转出。

2. 弄虚作假导致的中标无效

投标人有下列情形之一的，属于《招标投标法》第三十三条规定的以其他方式弄虚作假的行为：①使用伪造、变造的许可证件；②提供虚假的财务状况或者业绩；③提供虚假的项目负责人或者主要技术人员简历、劳动关系证明；④提供虚假的信用状况；⑤其他弄虚作假的行为。

3. 与招标人存在利害关系导致的无效

与招标人存在利害关系可能影响招标公正性的法人、其他组织或者个人，不得参加投标。违反规定的，投标无效；对中标结果造成实质性影响的，中标无效。

4. 关联公司共同投标导致的无效

单位负责人为同一人或者存在控股、管理关系的不同单位，不得参加同一标段投标或者未划分标段的同一招标项目投标。违反规定的，相关投标均无效；对中标结果造成实质性影响的，中标无效。

5. 联合体投标涉及的无效

招标人接受联合体投标并进行资格预审的，联合体应当在提交资格预审申请文件前组成。资格预审后联合体增减、更换成员的，其投标无效。对中标结果造成实质性影响的，中标无效。

联合体各方在同一招标项目中以自己名义单独投标或者参加其他联合体投标的，相关投标均无效。对中标结果造成实质性影响的，中标无效。

6. 投标人重大变化导致的无效

投标人发生重大变化致投标人不再具备投标文件的条件，投标人发生合并、分立、破产等重大变化的，应当及时书面告知招标人。投标人不再具备资格预审文件、招标文件规定的资格条件或者其投标影响招标公正性的，其投标无效。对中标结果造成实质性影响的，中标无效。

（四）投标人与招标人串通投标的中标无效

有下列情形之一的，属于招标人与投标人串通投标：①招标人在开标前开启投标文件并将有关信息泄露给其他投标人；②招标人直接或者间接向投标人泄露标底、评标委员会成员等信息；③招标人明示或者暗示投标人压低或者抬高投标报价；④招标人授意投标人撤换、修改投标文件；⑤招标人明示或者暗示投标人为特定投标人中标提供方便；⑥招标人与投标人为谋求特定投标人中标而采取的其他串通行为；⑦投标人以向招标人或者评标委员会成员行贿的手段谋取中标的，中标无效。

在《江苏南通某建建设集团有限公司与山西嘉某泰房地产开发有限公司建设工程施工合同纠纷申请再审民事裁定书》〔最高人民法院（2015）民申字第542号〕所涉案件中，法院认为，涉案工程属于应当履行招标投标的工程。但嘉某泰公司未事先履行公开招标程序，即与南通某建签订涉案《建设工程施工合同》。南通某建于2005年3月进场施工。2005年10月15日，双方再次签订《某小区二期工程建设工程施工合同》前，虽然补办了招标投标手续，南通某建中标，但该招标投标程序未向社会公开，系属于《招标投标法》禁止的明招暗定的串标行为，故一、二审认定涉案《某小区二期工程建设工程施工合同》无效正确。

根据《招标投标法》第四十五条第二款的规定，中标通知书对招标人和投标人具有法律拘束力。根据《民法典》有关合同成立的规定，一般情形下，招标公告或者邀请投标文件属于要约邀请，投标文件构成要约，中标通知书构成承诺。中标通知书送达中标人时，建设工程施工合同即告成立。如果存在上述条文中的串通投标情形，导致中标无效，必然导致其后再订立的施工合同也无效。

（五）违反《招标投标法》之低于成本价中标

1. 法律的相关规定

《招标投标法》第三十三条规定："投标人不得以低于成本的报价竞标，也不得以他人名义投标或者以其他方式弄虚作假，骗取中标。"该规定禁止投标人以低于成本的报价竞标，主要是为了规范招标投标活动，避免不正当竞争，保证项目质量，维护社会公共利益，如果确实存在低于成本价投标的，应当依法确认中标无效，并认定相应的建设工程施工合同无效。

2. 企业个别成本的确认

对本条的适用难点在于如何举证中标人完成案涉工程所需要的企业个别成本。对于《招标投标法》第三十三条的"成本"法律并未明确界定，是社会平均成本还是企业个别成本？一般社会平均成本比较高，根据实践及常识，这里成本应该指的是企业的个别成本。本条的规定是企业不能低价竞争，扰乱市场。但一个企业的个别成本在不同的时期，受到市场人材机价格、管理水平等影响，成本是动态的。而且，本条所称的企业成本是指在招标投标阶段，投标人通过对招标文件的研究分析后，根据招标文件所列的工程量清单等文件，根据己方可预估的企业成本估算。企业不能以低于成本的报价中标后，然后在施工过程中，就地涨价，发生纠纷后就可以合同无效为由要求调整合同价款。根据司法解释规定的无效合同的结算规定，仍应参照原合同结算的规定确定合同价款。

在《南通启某建设集团有限公司、泰州市鹏某房地产开发有限公司建设工程施工合同纠纷二审民事判决书》[江苏省高级人民法院（2018）苏民终821号]所涉案件中，法院认为，启某公司与鹏某公司就案涉工程签订的数份《建设工程施工合同》中就案涉工程价款均约定为固定总价结算方式，无论案涉《建设工程施工合同》的效力如何认定，该约定对双方均具有约束力。针对启某公司对工程成本提出异议，首先，《招标投标法》第三十三条规定，投标人不得以低于成本的报价投标。此处的成本应指企业个别成本。企业个别成本与企业规模、管理水平相关，管理水平越高的企业其个别成本越低，亦即同样的工程量对于不同的企业而言个别成本是不同的。现启某公司并没有提供证据证明其企业的个别成本，故其主张《建设工程施工合同》约定的固定总价低于成本价，依据不足。其次，《招标投标法》第三十三条的立法是为了规范投标人的行为，维护公平竞争秩序。启某公司在投标时是以鹏某公司的招标控制价为基础的，其主观上并无以低于成本价投标排挤其他竞争对手的恶意，因此，不存在损害社会公共利益的情形，也不符合根据上述法律规定认定合同无效的情形。最后，启某公司作为专业从事工程建设的单位，应能够依据招标时的工程量清单准确核算工程量，据此判断招标控制价是否低于个别成本而选择是否参加投标。如果启某公司压低报价中标案涉工程之后，又允许其在结算时以低于成本价为由要求按照定额标准结算工程价款，将极大损害其他投标人的利益，此亦为法律所不允许。故启某公司基于施工面积、主材指定、工期等原因主张合同固定总价低于成本价，并要求按照定额标准按实结算案涉工程价款，无事实和法律依据，该院不予支持。一审法院对其鉴定申请未予准许，并无不当。

三、未办理建设工程规划许可证等规划审批手续导致施工合同无效

（一）无效情形的法律规定

根据《土地管理法》第四十三条、《城乡规划法》第三十八条的规定，在我国进行工程建设，建设单位应当取得建设工程规划许可证。上述法律规定体现了国家对土地使用、工程规划的调控和监管，建设单位取得建设工程规划许可证是合法建设的前提条件，未取得建设工程规划许可证即进行建设或未按照建设工程规划许可证进行建设属于法律明确禁止的行为，属于《民法典》第一百五十三条规定的违反法律、行政法规强制性规定的行为，据此签订的合同显然无效。

（二）未取得施工许可证或者开工报告，不影响合同效力

根据《建筑法》第七条和第六十四条的规定，建筑工程开工前，建设单位应当按照国家有关规定向工程所在地县级以上人民政府建设行政主管部门申请领取施工许可证，未取得施工许可证或者开工报告未经批准擅自施工的，责令改正，对不符合开工条件的责令停止施工，可以处以罚款。以上属于建筑业管理规定，不属于法律、行政法规强制性规定，对民事合同效力不产生影响。

一般来说，只要工程办理了施工许可证，即可断定该工程已经取得了和施工合同效力判断相关的行政手续。

（三）发包方故意不办理相关规划审批手续的法律后果

对于发包人能够办理而未办理建设工程规划许可证等规划审批手续，发包人主张建设工程施工合同无效的，法院不予支持。办理建设工程规划许可证等规划审批手续是发包人的法定义务，其故意不办理相关规划审批手续应当承担不利后果。对代理人而言，首先，需要证明发包人办理规划审批手续的条件已成就，其次，须证明其存在拒不办理相关手续的故意。

在《江苏兴某交通建设有限公司、江苏迈某管道设备有限公司建设工程施工合同纠纷二审民事判决书》[江苏省泰州市中级人民法院（2019）苏 12 民终 197 号]所涉案件中，法院认为，兴某公司与迈某公司于 2013 年 6 月 17 日签订的土建合同所约定的建设工程未依法取得建设工程规划许可证等规划审批手续，违反了《城乡规划法》的相关规定应为无效，本院作出的 309 号生效判决亦已确认该合同无效。2019 年 2 月 1 日施行的《建设工程施工合同解释（二）》第二条规定："当事人以发包人未取得建设工程规划许可证等规划审批手续为由，请求确认建设工程施工合同无效的，人民法院应予支持，但发包人在起诉前取得建设工程规划许可证等规划审批手续的除外。"第二条第二款规定："发包人能够

办理审批手续而未办理，并以未办理审批手续为由请求确认建设工程施工合同无效的，人民法院不予支持。"该案中并无证据证明发包人迈某公司能够办理建设工程规划许可证而故意不办理或者拖延办理，且迈某公司起诉兴某公司案中是以兴某公司所承建的工程质量不合格为由，要求解除双方签订的土建合同，并未以其未办理审批手续而主张土建合同无效。故依据《建设工程施工合同解释（二）》第二条规定，双方所签订的土建合同仍为无效。

（四）合同效力补正的时间点为"起诉前"

《建设工程施工合同解释（一）》第三条规定："当事人以发包人未取得建设工程规划许可证等规划审批手续为由，请求确认建设工程施工合同无效的，人民法院应予支持，但发包人在起诉前取得建设工程规划许可证等规划审批手续的除外。"之所以合同效力补正的时间点为"起诉前"，是为了便于当事人在诉讼前就能判断相应的法律风险和权利义务。

在《广西粤某房地产开发有限公司、广西建某集团第一建筑工程有限责任公司建设工程施工合同纠纷再审审查与审判监督民事裁定书》［最高人民法院（2019）最高法民申4305号］所涉案件中，法院认为，根据《建设工程施工合同解释（二）》第二条的规定，"当事人以发包人未取得建设工程规划许可证等规划审批手续为由，请求确认建设工程施工合同无效的，人民法院应予支持，但发包人在起诉前取得建设工程规划许可证等规划审批手续的除外。发包人能够办理审批手续而未办理，并以未办理审批手续为由请求确认建设工程施工合同无效的，人民法院不予支持。"根据《补充协议书》第一款的规定，承担办理建设工程规划许可证的义务主体是发包人粤某公司。因此，粤某公司以未办理审批手续为由主张《施工合同》《补充协议书》无效，人民法院不应予以支持。

四、转分包导致施工合同无效

（一）承包人转包

1. 转包的基本概念

2019年1月1日起施行的《认定查处管理办法》第七条规定："本办法所称转包，是指承包单位承包工程后，不履行合同约定的责任和义务，将其承包的全部工程或者将其承包的全部工程肢解后以分包的名义分别转给其他单位或个人施工的行为。"根据以上定义，转包的表现形式主要为直接转包、肢解发包和视同转包。视同转包是指转包人在承包建设工程后未在施工现场成立项目部，未派驻管理人员和技术人员，未对该工程进行实际管理。

因此，转包行为在法律层面被界定为违法，以"非法转包"的方式进行表述是不科学的，因为这种表述可能会误导人们认为存在合法转包的错误想法。现有的法律规定基本纠正了以前这样不当的表述方式。

2. 转包的法律后果

《建筑法》第二十八条规定："禁止承包单位将其承包的全部建筑工程转包给他人，禁止承包单位将其承包的全部工程肢解以后以分包的名义分别转包给他人。"《民法典》第七百九十一条规定："承包人不得将其承包的全部建设工程转包给第三人或者将其承包的全部工程支解以后以分包的名义分别转包给第三人。"《建设工程质量管理条例》第二十五条第三款规定，施工单位不得转包或者违法分包工程。以上法律规定属于效力性强制性规范，转包违反上述规定，合同显然无效。

在《上海曹某建设工程有限公司、泰兴市文某疏浚工程有限公司建设工程施工合同纠纷再审审查与审判监督民事裁定书》[最高人民法院（2019）最高法民申 6797 号]所涉案件中，法院认为，正某公司与文某公司于 2012 年 2 月 3 日签订的《劳务合作协议书》，和文某公司、曹某公司于 2012 年 2 月 4 日签订的《劳务合作协议书》，除约定单价不同，协议的其余内容（包括承包范围、开工日期、竣工日期等）均完全相同。这既表明前者合同的性质亦为建设工程施工合同，也表明文某公司作为项目工程的原本承包人，又将其承包的全部建设工程转包给了曹某公司。《合同法》第二百七十二条第二款规定，承包人不得将其承包的全部建设工程转包给第三人或者将其承包的全部建设工程肢解以后以分包的名义分别转包给第三人。《建设工程施工合同解释（一）》第四条规定，承包人非法转包、违法分包建设工程或者没有资质的实际施工人借用有资质的建筑施工企业名义与他人签订建设工程施工合同的行为无效。该案中文某公司、曹某公司签订的《劳务合作协议书》，明显符合"承包人非法转包建设工程"的情形，故该合同应为无效。

3. 转包与挂靠的区分

在实务中，有大量的案例需要对两者进行区分，区分的意义在于两者适用的部分裁判规则是不一致的。在实践中，对两者进行区分，主要看以下三个方面。第一，实际施工方是否介入投标等前期活动。挂靠关系中，实际施工方作为业务的实际承接方，往往在投标、签约前阶段，就介入了工程承接、联络事宜。而转包则是"坐享其成"，在总包方承接工程后交由第三方承包。这个区别是两者最核心的区别，也是实务中最容易区别的点位。第二，承包方对工程是否有控制力。挂靠关系中，被挂靠方仅出借资质，收取少量管理费，对施工质量、工期等不太关注，对工程能否承接、施工现场管理、工程款分配等事宜也没有掌控力。而在转包关系中，转包方作为实际承接方，则可以决定是否转包、转包给谁，对工程的承接、工程款分配和现场施工具有更强的控制力，且对工程质量、工期等更加关注。第三，实际施工人是否以自己的名义对外进行民事活动。挂靠是挂靠方和被挂靠方隐秘的内部行为，挂靠方对外无法以自己的名义从事施工活动，而转包关系中的实际施工人，则可能以自己的名义对外从事民事活动。

在《重庆瑞某房地产有限公司、白某强建设工程施工合同纠纷再审审查与审判监督民事裁定书》[最高人民法院（2019）最高法民申 729 号] 所涉案件中，法院认为，中某公司与白某强之间并非挂靠关系，而系转包关系。一般而言，区分转包和挂靠主要应从实际施工人（挂靠人）有没有参与投标和合同订立等缔约磋商阶段的活动加以判断。转包是承包人承接工程后将工程的权利义务概括转移给实际施工人，转包中的实际施工人一般并未参与招标投标和订立总承包合同，其承接工程的意愿一般是在总承包合同签订之后，而挂靠是承包人出借资质给实际施工人，挂靠关系中的挂靠人在投标和合同订立阶段一般就已经参与，甚至其以被挂靠人的代理人或代表的名义与发包人签订建设工程施工合同。因此，一般而言，应当根据投标保证金的缴纳主体和资金来源、实际施工人（挂靠人）是否以承包人的委托代理人身份签订合同、实际施工人（挂靠人）有没有与发包人就合同事宜进行磋商等因素，审查认定属于挂靠还是转包。该案中，中某公司中标在前，白某强与中某公司签订内部承包合同在后，实际施工人白某强并未以承包人中某公司的委托代理人身份签订合同，也没有与发包人瑞某公司就合同事宜进行磋商，故认定中某公司与白某强为挂靠关系，没有事实依据。因此，二审法院依照《最高人民法院关于审理建设工程施工合同纠纷案件适用法律问题的解释》第二十六条第二款"实际施工人以发包人为被告主张权利的，人民法院可以追加转包人或者违法分包人为本案当事人。发包人只在欠付工程价款范围内对实际施工人承担责任"的规定，认定发包人瑞某公司在其欠付工程价款范围内对实际施工人白某强承担工程款及利息支付责任，并无不当。

4. 建设方与转包方之间的施工承包合同的效力

在转包合同签订双方发生争议时，按照无效合同的法律情形处理。根据合同的相对性原则，建设方与转包方的施工承包合同按一般合同效力规则处理，不因转包合同无效而无效。

在《姜某华、江某鹏建设工程施工合同纠纷二审民事判决书》[最高人民法院（2020）最高法民终 82 号] 所涉案件中，法院认为，房某公司与中某公司经过招标投标程序签订《建设工程施工合同》，中某公司具有相应建设工程施工资质，上述合同是双方当事人真实意思表示，内容不违反法律、行政法规的效力性强制规定，合法有效。中某公司承接案涉工程后，将工程交由不具有建设工程施工资质的江某鹏以中某公司大庆分公司名义施工建设，系《建设工程施工合同》履行中的问题。一审法院认定江某鹏借用中某公司名义与房某公司签订《建设工程施工合同》，依据不足。现有证据亦不足以证明房某公司在签订《建设工程施工合同》时，明知案涉工程将由江某鹏实际组织施工，一审法院认定《建设工程施工合同》无效，没有法律依据，该院予以纠正。姜某华并非中某公司或中某公司大庆分公司员工，姜某华与中某公司大庆分公司签订的内部承包合同，实为建设工程施工合同。因姜某华不具备建设工程施工资质，内部承包合同无效。姜某华实际负责组织案涉工程施工，为案涉工程的实际施工人。

（二）承包人违法分包

1. 关于违法分包的相关规定

《建筑法》第二十九条、《建设工程质量管理条例》第七十八条第二款、《认定查处管理办法》第十二条及《施工分包管理办法》第九条规定均对违法分包行为作出了具体规定。

2. 违法分包的表现形式

（1）分包单位将其承包的工程再分包。

《民法典》第七百九十一条规定："禁止分包单位将其承包的工程再分包。"根据《施工分包管理办法》等规定，禁止专业工程中非劳务作业部分再分包，允许专业分包单位将劳务作业部分分包给具有劳务资质的企业；劳务分包企业不得将劳务再分包。

（2）总承包企业将工程分包给个人或不具备相应施工资质的企业。

《民法典》第七百九十一条规定："禁止承包人将工程分包给不具备相应资质条件的单位。"《施工分包管理办法》第五条规定，房屋建筑和市政基础设施工程施工分包分为专业工程分包和劳务作业分包。承包分包工程的主体必须具有相应的建筑企业资质，不能超越资质分包，更不能分包给个人或班组。

（3）总承包企业将工程项目肢解后全部分包。

《民法典》第七百九十一条规定："承包人不得将其承包的全部建设工程肢解以后以分包名义分别转包给第三人。"总承包单位将建设工程肢解以后全部分包实质上就是转包，但其与各分包主体之间系违法分包关系。

（4）未经发包人同意的分包。

总承包未按照《施工承包合同》约定或未经发包人同意，将相关工程分包出去，但劳务作业部分除外。一般施工总承包合同对分包有约定，未按约定或未经发包人同意，即为违法分包。但总承包人将相关劳务作业分包给有资质的劳务企业不属于违法分包。

（5）总承包企业将主体工程分包。

《民法典》第七百九十一条规定："建设工程主体结构的施工必须由承包人自行完成。"故承包人与分包人签订合同将主体结构分包的，构成违法分包。判断主体工程是否分包主要看施工范围，主要从以下方面判断。首先，看分包合同约定的施工范围是否包含主体结构工程；其次，看分包人实际施工内容是否超出了专业分包的范围（各类会议纪要、讨论文件、内部通知是否明确施工范围）；再次，从涉及主体结构施工的人工、材料、机械等费用是否由分包人支付进行判断；最后，从分部分项验收资料、竣工验收报告等书面文件判断分包人的施工范围。

（6）所谓扩大的劳务分包。

劳务分包合同的承包范围不仅有劳务，还包括主要建筑材料、大中型机械设备等。该类劳务分包合同属于违法分包合同，根据相关规定，劳务分包企业仅能承包劳务作业，如扩大劳务分包范围，即为违法分包。若存在大规模的工程材料款或设备费用等，则名为劳务分包实为专业工程分包或转包。司法实践中，很多合同是以劳务分包为名，行转包之实。

在《重庆皇某建设（集团）有限公司、重庆市万州区清某建筑工程有限公司等与建设工程分包合同纠纷再审民事判决书》[最高人民法院（2014）民提字第80号]所涉案件中，法院认为："对比皇某公司与水某八局签订的《施工分包协议书》及皇某公司与清某公司签订的《劳务分包协议书》的内容可知，两份协议书在工程内容、工程承包范围上是相同的。《劳务分包协议书》约定的工程单价包括劳务、材料、机械、质检（自检）、安装、缺陷修复、管理、税费、利润等费用。该约定与《施工分包协议书》的约定也是一致的。因此，案涉合同所涉交易的实质是，皇某公司将其承包的合同再次分包给清某公司。合同内容违反了《建筑法》第二十八条、《合同法》第二百七十二条[①]的规定，应认定为无效合同。皇某公司认为清某公司仅限于劳务作业、工程主料由业主统一采购和供应、皇某公司提供了工程施工的大型设备以及承担了工程的管理、计量、协调等工作，案涉合同属于劳务分包合同进而有效的观点不能成立。"

（7）名为内部承包，实为非法分包。

一般来说，内部承包指施工企业将其承接的工程项目全部或部分交给其内部职能部门或内部职工承包，由承包合同中的承包方组织人财物完成施工，实行内部独立核算，自负盈亏，并向发包方缴纳一定管理费的经营方式。承包合同中的承包方一般包括企业内部职工、分公司、项目部等与其有隶属关系的企业内部部门或个人。作为一种经营方式，只要不违反法律的禁止性规定，其本身并不违法，也没有违反承包人应当自行完成工程的主要合同义务，承包人仍然对工程施工进行实质性的管理。只是管理的方式有所不同，内部职工或下属分支机构要完成的施工任务仍然视为承包人自行完成。

根据浙江省高级人民法院《关于审理建设工程施工合同纠纷案件若干疑难问题的解答》的相关意见，认定内部承包合同的标准为，建设工程施工合同的承包人与其下属分支机构或在册职工签订合同，将其承包的全部或部分工程承包给其下属分支机构或职工施工，并在资金、技术、设备、人力等方面给予支持的，可认定为企业内部承包合同。

根据北京市高级人民法院《关于审理建设工程施工合同纠纷案件若干疑难问题的解答》的相关意见，认定内部承包合同的标准为，建设工程施工合同的承包人将其承包的全部或部分工程交由其下属的分支机构或在册的项目经理等企业职工个人承包施工，承包人对工程施工过程及质量进行管理，对外承担施工合同权利义务的，属于企业内部承包行为。

根据河北省高级人民法院《建设工程施工合同案件审理指南》意见，企业内部职工和下属分支机构不得单独主张工程款。因此，内部承包管理中，内部承包人无权向发包方主张工程价款，只能通过建设施工企业来向发包方主张工程价款。《内部承包协议》所约定

---

① 《合同法》已作废，现为《中华人民共和国民法典》第七百九十一条。

的工程款利润分成和绩效激励合法有效，受法律保护，内部承包人有权依据《内部承包协议》向建筑施工企业主张相应利润和分成。但在工程建设实践中，承包方将相关项目以内部承包名义分包出去，承包方没有在项目人材机及管理上有任何投入，该内部承包就涉嫌非法分包或转包了。

在《浙江高院审理的上诉人潘某某与被上诉人建某某建设有限公司（以下简称广某公司）、中国人民解放军某某建德市人民武装部（以下简称建某某人武部）建设工程施工合同纠纷一审民事判决书》〔浙江省高级人民法院（2009）浙民终字第42号〕所涉案件中，法院认为，在潘某某与广某公司等建设工程施工合同纠纷案件中，人民法院认为，广某公司与某工程指挥部签订案涉两份《建设工程施工合同》，承包了办公楼及1、2、3号住宅楼的建设施工后，又与潘某某分别签订了《企业内部项目承包管理责任制》和《项目承包内部责任制》，从《企业内部项目承包管理责任制》和《项目承包内部责任制》约定的内容及潘某某与广某公司对该两份内部承包合同的实际履行情况来看，潘某某当时并非广某公司职工，广某公司将其承包的案涉工程又以"内部承包"的形式非法转包给了潘某某。据此，依照《建设工程施工合同解释》第四条的规定，该案"内部承包合同"依法应认定为无效。

五、肢解发包导致施工合同无效

（一）基本法律规定

肢解发包是指发包人应当将一个承包人完成的建设工程分解成若干部分发包给数个承包人。这种方式使得整个工程在管理和技术方面缺乏应有的统筹和协调，在一个工作面上有许多施工单位作业，工作界面不清，增大了质量风险和安全风险，职责也不清楚，后续如产生质量问题也难以确定责任主体，故法律明确禁止肢解发包。

《民法典》第七百九十一条规定："发包人可以与总承包人订立建设工程合同，也可以分别与勘察人、设计人、施工人订立勘察、设计、施工承包合同。发包人不得将应当由一个承包人完成的建设工程支解成若干部分发包给数个承包人。"

《建筑法》第二十四条规定："提倡对建筑工程实行总承包，禁止将建筑工程肢解发包。建筑工程的发包单位可以将建筑工程的勘察、设计、施工，设备采购一并发包给一个工程总承包单位，也可以将建筑工程勘察、设计、施工、设备采购的一项或者多项发包给一个工程总承包单位，但是，不得将应当由一个承包单位完成的建筑工程肢解成若干部分发包给几个承包单位。"

（二）应当由一个承包单位完成的建筑工程的界定

"应当由一个承包单位完成的建筑工程"一般指单位工程。根据《建设工程分类标准》的规定，单位工程是指具备独立施工条件并能形成独立使用功能的建筑物或构建物。理解单位工程前，须理解单项工程的概念。

单项工程是指一个工程项目中，具有独立的设计文件，竣工后可以独立发挥生产能力或效益的一组配套齐全的项目。例如，一所学校的建设规划中包含教学楼、办公楼、宿舍楼和餐厅四项建筑物，以上四项建筑就是四个不同单项工程，发包方可以将其发包给一个单位或发包给四个不同的单位施工，都是合法的。教学楼工程一般由土建单位工程和安装单位工程组成。根据规定，发包方只能将土建工程或安装工程发包给一个承包人，不能再将土建工程或安装工程分解发包。如发包人不得将该土建单位工程分解成土方开挖、土方回填、钢筋工程、砖砌体工程发包出去。

（三）律师审查要点

工程当事人主张发包人肢解发包的，可以从以下方面审查：①涉案工程是否属于不可肢解分包的单位工程或分部分项工程；②发包人是否将单位工程或分部分项工程肢解后，分别发包给不同承包人。从举证的角度看，主要有发包人和施工单位签订的施工合同、预算书、施工图纸、合同履行的证据或结算文件等。

在《最高院审理的宜兴建某公司与中某一局第五公司建设工程施工合同纠纷一案》〔最高人民法院（2018）最高法民终589号〕中，法院认为，案涉工程项目的《建筑工程施工许可证》载明施工单位为宜兴建某公司与中某一局第五公司，并未显示苏某公司是施工单位，上述施工单位分别与新某公司签订建设工程施工合同。新某公司亦认可案涉安庆新城某广场项目的总承包人是上述施工单位，苏某公司所作的案涉桩基工程包含在上述施工单位的总承包范围内，桩基工程是新某公司的指定分包。而且，安庆市住房和城乡建设委员会作出的建设罚字〔2016〕第004号行政处罚决定书，认定新某公司在与施工总承包单位签订总承包合同之外，将桩基部分分包给其他施工单位，并还与桩基部分的施工单位签订了分包合同，该行为违反《建筑法》第二十四条"提倡对建筑工程实行总承包，禁止将建筑工程肢解发包"及《建设工程质量管理条例》第七条第二款"建筑单位不得将建设工程肢解发包"的规定，对新某公司肢解发包行为进行处罚。新某公司将案涉工程的桩基项目肢解发包，违反了法律和行政法规的强制性规定，所以案涉《桩基工程施工合同》应属无效。一审判决认定《桩基工程施工合同》有效，应属不当，该院予以纠正。

六、任意压缩工期导致施工合同无效

（一）基本规定及相关法律后果

《建设工程质量管理条例》第十条规定："建设工程发包单位不得迫使承包方以低于

成本的价格竞标，不得任意压缩合理工期。建设单位不得明示或者暗示设计单位或者施工单位违反工程建设强制性标准，降低建设工程质量。"

《建设工程安全生产管理条例》第七条规定："建设单位不得对勘察、设计、施工、工程监理等单位提出不符合建设工程安全生产法律、法规和强制性标准规定的要求，不得压缩合同约定的工期。"

《八民会纪要》规定："当事人违反工程建设强制性标准，任意压缩合理工期，降低工程质量标准的约定，应认定无效。工程建设的质量安全，不仅涉及承发包双方利益，更关系社会公共利益。不合理约定工期，盲目赶工期、简化工序，会严重影响建设项目的安全施工。"

（二）合理工期的确定及压缩

合理工期是指在正常建设条件下，采取科学合理的施工工艺和管理方法，以现行的建设行政主管部门颁布的工期定额为基础，结合项目建设的具体情况，而确定的使投资方、各参加单位均获得满意的经济效益的工期。

一般情况下，在投标方案中，投标方必须对招标方案中的工期作实质回应。投标方会根据工作量清单及施工图纸，结合工期定额及己方的施工管理水平和施工工艺来确定计划工期。

实践中，压缩工期多发生在两个阶段：一是签订施工合同阶段，建设单位要求在合同中直接约定远低于合理标准的施工天数；二是合同履行阶段，建设单位要求缩减工期。当建设工程施工合同所约定的工期不符合合理工期，违反工程建设现有技术能力和客观规律的时候，置质量不顾而加快进度会导致安全风险加大或者施工成本大大上升，会产生远远超过正常的风险。

在《湖南精某置业有限公司与湖南建某集团有限公司、某某银行股份有限公司湖南省分行建设工程施工合同纠纷一审民事判决书》〔湖南省长沙市中级人民法院（2020）湘01民初1287号〕所涉案件中，长沙市中级人民法院认为，关于焦点一。首先，关于创某纪项目2号标段建设工程的整体工期。精某公司与建某集团签订的施工补充合同第五条约定的总工期为520天，中标通知书及备案合同确定的总工期为800天。湖南新某项目管理有限公司根据本院委托出具的《湖南建某集团有限公司创某纪项目2标段合理工期鉴定意见书》（湘新咨基〔2012〕特审第003号）认定涉案工程范围的合理工期区间为783~979天。由此可见，施工补充合同约定的总工期520天明显低于合理工期，根据《建设工程质量管理条例》第十条第一款"建设工程发包单位，不得迫使承包方以低于成本的价格竞标，不得任意压缩合理工期"以及《第八次全国法院民事商事审判工作会议（民事部分）纪要》第三十条"当事人违反工程建设强制性标准，任意压缩合理工期、降低工程质量标准的约定，应认定无效"的规定，该520天的工期违反了法律、行政法规的强制性规定，不能作为确定涉案工程工期的依据，精某公司要求据此确定建某集团逾期完工的起算时间，缺乏法律依据，本院不予支持。相反，中标通知书及备案合同确定的总工期 800 天系经相关行政主管部门审查备案的，且在涉案工程的合理工期区间，虽然该备案合同亦为无效合同，但关于涉案工程合理工期的确定，可以参照该合同予以确定。

七、让利免责等导致施工合同无效

（一）让利承诺等条款的性质认定

1. 让利条款的界定

让利承诺等条款属于《建设工程施工合同解释（一）》第二条规定的合同无效的情形。该条款规定："招标人和中标人另行签订的建设工程施工合同约定的工程范围、建设工期、工程质量、工程价款等实质性内容，与中标合同不一致，一方当事人请求按照中标合同确定权利义务的，人民法院应予支持。招标人和中标人在中标合同之外就明显高于市场价格购买承建房产、无偿建设住房配套设施、让利、向建设单位捐赠财物等另行签订合同，变相降低工程价款，一方当事人以该合同背离中标合同实质性内容为由请求确认无效的，人民法院应予支持。"

该实质性同时具有实质性内容与实质性影响，才会导致相关条款无效。实质性内容主要包括工程范围、工期、工程价款和工程质量等，实质性影响主要指实质性影响了他人中标和影响招标人与中标人的权利义务。如果相关条款具有实质性内容与实质性影响，就会导致该条款无效。

2. 律师审查"让利"条款的关注点

司法实践中，法院对建设工程施工合同中"让利"条款的效力认定，要关注以下几个方面。

（1）非必须招标投标的建设项目，未通过招标投标程序而直接签订的施工合同，让利条款系双方真实的意思表示，该条款就合法有效。

（2）非必须招标投标项目，也未经招标投标而直接发包，但让利后的工程价款水平不得低于工程的成本价，否则无效。

（3）不论是必须招标投标的项目还是非强制性招标投标项目，建设方通过招标投标方式确定承包人的，如让利是招标文件中的内容，则中标后签订施工合同中的让利条款是合法有效的。如果招标文件中无让利内容，而另行约定让利条款，都属于无效。因为该让利条款，构成对招标投标合同的实质性条款的变更，对其他投标人而言，属于不正当竞争的行为。

在《青岛温某建设集团有限公司、青岛昊某房地产开发有限公司建设工程施工合同纠纷再审审查与审判监督民事裁定书》[最高人民法院（2021）最高法民申 1940 号]所涉案件中，法院认为，关于《鉴定报告书》采纳《建设工程施工合同》中的让利条款确定工程价款是否正确的问题。涉案工程存在"先定后招"的情形，违反《招标投标法》的强制性规定，故温某公司与昊某公司签订的《建设工程施工合同》《青岛市建设工程施工合同》均无效。在此情况下，双方应当按照实际履行的2011年3月12日签订的《建设工程施工合同》结算工程价款……双方在《建设工程施工合同》中约定的让利条款属于结算条款，鉴定机构按照《建设工程施工合同》约定的结算方式认定工程造价并无不当。

（二）免责条款的性质认定

免责条款是指当事人以协议排除或限制其未来责任的合同条款。《民法典》第五百零六条规定，合同中给对方人身造成损害的免责条款以及因故意或者重大过失造成对方财产损失的免责条款无效。

建设工程具有履行期限长、作业环境恶劣、风险不确定等特点，因此公平合理分配风险至关重要。合理的风险分配机制往往能使发包人和承包人在风险发生之前主动采取防范措施或者风险发生后妥善安排善后工作，以保障合同履行利益的实现。故《建设工程工程量清单计价标准》GB/T 50500—2024第3.3.1条规定："建设工程的施工发承包，应在招标文件、合同中明确计量与计价的风险内容及其范围，不得采用无限风险、所有风险或类似语句约定工程计量与计价中的风险内容及范围。"若将本应由己方承担的风险通过免责条款不合理地转移给他方，则不能获得法律的保护，应当对这类免责条款进行否定性评价。

在《肃宁县某某管理中心、肃宁县万某建筑工程有限公司建设工程施工合同纠纷二审民事判决书》［河北省沧州市中级人民法院（2017）冀09民终3770号］所涉案件中，法院认为，《招标文件》第7.3项"要求投标人对有残缺或工程量清单中漏项、工程数量有误、清单描述等问题应在获得招标文件3日内向招标人提出，否则，由此引起的损失由投标人自己承担"的规定，根据《合同法》第五十三条[①]规定，对于造成对方人身伤害的或因故意或者重大过失造成对方财产损失的免责条款无效。在国家强制性标准条文明确要求招标人向投标人提供准确和完整的工程量清单的情况下，如果招标人在招标文件中提供不准确和完整的工程量清单并让投标人据此投标报价，且要求投标人对法律规定必须由其承担责任的免责条款属于故意或重大过失造成承包人承担损失的条款，故根据《合同法》第五十三条规定被告方出具的《招标文件》第7.3项应认定无效。

（三）中标后另行设置的奖惩条款的效力

一般而言，发承包双方约定的项目奖项所依附的标准高于国家强制性标准，否则约定的奖项就没有实际意义，因为工程合格就意味着工程质量符合国家强制性标准。工程奖项

---

① 已作废，对应《民法典》第五百零六条。

一般分为国家级、省级和市级三个级别，在国家级工程奖项中以鲁班奖最受业内认可，属行业最高质量标准。发包方与承包方约定项目工程应获得"鲁班奖"，否则发包方就有权不予返还履约保证金，此种承诺所赋予承包方的义务已经高于招标投标合同约定的义务，实际上已经改变了招标投标文件所约定的工程质量标准。根据《招标投标法》第四十六条第一款"招标人和中标人应当自中标通知书发出之日起三十日内，按照招标文件和中标人的投标文件订立书面合同。招标人和中标人不得再行订立背离合同实质性内容的其他协议"的规定，故该约定已经构成了对中标合同实质性内容的变更，应属无效。

（四）无效合同中结算清理条款的效力

主流实务观点来看，清理结算条款具有独立性，不因施工合同无效而必然导致无效，相关条款应符合生效要件，属于双方当事人真实意思表示的，应当认定有效。

《最高人民法院民事审判第一庭2022年第3次法官会议纪要》（《民事审判指导与参考》总第89辑）最高人民法院民一庭法官会议意见为："当事人有权通过协议方式确定合同无效后的权利义务，建设工程施工合同无效并不必然导致建设工程施工合同关系终止后当事人就工程价款（折价补偿款）的支付方式、支付时间、未按约定支付的违约责任所签订的合同无效；《民法典》第七百九十三条第一款规定："建设工程施工合同无效，但是建设工程经验收合格的，可以参照合同关于工程价款的约定折价补偿承包人。"根据该款规定，建设工程施工合同无效，但是建设工程经验收合格的，发包人与承包人就工程价款（折价补偿款）的数额、支付方式和时间作出约定，是当事人的权利，是自愿原则的体现，并不违反法律的强制性规定，故建设工程施工合同无效不影响结算协议的效力。"北京市高级人民法院、湖南省高级人民法院、山东省高级人民法院及江苏省高级人民法院均持类似观点。

在《湖南长某建设集团有限公司、资兴市联某地产开发有限公司建设工程施工合同纠纷再审审查与审判监督民事裁定书》［最高人民法院（2020）最高法民申4624号］所涉案件中，法院认为，"参照合同约定支付工程价款"主要指工程款计价方法、计价标准等与工程价款数额有关的约定，关于工程价款支付条件的约定不属于可以参照适用的范围。辽宁省高级人民法院与福建省高级人民法院也持类似观点。

第三节　合同无效的法律后果

《民法典》第一百五十七条规定："民事法律行为无效、被撤销或者确定不发生效力后，行为人因该行为取得的财产，应当予以返还；不能返还或者没有必要返还的，应当折价补偿。有过错的一方应当赔偿对方由此所受到的损失；各方都有过错的，应当各自承担相应的责任。"

《民法典》总则编规定了合同无效情形下，行为人取得财产的处理规则，即返还或者折价补偿。与一般合同相比，建设工程施工合同有其自身特殊性，工程施工过程中，承包人将劳务及建筑材料相结合，形成建筑物，基于这种特殊性，如果建设工程施工合同无效，无法适用一般合同关于返还的处理规则，只能采取折价补偿。至于合同无效造成的损失赔偿问题，仍然要遵循损害赔偿责任的基本构成要件，根据举证情况进行综合认定。当然，合同处于不同的履行阶段，合同无效的法律后果也有所不同。

一、合同无效情形下的工程价款结算与支付

（一）合同无效情形下相关法律术语的理解

1. 对"经验收合格"和"工程质量合格"的理解

《民法典》第七百九十九条规定，建设工程竣工后，发包人应当根据施工图纸及说明书、国家颁发的施工验收规范和质量检验标准及时进行验收。验收合格的，发包人应当按照约定支付价款，并接收该建设工程。建设工程竣工经验收合格后，方可交付使用；未经验收或者验收不合格的，不得交付使用。

验收合格和质量合格，是指工程质量达到合格标准，既符合法律规定，也不违反当事人之间的约定。换言之，如果涉及某些特殊领域或者当事人本身对工程质量等级要求较高，明确需达到工程质量优良等级的，需要按照特殊规定或者当事人的约定处理。

通常的验收合格是通过建设单位组织的竣工验收证明加以佐证，例外情况就是建设单位逾期未组织验收或者擅自使用的，则适用推定规则认定工程合格。

同时，需要说明的是，这里所说的质量合格和最终的工程质量是否合格是两回事。换句话说，一个工程即便经过了建设单位组织的五方验收或者使用推定规则认定工程合格，并不代表将来通过后续专业的工程质量鉴定或检测的结论肯定合格。本处所说的质量合格重点是为了解决工程款的纠纷，更侧重于建设单位和承包单位之间的权利义务模式的界定。而专业的质量鉴定或检测解决的是纯粹的质量问题，其不仅仅肩负着界定建设单位和承包单位之间关系的任务，还应用于其他可能发生的多种场景，比如相关的工程在多年后因为主体质量存在缺陷而引发安全事故，在认定刑事责任的问题上这个质量鉴定就显得格外重要。因此，建工律师有必要将两种类型的质量合格情形做一个区分。

2. 关于"参照合同关于工程价款的约定"范围的理解

关于"参照合同关于工程价款的约定"范围的理解，司法实践中主要有两种观点。一种观点认为，应作狭义理解，仅指工程价款的计价标准、计价方法等与数额相关的约定。在《肖某某、临某县人民政府建设工程施工合同纠纷再审审查与审判监督民事裁定书》

［最高人民法院（2019）最高法民申 1218 号］所涉案件中，法院认为"在建设工程施工合同无效的情况下，《建设工程施工合同解释》第二条关于'请求参照合同约定支付工程价款'规定的原意应当是参照合同约定确定工程价款数额，主要指工程款计价方法、计价标准等与工程价款数额有关的约定，而双方之间关于付款节点约定的条款，不属于可以参照适用的合同约定"。

另一种观点则认为，应作广义理解，除工程价款数额之外，支付时间、支付进度、工程质量、工期等因素都属于折价补偿的参照范围。在《北京某某建设集团有限公司、通化市诚某房地产开发有限责任公司建设工程施工合同纠纷二审民事判决书》［最高人民法院（2020）最高法民终 1192 号］所涉案件中，法院认为"确定当事人可参照合同约定请求折价补偿该工程价款。根据该规定，此种折价补偿款项的支付时间，也应以合同约定的工程款支付时间为参照依据"。

除了上述实践中的两种观点，另有学者提出第三种观点，即"参照关于工程价款的约定"的含义，除计价标准或者计价方法等与数额相关的约定外，还指发包人用以支付承包人施工范围内的工程款项，包括预付款、进度款、结算款和质量保修金条款。

即便在实践中对"参照合同关于工程价款的约定"的范围的理解存在争议，但毫无疑问，让利、下浮率等均是计价方法的约定，无疑属于工程价款约定的范围。至于管理费，往往出现在非法转包、借用资质的双方当事人的约定中，对该项费用的处理，《最高人民法院民事审判第一庭 2021 年第 21 次专业法官会议纪要》规定，转包合同、违法分包合同及借用资质合同均违反法律的强制性规定，属于无效合同。前述合同关于实际施工人向承包人或者出借资质的企业支付管理费的约定，应为无效。实践中，有的承包人、出借资质的企业会派出财务人员等个别工作人员从发包人处收取工程款，并向实际施工人支付工程款，但不实际参与工程施工，既不投入资金，也不承担风险。实际施工人自行组织施工，自负盈亏，自担风险。承包人、出借资质的企业只收取一定比例的管理费。该管理费实质上并非承包人、出借资质的企业对建设工程施工进行管理的对价，而是一种通过转包、违法分包和出借资质违法套取利益的行为。此类管理费属于违法收益，不受司法保护。因此，合同无效，承包人或者出借资质的建筑企业请求实际施工人按照合同约定支付管理费的，不予支持。

3. 对折价补偿承包人的理解

《民法典》第一百五十七条规定，民事法律行为无效、被撤销或者确定不发生效力后，行为人因该行为取得的财产，应当予以返还；不能返还或者没有必要返还的，应当折价补偿。由于履行建设工程施工合同的就是将劳动和建筑物材料物化在建筑产品上的过程，施工合同无效后，无法对已完成工程量及付出劳动完成逆转，故而无法适用恢复原状的返还原则，适用折价补偿的返还原则更为适合，得以保全建筑物的价值，也可保障双方利益。

参照合同关于工程价款的约定折价补偿承包人，但承包人不应获得比合同有效时更多的利益。参照合同约定折价补偿承包人是处理合同无效、工程验收合格时双方支付工程价款的一项基本原则。我国法律法规尚无其他明确条文规定建设工程施工合同无效情形下折价补偿的计算方法，而建设工程造价计算方法具有多样性和复杂性，如无统一标准，容易造成双方计算方法及结果差距过大，致使争议无法及时解决，而"参照合同关于工程价款的约定"实际上是对折价补偿方法的规定，明确、统一该类纠纷的计算方法。此外，"参照合同关于工程价款的约定"计算工程价款，也更符合双方真实意思表示，合同约定的工程价款数额及计算方式，均是双方前期协商一致的真实合意，按照这一标准结算工程价款，更加符合双方的心理预期，更有利于当事人接受法院裁判结果；同时也可避免采用委托鉴定方式，减少当事人诉讼成本和诉累，符合诉讼经济原则。

当承包人为自然人时，根据《住房和城乡建设部、财政部关于印发〈建筑安装工程费用组成〉的通知》，规费、企业管理费缴纳义务人是企业而非自然人，故自然人没有取费资格，其不应获得规费和企业管理费。在《马某英、甘肃省某某投资（控股）集团总公司建设工程施工合同纠纷再审审查与审判监督民事裁定书》[最高人民法院（2019）最高法民申5453号]所涉案件中，马某英与润某公司并未签订书面合同约定工程价款的支付范围，亦未提交证据证明规费、企业管理费实际产生。原审判决根据"住房和城乡建设部、财政部关于印发《建筑安装工程费用项目组成》的通知"的规定，认定规费、企业管理费，缴纳义务人是企业而非自然人，马某英没有施工资质和取费资格，不应支付规费与企业管理费给马某英并无不当。

（二）合同无效，工程经验收合格的价款支付规则

《民法典》第七百九十三条是建设工程施工合同无效后工程价款支付的现行规则，其源于《建设工程施工合同解释》（法释〔2004〕14号）（已废止）第二条、第三条的规定，在表述上，将"参照合同约定支付工程价款"修正为"参照合同关于工程价款的约定折价补偿承包人"。

一般情况下，按照费用构成要素划分，工程价款主要由以下部分组成：①人工费；②材料费；③施工机械费；④企业管理费；⑤利润；⑥规费；⑦税金等。对于承包人来说，上述费用组成中，除了利润部分，其余均是建设工程价款成本的构成部分，在承包方施工过程中均已物化到建筑物中。建设工程施工合同无效，折价补偿的范围包括哪些？"参照合同关于工程价款的约定折价补偿承包人"如何理解？

《民法典合同编通则司法解释》认为："建设工程的价值是建设工程的整体价值，也即建设工程的完整造价。如果合同无效，承包人只能主张合同约定价款中的直接费和间接费，则承包人融入建设工程产品当中的利润及税金就被发包人获得。发包人依据无效合同取得了承包人应当得到的利润，这与无效合同的处理原则不符，其利益向一方当事人倾斜，不能很好平衡当事人之间的利益关系，容易导致矛盾激化。参照合同关于工程价款的

约定来折价补偿承包人，可以平衡承包人和发包人之间的利益关系，便捷、合理地解决纠纷，也有利于规范建筑市场秩序，保护建筑工人的合法权益，维护社会稳定。"

《民法典》避免了《建设工程施工合同解释》（法释〔2004〕14号，已废止）中将无效合同作有效合同处理的表述，同时也延续了司法解释规定，只要工程质量合格，承包人可以请求参照合同关于工程价款的约定进行折价补偿。当然，"参照合同关于工程价款的约定"折价补偿是否是最优方式，尚存在争议。实践中，还有定额计价法和以建设行政主管部门发布的市场信息价计价等方法。在实务中，作为承包人的代理人，考虑到审理周期、当事人的成本等因素，在建设工程施工合同无效的情况下主张工程价款，按照合同约定的标准进行主张是比较稳妥的做法。

承包人超越资质等级许可的业务范围签订建设工程施工合同，在建设工程竣工前取得相应资质等级时，签订的建设工程施工合同应认定为有效，工程价款结算执行签订的合同。涉案工程按照合同约定无法计算工程款，特别是在建工程，或者工程存在较大设计变更而无法依据原合同约定方式进行计算工程款的工程，也不排除根据案件具体情况，通过委托造价鉴定机构对工程进行已完成工程量进行工程造价鉴定。针对固定总价合同，在合同范围内工程未全部完成的情况下，要结合未完工程和已完工程各自占造价的比例，合理确定计价标准。

在发包人知道或者应当知道系借用资质的实际施工人进行施工的情况下，发包人与借用资质的实际施工人之间形成事实上的建设工程施工合同关系。该建设工程施工合同因违反法律的强制性规定而无效。在借用资质的实际施工人与发包人之间形成事实上的建设工程施工合同关系且建设工程经验收合格的情况下，借用资质的实际施工人有权请求发包人参照合同关于工程价款的约定折价补偿。

在承包人恶意低价投标的场合，参照双方签订的建设工程合同中关于工程价款的约定。此时如果允许承包人以主张合同无效要求据实结算，不仅有违诚实信用原则，且容易成为投标人恶意竞争的工具；不仅会损害其他投标人的利益和市场竞争秩序，也与《招标投标法》的立法精神相悖。因此，在此种情形下，仍然按照"低价"也就是合同约定的价款确定最终的工程价款较为公平。

建筑市场是发包人的市场，发包人有时为了追求其利益最大化，利用其强势地位明示或暗示投标人压低投标价，中标后，又不能按照既有承诺调整合同价款的场合下，应允许承包人以主张合同无效要求据实结算。在此种情形下，再以合同约定的价款确定最终的工程价款显得格格不入。因此，在此种情况下应当采用成本价确定工程价款相对于两方而言更为合理。

（三）合同无效，工程经验收不合格的价款支付规则

《民法典》第七百九十三条第二款、第三款规定了建设工程施工合同无效，工程经验

收不合格的处理规则，一般分两种情况。①建设工程质量虽然不合格，但经过修复，可以使缺陷得到弥补，符合国家或者行业强制性质量标准。这种情况下，发包人仍然可以接受建设工程，并在修复后继续利用建设工程。发包人可以要求承包人承担修复费用，承包人自然也可以请求参照合同关于工程价款的约定折价补偿。②建设工程的质量缺陷无法通过修复予以弥补，建设工程丧失利用价值。对于没有利用价值的建设工程，只能毁掉重新进行建设，承包人自然没有请求折价补偿的权利。

（四）管理费是否属于折价补偿范围

关于管理费是否属于参照合同约定折价补偿的范围，最高人民法院虽然观点不一，但在多个案件中也持支持观点。在《四川红某建筑工程有限公司、重庆中某建设有限公司建设工程施工合同纠纷再审审查与审判监督民事裁定书》［最高人民法院（2017）最高法民申4383号］所涉案件中，法院认为建设工程施工合同被确认无效后，已履行的合同内容无法直接返还，应折价补偿。建设工程经竣工验收合格，实际施工人可参照合同约定主张工程款；承包人实际参与了管理，亦可参照合同约定主张管理费。在《徐某某、重庆一某建设集团有限公司青海分公司建设工程施工合同纠纷二审民事判决书》［最高人民法院（2020）最高法民终242号］所涉案件中，法院认为，合同无效，收取管理费的一方履行了管理义务，属于折价补偿的范围。但江苏省高级人民法院审判庭对此有不同观点，认为审理过程中很难确定是否实际参与管理，以及参与程度这一事实，一般对管理费不予处理。

在实务中，可以根据所代理的主体地位不同选择有利于己方的观点。

（五）数份建设工程施工合同均无效的情况下，确定结算依据的处理规则

《民法典合同编通则司法解释》第十四条有如下规定。

当事人之间就同一交易订立多份合同，人民法院应当认定其中以虚假意思表示订立的合同无效。当事人为规避法律、行政法规的强制性规定，以虚假意思表示隐藏真实意思表示的，人民法院应当依据民法典第一百五十三条第一款的规定认定被隐藏合同的效力；当事人为规避法律、行政法规关于合同应当办理批准等手续的规定，以虚假意思表示隐藏真实意思表示的，人民法院应当依据民法典第五百零二条第二款的规定认定被隐藏合同的效力。

依据前款规定认定被隐藏合同无效或者确定不发生效力的，人民法院应当以被隐藏合同为事实基础，依据民法典第一百五十七条的规定确定当事人的民事责任。但是，法律另有规定的除外。

当事人就同一交易订立的多份合同均系真实意思表示，且不存在其他影响合同效力情形的，人民法院应当在查明各合同成立先后顺序和实际履行情况的基础上，认定合同内容是否发生变更。法律、行政法规禁止变更合同内容的，人民法院应当认定合同的相应变更无效。

在建工领域常见的违法转分包、借用资质等违法行为，当事人之间可能签订黑白合同，以虚假的意思表示签订一份白合同用于隐藏真实意思表示，则该份合同应当无效。被隐藏的黑合同的效力则应当依据《民法典》第一百五十三条第一款的相关规定进行认定。通常来说，涉及违法转分包、借用资质等违法行为的黑合同也是无效合同。那么，当事人之间签订的多份建设工程施工合同均系无效合同。此时，应当以哪份合同作为补偿承包人的依据？

《建设工程施工合同解释（一）》第二十四条规定："当事人就同一建设工程订立的数份建设工程施工合同均无效，但建设工程质量合格，一方当事人请求参照实际履行的合同关于工程价款的约定折价补偿承包人的，人民法院应予支持。实际履行的合同难以确定，当事人请求参照最后签订的合同关于工程价款的约定折价补偿承包人的，人民法院应予支持。"

虽然司法实践中，当事人就同一建设工程订立数份合同情形较多，但实际履行的是哪份合同一般并无争议，通过实际履行的合同，就可以判断发承包双方之间在建设工程合同中的权利与义务。如果实际履行的合同难以确定，则需要通过施工过程中发承包双方往来签证、会议纪要、通知等证据，就工程范围、建设工期、质量标准、工程价款等方面进行比较，综合判断究竟履行的是哪一份。考虑到施工领域的复杂性，也不宜仅对比几个方面就确定实际履行的合同，如果无法确定，就参照最后签订的合同确定工程折价补偿款。

（六）无效合同中垫资利息和欠付工程款利息的处理规则

《建设工程施工合同解释（一）》第二十五条、第二十六条对垫付资金和欠付工程款利息作出了规定。司法实践中，如施工合同有效，一般都会支持垫资利息与欠付工程款利息，但施工合同无效时，第二十五条、第二十六条能否适用，司法实践中存在一定的争议。

（1）施工合同无效的情况下，对于承包方主张垫资利息的诉讼请求，法院大多也作出了支持的判决。在《六枝特区金某大酒店有限公司、戴某某建设工程施工合同纠纷二审民事判决书》[最高人民法院（2020）最高法民终429号]所涉案件中，法院认为，在认定施工合同无效的情况下，《施工合同》约定，乙方进场后5天内开始计算乙方总投入金额3000万元，甲方每月按乙方投入3000万元金额的2%作为给乙方的投入报酬费用……戴某某在整个工程施工周期内均系垫资施工……鉴于戴某某确因垫资施工产生了利息损失，一审法院未采用双方约定的计息标准，而是按照中国人民银行同期同类贷款利率计算利息妥当平衡了双方的利益。该院予以维持。

（2）施工合同无效的情况下，对于承包方主张欠付工程款利息的诉讼请求，是否支持？在《北京某某建设集团有限公司、通化市诚某房地产开发有限责任公司建设工程施工合同纠纷二审民事判决书》[最高人民法院（2020）最高法民终1192号]所涉案件中，法院认为"折价补偿款项的支付时间也应以合同约定的工程款支付时间为参照依据"，按照此观点，承包人主张欠付工程款利息也应得到支持。在《中某华泰建设有限公司、贵州华某置地有限公司等建设工程施工合同纠纷民事二审民事判决书》[最高人民法院（2021）最高法民终619号] 所涉案件中，施工合同被认定为自始无效，双方在《施工合同》专用条款第十条约定，延期支付工程进度款应承担欠款利息。法院认为，双方当事人对于欠付工程款利息计付标准有明确约定，中某华泰公司请求应按约定的年利率标准计付利息，符合法律规定，应予支持。

此外，《民法典合同编通则司法解释》已经于2023年12月5日正式施行，其中第十六条有如下规定。

合同违反法律、行政法规的强制性规定，有下列情形之一，由行为人承担行政责任或者刑事责任能够实现强制性规定的立法目的的，人民法院可以依据民法典第一百五十三条第一款关于该"强制性规定不导致该民事法律行为无效的除外"的规定认定该合同不因违反强制性规定无效：

（一）强制性规定虽然旨在维护社会公共秩序，但是合同的实际履行对社会公共秩序造成的影响显著轻微，认定合同无效将导致案件处理结果有失公平公正；

（二）强制性规定旨在维护政府的税收、土地出让金等国家利益或者其他民事主体的合法利益而非合同当事人的民事权益，认定合同有效不会影响该规范目的的实现；

（三）强制性规定旨在要求当事人一方加强风险控制、内部管理等，对方无能力或者无义务审查合同是否违反强制性规定，认定合同无效将使其承担不利后果；

（四）当事人一方虽然在订立合同时违反强制性规定，但是在合同订立后其已经具备补正违反强制性规定的条件却违背诚信原则不予补正；

（五）法律、司法解释规定的其他情形。

法律、行政法规的强制性规定旨在规制合同订立后的履行行为，当事人以合同违反强制性规定为由请求认定合同无效的，人民法院不予支持。但是，合同履行必然导致违反强制性规定或者法律、司法解释另有规定的除外。

依据前两款认定合同有效，但是当事人的违法行为未经处理的，人民法院应当向有关行政管理部门提出司法建议。当事人的行为涉嫌犯罪的，应当将案件线索移送刑事侦查机关；属于刑事自诉案件的，应当告知当事人可以向有管辖权的人民法院另行提起诉讼。

因此，在《民法典合同编通则司法解释》施行后，代理律师应综合考虑《民法典合同编通则司法解释》与《建设工程施工合同解释（一）》的规定，《建设工程施工合同解释（一）》等规定无效的情形可能现在已经转化为有效，此时再主张垫资利息与欠付工程款利息的风险将大大降低。

二、合同无效情形下的赔偿责任

《民法典》第一百五十七条规定："民事法律行为无效、被撤销或者确定不发生效力后，行为人因该行为取得的财产，应当予以返还；不能返还或者没有必要返还的，应当折价补偿。有过错的一方应当赔偿对方由此所受到的损失；各方都有过错的，应当各自承担相应的责任。法律另有规定的，依照其规定。"《建设工程施工合同解释（一）》第六条规定："建设工程施工合同无效，一方当事人请求对方赔偿损失的，应当就对方过错、损失大小、过错与损失之间的因果关系承担举证责任。损失大小无法确定，一方当事人请求参照合同约定的质量标准、建设工期、工程价款支付时间等内容确定损失大小的，人民法院可以结合双方过错程度、过错与损失之间的因果关系等因素作出裁判。"

根据最高人民法院民事审判第一庭编著的《最高人民法院新建设工程施工合同司法解释（一）理解与适用》一书的观点，《建设工程施工合同解释（一）》第六条主要解决的是举证责任分配的问题，在当事人无法举证证明实际损失的情况下，应当允许当事人请求参照合同约定的质量标准、建设工期、工程价款支付时间等内容来确定损失大小。这样处理并非将无效合同当作有效处理，而是寻找一种符合建设工程施工合同特点的损失赔偿的计算方式。

合同无效后，当事人一方向另一方主张赔偿损失，这种损失应当是过错方导致的损失。因此，根据建设工程合同纠纷的主体、赔偿范围可以分为以下两类。

（一）合同无效情形下承包人向发包人主张损失赔偿的范围

1. 实际支出损失

因发包人的原因造成建设工程施工合同被确认无效的，主要包括依法必须进行招标的建设工程项目，发包人规避招标、虚假招标导致所订立的合同无效；发包人违反国家规定的工程建设程序未取得规划审批手续而订立的国家重点建设工程合同无效等。建设工程施工合同被确认无效系发包人的过错情形下，承包人可以向发包人主张实际支出损失，例如，办理招标投标手续支出的费用、订立合同支出的费用、除工程价款之外的因履行合同支出的费用等实际损失和费用。在实务中，承包人的代理人可以根据承包人在工程施工合同的签订、准备履行或者履行过程中的实际支出情况确定相应的赔偿金额。

2. 停窝工损失

《民法典》第八百零四条规定："因发包人的原因致使工程中途停建、缓建的，发包人应当采取措施弥补或者减少损失，赔偿承包人因此造成的停工、窝工、倒运、机械设备调迁、材料和构件积压等损失和实际费用。"这一条是关于发包人造成建设工程中途停建、缓建所应承担的违约责任。

导致合同无效的原因与导致工程停建、缓建的原因并无必然联系，但如果因发包人的原因导致合同无效从而无法继续履行，即承包人的损失与发包人的过错之间存在因果关系，则承包人也可以向发包人主张包括停工、窝工、倒运、机械设备调迁、材料和构件积压等实际损失和费用。当然，承包人有义务采取适当措施，防止停工、窝工损失扩大。譬如，可以采取适当措施自行做好人员、机械的撤离等工作，以减少自身的损失。

（二）合同无效情形下发包人向承包人主张损失赔偿的范围

1. 实际支出的费用

因承包人的原因造成建设工程施工合同被确认无效的，主要包括以下几种情况：承包人无资质或者超越资质等级承揽建设工程订立的合同；承包人借用资质承揽建设工程订立的合同；承包人转包建设工程订立的合同；承包人违法分包的建设工程合同等。建设工程施工合同无效系因承包人原因，发包人也可以向其主张实际支出费用赔偿，主要包括办理招标投标手续支出的费用、合同备案支出的费用、订立合同支出的费用、准备或者实际履行合同支出的费用等实际支出损失。

2. 工期延误损失

建设工程施工合同被认定为无效，合同约定的工期条款、违约条款等均为无效，但这并不意味着承包人不再承担工期延误责任。在实践中，对于合同无效，通常发包人和承包人均存在过错，如果因合同无效而使得承包人免除了工期延误赔偿责任，将导致发包人和承包人之间的利益失衡。故承包人逾期竣工给发包人造成的损失，应当基于公平原则和诚实信用原则，对发包人主张的工期延误损失进行补偿。补偿的范围仅包括实际发生的损失，对于尚未确定或发生的损失，发包人可在损失确定或发生后再另行主张。

3. 工程质量导致的损失

建设工程施工合同无效，因承包人原因导致工程质量损失的，发包人有权向承包人主张损失赔偿责任。如果发包人对质量不合格也存在过错的，发包人也应承担一定责任。发包人与承包人对工程质量均有责任的，分别承担相应的责任。司法实践中，发包人承担质量责任主要情形有：①发包人技术文件存在缺陷，且属于承包人不应发现的缺陷；②"甲供料"存在缺陷，且承包人检验亦不可能发现；③发包人肢解发包；发包人直接指定分包，且承包人已依照合同约定履行了总包职责；④发包人擅自变更设计方案等。发包人与承包人共同承担质量责任主要情形（混合过错）有：①发包人技术文件存在缺陷，且承包人应发现而未发现；②"甲供料"存在缺陷，但承包人未检验；③发包人直接指定分包，且承包人未履行总包职责；④发包人要求降低质量标准，且承包人不拒绝等。

4. 其他人身的财产损失

《民法典》第八百零二条规定："因承包人的原因致使建设工程在合理使用期限内造成人身损害和财产损失的，承包人应当承担赔偿责任。"

（三）合同无效情形下区分是否实际履行依照过错分担损失

在司法实践中，也存在按照是否实际履行的方式区分施工合同无效后的损失承担主体。如某地仲裁委员会关于建设工程施工合同纠纷仲裁案件处理的参考意见规定，施工合同无效，合同中约定的损失计算方法不宜作为认定损失数额的依据，应主要结合当事人的证据来确定实际损失的数额。在当事人难以举证实际损失数额时，可以参照合同中关于工程价款计价标准或计价依据、付款时间、质量标准、建设工期、质保金预留比例等内容确定损失数额，并兼顾当事人各方过错程度、过错与损失之间的因果关系进行综合判断处理。

对于过错程度的认定，可根据以下情形进行判断。

（1）施工合同无效且未实际履行的，应按照发承包双方对造成合同无效的过错程度分担损失。

一般认为，应招标而未招标导致合同无效的，发包人过错相对较大；无资质或超越资质承揽工程的，承包人过错相对较大。合同无效的损失包括直接损失和间接损失。直接损失主要包括：为签订合同而支出的交通费、咨询费、差旅费、招标投标成本等合理费用，为施工准备支付的人员、设备进出场费用、临时设施搭建费用以及由此产生的利息等；间接损失包括丧失与第三人另行订立合同的机会所产生的损失等。

（2）施工合同无效但已实际履行的，应按照发承包双方在合同履行中的过错分担损失。

一般认为，承包人应当对工程质量缺陷承担过错责任；因勘察、设计缺陷导致工程质量缺陷的，发包人应当承担过错责任；发包人提供设备、材料或指定分包工程的，其应对因设备、材料缺陷或专业分包工程缺陷造成的损失承担过错责任，但承包人未尽到进场检验、材料复试等义务的，也应按照过错程度分担损失；未经竣工验收发包人擅自使用的，应结合《建设工程施工合同解释（一）》第十四条的规定及质量缺陷的性质进行综合判断。

三、无效施工合同签订后处于不同阶段的法律后果分析

（一）建设工程施工合同订立后尚未履行

建设工程施工合同一旦确认无效，即为自始无效。合同尚未履行的情况下，一方有证据证明系另一方当事人在合同订立过程中存在过错的，可以请求对方承担缔约过失责任，补偿无过错方为签订、准备履行合同所发生的支出。

（二）工程已经实际施工

对于在建工程或已完工程，区分情形讨论工程是否经验收合格或者需要拆除，需要拆除的追究过错方的赔偿责任；无需拆除的组织工程验收，根据工程验收的结果按照《民法典》第七百九十三条处理，具体内容参见第五章第五节。

第三章

工期认定与索赔

第一节　工期的认定

工期是指完成一项工程的时间限制，建设一个项目或一个单项工程从正式开工到全部建成投产时所经历的时间，通常以日历天表示，是建设工程施工合同约定的实质性内容之一。《民法典》第七百九十五条规定："施工合同的内容一般包括工程范围、建设工期、中间交工工程的开工和竣工时间、工程质量等条款"。工期对于确定承包人是否按约定时间完工、应否承担工期延误责任、发包人支付工程款及承担利息的起算时间、工程质量保修期及缺陷责任期起算点等具有重要意义。

约定工期常见方式有两种：一是直接约定工程施工总日历天数；二是通过约定工程计划开工日期和计划竣工日期，以确定计划工期。

一、开工日期

开工日期是承包人按照建设工程施工合同约定开始施工的日期，是计算工期的起点，也是确定工程工期的首要问题。在司法实践中其重要意义在于只有确定了案涉工程的开工日期，才能进而确定案涉工程的工期。《建设工程施工合同（示范文本）》GF—2017—0201 第 1.1.4.1 条规定，开工日期包括计划开工日期和实际开工日期。

（一）计划开工日期

计划开工日期是指合同协议书约定的开工日期，但往往不是实际开工日期。实践中，因受政府征地拆迁、施工许可证办理进度及天气等不可抗力因素的影响，发包人迟迟不能确定开工日期，监理工程师无法按合同约定向承包人签发开工令。合同约定的计划开工日期在实践中并非实际开工日期，建设工程施工合同、建筑工程施工许可证、开工报告及开工通知有可能记载不同的开工时间，结合客观证据准确认定实际开工时间具有重要意义。

（二）实际开工日期

实际开工日期为承包人开始进场施工的重要时间节点，实践中经常出现争议。《建设工程施工合同解释（一）》第八条对此作出了明确规定："当事人对建设工程开工日期有争议的，人民法院应当分别按照以下情形予以认定：（一）开工日期为发包人或者监理人发出的开工通知载明的开工日期；开工通知发出后，尚不具备开工条件的，以开工条件具备的时间为开工日期；因承包人原因导致开工时间推迟的，以开工通知载明的时间为开工日期。（二）承包人经发包人同意已经实际进场施工的，以实际进场施工时间为开工日期。（三）发包人或者监理人未发出开工通知，亦无相关证据证明实际开工日期的，应当综合考虑开工报告、合同、施工许可证、竣工验收报告或者竣工验收备案表等载明的时间，并结合是否具备开工条件的事实，认定开工日期。"

1. 实际开工日期的确定

如双方当事人能够协商一致，应以双方确认的日期为实际开工日期。当双方对实际开工日期有争议时，应分情况予以处理。

（1）以开工条件是否具备作为认定实际开工日期条件。

开工日期以发包人或者监理工程师发出的开工通知书载明的日期为准，但是开工通知发出后，尚不具备开工条件的，区分不同情况，如果非因承包人原因导致开工条件不具备的，以开工条件具备日期为开工日期；如果因承包人原因导致开工时间推迟的，以开工通知载明的时间为开工日期。

《建设工程施工合同（示范文本）》GF—2017—0201 通用条款第 7.3 条第 2 款规定："工期自开工通知中载明的开工日期起算。"开工通知是记录开工事实的文件，无论从形式上还是内容上，其证明力都优于其他证据。通常情况下，开工通知中确定的开工时间更接近实际开工时间。因此，本条确定实际开工日期为发包人或者监理工程师发出的开工通知书载明的日期。但需要审查开工条件是否具备，发包人是否完善相关的行政审批手续，交付可以施工的现场，提供地质勘察资料等基础资料以及施工图纸等，承包人需要做好施工设备、人员、材料的配备，对施工现场和施工条件查勘等。任何一方有所迟延，均会造成事实上无法开工的局面，另外也可能因其他不可抗力而无法开工。

开工条件成就是承包人进场施工的前提条件，若开工条件未成就，即使发包人按施工合同约定时间发出开工通知，承包人也不能进场施工，或者只能进行一些前期辅助性工作，不可能展开大规模施工行为。若不考虑实际情况，在承包人尚不具备开工条件的情况下，单纯以发包人或者监理工程师发出的开工通知中记载的开工时间为实际开工时间，既不符合事实，也不利于维护承包人的合法权益。若因承包人原因导致不能开工，则仍应当以开工通知上记载的开工日期为实际开工时间。

（2）承包人经过发包人同意已进场施工的，以实际进场施工日期为开工日期。

承包人在未收到开工通知情况下，经发包人同意提前进场施工的情况并不少见。就这一情况，在司法实践中有不同观点。

一种观点认为，如果实际开工日期早于开工通知或开工报告中明确的开工日期，应当将开工通知或者开工报告确定的日期作为开工日期。因为开工通知或者开工报告确定的开工日期是发包方和承包方共同确定，对其后果双方均应清楚，如果将实际开工时间认定为开工日期，会超出承包人的合理预期。

另一种观点认为，如果承包人在开工通知载明的开工日期之前经发包人同意已经实际进场施工，这也是双方意思一致的表现，承包人对工期提前有心理预期，而节省时间成本对承包人也有利，此时应该根据实际进场时间确定开工日期。实践中的情况较为复杂，有时承包人虽经发包人同意进场，但是未进行大规模施工，待开工通知发出后，才视为工程开始施工，以开工通知记载的时间作为开工时间更符合当事人的真实意图。有时承包人进场施工进行了大半，发包人才取得施工许可证，并发出开工通知，此时如果以开工通知记载的时间作为开工时间，不符合事实，且导致双方利益失衡。

《建设工程施工合同解释（一）》第八条采纳了第二种观点，在第二项中规定原则上承包人经发包人同意提前进场情况下，以承包人实际进场施工的时间为开工日期。开工日期的确定应尊重当事人的意思表示及事实。发包人同意承包人进场施工，即表明承包人与发包人就实际进场施工时间达成一致意思表示。如果承包人经过发包人同意，提前进场施工，本质上属于风险自担行为，此时应以承包人进场施工时间为开工时间。但应该注意审查承包人进场是进行开工准备还是正式施工，如果承包人进场并未进行大规模施工，当事人的真实意思表示是以开工通知记载的时间为开工时间，则不宜将承包人进场时间作为开工时间。具体审查时应尊重当事人的意思自治，同时兼顾多方当事人的合法利益。

（3）无开工通知且实际开工时间不明，应综合考虑相关材料记载及是否具备开工条件确定实际开工日期。

实践中存在发包人或者监理工程师未发出开工通知，亦无相关证据证明实际开工日期的情况，开工报告、合同、施工许可证、竣工验收报告或者竣工验收备案表等记载的开工时间可能也不一致，这种情况下应当综合考虑开工报告、合同、施工许可证、竣工验收报告或竣工验收备案表等相关材料中关于开工日期的记载，并结合开工时是否具备开工条件，认定实际开工日期。

2. 实际开工日期的举证责任

工期争议的最终目的是确认工期逾期天数以及相应违约责任的承担。逾期工期天数一般等于实际工期减去合同工期及合理顺延工期。工期逾期必然存在逾期原因和责任主体，根据不同的实际情况，发包人可能要求承包人承担工期违约责任，承包人也可能向发包人主张工期索赔。

在司法实践中，发包人追究承包人工期违约责任，举证责任较为简单，只需举证：一是合同约定工期以及涉案工程的实际工期，据此确认工期延误事实的存在并主张延误的天数；二是合同约定的工期违约金计算方法。

对承包人而言，为对抗工期违约的诉请，则需承担较重的举证义务：工期延误全部或部分原因系发包人原因、存在法定或约定非自身原因事由、不可抗力、意外事件等，上述事由导致应合理顺延施工天数以及上述事由与工期延误的因果关系。承包人往往需要申请工期司法鉴定完成举证义务。例如，在《江苏南通六某建设集团有限公司与连云港飞某置业有限公司建设工程施工合同纠纷二审民事判决书》[江苏省高级人民法院（2017）苏民终254号] 所涉案件中，法院认为，合同约定涉案工程应于2011年2月9日竣工，但实际于 2012 年 8 月 24 日竣工，客观上存在明显的工期延误情形，尽管承包人已经举证证明发包人存在大量设计变更、拖延办理施工许可证、甲供材提供不及时，但其主张工期延误的原因及相应可顺延的合理天数仍不足实际工期延误天数，故承包人仍应承担部分工期违约责任。

3. 关于认定实际开工日期的裁判规则

（1）无直接证据证明实际开工日期的，以发包人或监理工程师发出的开工通知记载的开工日期为准。

开工通知是记录开工事实的文件，无论从形式上还是内容上，其证明力都优于其他证据。通常情况下，开工通知确定的开工时间更接近于实际开工时间。举例从成本角度，如承包人未得到开工通知擅自提前进场，相关机械设备租赁费、人员工资、设备维护费等都会加重其经济负担。因此，擅自提前进场对承包人在经济上并不合理。

正常情况下，发包人、监理单位经过招标投标，完善相关审批手续后向承包人发出开工通知，承包人收到开工通知后，将机械设备运输到施工现场，并安排人员进场施工。对于该种情况，在没有直接证据证明实际开工日期的，应当以开工通知载明的开工日期为准。

（2）有直接证据证明实际开工日期的，应当以直接证据认定实际开工日期。

如上所述，由于建设工程审批程序的复杂性与各方当事人逐利性之间的矛盾，开工通知所载明的开工日期与承包人实际进场施工的日期有时并不一致。在此情况下，如单纯以发包人或监理单位发出的开工通知指定的开工日期为实际开工日期，对承包人不公平，同时，也不符合实事求是的原则。因此，有证据可以直接证明实际开工日期的，应当根据直接证据认定实际开工日期。

（3）施工许可证是认定实际开工日期的间接证据，实际开工日期与施工许可证不具有必然关联。如施工许可证载明的开工日期与实际开工日期不一致的，应当以实际开工日期为准。在较早的司法裁判中，不少案件裁判认为施工许可证证明力较强，倾向于认定施工许可证载明的日期为开工日期，但现在这种观点已不是主流。

（4）无证据证明实际开工日期的，以合同约定的开工日期为实际开工日期。

《建设工程施工合同解释（一）》第八条第三项规定："发包人或者监理人未发出开工通知，亦无相关证据证明实际开工日期的，应当综合考虑开工报告、合同、施工许可证、竣工验收报告或者竣工验收备案表等载明的时间，并结合是否具备开工条件的事实，认定开工日期。"如果既无直接证据证明实际开工日期，也无开工报告、开工通知、施工许可证等间接证据的，应当如何认定开工时间？

一般认为，以合同约定开工日期为实际开工日期。北京市高级人民法院《关于审理建设工程施工合同纠纷案件若干疑难问题的解答》第 25 条第 1 款规定："既无开工通知也无其他相关证据能证明实际开工日期的，以施工合同约定的开工时间为开工日期"。安徽省高级人民法院《关于审理建设工程施工合同纠纷案件适用法律问题的指导意见（二）》第三条第三款规定："既无开工令、开工报告，又无法查明实际开工时间的，依据合同约定的开工日期予以认定。"

（5）因发包人原因导致延误开工，迟延期间不计入工期，以实际开工日期为准。

例如，在《惠州市南某明珠实业有限公司、林某某建设工程施工合同纠纷二审民事判决书》［广东省惠州市中级人民法院（2014）惠中法民一终字第616号］所涉案件中，法院认为：原告与被告在合同中也约定"甲方（南某明珠实业有限公司）职责：开工前必须办理好工程复工申请开工的一切相关手续。"因此，办理好工程复工申请开工的一切相关手续是进行桩基工程建设甲方必须先履行的义务，否则，乙方（林某某）可以依约定拒绝开工。合法开工的前提是甲方办理好工程复工申请开工的一切相关手续，开工日期也顺延至建设管理部门发出《复工通知书》之后，竣工日期也当然应随顺延。

又如，五指山丰某房地产开发有限公司与上海金某建设发展有限公司建设工程施工合同纠纷一案［（2016）最高法民申203号］，法院认为，案涉《工程变更通知单》载明："A4号—A6号楼的变更图已到，主要变更部位为：取消花池后的建筑、结构及排水施工……请按变更图施工"。发包方认为减少工程量不会导致工期顺延。但图纸是施工的前提，减少工程量不能改变因图纸不确定，施工单位不具备开工条件的事实，由此产生的暂停施工期间应当属于合理的工期顺延。该《工程变更通知单》由发包方盖章致承包方，并抄送监理公司，对发包方具有当然的约束力。

（6）因承包人原因导致开工时间推迟的，应当以开工通知载明的日期为实际开工日期。

在实践中，在具备开工条件的情况下，因为发包人或承包人一方原因导致未能开工的，如因发包人未取得施工许可证承包人拒绝开工，或承包人施工组织不力无法开工，如何确定开工日期？在此情况下，就需要区分迟延开工的原因。如因发包人原因导致延误开工的，迟延期间不计入工期，以实际开工日期为准；如因承包人原因导致开工时间推迟的，应当以开工通知载明的日期为实际开工日期。

二、竣工日期

作为建设工程工期的终点，竣工日期是与开工日期同样重要的、确定工程工期的最重要的时间节点之一，在司法实践中其重要意义在于确定案涉工程的最终工期。竣工日期对合同当事人双方的权利义务有重大影响，包括以下几方面。

（1）确定承包人是否工期延误的标准。工程的开工日期和竣工日期之间期间扣除相应的工期顺延时间，即承包人实际完成工程所产生的工期。

（2）关系到承包人主张提前竣工费用的条件。根据《建设工程施工合同（示范文本）》GF—2017—0201的约定，发包人要求承包人提前竣工的，发包人应通过监理单位向承包人下达提前竣工指示，承包人应向发包人和监理人提交提前竣工建议书，提前竣工建议书应包括实施的方案、缩短的时间、增加的合同价格等内容。发包人认可承包人提前竣工建议书的，监理人应与发包人和承包人协商采取加快工程进度的措施，并修订施工进度计划，由此增加的费用由发包人承担。

（3）关系到缺陷责任期的起始时间点。根据《建设工程施工合同（示范文本）》GF—2017—0201 的约定，缺陷责任期是指承包人按照合同约定承担缺陷修复义务，且发包人预留质量保证金（已经缴纳履约保证金的除外）的期限，自工程实际竣工日期起计算。

（4）关系到保修期的起算时间点。根据《建设工程施工合同（示范文本）》GF—2017—0201 的约定，保修期是指承包人按照合同约定对工程承担保修责任的期限，从工程竣工验收合格之日起计算。

（5）关系到合同效力补正的节点。根据《建设工程施工合同解释（一）》第四条的约定，承包人超越资质等级许可的业务范围签订建设工程施工合同，在建设工程竣工前取得相应资质等级，当事人请求按照无效合同处理的，人民法院不予支持。

竣工日期与开工日期类似，《建设工程施工合同（示范文本）》GF—2017—0201 第 1.1.4 项第 2 款约定："竣工日期：包括计划竣工日期和实际竣工日期。计划竣工日期是指合同协议书约定的竣工日期；实际竣工日期按照第 13.2.3 项〔竣工日期〕的约定确定。"

（一）合同约定的竣工日期

合同约定的竣工日期即为计划竣工日期，是指合同协议书约定的竣工日期。但在施工活动中，合同约定的竣工日期往往与实际竣工日期不一致，这样就会导致工期提前或延误，对合同当事人双方的权利义务亦有重大的影响。

（二）实际竣工日期

《建设工程施工合同解释（一）》第九条对不同情况下，如何确定竣工日期进行了规定，具体条文为："当事人对建设工程实际竣工日期有争议的，人民法院应当分别按照以下情形予以认定：（一）建设工程经竣工验收合格的，以竣工验收合格之日为竣工日期；（二）承包人已经提交竣工验收报告，发包人拖延验收的，以承包人提交验收报告之日为竣工日期；（三）建设工程未经竣工验收，发包人擅自使用的，以转移占有建设工程之日为竣工日期。"上述相关规定，为法院的裁判提供了认定规则，对建设工程主体，尤其是发包人行为规范的指导作用更加明显，为认定实际竣工时间作出系统、明确的规定。

（1）建设工程经竣工验收合格的，以竣工验收合格之日为竣工日期。若工程竣工时间经承发包双方签字认可，则法律充分尊重当事人意思自治，以双方确认的日期认定为竣工日期，此时竣工日期已经确定，亦不会产生纠纷与异议。

但承发包双方对实际竣工日期有争议时，若发包人、承包人正常履行了竣工验收，在竣工验收中确认建设工程达到合格标准，竣工验收合格的，则以竣工验收合格之日为竣工日期；若经验收属于不合格工程，则需要承包方按合同约定标准或有关工程质量技术规范进行整改，发包人有权要求承包人在合理期限内无偿修理或者返工、改建，承包人对建设工程进行修复后，重新验收合格之日作为实际竣工日期。

此时容易引起争议的是，"竣工验收合格"是以参建五方（即发包方、勘察方、设计方、监理方、施工总承包方）验收合格为标准，还是以行政主管部门颁发的《建设工程竣工验收备案证书》为准？因竣工验收合格日期先于备案日期，此时承包人往往主张以参建五方竣工验收为准，而发包人则主张以颁发《建设工程竣工验收备案证书》为准。梳理法律法规以及部门规章中的内容及逻辑，可发现，竣工验收及竣工验收备案是两种不同法律意义的程序。

竣工验收合格是建设工程交付的法定条件，对于建设单位竣工验收合格的标志之一是取得"五方主体"盖章确认的验收记录表或合格表。建设工程竣工验收备案是一项程序性的管理制度，《工程竣工验收备案管理办法》第四条规定："建设单位应当自工程竣工验收合格之日起15日内，依照本办法规定，向工程所在地县级以上地方人民政府建设主管部门备案。"可见，备案是在竣工验收合格后进行，所以备案与否，根本不会影响竣工验收合格的效力。

在《滁州市昌某光明工贸有限公司建设工程施工合同纠纷再审审查与审判监督民事裁定书》[最高人民法院（2017）最高法民申 3347 号]所涉案件中，法院亦认为："组织竣工验收既是发包人的权利，也是发包人的义务。竣工验收合格的，发包人应当按照约定支付价款。根据《最高人民法院关于审理建设工程施工合同纠纷案件适用法律问题的解释》第十四条第一项的规定，当事人对建设工程实际竣工日期有争议的，是以'竣工验收合格'之日为竣工日期，而非以竣工验收备案之日为竣工之日。竣工验收备案也是发包人的义务，且竣工验收备案是建设行政主管部门对建设工程质量进行监督管理的制度安排之一，是否予以备案是质监部门依法在自身职权范围内行使的权力，具有行政法律行为的性质，而竣工验收属于民事法律行为。竣工验收与竣工验收备案不同。"故经此分析可知，"竣工验收合格之日"为参建五方工程竣工验收合格之日，并非取得《建设工程竣工验收备案证书》之日。

（2）承包人已经提交竣工验收报告，发包人拖延验收的，以承包人提交验收报告之日为竣工日期。

依据《建设工程质量管理条例》第十六条"建设单位收到建设工程竣工报告后，应当组织设计、施工、工程监理等有关单位进行竣工验收"的规定，可见组织工程竣工验收为发包人的法定义务。在承包人施工完成并向发包人提供完整的竣工资料和竣工验收报告后，发包人应当组织竣工验收。通常情况下，竣工验收合格亦是承包人请求支付工程款的前提条件，为迟延付款发包人拖延验收屡见不鲜。此种情形下，《建设工程施工合同解释》规定"发包人拖延验收的，以承包人提交验收报告之日为竣工日期"背后的法理是"当事人为自己的利益不正当地阻止条件成就的，视为条件已成就"，亦是督促发包人组织竣工验收。

如白云山东某商丘药业有限公司、红某渠建设集团有限公司建设工程施工合同纠纷一案〔（2017）最高法民申1413号〕，法院认为："《最高院关于审理建设工程施工合同纠纷案件适用法律问题的解释》第十四条第二项（即新《司法解释》第九条第二项）规定，承包人已经提交竣工验收报告，发包人拖延验收的，以承包人提交验收报告之日为竣工日期。东某药业公司在再次收到红某渠公司验收申请后，未给予答复，也未对工程进行验收，案涉工程应当视为已竣工，红某渠公司要求东某药业公司支付剩余工程款，符合法律规定。"

因此，发包人在收到承包人的验收报告后，应当及时组织竣工验收，避免因不作为而被认定为拖延验收，进而导致以承包人提交验收报告之日为竣工日期。

（3）有关联的建设工程项目，签订数份《建设工程施工合同》，发包人应分别进行竣工验收，不得以项目需全部竣工后统一组织验收进行抗辩。

在实践中，发包人在一块土地上可能分期开发、分期招标，承包人可能是多个主体，也可能是同一主体。在同一承包人承建发包人多个有一定关联性的项目，并且签订多份《建设工程施工合同》的情况下，发包人应依据每份《建设工程施工合同》约定的施工内容，分期、分批验收，不能因多个项目为同一承包人施工，而主张一次性验收。例如，在《抚顺市中某建筑工程有限公司、抚顺长某羊绒业科技发展有限公司建设工程施工合同纠纷再审审查与审判监督民事裁定书》〔最高人民法院（2019）最高法民申1535号〕所涉案件中，法院认为："《最高院关于审理建设工程施工合同纠纷案件适用法律问题的解释》第十四条第二项规定，当事人对建设工程实际竣工日期有争议的，承包人已经提交竣工验收报告，发包人拖延验收的，以承包人提交验收报告之日为竣工日期。中其公司于2008年7月将羊绒加工车间竣工验收报告提交给长某公司，长某公司未组织竣工验收，主张应待中某公司承包的四项工程全部完工后统一组织验收，但双方在《建设工程施工合同》中并无四项工程需统一组织竣工验收的约定。四份《建设工程施工合同》为相互独立的施工合同，中某公司在羊绒加工车间竣工后向长某公司提交竣工验收报告，要求长某公司组织竣工验收，符合法律规定。长某公司关于四项工程项目要全部竣工后统一组织验收的主张，没有合同和法律依据。"

由此可以看出，在签订多份《建设工程施工合同》的情况下，发包人主张多期项目统一验收的，应在合同中有相应约定，在未约定的情况下，应对每份《建设工程施工合同》约定的施工内容进行分批、分期验收。拖延验收的，应当以承包人提交验收报告之日为竣工日期。

（4）建设工程未经竣工验收，发包人擅自使用的，以转移占有建设工程之日为竣工日期。

竣工验收的重要性不言而喻，就是核查、确定、保证工程能否投入使用的必要前提。基于此，我国现行法律如《建筑法》第六十一条明确规定交付的竣工验收的工程质量符合标准、资料齐全，同时规定竣工验收不合格，不得交付使用。《民法典》第七百九十九条规定："建设工程竣工验收合格后，方可使用；未经验收或验收不合格的不得交付使用"，足见国家从法律层面对建筑工程质量的重视，也可见竣工验收的重要性。

虽然我国《建筑法》《民法典》均有明文规定工程应当竣工验收合格后移交投入使用，但在实践中发包人出于各种需求，如为提前获得投资收益或避免出现因逾期向买受人交付房产而承担的违约责任，而常常在未经竣工验收的情况下就使用了工程。为惩戒发包人的此种行为，《建设工程施工合同解释（一）》第十四条规定："建设工程未经竣工验收，发包人擅自使用后，又以使用部分质量不符合约定为由主张权利的，人民法院不予支持。"

鉴于以上原因，发包人擅自使用产生了工程质量合格的推定效力，进而推定以转移占有建设工程之日为竣工日期。在《黑龙江立某风力发电有限公司、北京天某科创风电技术有限责任公司建设工程施工合同纠纷二审民事判决书》[最高人民法院（2020）最高法民终982号] 所涉案件中，法院认为："《最高人民法院关于审理建设工程施工合同纠纷案件适用法律问题的解释》第十四条第三项规定建设工程未经竣工验收，发包人擅自使用的，以转移占有建设工程之日为竣工日期。因立某公司在案涉工程未经竣工验收的情况下即已占有使用，根据上述司法解释的规定，应以立某公司占有使用案涉工程的时间即2014年12月24日为竣工日期。"

综上所述，当事人对于工程竣工日期产生争议时，司法解释的认定方式对承发包双方尤其是对发包人行为规范的指导作用更加明显。故笔者建议：发包人在收到承包人的验收申请后，应该及时组织竣工验收，避免因为拖延导致工程被视为已竣工。同时，在工程竣工验收完成前，发包人不宜转移占有使用建设工程，否则将直接产生工程竣工验收合格的法律后果，同时产生以转移占有之日为竣工之日的推定后果。承包人在满足竣工验收时，应及时向发包人提交竣工验收报告、报送竣工验收申请及竣工验收资料，同时，应注意留存发包人签收所提交的竣工验收报告、竣工验收申请及竣工验收资料的证据，发包人擅自使用工程的，应当留存建筑物转移占有使用的证据。

三、停工期间

停工日是工程无法施工而停止的绝对日期。而停工期间是从停工日到复工日整个停工的期间。停工期间是工程无法正常实施的天数，直接影响到工期的计算和执行。按引起停工情形的主体，可分为以下几种情形。

（一）发包人原因引发的工程停工

（1）发包人要求暂停施工且工程需要暂停施工，监理人通知停工的。

（2）发包人逾期支付安全文明施工费超过 7 天的，承包人向发包人发出要求预付的催告通知，发包人收到通知后 7 天内仍未支付，承包人暂停施工的。

（3）发包人未能按合同约定提供图纸或所提供图纸不符合合同约定停工的。

（4）发包人未能按合同约定提供施工现场、施工条件、基础资料、许可、批准等开工条件停工的。

（5）发包人提供的测量基准点、基准线和水准点及其书面资料存在错误或疏漏的。

（6）发包人未能按合同约定日期支付工程预付款、进度款或竣工结算款导致停工的。

具体而言，第 1 项中"发包人要求暂停施工且工程需要暂停施工，监理人通知停工"的情形，其中的停工是发包人或者监理人通知停工，通知到达日即应当为停工日期，如果通知载明具体停工日期的，应当以确定的通知日期为准。对此，承包人从获取证据的角度，可以约定发包人或者监理人通知停工的，应当采用书面形式通知承包人，通知应确定具体的停工日期和停工原因，承包人应当按照通知确定的日期停工。对于第 2 项到第 6 项，即发包人不能按约定交付图纸，不能提供施工条件、基准点和水准点，不能按时支付款项的情形，关于停工日的确定，可以采取两种方式。一种是直接约定停工日期，即合同中约定，发包人未能按约定履行上述第 2 项到第 6 项所述情形的，自履行义务期限届满之日起即为停工日；另一种是须履行一定程序的停工，合同约定承包人应当催促发包人的，催促履行的期限届满之日即为停工日。

（二）承包人原因引发的工程停工

（1）承包人因其原因引起的环境污染侵权损害赔偿引起纠纷而导致停工的。

（2）承包人未经批准擅自施工或拒绝项目监理机构管理，监理人通知停工的。

（3）承包人未按审查通过的工程设计文件施工，监理人通知停工的。

（4）承包人违反工程建设强制性标准，监理人通知停工的。

（5）承包人的施工存在重大质量安全事故隐患或发生质量安全事故，监理人通知停工的。

（6）承包人过错造成无法施工而停工的。

（7）当事人约定的其他情形。

其中，第 1 项到第 5 项需要停工的情形属于容易发生纠纷的情形，因为这 5 项的停工通知由监理人发出。在现实中，停工通知虽可能由发包人发出，但其归因却错综复杂：有的是因承包人过错导致停工；有的则是发包人责任，却被冠以承包人责任；还有因发包人与承包人混合过错导致的停工；甚至存在发包人或者监理人误判，对本不需要停工的情形下达停工通知。为了防止这类情况导致承包人丧失工期索赔的权利，可以在合同中约定，发包人或者监理人因承包人过错导致需要停工而通知承包人停工的，应当附有承包人过错的相关材料。承包人在收到发包人或监理人的通知后应当按照通知要求进行停工，承包人认为停工理由错误或者停工通知缺乏合理性等异议时，可以在收到通知后 7 日内提出书面异议，发包人或者监理人仍应提供进一步材料予以佐证，承包人签收通知的行为并不属于承包人对通知内容的认可。

（三）非双方原因引发的停工

（1）因第三人侵权行为导致无法正常施工而停工的。

（2）因不可抗力造成工程停工的。

（3）因不利物质条件，如在施工过程中遇到突发的地质变动、事先未知的地下施工障碍等影响施工安全的紧急情况，承包人报告监理人和发包人，发包人下令停工的。

前述第 1 项到第 3 项为非当事人责任导致停工的情形，包括第三人责任、不可抗力和不利物质条件导致的停工。

对因为第三人、不可抗力、不利物质条件导致工程停工的，属于客观事实导致停工的情形。从诉讼角度考虑索赔，承包人需要证明导致停工客观事件的存在、停工结果的客观性和两者之间的关联性。停工结果的客观性其中包括停工的具体日期，对发生导致停工的事件从证据角度似乎比较容易实现，但有些事件作为原因发生的突然而且期限较短，比如雷电；有的事件是否均依赖于现场，过期后很难说得清楚，如地下塌陷；还有些事件是否足以导致停工很难准确鉴定。承包人是现场的管理者，对是否客观停工的证据都属于单方证据，证据效力都比较低。

为了解决这类问题，笔者建议双方进行约定。因为第三人、不可抗力、不利物质条件导致工程已经停工的或者将要停工的，承包人应当将引起停工的事件情况、材料和停工的事实和意见通知发包人，发包人对承包人通知有异议的应当立即组织进行核实并向承包人提出异议书，发包人在 3 日内未提出异议的视为认可承包人的通知。发包人提出的异议应当提出对事件的了解情况和具体意见，未能明确情况和意见而仅提出异议的视为没有异议。

四、特殊情形下的工期认定

（一）约定任意压缩合理工期的情况

合理工期对承包人在合理的期限内保质保量完成施工任务具有非常重要的作用。如任意压缩工期，将会影响建筑工程的质量，造成不堪设想的安全隐患。

合理工期一般以当地建设行政部门制定的定额工期为基础，但定额工期不是工期合理性的唯一参考因素。定额工期只是一定时期建筑行业的平均水平，不同施工企业的施工技术、管理水平和施工经验存在差异，加上技术在进步，新工艺、新设备、新材料的产生，这些因素都会影响工期。合理工期是指在正常建设条件下，采取科学合理的施工工艺和管理方法，以现行的建设行政主管部门颁布的工期定额为基础，结合项目建设的具体情况而确定的，使投资方及各参加单位均获得满意的经济效益的工期。

合理工期的认定具有专业性，通常对合理工期发生争议时，人民法院通过委托具有法定鉴定资质的工程造价咨询机构司法鉴定进行认定。当建设工程施工合同中约定的建设工程工期低于合理工期时，工期条款是否有效，目前没有明确的法律规定。《建设工程质量管理条例》第十条规定："建设工程发包单位不得迫使承包方以低于成本的价格竞标，不得任意压缩合理工期。"该规定不属于效力性强制性规定，定额工期也属于倡导性规定，故不宜直接认定短于合理工期的合同条款无效。

（二）未约定工期的情况

在实践中，一些建设工程施工合同对工期未作出约定，如改建、扩建工程，维修、技改工程，小型及附属工程及一些违章搭建工程等。工期是合同的主要条款、实质性内容，对双方的权利义务有重要影响。双方之间的建设工程施工合同中对工期没有约定或者约定不明时，可以通过以下方式进行确定：发承包双方自行协商，总监理工程师根据工程实际情况，参考工程所在地工期定额标准等予以确定。一些改建、扩建、维修、技改工程难以参考定额标准确定工期的，可以参考新建工程的工期定额并适当下浮，结合市场调研、咨询等方式，确定施工所需的合理工期。在诉讼案件中，也可以委托工期鉴定机构对工程所需的合理工期进行鉴定。

第二节　工期延误

工期延误是工程施工过程中任何一项或多项工作实际完成日期迟于规定的完成日期，从而导致整个合同工期的延长。工期延误是导致项目进度、质量和投资目标失控以及项目建设各方发生纠纷的重要原因之一，对工程项目的经济和社会效益有着不可忽视的影响。

因工期延误原因的判断需要一定的专业性，律师在代理涉及工期延误的施工案件时，可以建议当事人委托专业人员对工期延误时间的责任进行初步判断，并根据判断的结果决定是否主动提起工期索赔，还是等待对方提起工期索赔后再行抗辩。

一、工期延误的常见原因

（一）发包人原因导致的工期延误

根据《民法典》第七百九十八条、第八百零三条、第八百零四条和《建设工程施工合同解释（一）》第十一条等列举了发包人原因导致工期延误的情形。

（1）发包人不及时行使检查义务的。

（2）发包人未按照约定的时间要求提供原材料、设备、场地、资金、技术资料的。

（3）因发包人的原因致使工程中途停建、缓建的。

（4）当事人对工程质量发生争议，工程质量经鉴定合格的。

除此之外，发包人原因导致的工期延误还有如下常见情形。

（1）发包人未能按合同约定提供图纸或所提供图纸不符合合同约定的。

（2）发包人未能按合同约定提供施工现场、施工条件、基础资料、许可、批准等开工条件的。

（3）发包人提供的测量基准点和水准点及其书面资料存在错误或疏漏的。

（4）发包人未能在计划开工日期之日起 7 天内同意下达开工通知的。

（5）发包人未能按合同约定日期支付工程预付款、进度款或竣工结算款的。

（6）监理人未按合同约定发出指示、批准等文件的。

（二）承包人原因导致的工期延误

（1）承包人未通知监理人到场检查，私自将工程隐蔽部位覆盖的，监理人有权指示承包人钻孔探测或揭开检查，无论工程隐蔽部位质量是否合格，由此增加的费用和（或）延误的工期均由承包人承担。

（2）因承包人原因造成工程不合格的，发包人有权随时要求承包人采取补救措施，直至达到合同要求的质量标准，由此增加的费用和（或）延误的工期由承包人承担。

（3）承包人对安全文明施工费应专款专用，承包人应在财务账目中单独列项备查，不得挪作他用，否则发包人有权责令其限期改正；逾期未改正的，可以责令其暂停施工，由此增加的费用和（或）延误的工期由承包人承担。

（4）在工程实施期间或缺陷责任期内发生危及工程安全的事件，监理人通知承包人进行抢救，承包人声明无能力或不愿立即执行的，发包人有权雇佣其他人员进行抢救。此类抢救按合同约定属于承包人义务的，由此增加的费用和（或）延误的工期由承包人承担。

（5）承包人应在施工组织设计中列明环境保护的具体措施。在合同履行期间，承包人应采取合理措施保护施工现场环境。对施工作业过程中可能引起的大气、水、噪声以及固体废物污染采取具体可行的防范措施。承包人应当承担因其原因引起的环境污染侵权损害赔偿责任，因上述环境污染引起纠纷而导致暂停施工的，由此增加的费用和（或）延误的工期由承包人承担。

（6）因承包人原因引起的暂停施工，承包人应承担由此增加的费用和（或）延误的工期。

（7）暂停施工后，承包人无故拖延和拒绝复工的，承包人承担由此增加的费用和（或）延误的工期。

（8）承包人采购的材料和工程设备不符合设计或有关标准要求时，承包人应在监理人要求的合理期限内将不符合设计或有关标准要求的材料、工程设备运出施工现场，并重新采购符合要求的材料、工程设备，由此增加的费用和（或）延误的工期，由承包人承担。

（三）不可归责于发承包双方的工期延误

1. 施工现场发现文物古迹须保护

2. 不可抗力、不利物质条件、异常恶劣天气或者政策性原因导致的停工

（1）不可抗力是指不能预见、不能避免并不能克服的客观情况。

（2）不利物质条件是指有经验的承包人在施工现场遇到的不可预见的自然物质条件、非自然的物质障碍和污染物，包括地表以下物质条件和水文条件以及专用合同条款约定的其他情形，但不包括气候条件。

（3）异常恶劣的气候条件是指在施工过程中遇到的，有经验的承包人在签订合同时不可预见的，对合同履行造成实质性影响的，但尚未构成不可抗力事件的恶劣气候条件。合同当事人可以在专用合同条款中约定异常恶劣的气候条件的具体情形。

二、工期调整

工期调整与工期顺延不同。后者往往指的是施工过程中，因不可归责于承包人的原因导致的施工进度滞后和拖延，承包人得以主张工期进行相应的延长。如发包人未提供图纸、基础资料等开工条件；未获得工程建设许可、批准等；发包人提供的测量基准点、基准线和水准点及其书面资料存在错误或疏漏的；施工中发现化石与文物；发包人提供甲供料迟延；监理单位不能按时检查隐蔽工程、发包人和监理单位重新检查；不利物质条件、异常恶劣的气候条件、不可抗力等。

工期调整往往是由于建设工程施工合同变更：增加或减少合同中任何工作，或追加额外的工作，如扩大工程承包范围、改变承包内容和承包方式；取消合同中任何工作，如工程甩项，但转由他人实施的工作除外；改变合同中任何工作的质量标准或其他特性，如工程防震等级的变更；改变工程的基线、标高、位置和尺寸；改变工程的时间安排或实施顺

序，如因发包人原因延迟开工，使得本可以避免的北方地区冬季、江南地区梅雨季节等无法避免。以《建设工程施工合同（示范文本）》GF—2017—0201为例，当出现变更引起工期变化时，发承包双方均可要求调整约定工期，由双方按照"通用合同条款"第4.4条"商定或确定"的处理程序，并参考工程所在地的工期定额标准，据以确定增减工期天数。

第三节　工期索赔程序、事由及鉴定

工期索赔属于施工索赔的一种，根据《建设工程工程量清单计价标准》GB/T 50500—2024第2.0.31条规定，施工索赔是指当事人一方因非己方的原因造成经济损失、费用增加或工期延误（或延长），按合同约定或法律法规规定，应由对方承担赔偿或补偿义务，而向对方提出经济损失赔偿或补偿和（或）工期调整及其他的要求。

工期索赔是指发包人或承包人因工期变更而遭受损失的索赔，包括发包人向承包人提起工期索赔，以及承包人向发包人提起工期索赔。

一、承包人向发包人提起的工期索赔

（一）承包人工期索赔程序

（1）提出索赔要求或索赔意向通知书，如果索赔事件是持续进行的，应阶段性提出索赔意向通知书。

（2）报送索赔报告及有关资料。

（3）协商解决索赔事宜。

（4）司法途径或其他途径。

《建设工程施工合同（示范文本）》GF—2017—0201中约定的索赔程序如下。

（1）承包人应在知道或应当知道索赔事件发生后28天内，向监理人递交索赔意向通知书，并说明发生索赔事件的事由；承包人未在前述28天内发出索赔意向通知书的，丧失要求追加付款和（或）延长工期的权利。

（2）承包人应在发出索赔意向通知书后28天内，向监理人正式递交索赔报告；索赔报告应详细说明索赔理由以及要求追加的付款金额和（或）延长的工期，并附必要的记录和证明材料。

（3）索赔事件具有持续影响的，承包人应按合理时间间隔继续递交延续索赔通知，说明持续影响的实际情况和记录，列出累计的追加付款金额和工期延长天数。

（4）在索赔事件影响结束后 28 天内，承包人应向监理人递交最终索赔报告，说明最终要求索赔的追加付款金额和延长的工期，并附必要的记录和证明材料。

例如，在《宜兴市工某设备安装有限公司与连云港海某可可食品有限公司、上海天某国际贸易有限公司等建设工程施工合同纠纷二审民事判决书》[江苏省高级人民法院（2015）苏民终字第 0069 号]所涉案件中，法院认为：发包人逾期未对金额发表意见，视为认可索赔金额。鉴于该四份签证发生的内容是属实的，且经海某公司与监理单位签字认可。住房和城乡建设部、工商总局联合印发的《建设工程施工合同（示范文本）》第 19.2 条规定："发包人应在监理人收到索赔报告或有关索赔的进一步证明材料后的 28 天内，由监理人向承包人出具经发包人签认的索赔处理结果。发包人逾期答复的，则视为认可承包人的索赔要求"。海某公司在收到该四份关于索赔的签证，并注明"工时认可"后，并未对建筑公司作出进一步要求，按上述约定，应视为对索赔的认可。现其主张建筑公司需进一步举证证明相关费用的单价及金额，法院不予支持。

另外还需注意，逾期答复视为认可的约定应在专用合同条款中明确约定。仅在通用合同条款中约定，可能存在得不到支持的风险。

（二）承包人工期索赔事由

根据《建设工程施工合同（示范文本）》GF—2017—0201 通用条款的约定，承包人可以就以下事项提起索赔。

（1）发包人延迟提供图纸。

（2）发包人拒绝接收承包人寄送的函件。

（3）施工过程中保护化石、文物的。

（4）场外交通设施无法满足施工需求。

（5）甲供材料、施工设备、工程设备或施工工艺导致侵权。

（6）发包人未及时取得合法证照或办理相关审批手续。

（7）发包人逾期提供施工现场、施工条件、基础资料。

（8）监理检查影响正常施工的。

（9）监理未按约定发送指示的。

（10）因发包人原因造成工程质量不合格。

（11）隐蔽工程重新检查质量合格的。

（12）因发包人原因逾期发出开工通知的。

（13）监理未按合同约定及时发出指示的。

（14）因发包人提供的资料、场地不符合要求的或其款项支付存在延迟的。

（15）承包人遭遇不可预见的不利物质条件的。

（16）承包人遭遇异常恶劣的气候条件的。

（17）因发包人原因引起的暂停施工。

（18）因发包人原因引起的无法按时复工。

（19）发包人提供的材料或设备不符合要求的。

（20）监理人重新检验且证明承包人检验和试验无误的。

（21）因发包人原因导致暂估价合同订立和履行延迟的。

（22）因发包人采购的工程设备导致试车达不到验收要求的。

（23）发包人要求提前交付单位工程的。

（24）因发包人其他违约行为。

（25）不可抗力导致工期延误的。

需注意，依据《建设工程造价鉴定规范》GB/T 51262—2017 第 5.7.5 条规定，如果增加的工程量并非关键工作，可以组织平行施工和交叉施工，还可以增加作业工人和施工机械等组织措施，承包人可以要求增加工程费用，而不应要求延长工期。

因此，设计变更增加了工程量，承包人不必然可以索赔工期。

例如，在《汉中乐某居房地产开发有限责任公司与汉中市龙某建筑有限责任公司建设工程施工合同纠纷二审民事判决书》［陕西省高级人民法院（2015）陕民一终字第 00277号］所涉案件中，法院认为，案涉工程基础变更设计后于 2012 年 2 月 1 日复工，据施工日志记载，4 月 4 日基础筏板浇筑完毕，共计 64 天，该期间属于设计变更增加的工程量，且基础施工属于工程的关键线路，所用工期应当予以顺延。关于裙楼，属于增加的工程，双方合同以及实际履行中，均没有约定增加工期，被告亦没有现场工程师的签证。经审查，该裙房工程量 500 余平方米，相对于全部工程占比小，而且未处于整个工程的关键线路，故对被告要求另行增加该部分工程工期的请求不予支持。

二、发包人向承包人提起的工期索赔

（一）发包人工期索赔程序

工程施工中发包人向承包人索赔的一般程序如下。

1. 索赔意向通知

发包人应在知道或应当知道索赔事件发生后 28 天内通过监理人向承包人提出索赔意向通知。在工程实施过程中发生索赔事件以后，或者发包人发现索赔机会，首先要提出索赔意向，即在合同规定时间内将索赔意向用书面形式及时通知承包人，向对方表明索赔愿望、要求或者声明保留索赔权利，这是索赔工作程序的第一步。

索赔意向通知要简明扼要地说明索赔事由发生的时间、地点、简单事实情况描述和发展动态、索赔依据和理由、索赔事件的不利影响等。

需注意工程因实际施工人原因导致工期违约的，发包人应向承包人主张工期违约责任，而非实际施工人。

例如，在《池某某、泰宁县三某竹业开发有限公司建设工程施工合同纠纷再审民事判决书》[福建省高级人民法院（2017）闽民再210号]所涉案件中，法院认为，工期延误不是工程质量问题，在参照无效合同中工期延误责任条款确定相关责任时，应根据合同相对性，以该合同的相对人作为责任义务人，不应要求实际施工人承担责任。《建设工程施工合同解释》第二十五条规定："因建设工程质量发生争议的，发包人可以以总承包人、分包人和实际施工人为共同被告提起诉讼"，在发生建设工程质量问题时，发包人可以突破合同相对性，以实际施工人为被告提起诉讼，但工期延误不属于建设工程质量问题，在参照无效合同中工期延误责任条款确定相关责任时，应根据合同相对性原则，以相对人作为责任义务人。在实践中，实际施工人并非发包方的合同相对方。因此，法院可能认为发包方向其主张工期延误责任，没有事实和法律依据。

2. 索赔资料的准备

索赔资料准备阶段主要工作有以下几方面。

（1）跟踪和调查干扰事件，掌握事件产生的详细经过。

（2）分析干扰事件产生的原因，划清各方责任，确定索赔根据。

（3）损失或损害调查分析与计算，确定工期索赔和费用索赔值。

（4）搜集证据，获得充分而有效的各种证据。

（5）起草索赔文件。

3. 正式索赔报告的提交

发包人应在发出索赔意向通知书后28天内，通过监理人向承包人递交正式索赔报告。如果干扰事件对工程的影响持续时间长，发包人则应在合理间隔期（一般为28天）提交中间索赔报告，并在干扰事件影响结束后的28天内提交一份最终索赔报告，否则可能失去就该事件请求索赔的权利。

例如，在《重庆市玮某房地产有限公司与四川省第某五建筑有限公司建设工程施工合同纠纷二审民事判决书》[重庆市高级人民法院（2019）渝民终640号]所涉案件中，法院认为逾期索赔丧失权利。当事人未按约定在索赔事件发生后一定期限内提出索赔，无论索赔事由是否成立，索赔权利都已丧失。

根据双方签订的《施工总承包补充合同补充协议》，发包人对承包人的任何索赔，均在索赔事件发生后两年内进行。该案合同约定自2012年9月15日开工，要求承包人必须于开工之日起在绝对天数为270天内按合同要求完成全部工程。现案涉工程于2014年8月27日竣工验收合格，超过合同约定完工期，承包人存在违约行为，发包人按照补充合同约定，从竣工验收合格之日起在两年内必须对承包人的违约行为进行索赔，也就是说发包人至迟于2016年8月27日前应对承包人的迟延竣工行为进行索赔。而承包人在2017年4月12日向一审法院提起反诉，超过双方约定的时间。无论其索赔事由是否成立，其索赔的权利都已经丧失，故对发包人要求承包人承担违约责任的请求不能得到支持。

在《四川雅眉乐某某公路有限责任公司、攀枝花某某建设有限公司建设工程施工合同纠纷再审审查与审判监督民事裁定书》[最高人民法院（2017）最高法民申1182号]所涉案件中，出现了相反的观点：逾期索赔失权条款是解决纠纷的程序性约定，并非权利的存续期间，当事人未在约定期限内主张权利，不丧失索赔权。若双方已就工程款达成结算后，发包方将无法再主张工期延误违约金。

例如，五指山兆某房地产开发有限公司、海南金某建筑工程有限公司建设工程施工合同纠纷一案[（2017）最高法民再97号]，最高人民法院认为：结算协议属于合同各方进行工程价款清结的最终依据，一方当事人在进行结算时未提出工程延误违约责任的，一般不再支持，结算协议另有约定除外。建设工程施工合同当事人在进行工程竣工结算时，应当依照合同约定就对方当事人履行合同是否符合约定进行审核并提出相应索赔。索赔事项及金额，应在结算时一并核定处理。因此，除在结算时因存有争议而声明保留的项目外，竣工结算报告经各方审核确认后的结算意见，属于合同各方进行工程价款清结的最终依据。一方当事人在进行结算时没有提出相关索赔主张或声明保留，完成工程价款结算后又以对方之前存在违约行为提出索赔主张，依法不予支持。由此，在涉案合同未就工程价款结算时保留违约索赔权利作出专门规定的情况下，万某公司反诉主张建筑公司逾期竣工、工期延误以及未移交竣工验收资料等违约索赔请求没有依据。

索赔文件的主要内容包括以下几个方面。

（1）总述部分。

概要论述索赔事项发生的日期和过程，发包人为该索赔事项付出的努力和附加开支，发包人的具体索赔要求。

（2）论证部分。

论证部分是索赔报告的关键部分，其目的是论证自己有索赔权，是索赔能否成立的关键。

（3）索赔款项（和／或工期）计算部分。

如果说索赔报告论证部分的任务是解决索赔权能否成立，则款项（和／或工期）计算是为解决能得多少款项或延长多长时间的缺陷责任期。

（4）证据部分。

要注意引用的每个证据的效力或可信程度，对重要的证据资料最好附以文字说明或附以确认件，并确认相关的重要证据上有无发包方盖章，如部分证据缺少盖章，将可能导致索赔失败。

4. 索赔文件的审核

承包人收到发包人提交的索赔报告后，应及时审查索赔报告的内容、查验发包人证明材料；承包人应在收到索赔报告或有关索赔的进一步证明材料后28天内，将索赔处理结果答复发包人。如果承包人未在上述期限内作出答复的，则视为对发包人索赔要求的认可。

5. 协商

承包人接受索赔处理结果的，发包人可从应支付给承包人的合同价款中扣除赔付的金额或延长缺陷责任期；发包人不接受索赔处理结果的，双方可就索赔的解决进行协商，其中可能包括复杂的谈判过程，经过多次协商才能达成。如果经过努力无法就索赔事宜达成一致意见，则发包人可根据合同约定选择采用仲裁或诉讼方式解决。

（二）发包人工期索赔事由

由于承包人原因引起的工期延误一般是由于其管理不善所引起，比如计划不周密、组织不力、指挥不当等。

（1）施工组织不当，出现窝工或停工待料等现象。

（2）质量不符合合同要求而造成返工。

（3）资源配置不足。

（4）开工延误。

（5）劳动生产率低。

（6）分包商或供货商延误等。

国际咨询工程师联合会（Fédération Internationale Des Ingénieurs-Conseils，FIDIC）于1999年出版的新版合同条件《施工合同条件》（"新红皮书"）规定，当承包商的工程质量不能满足要求，即某项缺陷或损害使工程、区段或某项主要生产设备不能按原定目的使用时，业主有权延长工程或某一区段的缺陷通知期。《建设工程施工合同（示范文本）》GF—2017—0201第19.3条对于发包人向承包人索赔工期的表述为："根据合同约定，发包人认为有权得到赔付金额和（或）延长缺陷责任期的，监理人应向承包人发出通知并附有详细的证明。"

除了延长缺陷责任期外，发包人还有权要求承包人支付工期延误违约金或赔偿金。承包人原因导致逾期竣工的，承包人应支付逾期竣工违约金或赔偿金，逾期竣工违约金的计算方法在专用合同条款中约定，逾期竣工赔偿金将根据发包人的实际损失予以确定。

（三）发包人索赔后的追偿

发包人索赔工期违约金后，总承包人可依据其与实际施工人各自承担的过错责任，向实际施工人追偿。

例如，在《上饶市第某建筑工程总公司与周某昌建设工程施工合同纠纷一审民事判决书》［江苏省东海县人民法院（2019）苏 0722 民初 3715 号］所涉案件中，法院认为，根据《最高人民法院关于审理建设工程施工合同纠纷案件适用法律问题的解释》第一条的规定，因周某昌个人无建筑施工资质，上饶某公司与周某昌签订的《工程风险承包合同》系无效合同；另根据《合同法》第五十八条规定，合同无效或被撤销后，因该合同取得的财产，应当予以返还；不能返还或者没有必要返还的，应当折价补偿。有过错的一方应当赔偿对方因此所受的损失，双方都有过错的，应当各自承担相应的责任。该案总承包人因对合同无效存在过错的，需承担相应责任，无法全额向实际施工人进行追偿。对于超出实际施工人施工部分的赔偿，实际施工人无需承担责任。对于总承包人履行赔偿过程中的执行费及迟延履行金，是总承包人没有及时履行生效判决所导致，应由总承包人自行承担。法院最终在考虑双方过错时作为轻微原因予以考量。综合各方面因素及本案具体情况认定，原告上饶某公司对因工期延误造成的损失承担 70% 的责任，被告周某昌承担 30% 的责任。

三、工期鉴定

1. 工期鉴定对发承包双方的意义

在建设工程施工合同纠纷案例中，工期是否延误及延误的责任主体是谁，历来是发承包双方关注的焦点问题。对于发承包方双方而言，工期延误以及责任主体产生重大分歧时，工期鉴定就成了一把能解决这个分歧大门的"钥匙"，也有利于双方控制成本及最终的结算。

在实践中，工期鉴定的案件相比于申请质量、造价鉴定的案件要少很多。究其原因，是启动工期鉴定本身存在着客观困难：①国内专业的鉴定机构匮乏；②法院可能认为，工期延误的原因不需要委托鉴定也能确定；③当事人提供不了足够的证据而无法启动工期鉴定。从长远的角度来看，工期鉴定的结果可以作为审理建设工程施工合同纠纷的重要依据，在实践中应得到广泛运用。

2. 工期鉴定一般举证规则

（1）工期鉴定中发包方举证的一般规则。

根据《民事诉讼法》的规定，举证责任分配一般遵循"谁主张，谁举证"的原则，即当事人对自己提出的主张负有举证的责任，在案件审理中，鉴定申请的准许、鉴定事项的确定，应当经合议庭讨论决定。合议庭不能形成一致意见的，应当提交专业法官会议讨论。

在审判实务中，当承发包双方对工期延误争议的事实处于真伪不明时，发包人的举证责任和内容要简单一些，一般发包人要举证的内容有：①涉案工程的具体信息；②约定的开工之日与实际的竣工日；③延误的天数；④约定的违约金数额；⑤因工期延误而造成的损失。因申请工期鉴定的分配责任不同，当发包人提交的上述证据不足以证明其主张的，应当由发包人申请工期鉴定。

（2）工期鉴定中承包人举证的一般规则。

工期管理是施工项目管理的核心内容之一，承包人在施工过程中应当做好进度控制，在合同履行中更应做好工期管理工作，从而避免被发包人追究工期违约责任，或者是因发包人原因导致工期延误如何获得停窝工损失赔偿。

在司法实践中，工期是否存在延误、延误的责任由谁承担和工期延误造成的损失认定比较混乱，在建设工程中能否准确认定工期延误的责任以及确定工期是否应当给予顺延及顺延的天数，对于认定发包人与承包人工期逾期违约金及工期逾期损失的确定具有重要意义。

认定工期争议通常需要遵循几个步骤，可以大概总结为"定性、定量、定损"，即首先要确定工期延误的事实及工期责任承担，其次确定工期顺延天数，最后确定工期逾期损失。

在审判实务中，当承发包双方对工期延误争议的事实处于真伪不明时，承包人要举证的内容一般有：①发包人迟延提供材料的证据；②发包人因设计变更和增加工程量导致工期增加的证据；③发包人提供的施工资料有误导致施工困难、返工等影响工期的证据；④发包人迟延支付进度款而影响工期的证据；⑤天气、政策等不可抗力因素导致工期延误。因为申请工期鉴定的分配责任的不同，当承包人主张并非因自己的原因导致工期延误，但提交的证据不足以证明的，应当由承包人申请鉴定。

第四节　工期延误损失索赔

一、承包人向发包人提起的工期延误损失索赔

（一）人工费损失索赔

1. 人工费

人工费损失是停、窝工情况下承包方常见的损失，人工费是指直接从事建筑安装工程施工的普通工人工资性支出，在定额计价下属于直接工程费的组成部分，在清单计价下属于分部分项工程费的组成部分。上述人员因停窝工期间支付的工资、人员遣散的损失以及因涨价造成的损失，都应计入人工费损失中。

2. 人员遣散费

（1）人员遣散费的定义。

人员遣散费损失是指在建设工程施工合同解除或中止履行的情况下，承包人为遣散相关人员所发生的各类费用。在符合合同约定或法律规定的情况下，承包人可以就由此产生的费用向发包人索赔。

以《建设工程施工合同（示范文本）》GF—2017—0201通用合同条款的约定为例，承包人可以索赔人员遣散费损失的情形包括发包人违约导致合同解除、不可抗力导致合同解除两种情形。《建设工程施工合同（示范文本）》GF—2017—0201通用合同条款第16.1.4条约定，因发包人违约解除合同后，"发包人应在解除合同后28天内支付下列款项……（3）承包人撤离施工现场以及遣散承包人人员的款项"。第17.4条约定："因不可抗力导致合同无法履行连续超过84天或累计超过140天的，发包人和承包人均有权解除合同。合同解除后，由双方当事人按照第4、4条商定或确定发包人应支付的款项，该款项包括……（4）承包人撤离施工现场以及遣散承包人人员的费用。"

《民法典》第五百九十一条第二款规定："当事人因防止损失扩大而支出的合理费用，由违约方负担。"因发包人违约导致施工暂停，暂停施工期间，承包人持续产生人、材、机等额外的费用支出，承包人基于合理预见而采取的必要减损措施，如遣散部分现场人员，客观上也避免了损失的进一步扩大，由此产生的必要的人员遣散费用则属于为防止损失扩大而支出的合理费用，依法也应由发包人承担。

（2）人员遣散费的构成。

基于不同的理解与侧重，在实务中对于承包人人员遣散费的费用构成有不同的认识，在裁判中也存在不同的参照标准。人员遣散费主要包括承包人在施工合同解除或工程持续停工一段时间且仍无复工迹象时，为遣散项目上劳务人员而额外支付的劳务人员等待再就业期间的生活费补偿，一般相当于个人为项目提供劳务期间半个月至一个月的报酬，所指向的对象为一般劳务人员。上述几种类型的遣散费用，如果被证明系承包人在合同解除或中止履行后，为了防止损失扩大而实际支出的合理费用，则均有可能被支持。在《新疆盛某矿业有限责任公司与温州二某建设有限公司建设工程施工合同纠纷二审民事判决书》[新疆维吾尔自治区高级人民法院（2015）新民一终字第106号]所涉案件中，对承包人所主张的工人遣散费损失按差旅费支出予以支持。在《通州建某集团有限公司与江苏腾某机场配套设备有限公司建设工程施工合同纠纷一审民事判决书》[江苏省盐城市中级人民法院（2015）盐民初字第00143号]所涉案件中，也对承包人所主张的项目部五大员遣散费损失酌情支持。在《宏某建设有限公司、兴义市威某公路投资建设有限责任公司建设工程施工合同纠纷二审民事判决书》[最高人民法院（2018）最高法民终373号]所涉案件中，法院亦认为，承包人主张按违法解除劳动合同赔偿金标准计算的人员遣散费损失，因有监理人盖章确认的《项目人员遣散费发放统计表》及相关劳动合同、遣散费支付凭证证实，予以支持。

（3）人员遣散费举证责任。

承包人主张人员遣散费损失须具备相应的事实依据。除承发包双方协商以索赔签证或其他形式就发包人赔偿损失事宜达成合意以外，承包人应举证证明其按合同约定或法律规定有索赔权以及遣散人员的实际数量、遣散费标准、相关费用已经实际发生。

一方面，关于遣散人员的具体数量、费用标准，司法实务中并无明确标准。但作为向发包人索赔的款项不应明显超出合理范围。合理金额的评估与测算，首先需考虑承包人需遣散人员的数量。而遣散人员的合理数量需要考虑工程停工前现场人员数量以及在合同解除后一定时间内和（或）工程暂停施工期间承包人也应保留的必要的现场人员数量。其次需结合工程所在地实际情况评估合理的遣散费发放标准。在《宁波建某股份有限公司、舟山凤某岛置业发展有限公司建设工程施工合同纠纷二审民事判决书》[浙江省高级人民法院（2016）浙民终768号]所涉案件中，法院认为，承包人提供的人员名册、工资发放表、工资支付凭证等证据尚不足以证明其停工期间遭受的损失以及部分被遣散人员的遣散费发放标准。组织施工要求所需施工人员人数、工资发放标准及遣散费发放标准是否合理等均需专业鉴定机构进行测算才能确定，承包人经法庭释明后未申请鉴定应承担举证不能的不利后果。

另一方面，工程索赔具有补偿而非惩罚性质，故人员遣散费作为费用索赔的一种，只有实际发生，索赔主张才能成立。事实上，施工合同解除后遣散人员时并不必然支出遣散费。例如，承包人将施工劳务分包给劳务分包人时，即便劳务分包人因承包人中途撤场需要遣散现场施工人员，承包人也可以通过合同约定将风险转移给劳务分包人，而有经验的劳务分包人往往也有能力在不同的项目或不同的公司之间调配人员，从而规避风险。在《深圳市中某装饰设计工程有限公司等建设工程施工合同纠纷二审民事判决书》[北京市第三中级人民法院（2018）京03民终13092号]所涉案件中，法院认为，承包人未就其主张的遣散费是否已实际发生充分举证，故对该项请求不予支持。

值得注意的是，根据《保障农民工工资支付条例》第二十九条、第三十条、第三十六条的规定，建设单位应在欠付工程款范围内先行垫付被拖欠的农民工工资，施工总承包单位对分包单位拖欠的农民工工资有先行清偿义务，建设单位、施工总承包单位将建设工程发包或者分包给个人或者不具备合法经营资格的单位，导致拖欠农民工工资的，由建设单位或者施工总承包单位清偿。在《大连亿某建设工程有限公司、大连市普其店区墨某街道办事处劳务合同纠纷二审民事判决书》[辽宁省大连市中级人民法院（2020）辽02民终7381号]所涉案件中，法院认为，建设单位未及时拨付工程款导致农民工工资被拖欠，应就此承担清偿责任。在《原告周某某与被告陈某某、被告南京龙某装饰工程有限公司、被告南京淞花江装某工程有限公司、被告南京仁某装饰工程有限公司、被告中某建设有限公司劳务合同纠纷一案的民事判决书》[江苏省南京市鼓楼区人民法院（2021）苏0106民初968号]所涉案件中，法院认为，施工总承包单位对于分包单位所拖欠的农民工工资，应当承担清偿责任，再依法进行追偿。据此，人员遣散费损失索赔中涉及农民工工资的部分，除发生在分包人与承包人、承包人与发包人之间外，后续在实务中可能还会以农民工直接起诉承包人、发包人索要劳动报酬的形式表现出来，可能由此引发施工合同纠纷中发包人对承包人、承包人对分包人的追偿与反索赔。

（4）工程停工后承包人应及时遣散人员避免损失持续扩大。

如前所述，在因发包人违约导致施工合同中途解除的情况下，承包人人员遣散费损失属于因发包人违约所造成的损失。而在工程暂停施工期间，承包人及时遣散人员所支出的人员遣散费，则属于为防止损失扩大而支出的合理费用。承包人在工程停工后应及时遣散现场施工人员，其可以主张的停工期间人工费损失不应当超出合理期限。对于这一合理期限的认定，目前没有统一的标准。在《宏某建设有限公司、兴义市威某公路投资建设有限责任公司建设工程施工合同纠纷二审民事判决书》[最高人民法院（2018）最高法民终373号]所涉案件中，法院认为，项目两次停工，停工时间相对较长（分别为70天、103天），而承包人雇佣人数与正常施工期间的人数大体相仿，有悖常理，故酌情确认两次停工期间在一个月内的工人工资按承包人主张的人数计算超出一个月的停工时间，酌情按9人、人均每月5000元的工资计算。

3. 人工费上涨造成的损失

政府发布的人工费调整时点本来不在合同约定工期内，但因为工期延误，实际施工期间迟延至政府发布的人工费调整时点之后的，承包方应将增加的人工费作为损失，由工期延误的责任方承担，双方都有责任的，按责任大小分担。

4. 举证方式

人工费作为停窝工损失的主要部分，相对其他损失，其证明难度相对较大。这需要承包人对证据的证明力有准确认识，依照证据规则来看，证据力度从大到小大致如下。

第一证据为发包人签证签认的损失：可以直接计入结算付款，显然证明力最高。

第二证据为发包人或监理签认的停工期间人员名单（或人数，下同）：可以作为损失计算的依据。

第三证据为经发包人或监理审批的停工方案：在发包人没有相反证据的情况下应当作为计算停工损失的证据。

第四证据为发包人未审批（已逾期失权）的索赔报告：虽然索赔的逾期失权可能得不到法院确认，但从合同的角度能够给发包人形成较大的压力，有一定的证明力。

第五证据为未经发包人审批的已逾期的承包人单方索赔联系函，或承包人单方制作的考勤表、工资条等，但此部分证明力较低。

（二）材料费损失索赔

1. 原材料损失费

在建设工程施工过程中，承包人为施工便利往往都会提前进场大量材料，而当停窝工情形发生时，投入的材料并未通过使用转化为产值，从而产生了资金占用成本无法回款的情况，导致损失。

2. 周转材料损失费

（1）基本概念。

根据《施工企业会计核算办法》规定，周转材料是指施工企业在施工过程中能够多次使用，并可基本保持原来形态而逐渐转移其价值的材料，主要包括钢板、木模板、脚手架和其他周转材料等。与直接构成工程实体的原材料不同，作为工具性材料，周转材料的价值通过施工中的反复、周转使用逐渐转移到工程中，并以材料租金或价值摊销的方式计入工程价款。

根据《施工企业会计核算办法》的规定，周转材料价值摊销方式有四种。①一次转销法。一般应限于易腐、易糟的周转材料，如安全网，于领用时一次计入成本、费用。②分期摊销法。根据周转材料的预计使用期限分期摊入成本、费用。这种方法一般适用于使用次数较多、能够持续使用一定期限的周转材料，如脚手架、跳板、塔吊轨及枕木等。③分次摊销法。根据周转材料的预计使用次数摊入成本、费用。这种方法一般适用于使用次数较少或不经常使用的周转材料，如预制钢筋混凝土构件所使用的定型模板和土方工程使用的挡板。④定额摊销法。根据实际完成的实物工作量和预算定额规定的周转材料消耗定额，计算确认本期摊入成本、费用的金额。

如工程施工因故工效降低或暂停施工，导致承包人的投入没有取得相对应的可计量产出，也就无法通过正常的工程计量、结算取得回报，由此产生损失。此时，如承包人以自有周转材料施工的，其损失为因工期延长而额外支出的周转材料摊销价值；如承包人租赁周转材料进行施工的，承包人所遭受的损失即额外支出的周转材料租金。在符合合同约定的情形时，承包人可就由此所遭受的损失向发包人索赔。

（2）承包人主张周转材料损失的主要情形。

周转材料损失属于停窝工损失的一种。在承包人窝工或工程停工导致不能取得相应的产出，进而不能通过正常的工程计量结算取得回报时产生。承包人可向发包人主张周转材料损失的情形，包括法定与约定两种。

法定的情形，通常在发承包双方无相反约定时适用，主要是发包人违约的情形。若工程停、窝工因发包人原因导致，发包人应承担违约责任，向承包人赔偿包括周转材料损失在内的因发包人违约而产生的损失。《民法典》第八百零三条规定："发包人未按照约定的时间和要求提供原材料、设备、场地、资金、技术资料的，承包人可以顺延工程日期，并有权请求赔偿停工、窝工等损失。"《民法典》第八百零四条规定："因发包人的原因致使工程中途停建、缓建的，发包人应当采取措施弥补或者减少损失，赔偿承包人因此造成的停工、窝工、倒运、机械设备调迁、材料和构件积压等损失和实际费用。"在《某某油田有限责任公司呼伦贝尔分公司与通州建某集团有限公司建设工程施工合同纠纷二审民事判决书》[内蒙古自治区高级人民法院（2016）内民终283号]所涉案件中，法院认为，发包人提供的材料不符合国家强制性标准导致工程被责令停工，由此造成承包人周转材料租金损失等停工损失，应予赔偿。

约定的情形，除发包人违约外，发承包双方也可就不可抗力、政策变更等其他非因承包人原因造成的履约风险的分担加以约定。

（3）承包人索赔周转材料损失的证明责任。

承包人索赔周转材料损失，应举证证明停窝工期间承包人现场周转材料的具体种类、数量、租金损失的计算标准、损失的实际产生，并列出索赔的合同依据或法律依据。任何一项证据的缺失，均可能使权利人面临索赔主张得不到支持的法律风险，若无全面、细致的索赔签证，承包人的举证责任会较重。在《冯某某、时某某建设工程施工合同纠纷二审民事判决书》[河南省信阳市中级人民法院（2017）豫15民终1428号]所涉案件中，法院认为，承包人举证的租赁合同及租金支付凭证可以证明承包人在工程停工期间的周转材料租金损失；而掌某与戴某宏、宜兴市建某建筑安装有限责任公司等建设工程施工合同纠纷一案[（2016）苏09民终3288号]，法院则认为，承包人提供的周转材料清单证据不足以证明其在停工期间的周转材料租金损失。部分案件中，承包人能够及时固定证据、保护施工现场，最终其索赔主张得到了支持。在《苏州建某建设集团有限公司与杭州世某世纪置业有限公司、林某某等建设工程施工合同纠纷一审民事判决书》[浙江省杭州市中级人民法院（2015）浙杭民初字第19号]所涉案件中，工程停工后未能复工，至诉讼期间由司法鉴定单位现场清点后就承包人停工损失作出鉴定报告，该鉴定报告最终作为定案证据被法院采信。在《利某德光电股份有限公司、四川科某建设有限公司建设工程施工合同纠纷二审民事判决书》[四川省成都市中级人民法院（2017）川01民终7534号]所涉案件中，承包人在涉案工程停工后委托公证机关对现场机械设备、周转材料的清点工作进行公证，并依据公证材料取得司法机关对其索赔主张的支持。

（4）承包人周转材料停工损失的计算。

①租赁周转材料用于工程施工的情况下，周转材料损失就是相应期间内支付的材料租金。在《利某德光电股份有限公司、四川科某建设有限公司建设工程施工合同纠纷二审民事判决书》[四川省成都市中级人民法院（2017）川01民终7534号]所涉案件中，人民法院认可了承包人举证的停工期间实际支付的租金金额。在《某某油田有限责任公司呼伦贝尔分公司与通州建某集团有限公司建设工程施工合同纠纷二审民事判决书》[内蒙古自治区高级人民法院（2016）内民终283号]所涉案件中则按照发承包双方在诉讼中一致确认的相应时段工程所在地市场信息价计算承包人周转材料租金损失。

②使用自有周转材料进行施工的情况下，可通过鉴定确定承包人自有周转材料在停、窝工期间的价值摊销损失。在《山西通某服务公司、国某建设集团有限公司建设工程施工合同纠纷二审民事判决书》[山西省高级人民法院（2017）晋民终37号]所涉案件中，双方申请人民法院委托对包括周转性材料摊销费在内的停工损失进行司法鉴定，该案两审中对于承包人周转材料损失均采纳鉴定机构通过价值摊销计算方式作出的鉴定意见。

3. 材料涨价损失

（1）基本概念

在施工过程中，还伴随着承包人对材料的采购。通常而言，材料会随着时间的推移价格上涨，因此施工作业的时间越靠后，施工成本越高。建设工程施工合同履行周期较长，履行会因市场波动，政策、法律变化等因素导致人工、材料等各项建筑施工成本发生变化从而偏离订约时发承包双方约定的价格。

《民法典》第五百八十四条规定："当事人一方不履行合同义务或者履行合同义务不符合约定，造成对方损失的，损失赔偿额应当相当于因违约所造成的损失……"。因违约行为造成的工期延误期间，守约方因材料价格上涨产生的额外的履约成本也属于违约方的违约行为给其造成的损失，应当由违约方承担。

（2）施工合同一方索赔材料涨价损失的一般原则

《建设工程工程量清单计价规范》GB 50500—2013 第9.8.3条规定："发生合同工程工期延误的，应按照下列规定确定合同履行期的价格调整：因发包人原因导致工期延误的，则计划进度日期后续工程的价格，采用计划进度日期与实际进度日期两者的较高者；因承包人原因导致工期延误的，计划进度日期后续工程的价格，采用计划进度日期与实际进度日期两者的较低者。"

新出台的《建设工程工程量清单计价标准》GB/T 50500—2024 对上述规定进行了部分修改，第8.7.4条规定："合同工程出现工期延长的，应按下列规定确定及调整合同履行期由于物价变化影响的价格：（1）因发包人原因引起工期延长的，计划进度日期后续工程的价格，采用计划进度日期与实际进度日期两者的较高者；（2）因承包人原因引起工期延长的，计划进度日期后续工程的价格，采用计划进度日期与实际进度日期两者的较低者；（3）因非发承包双方原因引起工期延长的，计划进度日期后续工程的价格应按本标准第8.7.2条的规定调整，合同另有约定或法律法规及政策另有规定除外。"新标准对发包人和承包人承担的计价风险进行了重新划分和细化，进一步明确了发承包双方在合同中的风险分担原则，以合理分配风险，减少结算争议。

①因发包人原因造成工期延误的情况下，延误期间材料价格上涨的损失由发包人承担。此种情形下材料价格上涨给承包人造成的损失，承包人有权向发包人索赔。在《某某建筑股份有限公司与昆山市超某投资发展有限公司建设工程施工合同纠纷二审民事判决书》［最高人民法院（2014）民一终字第310号］所涉案件中，法院认为：因发包人原因导致工期延误，延误期间承包人采购的建筑材料价格上涨，发包人应当赔偿由此给承包人造成的损失。在发包人原因造成工期延误期间材料价格上涨造成的损失则由发包人自行承担。在《淮安市明某机械有限公司与江苏万某建设有限公司、陈某某建设工程施工合同纠纷二审民事判决书》［江苏省淮安市中级人民法院（2016）苏08民终71号］所涉案件中，法院认为，因工期延误的形成原因多在于发包人一方，材料价格上涨的情形即便存在

也是因发包人自身原因造成，发包人该项索赔主张不能成立。

②因承包人原因造成工期延误的情况下，延误期间材料价格上涨的损失由承包人承担。在《铜陵华某装饰材料制造有限公司、铜陵新某建筑安装有限责任公司建设工程施工合同纠纷二审民事判决书》〔安徽省铜陵市中级人民法院（2015）铜中民三终字第00053号〕所涉案件中，法院认为，对于涉案施工合同被解除承包人具有一定的过错，发包人在合同解除后另行发包剩余工程时因材料费上涨所造成的损失，承包人应承担相应的过错责任。

③因不可抗力等不可归责于合同双方的原因造成工期延误的情况下，延误期间材料价格上涨的价差根据双方合同约定处理，双方在施工合同中对此未专门约定的，可参照约定处理有关示范文本的约定处理。例如，《建设工程施工合同（示范文本）》GF—2017—0201第17.3.2（4）条约定："因不可抗力影响承包人履行合同约定的义务，已经引起或将引起工期延误的，应当顺延工期，由此导致承包人停工的费用损失由发包人和承包人合理分担，停工期间必须支付的工人工资由发包人承担。"

④当事人有关排除索赔权约定的效力：若双方在施工合同中明确约定排除一方在某些情形下的索赔权，则除有无效或具备可撤销、可变更情形外，该约定有效。在《四川攀峰路某建设集团有限公司、陕西黄延某某公路有限责任公司建设工程施工合同纠纷二审民事判决书》〔最高人民法院（2016）最高法民终262号〕所涉案件中，法院认为：因双方在施工合同专用合同条款中明确约定排除承包人相关索赔权，故对承包人关于材料涨价损失的索赔请求不予支持。

（3）材料涨价损失作为索赔的一种，不适用造价结算及价款调整的合同约定

①不适用合同中关于价格波动引起价款调整的一般约定

材料涨价损失索赔应与价格波动引起的价款调整相区分，不受合同中关于价格变化风险分担的有关约定的约束。发承包双方往往在施工合同中约定合同价款所包含的风险范围，该范围内的价格波动无论是上涨还是下降均由承包人承担，合同价款不作调整，超出该风险范围的价格波动方能调整合同价款。有的时候，发承包双方也会在施工合同中约定由一方承担材料价格变动的全部风险。而材料涨价损失属于索赔而非价款调整，在当事人一方依据合同约定或法律规定就此向相对方主张违约赔偿的情形下显然也不能适用合同价款调整的约定。在《中国人民武装警察某部队与辽宁城某集团有限公司建设工程施工合同纠纷申请再审民事裁定书》〔最高人民法院（2015）民申字第124号〕所涉案件中，法院认为，原审作出的相关价格调整实质上是由于发包人原因导致延期开工期间材料涨价给承包人造成的损失，并不属于工程价款结算的范畴，原审就此委托鉴定并无不当，发包人有关固定价合同不具备委托造价鉴定条件的主张不能成立。

②不适用合同中关于结算让利或工程取费下浮的约定

除另有特别约定外，材料涨价损失不适用双方有关结算让利或工程取费下浮的约定。

费用索赔以补偿索赔方实际损失为原则，除非发承包双方在合同中作出特别约定，否则显然不能适用让利或下浮约定。在《河南四某公司与北京天某福来商贸公司、南阳市世某假日酒店管理有限公司、西峡县通某机械化工程有限公司建设施工合同纠纷一案一审民事判决书》[河南省南阳市中级人民法院（2012）南民商初字第00032号]所涉案件中，法院认为：承包人承诺让利8%，工程因发包人原因停工，复工后材料价格大幅上涨，对于承包人索赔的材料涨价损失在诉讼中按新的市场价格全额计取差价而并未计算下浮。

4. 索赔材料涨价损失的举证责任

合同一方向相对方索赔材料涨价损失，如不能出具内容完备且符合约定形式要件的索赔凭证，应从以下几个方面进行举证：一是发生了合同约定的索赔事件；二是索赔方由此遭受实际损失，其索赔符合约定；三是索赔方主张的损失构成与具体数额。

通常，确定材料涨价损失的具体数额，需要从两个方面进一步举证：一是索赔方在各个时间段所采购的材料数量，通常可以借助材料采购凭证、出入库记录予以证明，材料进场检验记录可作补充参考；二是约定工期与超期施工期间的材料实际价格，一般可以依据工程所在地住房和城乡建设部门或其委托的造价管理部门发布的信息价，同时结合采购合同、发票等实际交易凭证综合证明。因索赔事件发生导致工期延误的情况下，一般以索赔方在实际施工各时间段中实际材料采购价格、采购数量加权计算的材料采购成本与排除索赔事件干扰后索赔方在约定工期内按原定施工组织设计、材料采购计划所计算的材料采购成本之差额计算损失。索赔方在以上任何一方面不能充分举证的，其索赔主张均有可能得不到支持。

诉讼中如索赔方就其索赔主张不能充分举证的，司法实务中有以下几种处理方式。

其一，以索赔方举证不能驳回其请求。在《上诉人天津市华某通讯工程有限公司与被上诉人天津城某道路管网配套建设投资有限公司建设工程施工合同纠纷二审民事判决书》[天津市高级人民法院（2015）津高民一终字第0102号]所涉案件中，法院认为，承包人主张因工期延误造成材料费涨价损失，但不能证明其损失实际发生，驳回其该项诉讼请求。

其二，查明损失实际发生的情况下，对索赔主张酌情支持。在《某某建筑股份有限公司与昆山市超某投资发展有限公司建设工程施工合同纠纷二审民事判决书》[最高人民法院（2014）民一终字第310号]所涉案件中，法院认为，承包人主张的材料涨价损失应结合实际材料进场情况按加权平均法计算较为合理，承包人不能举证具体的材料进场情况，但因发包人原因造成工期延误且由此造成的材差实际存在，在加权平均法无法计算的前提下，只能按算术平均法计算材差并在此基础上酌情支持承包人索赔主张。

其三，结合约定的索赔程序进行认定。在《上诉人自贡市英某建筑安装工程有限公司与上诉人中某高新材料股份有限公司自贡硬质合金分公司建设工程施工合同纠纷二审民事判决书》[四川省自贡市中级人民法院（2015）自民三终字第30号]所涉案件中，法院认为，承包人的索赔主张符合约定的索赔条件，关于具体的索赔金额，承包人按约定索赔程序向发包人报送索赔报告，发包人收到索赔报告后未按约定程序给予答复的，按双方合同约定可视为对承包人索赔主张的认可。

（三）机械租赁费损失索赔

1. 租赁费用的确定方式

承包人向发包人索赔机械租赁费损失时，一般依据其与出租人之间产生的租赁费用作为实际损失进行索赔。租赁时间的变化关系到租赁费的确定，工期因停工而延长，租赁费用也可能随之产生变化。出租人与承租人（承包人）之间常见的租赁费用计算方式大致如下。

（1）按设备实际占有使用期支付。

根据《民法典》第七百零三条规定，租赁合同是出租人将租赁物交付承租人使用、收益，承租人支付租金的合同。《民法典》第七百三十四条规定，租赁期限届满，承租人继续使用租赁物，出租人没有提出异议的，原租赁合同继续有效，但是租赁期限为不定期。上述两条法律规定说明了，无论承租人是否出现工程停工的问题，在未及时归还租赁物时，都应当按照占有使用的期限全额支付租赁费，这种计算方式也有利于出租人利益。

当然，承租人也可以根据《民法典》第八百零四条规定，因发包人的原因致使工程中途停建、缓建的，发包人应当采取措施弥补或者减少损失，赔偿承包人因此造成的停工、窝工、倒运、机械设备调迁、材料和构件积压等损失和实际费用；向发包人进行主张，从而弥补、减少自身的损失。

（2）按合同约定期限支付。

出租人与承租人在签订合同前，约定了在出现停工情况时是否有宽限期、是否有最长计价期、是否租赁减半或出现特定情况的租金免除等。如果没有任何约定，那么，出现工程停工，理应向出租人全额支付租金。

（3）协商确定。

当出现因停工期限过长，导致租赁金额过大，那么出租人是否在租赁设备的合同期限到达后，及时通知承租人，抑或承租人是否能够依据《民法典》第五百九十一条规定"当事人一方违约后，对方应当采取适当措施防止损失的扩大；没有采取适当措施致使损失扩大的，不得就扩大的损失请求赔偿，当事人因防止损失扩大而支出的合理费用，由违约方负担"进行抗辩。这也为双方的协商沟通，从而降低租赁费用迅速解决问题，起到了重要的作用。

2. 举证方式

无论是发包人原因导致的停工，还是承包人原因导致的停工，抑或其他不可抗力等因素，涉及机械租赁费损失，承发包双方均需提供相应的证据，如承包人或发包人要向对方主张赔偿或减免赔偿，需提供停工报告说明、地方性文件、租赁设备签收表、入场证明、现场设备使用情况的照片、有效的租赁合同、结算资料、转账记录、使用期限的说明等等都应妥善保管，否则很难维护自身的合法权益。

（四）企业管理费损失索赔

企业管理费是指建筑安装企业组织施工生产和经营管理所需的费用。企业管理费损失主要是指现场管理人员经费损失。

现场管理人员的经费包含承包方在主要管理、技术人员支付的工资或因停工而造成的损失。这里的主要管理、技术人员指项目经理、技术负责人以及"八大员"（施工员、质量员、安全员、标准员、材料员、机械员、劳务员、资料员）。主要管理、技术人员工资不同于人工费。

1. 承包人有权主张主要管理、技术人员工资损失的一般情形

其一，非因承包人原因导致承包人需承担额外的管理人员工资费用支出，承包人有权按约定或法律规定向发包人索赔。

其二，因发包人违约、工程变更、不利物质条件、异常恶劣的气候条件、不可抗力等索赔事件的发生导致停工、窝工。《民法典》第八百零三条规定，发包人未按照约定的时间和要求提供原材料、设备、场地、资金、技术资料的承包人可以顺延工程日期，并有权请求赔偿停工、窝工等损失。FIDIC2017 红皮书第 1.9 条约定："如果由于工程师未能在合理的并在承包商附有支持细节的通知中规定的时间内发出图纸或指示，使承包商遭受延误和 / 或招致增加费用，承包商有权根据第 20.2 款［付款和 / 或竣工时间延长的索赔］的规定，获得竣工时间的延长和 / 或此类成本加利润的支付。"

其三，承包人额外承担的主要管理、技术人员工资，如果已经一并结算入工程价款中，则不应重复计算。而对于承包人因赶工需额外付出的人工、材料、机械费、劳务损失、加班班次奖金以及相应的规费和税金等费用，发承包双方有时会在合同中约定明确的计算方法，并冠以"赶工措施费"的名义纳入进度付款并 / 或在工程竣工后一并结算。另外，承包人所提出的停窝工索赔也可以作为工程造价的一部分一并结算，根据《建设工程工程量清单计价标准》GB/T 50500—2024 第 8.1.1 条规定，施工过程中若发生费用索赔，双方应当按照约定调整工程价款。而索赔费用有时根据双方合同约定经发包人确认后可能纳入下期进度付款一并支付。

因此，对于承包人所主张的主要管理技术人员工资损失，发包人在审核承包人索赔资料时需要加以区分避免重复付款，在诉讼中各方当事人也需要仔细甄别。在《煤某科学研究总院、国某建设（集团）有限公司建设工程施工合同纠纷二审民事判决书》［北京市第二中级人民法院（2017）京 02 民终 7522 号］所涉案件中，法院认为：虽然施工工艺变更导致工期延长，但由此增加的费用已经计入工程造价中，故对承包人主张的因工期延长造成的相关损失不予支持。

2. 承包人主张主要管理、技术人员工资损失的事实依据

如果发承包双方未能进行签证确认，承包人主张主要管理、技术人员工资损失的，需举证证明其在具体项目上安排的主要管理、技术人员所属岗位、人员数量、停留在涉案项目上的持续时间以及工资数额。具体来说，一方面，承包人所主张的主要管理、技术人员需要与承包人建立劳动合同关系，劳动合同、承包人缴纳社会保险可以作为证明劳动关系的证据；另一方面，项目经理、技术负责人需要具备一定的任职资格条件，现场"八大员"也需要通过考核，相应的资质证书、考核合格证书可以证明其任职资格。与此同时，承包人所主张的主要管理、技术人员数量是否合理，是否一直在涉案项目上往往是发承包双方的争议焦点。

目前，各地住房和城乡建设部门所实行的资格证书锁定制度，对于具体个案中承包人主要管理、技术人员数量的认定，也应具有一定的参考价值。《江苏省住建和城乡建设厅关于明确施工项目经理部关键岗位人员网上备案标准及有关管理要求的通知》〔苏建建管（2017）236号〕规定，25层以上或单体建筑面积3万平方米以上的大型工程施工总承包方至少需备案项目负责人1名，技术负责人1名，施工员、安全员、质量员各2名；达到中型工程认定标准的施工总承包方至少需备案项目负责人1名，技术负责人1名，施工员、安全员、质量员各1名；小型工程施工总承包方至少需备案项目负责人1名，施工员、安全员各1名。变更人员信息锁定期间，该类人员不得参加其他工程的投标活动。对于关键岗位人员备案信息的变更与解锁，上述苏建建管〔2017〕236号文规定，除工程竣工验收备案外，未经发包人同意，关键岗位人员备案信息不予变更、解锁，因发包人原因工程停工3个月以上的，需由发包人将停工主要原因在申请表中进行描述，经合同备案机构现场踏勘、在变更表中出具踏勘意见，并附施工许可管理部门批准的停工意见后，方可办理人员备案信息的解锁。《湘建建〔2020〕208号》则规定，本办法所称施工项目部关键岗位人员是指项目负责人、项目技术负责人、施工员、专职安全员、质量员……施工项目部关键岗位人员不得同时在其他建筑工程项目中任职。

3. 承包人未及时采取措施防止损失扩大的，无权就扩大的损失提出索赔

守约方虽然有权向违约方主张损害赔偿责任，但也负有及时采取合理措施防止损失扩大的义务。

（1）参考合同中有关持续停工的约定酌情确定一个期限，承包人超出该期限提出的费用索赔不予支持。参考FIDIC1999红皮书第8.11条"持续的暂停"中的有关约定，如果发包人指示的工程暂停已持续84天以上，承包人可申请继续施工，而如果工程师在收到承包人申请后28天内未予许可复工，且此类停工影响整个工程，承包人可以通知终止合同。赤某建设建筑（集团）有限责任公司与唐山凤某房地产开发有限公司建设工程施工合同纠纷一案〔（2015）民一终字第309号〕，人民法院酌情确定自停工之日起3个月期限为合理期限，对承包人超出该期限的索赔主张不予支持。

（2）工程停工后双方均未采取任何措施导致工程持续停工的，对持续扩大的损失，根据双方各自的过错程度，酌定由发承包双方各承担一定的比例。例如，在《兰州市第某建设股份有限公司与兰州市第某建设股份有限公司第某分公司建设工程施工合同纠纷再审民事判决书》［最高人民法院（2016）最高法民再246号］所涉案件中，法院认为：虽然发包人违约导致停工，但双方未能妥善协商导致工程长时间持续停工，直至诉讼期间才一致同意解除合同，对于持续产生的损失均负有过错，酌定双方各承担50%的责任。在《利某德光电股份有限公司与四川科某建设有限公司建设工程施工合同纠纷二审民事判决书》［四川省成都市中级人民法院（2017）川01民终7534号］所涉案件中，法院认为：发包人在工程能否复工这一问题上的信息来源更占优势，同时，其还致函承包人要求对施工的安全隐患进行排除，说明其向承包人提供的信息表明工程尚存在复工的可能性，令承包人产生期待心理，导致损失扩大，故发包人应当承担主要责任，并酌定发包人就扩大的损失承担80%的责任。

4. 举证方式

参照人工费的举证方式。

（五）承包人的预期的可得利润索赔

1. 依据合同总额确认索赔范围

在发包人违反约定将承包人合同内工程另行发包，或发包人违约导致施工合同被中途解除的情况下，合同总额是根据可预见性原则评判相对方在订约时能够或应当能够预见的损失范围不可或缺的因素。

2. 预期利润率

预期利润率是承包人证明其所主张的预期利润损失数额必不可少的要件，同时，也是评判承包人主张的预期利润损失数额是否属于相对方在订约时能够或应当能够预见范围内的必备要件。预期利润率在实务中经常以下三种方式表达：一是在定额计价时所确定的利润率；二是工程量清单计价中承包人在报价时或开工前向发包人报送的综合单价分析表中所体现的利润率；三是行业一般利润率。该三种方式均存在局限性，故而在计算预期利润损失时预期利润率的引用有时会发生争议。一方面，清单计价的工程计算承包人预期利润损失时是否可以参照定额确定利润率存在争议，而承包人在清单报价时常有不平衡报价的情况，按照其报送给发包人的费用拆分表计算预期利润损失不一定完全符合客观情况；另一方面，个案利润率与工程情况以及施工企业自身管理能力等因素密切相关，行业一般利润率往往并不能体现个案情况。较为常见的处理思路如下。

其一，定额计价下，可按所确定的利润率计算预期利润损失。在《淮安市八某建设工程有限公司、江苏栋某置业有限公司建设工程施工合同纠纷二审民事判决书》［江苏省高级人民法院（2017）苏民终1458号］所涉案件中，法院认为，因发包人原因导致施工合同被解除，发、承包双方约定综合单价执行 04 定额，对于承包人主张的预期利润损失相应执行定额。

其二，从订约时的可预见性上看，承包人在投标报价中所载明的利润率或进场前报送给发包人的综合单价分析表中体现的利润率较易被采信。在《沈阳泰某投资有限公司与沈阳盛某基业电气工程安装有限公司建设工程施工合同纠纷二审民事判决书》[辽宁省高级人民法院（2017）辽民终 826 号]所涉案件中，法院认为，承包人在订约时提交的报价清单中明确载明了十项工程的利润，利润率为 5%。因此，应当认定该利润率是双方当事人在订立合同时即能够预见到的利润。合同的不履行，将导致该利润不能实现的损失发生。发包人作为违约方，应当给付承包人上述预期利润损失。鉴于合同范围内部分工程在报价清单中并未载明利润率，一审判决酌情作出按剩余未完工程造价的 3% 确定承包人的预期利润损失，并无不当。

其三，清单计价下承包人未在订约时或进场前申报相关材料并载明利润率的，能否引用行业一般利润率计算预期利润损失，实务中争议较大。很多裁判观点认为行业一般利润率不能体现特定工程的特点，也不能体现特定主体的经营能力、管理水平，故而不能作为认定个案承包人利润率的依据。在《宜良县南某建筑公司与国道 214 线西双版纳州某某过境公路南环段第一期工程建设指挥部建设工程施工合同纠纷二审民事判决书》[云南省高级人民法院（2018）云民终 125 号]所涉案件中，法院认为，承包人主张的未施工合理利润是依据其委托的鉴定机构出具的鉴定意见，虽然鉴定意见按涉案工程类别利润率计价，但具体到某个企业，利润率与其经营能力、管理水平等密切相关，在没有其他相关经济数值相佐证的情形下，并不能必然得出承包人就涉案工程一定能获取相应工程类别的利润率。在《南京恒某环境工程有限公司与江苏仑某湖发展有限公司建设工程施工合同纠纷二审民事判决书》[江苏省镇江市中级人民法院（2017）苏 11 民终 3787 号]所涉案件中，法院认为，承包人主张的同行业利润率即使真实，也是行业总体利润的事实，与特定工程、特定主体的可得利润事实无必然的联系。特定工程、特定主体的可得利润，与工程实际、主体特征直接关联。依据所谓的同行业利润主张特定主体在特定工程中的预期利润损失，依据不足。

但也有观点认为，行业一般利润率反映了行业平均盈利能力和一般情形，预期利润损失在订约时的可预见范围可以行业一般利润率表达，而不应苛求体现工程特点与主体特点从而给承包人提出过于严苛的要求。在《江苏天某建设集团有限公司与苏州新某阳置业有限公司建设工程施工合同纠纷二审民事判决书》[江苏省高级人民法院（2017）苏民终 1753 号]所涉案件中，法院认为，一审法院综合考虑双方合同金额、实际履行情况、当事人过错及建筑市场一般利润水平等综合因素，酌定发包人赔偿承包人预期利润损失 500 万元，并无不当。

3. 合同内剩余未完工工程造价对预期可得利润的影响

施工合同约定的工程内容中剩余未完工工程造价是计算承包人预期利润损失所不可缺少的要件。在《南京恒某环境工程有限公司与江苏仑某湖发展有限公司建设工程施工合同纠纷二审民事判决书》[江苏省镇江市中级人民法院（2017）苏 11 民终 3737 号]所涉案件中，法院认为，因承包人就同一工程的前一诉讼中主张先行支付已完工工程中双方无争议部分工程价款，而在本案中承包人不能充分举证证明其已完工部分的全部造价，因而无法确定合同内剩余未完工工程造价，预期利润损失因基数不确定而无法计算。

4. 预期可得利润鉴定

承包人的预期可得利润，一般是指承包人在完成建设工程施工合同约定的全部工作量后，预期可以获得的财产增值利益。通常情况下，当发包人不履行或不适当地履行施工合同而导致双方终止履行合同时，承包人的预期可得利润会因此减少，承包人可以就此向发包人提出索赔请求。

《民法典》第五百八十四条规定："当事人一方不履行合同义务或者履行合同义务不符合约定，造成对方损失的，损失赔偿范围应当相当于因违约所造成的损失，包括合同履行后可以获得的利益，但是不得超过违约方订立合同时预见到或者应当预见的因违约可能造成的损失。"

由此可见，我国法律明确支持守约方可向违约方主张预期可得利益损失。具体到建设工程领域，即承包人索赔预期可得利润损失也有明确的法律依据。值得注意的是，承包人要求发包人赔偿预期可得利润损失的前提是双方的建设工程施工合同是有效合同，且导致合同无法继续履行的过错方为发包人。如施工合同无效，或施工合同系因不可抗力、承包人过错等原因而终止履行的，承包人则无权向发包人提出预期可得利润的索赔。

在实践中，如何确定和计算承包人的预期可得利润损失是个大难题，多数法官在审理案件时对于建设工程造价、利润计算等问题不甚了解，对于预期可得利润损失的认定更感无所适从。此时，为提供裁判思路和认定方法，承包人可以向法院提出鉴定申请以明确预期可得利润损失的具体金额。

但同时也要指出的是，当前的司法实践中，承包人主张预期可得利润并提出鉴定的实例并不多，其中，获得法院支持并成功启动鉴定程序的实例更少。在实务中，甚至有承包人提出鉴定申请，法院也同意启动鉴定，但对于预期可得利润的鉴定申请却被鉴定机构以无法鉴定为由退回的情况发生。但承包人的预期可得利润仍存在鉴定的可能性，现就相关鉴定作如下讨论。

（1）鉴定规则。

对于预期可得利润的鉴定规则，应当根据《民法典合同编通则司法解释》第六十条规定执行：人民法院依据民法典第五百八十四条的规定确定合同履行后可以获得的利益时，可以在扣除非违约方为订立、履行合同支出的费用等合理成本后，按照非违约方能够获得的生产利润、经营利润或者转售利润等计算。

非违约方依法行使合同解除权并实施了替代交易，主张按照替代交易价格与合同价格的差额确定合同履行后可以获得的利益的，人民法院依法予以支持；替代交易价格明显偏离替代交易发生时当地的市场价格，违约方主张按照市场价格与合同价格的差额确定合同履行后可以获得的利益的，人民法院应予支持。

非违约方依法行使合同解除权但是未实施替代交易，主张按照违约行为发生后合理期间内合同履行地的市场价格与合同价格的差额确定合同履行后可以获得的利益的，人民法院应予支持。

因此，承包人所提出的预期可得利润索赔应当结合承包人所能获得的生产利润、经营利润、同期市场价格等进行综合判定。

（2）鉴定机构的选择。

通常，在建设工程案件的常规工期鉴定中，法院最终选定的鉴定单位一般为工程造价咨询类公司。此类工程造价鉴定机构如经法庭同意，可以根据相关工程定额进行预期可得利润的鉴定。

如不采用工程定额来进行鉴定，由于涉及相关财务数据分析等，选择有司法鉴定资质的相关会计师事务所或更能对预期可得利润进行合理的评估。

（3）鉴定的基础材料。

预期可得利润作为未实际施工部分的预期利润，一般不应包括人工费、材料费、机械费、管理费、措施费等。可能影响预期可得利润认定的因素主要包括承包人在投标报价中所包含的利润率、施工合同履行程度、工程进展情况、行业整体利润水平及管理情况等。且由于预期可得利润具有间接性、不确定性、不可预见性、相对性、延伸性等特点，承包人应当尽可能地从多方面进行举证。

无论是为了启动鉴定程序，还是进入鉴定程序后所提交的鉴定资料，承包人可以提供的材料主要包括以下几方面。

①建设工程招标投标文件等。

一般按工程量清单投标报价时，承包人需要报送包含利润比例的费用拆分表，其中的利润率可以作为发包人在签订合同时可以预见的承包人利润率。

②施工合同、备忘录、会议纪要或补充文件等。

在实务中，承发包双方有时会在施工合同中对于利润作出相关约定，有时会在施工合同签订后的会议纪要、备忘录中作相关约定。此类约定因是承发包双方的真实意思表示，可以作为计算预期可得利润的依据。

③相关行业平均利润率的证明文件等。

承包人还可以委托施工合同履行地的省一级政府统计部门或政府建设主管部门出具相关报告，反映该省全部施工企业的年平均利润率，以供鉴定机构在鉴定评估时作为参考依据。

综上所述，承包人主张预期可得利润损失有法可依，但实践中如何成功进行鉴定是个难题。承包人要尽可能多地从各个角度完成相关举证义务，才可能启动鉴定并得到较为合理的预期可得利润鉴定结果。

二、发包人向承包人提起的工期延误损失索赔

（一）发包人对承包人逾期交付工程损失索赔

1. 发包人对承包人逾期交付工程损失索赔依据

由于承包人不履行或者不正确履行合同约定的义务，导致工期逾期，使发包人受到损失时，应对发包人承担违约责任。《民法典》第五百七十七条规定："当事人一方不履行合同或履行合同不符合双方的约定，应当承担继续履行、采取补救措施或者赔偿损失等违约责任。"《民法典》第五百八十四条规定："当事人一方不履行合同义务或者履行合同义务不符合约定，造成对方损失的，损失赔偿额应当相当于因违约所造成的损失，包括合同履行后可以获得的利益；但是，不得超过违约一方订立合同时预见到或者应当预见到的因违约可能造成的损失。"此外，《民法典》第五百八十五条还规定："当事人可以约定一方违约时应当根据违约情况向对方支付一定数额的违约金，也可以约定因违约产生的损失赔偿额的计算方法。约定的违约金低于造成的损失的，人民法院或者仲裁机构可以根据当事人的请求予以增加；约定的违约金过分高于造成的损失的，人民法院或者仲裁机构可以根据当事人的请求予以适当减少。当事人就迟延履行约定违约金的，违约方支付违约金后，还应当履行债务。"

2. 发包人主张逾期交付工程损失的要件

发包人主张工程逾期的要件有：①有逾期交付工程的事实；②逾期交付工程的责任归责于承包人；③发生的损失与工程逾期交付之间有因果关系。

关于迟延交付工程的事实认定及工期延误的类型可参见本章第二节工期延误的内容。

关于承包人的可归责性，由于承包人按期完成工程项目是其合同义务，因此发包人只要证明其有逾期交付工程的事实。

因果关系是判断违约方是否承担损害赔偿责任的关键，在司法实践中，检验两个事实之间是否存在因果关系，最基本的方法是必要条件规则，即"若没有义务违反，损害就不会发生，则义务之违反就是损害的发生原因"。显然，在合同或补充协议约定有违约金条款或损失计算方法的情况下，如果发包人主张承包人按照约定承担逾期交付工程的违约责任，则只要提交载有工程交付逾期违约金条款或损失计算方法的合同或补充办议即可。在双方未约定逾期交付工程违约金条款或违约损失计算方法的情况下，发包人应当提供能够证明其因承包人逾期交付工程导致损失的证据。由于发包人损失因工程项目性质的不同而不同，因此，以下列出以下常见几类工程项目逾期交付工程损失的情形及类别：

（1）生产性项目。此类工程项目以生产产品为主要目的，若项目因迟延交付而未能按计划投入生产，则发包人首先遭受的便是迟延交付工程导致的营业利润损失。其次，发包人基于生产的计划性、效率、市场供应、价格优惠等因素的考虑以及对合同履行的预

期，可能会提前购买生产项目配套的机械、设备、材料，此时即会因工程迟延交付产生机械、设备折旧费用。若所购买的原材料因迟延交付工程而无法使用，则发包人还会产生该材料价款的损失。最后，若发包人未按约履行相应机械、设备或材料买卖合同，其会对第三方承担相应的违约责任或赔偿损失。

（2）办公、住宿等自用项目。此类工程项目以发包人自己办公、住宿等自用为主要目的，若项目因迟延交付而未能按计划使用，则发包人可能不得不延长原来租约或另行租赁房屋以供使用，则其会遭受相应租金的损失。

（3）出租用途的经营类项目。此类项目主要用于对外出租等经营活动，若项目迟延交付而未能按计划对外经营，则发包人首先遭受的便是迟延交付期间的租金损失。若发包人已事先与第三方签订了房屋出租合同，其将对第三方承担相应的违约责任或赔偿损失。

（4）出售用途的经营类项目。此类项目主要指商品房等。若项目迟延交付导致发包人未能按期交房，则发包人将对房屋买受人承担违约责任或赔偿损失。此外，鉴于商品房买卖市场价格的波动性，如果迟延交付工程影响到发包人的商品房销售，在迟延交付期间届满后商品房价格下降的情况下，发包人可以主张因价格下降而遭受的损失。

（5）发包人就工程项目委托了监理人、项目管理人及同步审核的造价咨询人的，由于工程的迟延交付导致工程项目周期延长，则会使得相应的监理合同、项目管理合同及造价咨询合同的履行期限延长，从而使发包人可能会因此增加延长期监理报酬、项目管理报酬及造价咨询报酬。

（二）发包人因承包人工期延误而承担逾期交付工程的索赔

1. 承包人逾期交付工程导致发包人损失，发包人须实际已支付上述损失

在《歌某建设集团有限公司、合肥创某物业发展有限责任公司建设工程合同纠纷二审民事判决书》[最高人民法院（2016）最高法民终485号] 所涉案件中，法院认为：发包人主张的逾期交房损失，仅有购房户签字的违约金发放表，可以证明购房户从该公司处领取了违约金和逾期交房损失数额，但其没有提供已向各购房户支付违约金的支付凭证予以佐证，不能作为认定逾期交房损失的依据。

2. 在双方都有过错且无法确定大小的情况下，可由双方当事人各自承担损失

在《歌某建设集团有限公司、合肥创某物业发展有限责任公司建设工程合同纠纷二审民事判决书》[最高人民法院（2016）最高法民终485号] 所涉案件中，法院认为，由于造成发包人向购房户迟延交房的原因是涉案各单体工程工期均存在不同程度延误，且二期延误由多种原因造成，双方对此均有责任。一审法院安徽省高级人民法院认为，由于双方对工期延误均有责任，且根据现有证据无法准确划分各自责任大小，因此由双方各自承担损失。二审法院最高人民法院亦支持了这种观点。

类似的，在新乡市恒某房地产开发有限公司与河南六某建筑集团有限公司建设工程施

工合同纠纷一案〔（2010）豫法民一终字第97号〕中，法院认为：一审法院查明本案工程之所以延期交工存在多方面的因素：对发包人而言，有不能及时供应材料、未办理施工许可证等因素；对承包人而言，有管理不善、组织不力等因素；客观上又有2003年的"非典"影响正常施工等因素。因此，一审法院认为，由于双方不能提供明确的证据证明延期交工是一方造成的，应当认定双方对延期交工都有一定的责任，故双方要求对方承担违约责任并赔偿经济损失的诉讼请求均不予支持。二审法院进一步认为，该案中双方均存在违约行为，导致工程不能及时交工的责任在双方，双方提交的证据均不能证明自己的责任小于对方，一审法院的该项判决应予维持。

3. 对发包人扩大的逾期交房损失，应由发包人自行承担

在《上海南某建工建设（集团）有限公司与连云港市晶某房地产开发有限公司建设工程施工合同纠纷二审民事判决书》〔江苏省高级人民法院（2016）苏民终316号〕所涉案件中，法院认为，发包人依据《商品房买卖合同》、法院生效裁判文书及付款凭证，证明因承包人工期延误将导致赔偿购房户逾期交房违约金达8000余万元。但是，签订上述《商品房买卖合同》时，沙宾工程工期已经严重延误，作为专业的房地产开发企业，发包人对于涉案工程的施工状况是明知的，也理应知晓涉案工程不可能按照合同约定工期完工，故涉案工程不可能以每日合同总价的0.2%计算工期延误责任。

在《某中纬建设工程有限公司与淮安金某房地产开发有限公司建设工程施工合同纠纷二审民事判决书》〔江苏省高级人民法院（2016）苏民终753号〕所涉案件中，法院认为，因涉案建设工程施工合同无效，双方关于工期延误违约金的约定条款也无效，发包人依据合同约定请求支付工期延误违约金，不予支持。发包人可就其实际损失提供充分证据后另案诉讼。

（三）关于违约责任与实际损失之间的关系

一般来说，合同中约定的违约金应视为约定的损害赔偿，但当约定的违约金低于造成损失的情况下，发包人可以请求法院或仲裁机构予以增加；约定的违约金过分高于造成的损失的，当事人可以请求法院或仲裁机构予以适当减少。但是根据《民法典合同编通则司法解释》第六十四条规定："当事人一方通过反诉或者抗辩的方式，请求调整违约金的，人民法院依法予以支持。违约方主张约定的违约金过分高于违约造成的损失，请求予以适当减少的，应当承担举证责任。非违约方主张约定的违约金合理的，也应当提供相应的证据"，双方当事人均应当提供相应的证据加以支撑。在实践中，建设工程施工合同中常常约定承包人每拖延1天的罚款或违约金数额，比如每天罚款1万元，甚至每天罚款10万元。请求对这类约定调或不调时，发承包双方应当提供违约金调或不调的证据供法院或仲裁机构判断。

第四章

工程质量与保修

第一节　工程质量责任承担主体及责任

一、基本概念

通常来说，工程质量是指在国家现行的有关法律、法规、技术标准、设计文件和合同中，对工程的安全、适用、经济、美观等特性的综合要求。工程质量有广义和狭义之分，广义的工程质量可概括为以下几个方面：适用性、安全性、耐久性、经济性、观赏性和协调性；狭义的工程质量仅指工程符合业主在安全、使用方面的特定要求的性能组合，集中在适用性和安全性方面。

工程质量合格是发包人接受建设工程并合法使用的必要条件，也是承包人按照合同约定取得工程价款的前提。《民法典》第七百九十九条规定："建设工程竣工后，发包人应当根据施工图纸及说明书、国家颁发的施工验收规范和质量检验标准及时进行验收。验收合格的，发包人应当按照约定支付价款，并接受该建设工程。建设工程竣工经验收合格后，方可交付使用；未经验收或者验收不合格的，不得交付使用。"《建筑法》第六十一条规定："交付竣工验收的建筑工程，必须符合规定的建筑工程质量标准，有完整的工程技术经济资料和经签署的工程保修书，并具备国家规定的其他竣工条件。建筑工程竣工经验收合格后，方可交付使用；未经验收或者验收不合格的，不得交付使用。"律师在代理该类案件过程中，工程质量合格与否，往往关系到建设工程施工合同纠纷案件代理的成败。因此，应当首先要核实工程质量的相关事实，通过收集、整理、固定相关证据来证明工程质量合格或者否定工程质量合格。在确定工程质量不合格的同时，裁判机构需要根据证据确定工程质量不合格的归责主体，即工程质量责任由谁来最终承担。在代理建设工程施工合同纠纷案件时，就工程质量的认定，主要围绕以下几个方面进行综合考量。

（一）工程质量标准

建设工程质量合格主要是指工程质量满足法定质量标准和约定质量要求，法定质量标准主要体现为国家强制性标准，约定质量要求主要体现为当事人合同约定的质量标准。律师在代理建设工程施工合同纠纷案件过程中，主要就建设工程是否符合国家强制性质量标准和合同约定质量标准进行举证和质证，故首先应当对国家强制性质量标准、约定质量标准进行了解。

《标准化法》第二条第二款规定的标准包括国家标准、行业标准、地方标准和团体标准、企业标准。国家标准分为强制性标准、推荐性标准，行业标准、地方标准是推荐性标准。

1. 国家强制性质量标准

《实施工程建设强制性标准监督规定》第三条第一款规定的工程建设强制性标准是指直接涉及工程质量、安全、卫生及环境保护等方面的工程建设标准强制性条文。该标准是国家相关法律、法规、部门规章、相关标准及技术性规范等对工程质量的最基本要求，即为建设工程最低质量标准。

《工程建设国家标准管理办法》第三条第一款及第二款规定："国家标准分为强制性标准和推荐性标准，下列标准属于强制性标准：（一）工程建设勘察、规划、设计、施工（包括安装）及验收等通用的综合标准和重要的通用的质量标准；（二）工程建设通用的有关安全、卫生和环境保护的标准；（三）工程建设重要的通用的术语、符号、代号、量与单位、建筑模数和制图方法标准；（四）工程建设重要的通用的试验、检验和评定方法等标准；（五）工程建设重要的通用的信息技术标准；（六）国家需要控制的其他工程建设通用的标准"。

关于国家强制性质量标准，按照单位工程由地基与基础、主体结构、建筑装饰装修、屋面、建筑给水排水及供暖、通风与空调、建筑电气、智能建筑、建筑节能、电梯安装十大分部工程组成来看，建设工程常见的质量验收除《建筑工程施工质量验收统一标准》GB 50300—2013 以外，还有各自的质量验收标准，具体如下：《建筑地基基础工程施工质量验收标准》GB 50202—2018、《砌体结构工程施工质量验收规范》GB 50203—2011、《混凝土结构工程施工质量验收规范》GB 50204—2015、《钢结构工程施工质量验收标准》GB 50205—2020、《木结构工程施工质量验收规范》GB 50206—2012、《屋面工程质量验收规范》GB 50207—2012、《地下防水工程质量验收规范》GB 50208—2011、《建筑地面工程施工质量验收规范》GB 50209—2010、《建筑装饰装修工程质量验收标准》GB 50210—2018、《建筑给水排水及采暖工程施工质量验收规范》GB 50242—2002、《通风与空调工程施工质量验收规范》GB 50243—2016、《建筑电气工程施工质量验收规范》GB 50303—2015、《智能建筑工程质量验收规范》GB 50339—2013、《电梯工程施工质量验收规范》GB 50310—2002、《建筑节能工程施工质量验收标准》GB 50411—2019、《铝合金结构工程施工质量验收规范》GB 50576—2010。

另外，除上述工程质量验收标准外，根据不同行业类别的特殊性，不同行业的建设工程质量验收标准也做了相关特殊规定，如市政、公路工程的《城镇道路工程施工与质量验收规范》CJJ 1—2008、《给水排水管道工程施工及验收规范》GB 50268—2008 等；水利水电工程的《水利水电工程单元工程施工质量验收评定标准—土石方工程》SL 631—2012、《水利水电工程单元工程施工质量验收评定标准—混凝土工程》SL 632—2012 等；石油化工工程的《石油化工金属管道工程施工质量验收规范》GB 50517—2010、《石油化工安装工程施工质量验收统一标准》SH/T 3508—2011 等；铁路、地铁工程的《铁路站场工程施工质量验收标准》TB 10423—2020、《铁路给水排水工程施工质量验收标准》TB 10422—2020等。

2. 推荐性质量标准

强制性标准以外的标准是推荐性标准，主要包括推荐性国家标准、行业标准（部分强制性标准除外）、地方标准（部分强制性标准除外）、团体标准、企业标准。根据《标准化法》第二条的规定，行业标准和地方标准不再属于强制性标准，但是为强化管理，部分行业或地方性强制性标准在标准过渡期内仍在一定范围内存在。需要强调的是，推荐性标准可以高于强制性标准，但不得低于强制性标准。

3. 合同约定质量标准

建设工程承发包双方往往在《建设工程施工合同》中约定工程应当达到某种质量要求，或者获得何种奖项，而约定的质量标准往往高于国家强制性质量标准。《建设工程施工合同（示范文本）》GF—2017—0201通用条款第5.1.1条约定，工程质量标准必须符合现行国家有关工程施工质量验收规范和标准的要求。该约定明确工程质量必须满足国家强制性质量标准的要求；同时，该条还约定："有关工程质量的特殊标准或要求由合同当事人在专用合同条款中约定"，与之对应的专用条款第5.1.1条"特殊质量标准和要求"部分由当事人对质量标准进行特别约定。

关于奖项质量标准的约定，《建设工程施工合同》当事人双方常约定工程质量应当获得某个等级的工程奖项（如扬子杯等）。工程领域奖项分为国家级与地方级，其中国家级奖项分为国优工程和国优专业工程，地方级奖项分为省优工程、市优工程及市级优质结构工程。毫无疑问的是，不论国家级，还是地方级奖项，其相应的质量标准均高于国家强制性标准。若承发包双方在合同中约定了低于国家强制性标准的质量要求，则该约定无效（《北京市高级人民法院关于审理建设工程施工合同纠纷案件若干疑难问题的解答》第27条）；若就某个具体建设工程约定了较高于国家强制性质量标准的质量要求，则该工程质量必须满足该质量约定，不符合该质量约定的，则承包人应承担相关违约责任。

当发包人要求承包人按照图纸要求进行施工时，则图纸中的设计内容，包括文字说明部分，均构成了双方的质量约定，承包人如不能按照图纸施工，即使工程仍符合强制性标准，承包人仍可能会被认定为提供的工程质量不符合约定而承担相应违约责任。

律师在代理案件时，在围绕工程质量是否符合约定质量标准时，应当注意以下方面。

（1）合同当事人双方对于约定工程质量标准是否明确，是否高于或低于国家强制性质量标准。

（2）若当事人直接约定以获得某一奖项如扬子杯、鲁班奖等作为质量认定标准的，则需进一步举证证明该质量标准的认定条件及案涉工程是否具备该质量标准的认定条件。

（3）若案涉工程未获得相关工程奖项的，应当就合同当事人双方的行为与案涉工程未获奖项之间的因果关系进行举证证明。

（二）工程质量验收

1. 工程质量验收流程

根据《建筑工程施工质量验收统一标准》GB 50300—2013 的相关规定，建筑工程施工质量的验收按照由小到大的顺序划分为检验批、分项工程、分部工程、单位工程。

（1）检验批。根据《建筑工程施工质量验收统一标准》GB 50300—2013 第 6.0.1 条的规定，检验批应由专业监理工程师组织施工单位项目专业质量检查员、专业工长等进行验收。检验批验收包括资料检查、主控项目和一般项目检验。检验批质量验收合格应符合下列要求：①主控项目的质量经抽样检验均应合格；②一般项目的质量经抽样检验合格；③具有完整的施工操作依据、质量验收记录。因此，在检验批验收中，对于主控项目和一般项目，通常是通过抽样检验确定检验结果，具有较大的随机性。若检验批经验收发现不合格现象的，对于主控项目不能满足验收规范规定或一般项目超过偏差限值的样本数量不符合验收规定的，应及时处理。对于严重的缺陷须重新施工，一般缺陷可通过返修、更换等予以解决，并重新验收。

（2）分项工程。分项工程的质量验收通常是在检验批验收的基础上进行的。分项工程一般由一个或若干个检验批组成，是组成分部工程的基本项目，又称工程子目，如在砖石工程中可划分为砖基础、砖墙、砖柱、砌块墙、钢筋砖过梁等；在土石方工程中可分为挖土方、回填土、余土外运等分项工程。对于分项工程的验收，根据《建筑工程施工质量验收统一标准》GB 50300—2013 第 6.0.2 条的规定，分项工程应由专业监理工程师组织施工单位项目专业技术负责人等进行验收。分项工程质量验收合格应符合下列要求：①所含检验批的质量均应验收合格；②所含检验批的质量验收记录应完整。若分项工程验收不合格的，可以对分项工程进行返修或加固，满足安全和使用功能的，才可按照技术处理方案和协商文件的要求予以验收合格。

（3）分部工程。分部工程是由分项工程组成，是单位工程的组成部分，是按照建筑物的结构部位或主要的工种进行划分，如基础工程、墙体工程、脚手架工程、屋面工程、钢筋混凝土工程等。根据《建筑工程施工质量验收统一标准》GB 50300—2013 第 6.0.3 条的规定，分部工程应由总监理工程师组织施工单位项目负责人和项目技术负责人等进行验收。勘察、设计单位项目负责人和施工单位技术、质量部门负责人应参加地基与基础分部工程的验收。设计单位项目负责人和施工单位技术、质量部门负责人应参加主体结构、节能分部工程的验收。分部工程质量验收合格应符合下列要求：①所含分项工程的质量均应验收合格；②质量控制资料应完整；③有关安全、节能、环境保护和主要使用功能的抽样检验结果应符合相应规定；④观感质量应符合要求。若分部工程经验收不符合质量约定或法律规定的，应对分部工程进行返修或加固，经返修或加固处理后仍不能满足安全或重要的使用功能时，即说明工程质量存在严重的质量缺陷。

在单位工程质量未经验收合格的情况下，分部工程验收合格能否作为支付工程价款的依据？在《四川省功某建筑劳务有限公司与成都林某卫星通信有限责任公司建设工程施工合同纠纷一审民事判决书》[四川省成都市中级人民法院（2017）川 01 民初 2492 号]所涉案件中，成都市中级人民法院认为："功德劳务公司施工的 1 号楼、2 号楼、3 号楼、13 号楼、16 号楼及相关工程虽然未取得最终验收，但已经进行了主体分部验收，质量为合格，根据《最高人民法院关于审理建设工程施工合同纠纷案件适用法律问题的解释》第二条之规定，功德劳务公司有权参照合同约定请求林海卫星公司支付工程价款"。

（4）单位工程。单位工程验收，即通常所称的竣工验收，是指发包人在收到承包人的竣工验收申请报告后，组织勘察、设计、监理、施工等单位，依照国家有关法律、法规及工程建设规范、标准的规定，对工程是否符合设计文件要求和合同约定的各项内容进行检验，并评价工程是否验收合格的过程。单位工程验收合格是工程交付使用的前提条件，也是承包人取得工程款及工程保修期、缺陷责任期起算的主要依据。建设工程施工合同纠纷案件涉及的工程验收，主要是工程竣工验收即单位工程验收。根据《建设工程质量管理条例》第十六条规定："建设单位收到建设工程竣工报告后，应当组织设计、施工、工程监理等有关单位进行竣工验收。建设工程竣工验收应当具备以下条件：①完成建设工程设计和合同约定的各项内容；②有完整的技术档案和施工管理资料；③有工程使用的主要建筑材料、建筑构配件和设备的进场试验报告；④有勘察、设计、施工、工程监理等单位分别签署的质量合格文件；⑤有施工单位签署的工程保修书"。根据《工程竣工验收规定》第六条的规定，启动竣工验收的前提是施工单位提交工程竣工报告。《建筑工程施工质量验收统一标准》GB 50300—2013 第 5.0.4 条规定："单位工程竣工验收合格应符合下列要求：①所含分部工程的质量均应验收合格；②质量控制资料应完整；③所含分部工程中有关安全、节能、环境保护和主要使用功能的检验资料应完整；④主要使用功能的抽查结果应符合相关专业验收规范的规定；⑤观感质量应符合要求"。

2. 工程竣工验收合格的认定

工程竣工验收合格是工程价款支付、工程交付的前提。《民法典》第七百八十八条第一款规定："建设工程合同是承包人进行工程建设，发包人支付价款的合同。"《民法典》第七百九十三条第一款规定："建设工程施工合同无效，但是建设工程经验收合格的，可以参照合同关于工程价款的约定折价补偿承包人"。《建筑法》第六十一条第二款规定："建设工程竣工经验收合格后，方可交付使用，未经验收或者验收不合格的，不得交付使用"。竣工验收合格还是工程质保期、质量缺陷期起算的节点。《建设工程质量管理条例》第四十条明确规定："工程质量保修期自竣工验收合格之日起计算"；《建设工程质量保证金管理办法》第八条规定："缺陷责任期从工程通过竣工验收之日起计"。可见，工程竣工验收合格不仅关系到工程能否顺利交付，承包人能否如愿取得工程价款，还与工程质保期、质量保证金退还等问题紧密相关，因此，工程竣工验收合格的认定，对承发包双方权利义务的确定尤为重要。

在工程质量验收合格的认定标准方面，实践中存在两种观点：第一种观点认为，工程验收合格应当以五方验收单位签字的验收记录作为验收合格的证明文件；第二种观点认为，应当坚持以建设单位形成的竣工验收报告作为工程质量验收合格的认定标准。从字面来看，五方验收记录是以建设单位为主导，各参加单位包括勘察、设计、施工、监理等单位负责人共同签字形成的验收记录，是五方主体在工程质量验收过程中对工程建设过程和结果进行查验的具体体现，该最终意见一般早于竣工验收报告，是五方主体在第一时间对工程质量验收结果为合格或不合格达成共识的最终书面意思表示。而工程竣工验收报告，根据《房屋建筑和市政基础设施工程竣工验收规定》第七条"工程竣工验收合格后，建设单位应当及时提出工程竣工验收报告……"的规定，可以看出，先有工程竣工验收记录，后有工程竣工验收报告，若以工程竣工验收报告作为证明合格的标准，则五方主体完成工程验收签署记录后至取得竣工验收报告前，工程质量验收结果不明；同时，从工程竣工验收报告内容来看，系出于行政管理工作的需要而形成，不宜直接作为工程质量合格的事实认定的标准，所以，应当以工程竣工验收记录作为证明工程质量验收合格的证明凭证。

3. 竣工验收备案

根据《建设工程质量管理条例》第四十九条第一款规定："建设单位应当自建设工程竣工验收合格之日起 15 日内，将建设工程竣工验收报告和规划、公安消防、环保等部门出具的认可文件或者准许使用文件报建设行政主管部门或者其他有关部门备案。"

在实务中，经常会碰到发包人的代理人以承包人不配合等原因导致单位工程未经竣工验收备案为由来抗辩工程款支付的情况。所谓竣工验收备案是指建设单位在建设工程竣工验收合格后，将建设工程竣工验收报告和规划、环保、公安消防等部门出具的认可文件或者准许使用文件报工程所在地的县级以上人民政府建设行政主管部门进行备案的行为。在《李某 1、李某 2 与徐州市铜某区住房和城乡建设局二审行政裁定书》[江苏省徐州市中级人民法院（2021）苏 03 行终 125 号]所涉案件中，法院认为："建设工程竣工验收备案是备案机关经对建设单位报送的竣工验收相关文件资料验证齐全后，在工程竣工验收备案表上签署文件收讫的一种登记备查行为，竣工验收是否合格并不以备案为生效要件，该行为对公民、法人或者其他组织的权利义务不产生实质影响。工程竣工验收备案是备案机关针对特定工程作出的具体行政行为，与证明工程竣工验收是否合格无关，不能以建设工程未办理竣工验收备案为由而否定竣工验收合格。因此，若建设工程已经竣工验收合格，不论该工程是否办理了竣工验收备案，均不能作为抗辩工程款未达支付条件的理由"。

（三）工程质量问题形态

如前文所述，工程质量是对工程的安全、适用、经济、美观等特性的综合要求，而工程质量问题又千式百样，形式各异。质量通病、质量缺陷及质量不合格的界定，是在代理案件过程中经常碰到的问题。按照工程质量问题的描述，工程质量问题的形态主要有：工程质量通病、工程质量缺陷、工程质量事故等。

1. 工程质量通病

根据《江苏省住宅工程质量通病控制标准》DGJ32/16—2014 第 2.0.2 条对工程质量通病的定义，工程质量通病是指建设工程中易发生的、常见的、难以完全避免、影响使用功能和外观质量的缺陷，以住宅工程为例，工程质量通病的具体表现包括地基基础工程中沉降变形（砌体承重结构的局部倾斜、框架结构柱基沉降）、管桩桩身倾斜、顶棚抹灰脱落、施工缝渗漏、砌体结构工程中砌体标高、轴线等尺寸和裂缝偏差不符合要求等。

2. 工程质量缺陷

工程质量缺陷是指建设工程质量不符合工程建设强制性标准、设计文件，以及承包合同的约定（《建设工程质量保证金管理办法》第二条规定）。按其严重程度，可分为严重质量缺陷和一般质量缺陷。严重质量缺陷是指对结构构件的受力性能或安装使用性能有决定性影响的缺陷；一般质量缺陷是指对结构构件的受力性能或安装使用性能无决定性影响的缺陷，具体工程质量缺陷如模板工程中轴线偏位、变形、标高偏差、接缝不严；混凝土工程中露筋、缝隙夹层、缺棱掉角、混凝土裂缝、混凝土强度不足；砌体工程中混水墙通缝、砌砖留槎错误接缝不严、砌砖墙体裂缝、砌砖排列不合理组砌方法不对、砌砖灰缝砂浆不饱满、砌筑砂浆强度不足等。

3. 工程质量事故

工程质量事故是指由于建设、勘察、设计、施工、监理等单位违反工程质量有关法律、法规和工程建设标准，致使工程产生结构安全、重要使用功能等方面的质量缺陷，造成人身伤亡或者重大经济损失的事故。例如，住房和城乡建设部通报的天津房地产集团有限公司开发建设，天津市房信建筑工程总承包有限公司总承包的粤翠名邸项目 10 号楼因混凝土强度未达设计要求致使地上建筑及地下车库产生严重结构安全质量缺陷，导致 18 幢住宅主体工程全部拆除重建，造成巨大经济损失。该事故的行政处罚文号为建督罚字〔2021〕64 号。

二、发包人质量责任

（一）发包人质量责任情形

《民法典》第七百九十三条第三款规定："发包人对因建设工程不合格造成的损失有过错的，应当承担相应的责任。"此为发包人承担质量责任情形的概括性规定。《建设工程施工合同解释（一）》第十三条以列举的方式具体规定了发包人承担质量责任的情形，即"发包人具有下列情形之一造成工程质量缺陷的，应当承担过错责任：①提供的设计有缺陷；②提供或者指定购买的建筑材料、建筑构配件、设备不符合强制标准；③直接指定分包人分包专业工程。承包人有过错的，也应当承担相应的过错责任。"该条款既明确了发包人承担质量责任的具体情形，同时也明确了若承包人存在过错的，不因发包人承担质量责任，而免除承包人因过错而应承担的质量责任。

（二）发包人承担工程质量责任的方式

（1）赔偿损失。《民法典》第七百九十三条第三款规定："发包人对因建设工程不合格造成的损失有过错的，应当承担相应的责任。"即发包人因过错造成工程质量问题的，由发包人自行承担由此产生的损失。

（2）顺延工期并赔偿损失。《民法典》第八百零三条规定："发包人未按照约定的时间和要求提供原材料、设备、场地、资金、技术资料的，承包人可以顺延工程工期，并有权请求赔偿停工、窝工等损失。"《民法典》第八百零四条规定："因发包人的原因致使工程中途停建、缓建的，发包人应当采取措施弥补或者减少损失，赔偿承包人因此造成的停工、窝工、倒运、机械设备调迁、材料和构件积压等损失和实际费用。"

（3）解除合同。《民法典》第八百零六条第二款规定："发包人提供的主要建筑材料、建筑构配件和设备不符合强制性标准或者不履行协助义务，致使承包人无法施工，经催告后在合理期限内仍未履行相应义务的，承包人可以解除合同。"

（4）承包人工程质量合格举证责任豁免及质量保修责任免除。根据《建设工程施工合同解释（一）》第十四条的规定，建设工程未经竣工验收，发包人擅自使用后，又以使用部分质量不符合约定为由主张权利的，"人民法院不予支持；但是承包人应当在建设工程的合理使用寿命内对地基基础工程和主体结构质量承担民事责任。"发包人擅自使用说明其应当预见工程质量可能会存在问题，其主观上存在过错，由此产生的法律后果应当由其本人承担（地基基础工程和主体结构质量除外）。而且随着发包人的提前使用，工程质量责任风险也由施工单位转移给发包人，因此在此情况下，发包人不得以使用部分的质量不符合约定为由主张权利，但在实务中对此存在不同的观点，详见本章第六节第二部分缺陷责任期/保修期承包人质量责任的免除。

（三）指定分包情形下发包人的质量责任

指定分包，是指发包人将建设工程发包给总承包单位后，总承包单位根据发包人的指令，将承包工程范围内的部分专业工程分包给发包人指定的分包单位，指定分包合同由总承包单位与指定分包单位签订，或与发包人签订三方合同。国际上是允许指定分包单位的，根据 FIDIC 红皮书，发包人选定指定分包单位，由总承包单位与分包单位签订分包合同，总承包单位对分包单位进行协调和管理，总承包单位支付分包单位工程款。在我国法律法规层面，未对建设单位指定分包作出规定，关于指定分包的规定出现在规章中，建设部发布的《房屋建筑和市政基础设施工程施工分包管理办法》第七条规定："建设单位不得直接指定分包工程承包人"，国家发展和改革委员会发布的《工程建设项目施工招标投标办法》第六十六条规定："招标人不得直接指定分包人"。但根据《民法典》相关规定，只有违反法律、行政法规强制性规定的合同才认定为无效，因此法院不会根据规章认定指定分包合同无效。

在指定分包的情况下，建设单位（发包方）应对直接指定分包单位造成的质量缺陷承担过错责任；若难以认定分包工程系建设单位指定分包的，则根据合同相对性原则，往往总承包单位对工程质量缺陷承担法律责任。指定分包主要区别于由总承包单位自主选择分包单位的方式。在实践中，由于建设单位指定的分包单位系与总承包单位签订分包合同，与总承包单位直接形成合同关系，因此有时难以判断分包单位是总承包单位的分包商还是由建设单位直接指定。因此，当分包工程发生质量纠纷时，建设单位和总承包单位往往会对分包工程是否构成直接指定分包而产生争议，为免除或减轻自身责任，总承包单位往往要举证证明建设单位存在指定分包的相关事实。在实践中，总承包施工单位一般须从以下几个方面进行举证：①总承包单位对分包单位的选择是否有决定权。在正常分包情况下，分包单位由总承包单位自主选择，而指定分包中，分包单位由建设单位选定；②总承包单位是否介入分包合同的签订。在正常分包情况下，分包合同由总承包单位与分包单位签署两方合同。而指定分包情况下，建设单位为了实现对分包单位的控制，有时会直接作为分包合同的签订方，与总承包单位和分包单位共同签署三方分包合同；③建设单位对工程款支付是否具有控制权。普通分包中，建设单位一般不介入分包合同工程款的支付，总承包单位对分包工程款的支付数额、支付时间等具有决定权。而指定分包中，分包工程款往往由建设单位直接支付给指定分包单位，或通过总承包单位过账后，由总承包单位扣除分包管理费和税费后再支付给指定分包单位，建设单位往往对分包工程款有绝对的控制权。

（四）平行发包情形下发包人的质量责任

平行发包，是指发包单位将单位工程中的一项或者多项工作按工程部位或专业进行分解，分别发包给多家资质、信誉符合要求的承包人，各承包人之间的关系是平行的，分别对发包单位负责。平行发包并非一个法定概念，"平行"二字区别于总承包，用以表明承包单位与建设单位的关系。平行发包是国际上通用的承发包模式之一，也是我国允许的承发包模式。

在平行发包的情况下，由于发包人将建筑工程的一项或多项工作进行合理分解并直接发包给多家施工单位，因此，上述多家施工单位作为平行发包的承包人，应就各自施工的部分共同向发包人承担质量责任。

尽管如此，在实践中，发包人经常以"平行发包"为名，行"肢解发包"之实。住房和城乡建设部印发的《认定查处管理办法》第五条、第六条规定："本办法所称违法发包，是指建设单位将工程发包给个人或不具有相应资质的单位、肢解发包、违反法定程序发包及其他违反法律法规规定发包的行为。""（五）建设单位将一个单位工程的施工分解成若干部分发包给不同的施工总承包或专业承包单位的。"由此可见，在建筑工程领域将单位工程分解成若干部分发包的行为被视为肢解发包。

根据《建筑工程施工质量验收统一标准》GB 50300—2013 附录 B，单位工程包含地基与基础、主体结构、建筑装饰装修、屋面、建筑给水排水及供暖、通风与空调、建筑电气、智能建筑、建筑节能、电梯十个分部工程。结合上述规定，该十个分部工程相互衔接，分割开来不具备独立的施工条件，如将上述非单独立项的任一分部工程单独发包，应被认定为肢解发包。在《江苏苏某建设集团有限公司、安庆新某悦盛房地产发展有限公司建设工程施工合同纠纷二审民事判决书》［最高人民法院（2019）最高法民终 589 号］所涉案件中，最高人民法院认为："安某市住建委作出的行政处罚决定书认定 A 公司在与施工总承包单位签订总承包合同之外，将桩基部分分包给其他施工单位，并还与桩基部分的施工单位签订了分包合同，该行为违反《建筑法》第二十四条"提倡对建筑工程实行总承包，禁止将建筑工程肢解发包"，国务院《建设工程质量管理条例》第七条第二款"建筑单位不得将建设工程肢解发包"的规定，对 A 公司肢解发包行为进行处罚。A 公司将案涉工程的桩基项目肢解发包，违反了法律和行政法规的强制性规定，所以案涉《桩基工程施工合同》应为无效"。

律师在代理案件过程中，在工程质量的归责方面须着重审查或举证以下方面。

（1）当事人过错行为与工程质量发生之间的因果关系，只有导致工程质量发生的过错方才能承担相应质量责任。

（2）不论代理发包人还是承包人，均应当尽可能举证证明对方的过错责任，以及举证减轻或排除己方的过错责任。

三、承包人质量责任

承包人承担质量责任的主要方式如下。

（1）施工期间的无偿修理、返工、改建及违约责任。《民法典》第八百零一条规定，因施工人的原因致使建设工程质量不符合约定的，发包人有权请求施工人在合理期限内无偿修理或者返工、改建。经过修理或者返工、改建后，造成逾期交付的，施工人应当承担违约责任。《建设工程质量管理条例》第三十二条规定："施工单位对施工中出现质量问题的建设工程或者竣工验收不合格的建设工程，应当负责返修。"

（2）赔偿责任。《民法典》第八百零二条规定："因承包人的原因致使建设工程在合理使用期限内造成人身损害和财产损失的，承包人应当承担赔偿责任。"

（3）减少价款。《建设工程施工合同解释（一）》第十二条规定："因承包人的原因造成建设工程质量不符合约定，承包人拒绝修理、返工或者改建，发包人请求减少支付工程价款的，人民法院应予支持。"

（4）保修期的维修、赔偿责任。《建设工程质量管理条例》第三十九条规定："建设工程实行质量保修制度。建设工程承包人在向建设单位提交工程竣工验收报告时，应当向建设单位出具质量保修书。质量保修书中应当明确建设工程的保修范围、保修期限和保修责任等。"第四十一条规定："建设工程在保修范围和保修期限内发生质量问题的，施工单位应当履行保修义务，并对造成的损失承担赔偿责任。"

根据上述规定，在工程竣工验收合格前，若因承包人原因造成的工程质量问题，承包人应当承担修理、返工（返修）、改建、减少工程价款的责任；在工程竣工验收合格之后，若因承包人原因造成工程质量问题的，则承包人应当承担保修责任，发包人此时不得以工程质量问题为由拒绝支付工程价款。因承包人自己的过错造成工程质量问题的，除承担上述责任以外，如造成工期延误的，还需依约承担相关工期延误的违约责任。

四、分包人质量责任

（一）专业分包人与总包人对工程质量承担连带责任

《建设工程施工合同解释（一）》第十五条规定："因建设工程质量发生争议的，发包人可以以总承包人、分包人和实际施工人为共同被告提起诉讼。"《建筑法》第二十九条第二款规定："建筑工程总承包单位按照总承包合同的约定对建设单位负责；分包单位按照分包合同的约定对总承包单位负责。总承包单位和分包单位就分包工程对建设单位承担连带责任。"根据上述规定，专业分包人与总包人就其分包工程质量共同向发包人承担连带责任。

（二）劳务分包承包人质量责任

劳务分包条件下，分包人可自行管理，并且只要对总承包人或专业分包人负责，总承包人和专业分包人共同对发包人负责，劳务分包人对发包人不直接承担责任。

五、其他特殊主体质量责任

勘察、设计、监理等单位的质量责任如下。

（1）勘察、设计单位的质量责任。《民法典》第八百条规定："勘察、设计的质量不符合要求或者未按照期限提交勘察、设计文件拖延工期，造成发包人损失的，勘察人、设计人应当继续完善勘察、设计，减收或者免收勘察、设计费并赔偿损失。"《建筑法》第五十六条规定："建筑工程的勘察、设计单位必须对其勘察、设计的质量负责。勘察、设计文件应当符合有关法律、行政法规的规定和建筑工程质量、安全标准、建筑工程勘察、设计技术规范以及合同的约定。设计文件选用的建筑材料、建筑构配件和设备，应当注明其规格、型号、性能等技术指标，其质量要求必须符合国家规定的标准。"《建设工程质量管理条例》第三条规定，建设单位、勘察单位、设计单位、施工单位、工程监理单位依法对建设工程质量负责。第十九条规定，勘察、设计单位必须按照工程建设强制性标准进行勘察、设计，并对其勘察、设计的质量负责。在《贵州同某润和房地产开发有限公司、重庆一某建设集团有限公司建设工程合同纠纷二审民事判决书》[贵州省毕节市中级人民法院（2020）黔05民终1975号]所涉案件中，毕节市中级人民法院认为："贵州某勘察院作为本案工程的勘察单位，其责任和义务是按照国家技术规范、标准、规程和发包人的任务委托内容及技术要求进行工程勘察并提交质量合格、真实准确的勘察成果资料，并对勘察成果资料负责。但是，贵州某勘察院在进行本案工程勘察设计工作中，并未按中华人民共和国国家标准《岩土工程勘察规范》GB 50021—2001（2009年版）中第7.1.1条的规定执行，即岩土工程勘察应根据工程要求，通过搜集资料和勘察工作，掌握相应的水文地质条件，勘察时的地下水位、历史最高的地下水位、近3～5年最高的地下水位、水位变化趋势和主要影响因素。根据贵州某勘察院出具的地勘报告表述，本案工程的地下水抗浮水位确定参考了遵某县水文地质工作经验，未综合分析黔某县本地区水文地质和气候条件。工程勘察报告中地下室抗浮设防水位的确定方法考虑因素不全面，方法不严谨，贵州某勘察院对抗浮水位的设定不当是导致建筑物上浮开裂变形的主要原因，应承担本案事故的主要责任"。

（2）监理单位的工程质量责任。《建筑法》第三十五条规定："工程监理单位不按委托监理合同的约定履行监理义务，对应当监督检查的项目不检查或者不按规定检查，给建设单位造成损失的，应当承担相应的赔偿责任。工程监理单位与承包单位串通，为承包单位谋取非法利益，给建设单位造成损失的，应当与承包单位承担连带赔偿责任。"此条款明确了监理人的质量责任，即因监理人的过错造成工程质量缺陷，监理人应当承担赔偿责任；若监理单位与承包人串通，则应与承包人承担连带责任。在《义乌市城某投资建设集团有限公司、浙江恒某建设工程有限公司建设工程施工合同纠纷二审民事判决书》[浙江省金华市中级人民法院（2019）浙07民终580号]所涉案件中，二审法院认定涉案工程施工质量不合格，监理公司未按监理合同履行监理职责，依约应承担连带责任。

但实践中，由监理单位承担责任的并不常见。

第二节　工程施工阶段质量责任

一、工程施工阶段承包人质量责任承担方式的区别

在施工阶段，出现不同质量问题时承包人质量责任的承担方式有所不同。律师在代理相关案件时应注意审查如下事项。

（1）返修是指对施工质量不符合标准规定的部位采取的整修等措施。通常是处理项目的某些部分的质量虽未达到规范、标准或设计规定的要求，存在一定的缺陷，但经过采取整修等措施后可以达到要求的质量标准，又不影响使用功能或外观的要求时，可采取返修处理的方法。

（2）加固处理主要是针对危及承载力的质量缺陷的处理。通过对缺陷的加固处理，使建筑结构恢复或提高承载力，重新满足结构安全性与可靠性的要求，使结构能继续使用或改作其他用途。

（3）返工处理，当工程质量缺陷经过返修、加固处理后仍不能满足规定的质量标准要求，或不具备补救可能性，则必须采取返工处理。

（4）限制使用，当工程质量缺陷按修补方法处理后无法保证达到规定的使用要求和安全要求，而又无法返工处理的情况下，可做出诸如结构卸荷或减荷以及限制使用的选择。

（5）不予处理的情况通常有以下几种。

①不影响结构安全、生产工艺和使用要求的。如某些部位的混凝土表面养护不够的干缩微裂，不影响使用和外观，可不作处理。

②后道工序可以弥补的质量缺陷。混凝土结构表面的轻微麻面，可通过后续的抹灰、刮涂、喷涂等弥补，也可不作处理。再如，混凝土现浇楼面的平整度偏差达到 10mm，但由于后续垫层和面层的施工可以弥补，所以也可不作处理。

③法定单位鉴定合格的。

④出现的质量缺陷，经检测鉴定达不到设计要求，但经原设计单位检验，仍能满足结构安全和使用功能的。

（6）报废处理一般是在出现质量事故的工程，通过分析或实践，采取上述处理方法后仍不能满足规定的质量要求或标准，则必须予以报废处理。

二、承包人拒绝承担施工阶段质量责任的法律后果

《建筑法》第五十五条规定："建筑工程实行总承包的，工程质量由工程总承包单位负责，总承包单位将建筑工程分包给其他单位的，应当对分包工程的质量与分包单位承担连带责任。分包单位应当接受总承包单位的质量管理"。发、承包人双方亦会对承包人应承担的质量责任在合同中作出约定。因此，承包人应对施工阶段的施工质量负责，在出现质量问题时，理应承担相应的责任，承包人拒绝承担施工阶段质量责任，即对出现的质量问题拒绝无偿修理或者返工、改建，是一种违反法律规定或合同约定行为。针对这种违约行为，承包人需要承担相应的责任。

根据《民法典》第五百七十七条、第五百八十二条、第五百八十三条规定，合同当事人因瑕疵履行构成违约后，通过修理、更换、重做、减少价款、赔偿损失等方式承担违约

责任。因此律师在代理有关施工阶段质量问题纠纷时，承包人如拒绝无偿修理或者返工、改建的，律师如作为发包人的代理人，还可提出如下主张。

（一）减少价款

《建设工程施工合同解释（一）》第十二条规定："因承包人的原因造成建设工程质量不符合约定，承包人拒绝修理、返工或者改建，发包人请求减少支付工程价款的，人民法院应予支持"。因此，减少工程款也是承包人承担质量责任的方式之一。

在《席某某等人建设工程施工合同纠纷民事二审民事判决书》[河南省焦作市中级人民法院（2022）豫08民终285号]所涉案件中，焦作市中级人民法院认为："关于席某施工工程存在质量问题扣减工程款，席某施工的人防工程经鉴定存在质量问题，四某公司通知席某维修相应工程后，席某对地下人防工程未予以维修，四某公司另与其他公司签订合同予以维修，支付相应费用。因此，应扣减相应工程款"。

（二）承担修复费用

在施工阶段承包人如拒绝承担其质量责任，发包人可另行委托第三方返工、改建，并由承包人承担修复费用。

在《精某工业建筑系统集团有限公司、贵阳南明老某妈风味食品有限责任公司建设工程施工合同纠纷民事二审民事判决书》[贵州省黔南布依族苗族自治州中级人民法院（2021）黔27民终4813号]所涉案件中，黔南州中级人民法院认为："对于案涉工程的质量问题，老某妈食品公司多次通知敦促精某建筑公司进行整改，其已尽到合理的通知义务，且老某妈食品公司在与精某建筑公司的多次交涉中，均明确提到如不整改将委托第三方进行整改，根据合同约定老某妈食品公司也有权委托第三方机构代为实施整改，故老某妈食品公司主张为了减少损失，尽快投产使用，委托第三方机构进行整改的意见，本院予以采信。老某妈食品公司委托第三方机构对案涉工程存在的漏水问题进行整改修复，实际产生了相应的整改费用，一审根据本案实际，综合考量其整改方案的合理性和必要性，并根据双方当事人的过错程度酌定由精工建筑公司承担80%的整改费用基本适当，本院予以确认。精工建筑公司主张其不应承担整改费用的理由不成立，本院不予支持"。

（三）赔偿损失

承包人承担了减少价款或承担修复费用的责任后，如因承包人拒绝履行其施工阶段的质量责任还对发包人造成其他损失的，发包人可要求承包人承担赔偿责任。发包人的损失一般包括直接损失和间接损失。直接损失是指由于施工阶段的质量违约导致发包人的财产直接地减少、灭失、损毁或者支出的增加。包括但不限于以下方面。

（1）返工期间导致工期延误，由发包人采购的材料设备价格上涨的损失；

（2）因协商验收导致工程质量未达到合同约定质量标准给发包人造成的损失。

间接损失是指由于施工阶段的质量违约而使发包人减少的可得利益。一般为因返工、返修导致工程延期交付而产生的预期利益损失。

在《青岛宝某新能源科技有限公司、青岛正某泰鑫新型建材有限公司等建设工程施工合同纠纷民事二审民事判决书》〔山东省青岛市中级人民法院（2021）鲁02民终14323号〕所涉案件中，青岛市中级人民法院认为："关于宝某公司主张的损失的认定，本院认为，本案宝某公司主张的违约损失，实质是正某泰鑫公司未按时交付涉案工程的逾期完工损失。本案双方合同约定的工期为2018年7月4日至2018年11月1日，正某泰鑫公司无施工资质，施工工程存在质量问题，导致双方发生纠纷，系涉案工程至今未交付使用的主要原因。根据双方合同约定，若正某泰鑫公司未按约定日期完工，应按工程造价的同期银行贷款利息的两倍向宝棋公司支付违约金，一审参照租金价格，酌情支持宝棋公司经济损失400000元，并未超过根据双方上述合同约定计算的正某泰鑫公司承担的违约金数额，一审认定并无不妥。正某泰鑫公司主张不应承担违约责任的理由不能成立"。

（四）承担违约金

如合同中对于拒绝承担施工阶段质量责任的情形约定有违约责任的，发包人也可按照合同的约定要求承包人承担违约责任。关于违约责任与发包人损失之间的关系，详见本章第五节的内容。

在《精某工业建筑系统集团有限公司、贵阳南明老某妈风味食品有限责任公司建设工程施工合同纠纷民事二审民事判决书》〔贵州省黔南布依族苗族自治州中级人民法院（2021）黔27民终4813号〕所涉案件中，黔南州中级人民法院认为："精其建筑公司因工程存在质量问题且经多次催告整改拒不整改，构成违约，应按照合同约定承担相应的违约责任，一审判令其承担案涉工程总价的3%的违约金符合双方约定，并无不当"。

（五）解除合同

《民法典》第五百六十三条规定："有下列情形之一的，当事人可以解除合同：（四）当事人一方迟延履行债务或者有其他违约行为致使不能实现合同目的"。因此，当承包人不履行质量责任导致合同目的不能实现或满足合同约定的解除条件的，发包人可以主张解除合同。

在《雷某某、佛山市艺某装饰工程有限公司等装饰装修合同纠纷二审判决书》〔广东省佛山市中级人民法院（2021）粤06民终14398号〕所涉案件中，佛山市中级人民法院认为："雷某某因艺某公司的施工存在质量问题并拒绝修复而提出解除合同，本案中的鉴定结论亦认定艺某公司的装修工程存在质量问题。因此，艺某公司构成违约。艺某公司以雷某某单方提出解除合同构成违约要求支付违约金，理据不足，一审不予支持并无不当"。

（六）协商验收

工程经过承包人返工或返修后仍不能达到合同约定的双方当事人可协商验收。《建筑工程施工质量验收统一标准》GB 50300—2013 第 5.0.6 条第 4 款规定，经返修或加固处理的分项、分部工程，满足安全及使用功能要求时，可按技术处理方案和协商文件的要求予以验收。因此，在工程经返修后如无法达到合同约定的质量标准，但能够满足安全和使用功能时，并不是必然返工，可通过协商验收（让步验收）处理。协商验收也是《民法典》第五百七十七条、第五百八十二条、第五百八十三条规定的，合同当事人因瑕疵履行构成违约后，通过修理、更换、重做、减少价款、赔偿损失等方式承担违约责任情形在建设工程施工领域中的具体体现。

在烟台市中级人民法院山东省莱州中某武校与莱州市开某建设总公司建设工程施工合同纠纷一案［（2016）鲁 06 民终 4699 号］中，鉴定机构认为："三份鉴定报告的检测数据及样本数可以判定该工程层高不满足规范要求。根据上述检测数据结合工程实际情况，我市鉴定机构认为该层高问题不影响结构安全性和正常使用要求，建议让步验收处理。"

在《沈阳清某同方信息港有限公司、辽宁泰某铝业装饰工程有限公司建设工程施工合同纠纷再审审查与审判监督民事判决书》［最高人民法院（2015）民提字第 193 号］所涉案件中，鉴定机构所作出的《鉴定报告》中认为："竖框上错误打孔的仅影响美观、不影响结构安全及使用，不建议修复，建议让步验收"。

协商验收情形下，承包人完成合同内容实质上尚未达到合同约定的标准但已达到国家强制标准，发包人仍可按照合同约定请求承包人承担违约责任或赔偿发包人因质量造成的损失，除非双方在达成协商验收的合意时作出相反的约定。

关于发包人可主张的权利，结合各地法院的裁判案例，通常为在考虑双方对质量问题发生的过错程度的前提下，由承包人承担修复费用、补偿折算差价等。

在《上诉人沈阳嘉某电器制造有限公司与上诉人东某金城建设股份有限公司建设工程施工合同纠纷二审民事判决书》［辽宁省沈阳市中级人民法院（2016）辽 01 民终 13816 号］所涉案件中，东某金城公司主张其按照施工图施工，吊车梁不存在质量问题，应当在工程修复造价中扣除"吊车梁修复"费用。根据鉴定机构"关于一层吊车轨顶至室内地面高度的情况说明"对此问题的回复："该高度建筑图为 7000mm，结构图为 6742mm，参照吊车轨道高度 134mm 应为 6876mm（6742mm + 134mm）；若依据建筑图为准，我机构则维持报告的鉴定意见以及一层吊车梁的维修方案不变；若依据结构图为准，该高度仍不符合设计要求，由于检测平均值略低于设计值，我机构建议让步验收。"法院认为，由于该工程存在结构图与建筑图不符的情形，考虑东某金城公司作为施工方在会审施工图纸中应尽到充分注意义务，且按结构图施工后该高度仍略低于设计值的实际情况，对该项目的修复费用应当承担20%，即136932.83元×20%=27386.57元。

在《上诉人沈阳市天某水处理设备有限责任公司与被上诉人程某建设工程施工合同纠纷二审民事判决书》〔辽宁省沈阳市中级人民法院（2015）沈中民六终字第678号〕所涉案件中，鉴定意见中对综合楼窗口下混凝土压顶、1-2-D-E地下室存在的问题提出了相应的修复方案，对设备加工车间屋面渗漏修复、窗口下混凝土压顶提出了相应的修复方案，对混凝土地面建议让步验收，对窗洞尺寸比设计高度增加的问题建议让步验收，可按窗口增加的面积及墙体减少的面积折算差价。

律师代理案件时，在处理有关施工过程中的质量争议时，应关注如下争议问题。

1. 当修理、返工的费用过高，不修理、不返工并不影响使用的，应该如何处理

在施工过程中，由于承包人的原因导致部分工程的质量没有达到约定的标准，但达到了国家强制性标准，且不影响该部分工程的使用。如果承包人对该部分工程进行修理和返工，将产生过高的费用。根据《民法典》第五百八十条、第五百八十一条的规定，如发包人要求承包人履行返工或返修义务陷入事实或法律上的履行不能或履行费用过高时，承包人继续履行的义务转为损害赔偿义务。双方可以协商用减少价款、赔偿损失来代替修理、返工的义务。

在烟台市中级人民法院山东省莱州中某武校与莱州市开某建设总公司建设工程施工合同纠纷一案〔（2016）鲁06民终4699号〕中，鉴定机构认为根据检测数据结合工程实际情况，该层高问题不影响结构安全性和正常使用要求。法院认为："关于对涉案工程质量问题的修复。一审法院委托的辽宁省建设科学研究院已经对涉案教学楼工程加固修复作出方案，被上诉人明确同意承担该修复费用，而一审法院委托的烟台天润房地产评估招标咨询有限公司严格依照辽宁省建设科学研究院司法鉴定所确定的加固修复方案对修复造价亦作出鉴定结论，一审判决亦予以确认并要求被上诉人支付相关修复费用，认定事实清楚，适用法律正确，应予维持"。

2. 承包人进行修理、返工或改建后的验收标准是什么

根据《建筑工程施工质量验收统一标准》GB 50300—2013第5.0.6条的规定，当建筑工程施工质量不符合要求时，应按下列规定进行处理：①经返工或返修的检验批，应重新进行验收；②经有资质的检测机构检测鉴定能够达到设计要求的检验批，应予以验收；③经有资质的检测机构检测鉴定达不到设计要求、但经原设计单位检验认可能够满足安全和使用功能的检验批，可予以验收；④经返修或加固处理的分项、分部工程，满足安全及使用功能要求时，可按技术处理方案和协商文件的要求予以验收。

第三节　质量缺陷责任

一、质量缺陷责任的内容

《建设工程质量保证金管理办法》第二条第二款将工程质量缺陷定义为："缺陷是指建设工程质量不符合工程建设强制性标准、设计文件，以及承包合同的约定。"工程质量缺陷以认定标准为区分条件，分为违反强制性国家标准、违反设计文件和其他约定标准三类。

（一）违反强制性国家标准的质量缺陷指工程质量低于国家强制性标准的情形

此类标准诸如《建设工程施工质量验收统一标准》GB 50300—2013、《建筑地基基础工程施工质量验收标准》GB 50202—2018、《地下防水工程质量验收规范》GB 50208—2011、《混凝土结构工程施工质量验收规范》GB 50204—2015、《屋面工程质量验收规范》GB 50207—2012、《建筑装饰装修工程质量验收标准》GB 50210—2018 等。

（二）违反设计文件的质量缺陷指不符合有资质的设计单位就特定工程出具的设计文件的情形

《建设工程质量管理条例》第二十八条规定："施工单位必须按照工程设计图纸和施工技术标准施工，不得擅自修改工程设计，不得偷工减料。施工单位在施工过程中发现设计文件和图纸有差错的，应当及时提出意见和建议。"建设单位交付施工单位的施工图设计文件应经审查批准，未经审查合格的不得使用。此外，设计单位应当就审查合格的施工图设计文件向施工单位作出详细说明，施工单位必须按照工程设计文件进行施工，如未按照工程设计文件施工的，也构成工程质量缺陷。

（三）违反约定标准的质量缺陷

违反约定标准的质量缺陷指工程质量虽能达到国家强制性标准和设计文件要求，但是不符合承包合同中约定的其他更高的质量要求或其他特定约定标准的情形，除工程建设强制性标准、设计文件外，建设单位、施工单位可以在施工合同中对于工程质量进行特别约定，但是约定的质量标准不得低于强制性标准，否则约定无效。某些特殊工程没有强制性标准的，当事人可以结合工程实际情况在施工合同中对工程质量作出特殊约定，并按约定的质量标准进行竣工验收。工程质量达到国家强制性标准及设计文件，但未达到约定标准的，仍然构成工程质量缺陷，如未能达到创优得奖的约定条件。

工程质量缺陷以严重程度为区分标准，分为严重性质量缺陷和一般性质量缺陷两类。严重质量缺陷是指对结构构件受力标准或安装使用性能有决定性影响的缺陷。一般质量缺陷是指对结构构件的受力性能或安装使用性能无决定性影响的缺陷。

《建设工程施工合同解释（一）》第三十二条规定："当事人对工程造价、质量、修复费用等专门性问题有争议，人民法院认为需要鉴定的，应当向负有举证责任的当事人释明。当事人经释明未申请鉴定，虽申请鉴定但未支付鉴定费用或者拒不提供相关材料的，应当承担举证不能的法律后果。"施工阶段出现质量争议，一般由建设单位、设计单位、施工单位、监理单位及质量监督部门联合判定。工程中途停工、竣工验收后或虽未经竣工验收但发包人（建设单位）擅自使用后，承发包双方对建设工程是否存在质量缺陷发生争议的，故当事人可以申请人民法院或仲裁庭委托具备相应资质的专业机构通过司法鉴定的方式来认定质量缺陷是否实际存在。

竣工验收或者视为竣工验收之后再申请鉴定质量缺陷，裁判机构在司法实践中倾向于不鉴定，但也存在不同的做法。在江苏省高级人民法院江苏南通某建集团有限公司与吴江恒某房地产开发有限公司建设工程施工合同纠纷一案〔（2010）苏民终字第0188号〕中，法院认为："屋面广泛性渗漏属客观存在并已经法院确认的事实，竣工验收合格证明及其他任何书面证明均不能对该客观事实形成有效对抗，故南通某建根据验收合格抗辩屋面广泛性渗漏，其理由不能成立。其依据《建设工程质量管理条例》，进而认为其只应承担保修责任而不应重做的问题，同样不能成立。因为该条例是管理性规范，而本案屋面渗漏主要系南通某建施工过程中偷工减料而形成，其交付的屋面本身不符合合同约定，且已对恒某公司形成仅保修无法救济的损害，故本案裁判的基本依据为《民法通则》《合同法》等基本法律而非该条例，根据法律位阶关系，该条例在本案中只作参考。本案中屋面渗漏质量问题的赔偿责任应按谁造成、谁承担的原则处理，这是符合法律的公平原则的"。

因此，代理人如想在竣工验收或者视为竣工验收之后启动鉴定，可先组织收集初始证据，尤其是涉及影响建筑物完全使用与安全隐患的证据，可考虑通过检测中心进行质量检测。

二、缺陷责任期

（一）缺陷责任期的定义

《建设工程施工合同（示范文本）》GF—2017—0201通用合同条款第1.1.4.4条约定："缺陷责任期是指承包人按照合同约定承担缺陷修复义务，且发包人预留质量保证金（已经缴纳履约保证金的除外）的期限，自工程实际竣工日期起计算。"《建筑法》自1999年规定了建设工程实行质量保修制度，《1999版施工合同示范文本》中明确约定了质量保修期。《建设工程质量管理条例》中也规定了建设工程实行质量保修制度，并且对部分工程的最低保修期限做了规定。但上述法律、法规及示范文本中，并没有厘定缺陷责任期的概念。

域外对于"缺陷责任期"的表述来自1987年FIDIC红皮书（FIDIC Conditions of Contract for Works of Civil Engineering Construction, 4th Edition 1987）中第49条"缺陷责任（Defects Liability）"。其中，第49.1款中对"缺陷责任期"的描述为："在本合同条款中，'缺陷责任期'一词应指投标书附录中指定的缺陷责任期，其时间自：（a）由工程师根据第48条规定发给了接收证书，工程竣工之日算起；（b）在工程师根据第48条规定发给不止一份接收证书的情况下，应从各证书的签发之日分别算起"。国内缺陷责任期的概念最早源自建设部、财政部2005年发布的《建设工程质量保证金管理暂行办法》（建质〔2005〕7号，已失效）。该办法第二条规定："本办法所称建设工程质量保证金（保修金）是指发包人与承包人在建设工程承包合同中约定，从应付的工程款中预留，用以保证承包人在缺陷责任期内对建设工程出现的缺陷进行维修的资金。缺陷是指建设工程质量不符合工程建设强制性标准、设计文件，以及承包合同的约定。缺陷责任期一般为六个月、十二个月或二十四个月，具体可由发、承包双方在合同中约定。"之后住房和城乡建设部、国家工商行政管理总局制定的《建设工程施工合同（示范文本）》GF—2013—0201中引入了"质量缺陷责任制度"，增加了"缺陷责任期"的约定。

截至目前，缺陷责任期这一概念仍然没有在《建筑法》《建设工程质量管理条例》或其他法律、法规中出现。2017年6月20日住房和城乡建设部、财政部修订的《建设工程质量保证金管理办法》第二条第一款规定："本办法所称建设工程质量保证金是指发包人与承包人在建设工程承包合同中约定，从应付的工程款中预留，用以保证承包人在缺陷责任期内对建设工程出现的缺陷进行维修的资金"，仍未对缺陷责任期进行定义。根据该条规定内容，并结合《建设工程施工合同（示范文本）》GF—2017—0201中的定义，可将缺陷责任期定义为是承包人承担质量缺陷责任义务，发包人根据约定扣留工程质量保证金的期限。缺陷责任期满，发包人应当按照合同约定退还工程质量保证金。

（二）缺陷责任期的期限

《建设工程质量保证金管理办法》第二条第三款规定："缺陷责任期一般为1年，最长不超过2年，由发承包双方在合同中约定。"《建设工程施工合同（示范文本）》GF—2017—0201第15.2.1条规定："缺陷责任期从工程通过竣工验收之日起计算，合同当事人应在专用合同条款约定缺陷责任期的具体期限，但该期限最长不超过24个月。"由此可见，缺陷责任期可以由发承包双方在合同中自行约定，但是自行约定不得超过2年。

（三）缺陷责任期与质量保修期的比较

缺陷责任期与质量保修期具有一定的相似性。法律均允许承发包双方在一定范围内自主约定缺陷责任期与质量保修期的具体期间。此外，两者的起算点、存续期间记载责任范围都存在一定的重叠。一般情况下，缺陷责任期和质量保修期均自工程竣工验收之日起计算。发包人未经验收擅自使用工程的，自工程移转占有之日起算。在我国目前的法律框架体系下，缺陷责任期一般不超过 24 个月。《建设工程质量管理条例》要求承包人对建设工程在保修范围和保修期限内发生的质量问题履行保修义务，并对造成的损失承担赔偿责任。《建设工程质量保证金管理办法》同样要求承包人在缺陷责任期内对由其原因造成的缺陷负责维修并承担鉴定及维修费用，且不免除承包人对工程损失的赔偿责任。

在《泸州市第某建筑工程公司、云南乾某投资有限公司建设工程施工合同纠纷二审民事判决书》[最高人民法院（2018）最高法民终 753 号]所涉案件中，最高人民法院指出："因质量保修期与缺陷责任期系不同概念，泸州某建以缺陷责任期最长不超过两年为依据，主张本案工程质量保修期已经届满，理由不充分。"缺陷责任期与质量保修期的区别有以下几方面。

1. 特定情况下缺陷责任期与质量保修期的起算点存在差异

《建设工程质量管理条例》第四十条第二款"建设工程的保修期，自竣工验收合格之日起计算"及《建设工程施工合同解释（一）》第九条第一款第二项的规定，发包人拖延验收的，质量保修期自承包人提交竣工报告之日起开始计算。《建设工程质量保证金管理办法》第八条规定："由于发包人原因导致工程无法按规定期限进行竣工验收的，在承包人提交竣工验收报告 90 天后，工程自动进入缺陷责任期。"因此，发包人原因导致工程未能正常验收的情形下，质量保修期较缺陷责任期提前 90 日开始计算。

2. 缺陷责任期和质量保修期的期限长短有别

按照我国目前的相关规定，同一建设工程只有一个缺陷责任期，最长不超过 2 年。同一建设工程在正常使用条件下的最低保修年限因工程性质和部位不同而有所区别：地基基础工程和主体结构工程为设计文件规定的该工程的合理使用年限；屋面防水工程、有防水要求的卫生间、房间和外墙面的防渗漏，为 5 年；供热与供冷系统，为 2 个供暖期、供冷期；电气管线、给排水管道、设备安装和装修工程，为 2 年；其他项目的保修期限，法律法规无规定的，由发包方与承包方约定。

3. 是否预留工程质量保证金的要求不同

缺陷责任期是承包人按照合同约定承担缺陷修复义务且预留质量保证金的期限；质量保证金的返还以承包人在缺陷责任期内履行义务且缺陷责任期届满为基本前提。法律法规并未要求承包人在质量保修期内缴纳或者预留质量保修金。

4. 承包人在缺陷责任期和质量保修期内承担责任的范围不同

根据《建设工程质量保证金管理办法》第九条的规定，缺陷责任期内，由承包人原因造成的缺陷，即建设工程质量不符合强制性标准、设计文件以及承包合同约定的，承包人均应负责维修并承担鉴定及维修费用。至于前述缺陷客观上是否已经影响建设工程的正常使用、表现为现实发生的质量问题，法律法规并未作出进一步的规定。而《建设工程质量管理条例》第四十一条规定，施工单位只对建设工程在保修范围和保修期限内发生的质量问题履行保修义务并对造成的损失承担赔偿责任，因此质量保修责任针对的是质量保修期内已经实际出现的质量问题。

三、质量缺陷责任的承担

（一）承包人原因导致的质量缺陷责任

《民法典》第八百零一条规定："因施工人的原因致使建设工程质量不符合约定的，发包人有权请求施工人在合理期限内无偿修理或者返工、改建。经过修理或者返工、改建后，造成逾期交付的，施工人应当承担违约责任。"《建设工程司法解释（一）》第十二条规定："因承包人的原因造成建设工程质量不符合约定，承包人拒绝修理、返工或者改建，发包人请求减少支付工程价款的，人民法院应予支持。"

由上述规定可知，因承包人原因导致工程质量缺陷时，发包人可以提出如下主张：第一，要求承包人对工程质量缺陷进行维修，包括修理、返工或者改建；第二，如承包人拒绝维修或者不承担维修费用，或者维修后质量仍然不合格的，有权依据合同约定从质量保证金中扣除相应的维修费用及鉴定费用等；第三，因承包人对工程缺陷进行维修导致发包人的损失，发包人可以向承包人索赔，如维修费用、鉴定费用等实际支出大于质量保证金的，超出部分可以向承包人索赔；第四，承包人拒绝修理、返工或者改建，发包人可以减少支付工程价款。

具体而言，如发包人与承包人使用《建设工程施工合同（示范文本）》GF—2017—0201签订合同，则根据通用合同条款第15条有关缺陷责任与保修的约定，因承包人原因造成质量缺陷，承包人会承担如下违约责任。

（1）质量缺陷期内，承包人未履行维修义务、未承担鉴定费用或未承担维修费用的。

（2）质量缺陷期内，承包人虽履行了维修义务并承担了相应费用，但对工程造成的损失未进行赔偿的。

（3）质量缺陷期内，缺陷或损坏修复后，经检查证明其影响了工程或工程设备的使用性能，承包人未承担重新进行合同约定的试验和试运行费用的。

（4）保修期内，承包人未承担修复费用或者未承担因工程缺陷、损坏造成的人身伤害和财产损失的。

（5）保修期内，承包人拒绝维修或未能在合理期限内修复缺陷或损坏，且经发包人书面催告后仍未修复的，发包人自行修复或委托第三方修复，承包人未承担费用的。

承包人在缺陷责任期内未履行缺陷修复义务的，发包人可按合同约定从保证金或银行保函中扣除，费用超出保证金额的，发包人可按合同约定向承包人进行索赔。发包人有权要求承包人延长缺陷责任期，并应在原缺陷责任期届满前发出延长通知。

承包人在保修期内未履行维修义务的，且经发包人书面催告后仍未修复的，发包人有权自行修复或委托第三方修复，所需费用由承包人承担。

对于发包人损失的计算方法，承发包双方可以在合同中约定。当事人亦可在合同中约定承包人缺陷责任期/保修期出现质量违约时承担的违约金数额。如双方未在合同中约定损失计算方式，按照完全赔偿原则，发包人的损失一般包括直接损失和间接损失。直接损失是指由于缺陷责任期/保修期阶段的质量违约导致发包人财产的直接减少、灭失、损毁或者支出的增加。包括但不限于以下方面。

（1）因承包人拒绝或者没有能力维修，发包人另行委托他人修复的费用。

（2）因缺陷原因产生争议，通过鉴定确定为承包人施工原因，因此产生的鉴定费。

（3）因工程缺陷、损坏造成的人身伤害和财产损失的。

（4）缺陷修复后对工程造成的损失。

（5）缺陷或损坏修复后，经检查证明其影响了工程或工程设备的使用性能，由此产生试验和试运行费用的。

间接损失是指由于缺陷责任期/保修期的质量违约使发包人减少的可得利益。一般为因维修导致工程不能使用而产生的预期利益损失，该损失计算方法实务中常用的有两种，一种是租金损失计算法，另一种是资金占用利息计算法。

（二）分包人、实际施工人对工程质量缺陷承担连带责任

《民法典》第七百九十一条第二款规定："总承包人或者勘察、设计、施工承包人经发包人同意，可以将自己承包的部分工作交由第三人完成。第三人就其完成的工作成果与总承包人或者勘察、设计、施工承包人向发包人承担连带责任。承包人不得将其承包的全部建设工程转包给第三人或者将其承包的全部建设工程支解以后以分包的名义分别转包给第三人。"《建筑法》第六十六条规定："建筑施工企业转让、出借资质证书或者以其他方式允许他人以本企业的名义承揽工程的，责令改正，没收违法所得，并处罚款，可以责令停业整顿，降低资质等级；情节严重的，吊销资质证书。对因该项承揽工程不符合规定的质量标准造成的损失，建筑施工企业与使用本企业名义的单位或者个人承担连带赔偿责任。"《建设工程施工合同解释（一）》第七条规定："缺乏资质的单位或者个人借用有资质的建筑施工企业名义签订建设工程施工合同，发包人请求出借方与借用方对建设工程质量不合格等因出借资质造成的损失承担连带赔偿责任的，人民法院应予支持。"根据上述

法律规定，分包人（包括合法分包及违法分包）以及挂靠、转包等实际施工人，对工程质量缺陷承担连带责任。

对于其他主体的原因造成工程缺陷责任，将在本章第六节专门进行论述。

（三）律师代理建设工程质量缺陷索赔案件实务指引

1. 质量索赔首先需要明确的事项

（1）该建设工程的何种部位出现质量问题。

（2）该部位是属于部分构件的质量缺陷还是主体结构的质量不符合国家标准。

（3）质量问题是否紧急，是否要即刻采取补救措施。

（4）有关该质量问题产生的时间。

（5）是通过现场观察即可发现质量问题还是经仪器检测发现质量问题。

（6）产生质量问题的部位承包人是否按图施工。

（7）若主体结构存在质量问题，浇筑混凝土时是否存在炸模等意外情况。

（8）材料是否符合国家强制性标准，该材料的提供者是谁。

（9）是否存在承包人施工时因故意或者重大过失遗漏了相关工序。

（10）该质量问题产生部位在施工时是否经监理单位旁站监督施工并通过分部分项验收。

2. 质量索赔需要提供的材料

（1）建设工程施工合同。

（2）图纸。

（3）产生质量问题部位的现场照片。

（4）施工日志（一般由施工单位掌握）。

（5）该部位有关的签证、设计变更或工程师指令单等（如有）。

（6）发包人通知承包人维修的往来函件或告知函。

（7）与产生质量问题的部位有关的监理周报、监理月报。

（8）发包人与承包人就产生质量问题的部位开会讨论并形成书面会议纪要。

（9）如果主体结构产生重大质量问题，则应有专家论证会议纪要。

（10）若该产生质量问题的部位违反国家强制性标准，需准备国家标准或图集。

（11）若发包人已自行维修则需要提供修复完毕的照片、与第三方施工单位签订的施工合同、付款凭证及发票。

第四节　质量保修责任

一、质量保修期期限

《建筑法》第六十二条规定：建筑工程实行质量保修制度，具体的保修范围和最低保修期限由国务院规定。国务院行政法规对不同专业的最低保修期限做了基本规定。个别地方住房和城乡建设部门根据实际情况，也有相应的规定。此外，实务中，发承包双方也在上述法律、行政法规的基础上，会约定不同专业最低保修期限。相关规定如下。

国务院《建设工程质量管理条例》第四十条第一款规定，在正常使用条件下，建设工程的最低保修期限为："（一）基础设施工程、房屋建筑的地基基础工程和主体结构工程，为设计文件规定的该工程的合理使用年限；（二）屋面防水工程、有防水要求的卫生间、房间和外墙面的防渗漏，为5年；（三）供热与供冷系统，为2个供暖期、供冷期；（四）电气管线、给排水管道、设备安装和装修工程，为2年。其他项目的保修期限由发包方与承包方约定。"《民用建筑节能条例》第二十三条第一款规定，在正常使用条件下，保温工程的最低保修期限为5年。

建筑活动所形成的建筑产品涉及公共安全，建筑质量是建设工程的生命。在国务院《建设工程质量管理条例》的规则基础之上，各地住房和城乡建设部门也对工程保修做了符合当地实际的特别规定。如2022年6月8日，山东省住房和城乡建设厅发布《山东省住房和城乡建设厅关于调整新建住宅工程质量保修期的指导意见》，大幅提高了山东省内新取得国有土地使用权的新建商品住宅和城镇保障性安居工程质量保修最低期限，其中，防水工程保修期10年，供热与供冷系统为5个供暖期、供冷期，电气管线、给排水管道、设备安装隐蔽部分为10年（非隐蔽部分5年）。上述地方规范性文件没有强制执行力，也不影响施工合同相应条款的效力，但施工合同约定的保修期限低于该规范性文件的要求，当地住房和城乡建设部门可以通过不予备案甚至处罚相关市场主体等方式，强行贯彻。这就要求律师在为施工企业提供非诉法律服务时，注意各地的特殊规定，并在招标投标、合同审核、谈判等阶段，充分利用这些规定，根据服务对象不同提供专业服务。

国务院《建设工程质量管理条例》规定的是最低保修期限，实务中，发承包双方也可以自行约定质量保修期限，但约定的质量保修期限不得低于《建设工程质量管理条例》第四十条规定的最低保修期限，否则，约定无效，双方应执行《建设工程质量管理条例》的规定。

（一）质量保修期的起算

国务院《建设工程质量管理条例》第四十条第三款规定，建设工程的保修期，自竣工验收合格之日起计算。但在实务中，经常出现特殊的起算情形。

1. 发包人拖延验收情况下质量保修期的起算

根据《建设工程施工合同解释（一）》第九条第二款规定，承包人已经提交竣工验收报告，发包人拖延验收的，以承包人提交验收报告之日为竣工日期。

发包人拖延验收，包括发包人一直未验收或发包人没有在合理的时间内完成验收。根据《建设工程施工合同（示范文本）》GF—2017—0201通用合同条款第13.2.3条规定，因发包人原因，未在监理人收到承包人提交的竣工验收申请报告42天内完成竣工验收，即可视为发包人拖延验收。发包人拖延验收，根据《建设工程施工合同解释（一）》第九条"当事人对建设工程实际竣工日期有争议的，人民法院应当分别按照以下情形予以认定：（一）建设工程经竣工验收合格的，以竣工验收合格之日为竣工日期；（二）承包人已经提交竣工验收报告，发包人拖延验收的，以承包人提交验收报告之日为竣工日期"的规定，依法应当以提交竣工验收申请报告之日起算保修期。

2. 发包人擅自使用情况下质量保修期的起算时间

根据《建设工程施工合同解释（一）》第九条第三款规定，建设工程未经竣工验收，发包人擅自使用的，以转移占有建设工程之日为竣工日期。质量保修期应从转移占有之日起开始计算。

当然，发包人擅自使用情况下，承包人是否应对擅自使用部分承担质量保修责任，实务中有争议。

3. 合同无效情况下质量保修期的起算

建设工程保修责任是法定责任，施工合同无效不免除承包人的保修责任。关于施工合同无效情形下保修期限的认定问题，各地高院有相关规定。北京市高级人民法院《关于审理建设工程施工合同纠纷案件若干疑难问题的解答》第三十一条第四款规定："建设工程施工合同无效，但工程经竣工验收合格并交付发包人使用的，承包人应依据法律、行政法规的规定承担质量保修责任。发包人要求参照合同约定扣留一定比例的工程款作为工程质量保修金的，应予支持。"江苏省高级人民法院《建设工程施工合同案件审理指南》第5.8条规定："……在建设工程施工合同被确认无效后，合同关系不再存在……承包人仍应在《建设工程质量管理条例》第四十条规定的最低保修期限内承担法定的保修责任。"浙江省高级人民法院《关于审理建设工程施工合同纠纷案件若干疑难问题的解答》第二十条规定："建设工程施工合同无效，不影响发包人按合同约定、承包人出具的质量保修书或法律法规的规定，请求承包人承担工程质量责任。"可见，合同无效时，质量保修期的起算，应根据不同情形确定。如工程完成并验收合格，验收合格之日为保修开始之日；如工程没有完成，对未完质量合格工程，一般认为从移交工程之日，开始进入保修期。

4. 合同解除后质量保修期的起算

工程实务中经常出现工程尚未完工而合同解除的情况，有观点认为建设工程施工合同解除后，就不存在保修义务，但实践中，合同解除后，后期是否需要保修无法确定，也就导致无法在解除清算时一并处理保修事宜或者就保修费用予以明确，所以合同虽然解除，承包人仍负有保修义务。此时质量保修期的起算时间，应分情况讨论。

（1）发包人原因合同解除，质量保修期的起算。

《民法典》第五百六十六条第一款规定："合同解除后，尚未履行的，终止履行；已经履行的，根据履行情况和合同性质，当事人可以请求恢复原状或者采取其他补救措施，并有权请求赔偿损失。"合同解除后，尚未履行的义务终止履行。承包人不再履行后续的施工义务，保修期限应从合同解除之日起开始计算。已完合格工程的保修期，自合同解除日开始起算。

（2）承包人原因合同解除，质量保修期的起算。

承包人原因导致合同解除，保修期起算点在理论上有争议。

一种观点认为，合同解除后，解除之日即为双方结算日，已完合格工程在解除之日进入保修期。例如，在《浙江圣某建设集团有限公司、吉林省现某交通建设有限公司与长春建设集团股份有限公司建设工程施工合同纠纷二审民事判决书》[吉林省高级人民法院（2019）吉民终 271 号]所涉案件中，吉林省高级人民法院认为："现某公司、圣某公司对案涉施工合同已于 2015 年 6 月 30 日解除均无异议。因合同约定的质量保修期为 2 年，一审判决质量保证金的利息自 2017 年 7 月 1 日起计算亦无不当"。

第二种观点认为，因承包人违约而解除合同，承包人不能因为自己的违约行为而获益，自工程竣工验收之日开始计算保修期限较为合适。该观点有一定的缺陷，承包人原因导致合同解除，发包人有追究违约责任、要求赔偿损失等救济渠道，并不存在承包人因违约而获益的问题。在《江苏弘某建设工程集团有限公司、云南仟某房地产开发有限公司建设工程施工合同纠纷二审民事判决书》[最高人民法院（2019）最高法民终 272 号]所涉案件中，最高人民法院认为："根据合同约定，工程质量保修期应在工程实际竣工之日起算，而非承包人承建的部分工程交付之后起算"。

（3）不可抗力原因合同解除，质量保修期的起算。

《民法典》第五百六十三条规定："有下列情形之一的，当事人可以解除合同：（一）因不可抗力致使不能实现合同目的；（二）在履行期限届满前，当事人一方明确表示或者以自己的行为表明不履行主要债务；（三）当事人一方迟延履行主要债务，经催告后在合理期限内仍未履行；（四）当事人一方迟延履行债务或者有其他违约行为致使不能实现合同目的；（五）法律规定的其他情形。"当事人依据《民法典》第五百六十三条第一款关于不可抗力的规定解除合同，根据《民法典》第五百九十条"当事人一方因不可抗力不能履行合同的，根据不可抗力的影响，部分或者全部免除责任，但是法律另有规定的除外。因不可抗力不能履行合同的，应当及时通知对方，以减轻可能给对方造成的损失，并应当在合理期限内提供证明"的规定，可部分或者全部免除承包人责任。主流观点认为，合同因不可抗力解除，承包人对已完工程部分承担保修责任，自合同解除之日起算保修期限。

（二）质量保修期的延长

1. 现行法律规定质量保修期的延长

《建设工程质量管理条例》第四十一条规定："建设工程在保修范围和保修期限内发生质量问题的，施工单位应当履行保修义务，并对造成的损失承担赔偿责任。"《房屋建筑工程质量保修办法》第九条规定："房屋建筑工程在保修期限内出现质量缺陷，建设单位或者房屋建筑所有人应当向施工单位发出保修通知。施工单位接到保修通知后，应当到现场核查情况，在保修书约定的时间内予以保修。发生涉及结构安全或者严重影响使用功能的紧急抢修事故，施工单位接到保修通知后，应当立即到达现场抢修。"建设工程在保修范围和保修期限内发生质量问题，建设单位或者房屋建筑所有人应当向施工单位发出保修通知，施工单位应在保修期内履行保修义务。主流观点认为，质量问题仅导致施工单位应予以保修的结果，并未规定保修期也相应延长。质保期内修复合格，承包人只需要在质保期剩余期限内继续承担保修责任，无需重新计算，理由如下。①工程经过竣工验收，基本质量问题得以保证。保修期内，如出现质量问题，承包人修复并经发包人或第三方鉴定机构验收后，该修复行为已实现了法律的基本立法目的，若在出现质量问题后质保期重新计算，过分加重了承包人的义务。②法律、行政法规之所以对地基基础、主体工程以外的项目设定2年或5年的质保期，是衡平了发、承包双方的义务及建筑质量安全法益，承包人对地基基础、主体工程的法定义务，已能实现法律对建筑安全的最低需求。③如承包人履行保修义务后重新计算保修期，在承包人履行第二阶段保修义务时，如何区分质量问题是承包人继续保修部分还是已经过了保修期部分导致的？将从制度源头上激化发、承包双方的矛盾，而且，如该制度被发包人恶意利用，承包人更有可能陷入长期的质量保修责任纠纷中，实不可取。

2. 合同约定质量保修期的延长

法律对于保修期延长的次数与期限并未予以限制，双方当事人可在合同中自行约定。保修期延长的期限，既可以与原先的保修期相同，也可以根据实际情况调整。保修期延长范围，可以约定工程总体保修延长，也可以仅约定部分保修范围延长。

（三）约定保修期限低于法定最低保修期限的处理

1. 合同条款约定保修期限低于法定最低保修期限的效力

根据《民法典》第一百五十三条规定，违反法律、行政法规的强制性规定的民事法律行为无效。《建筑法》《建设工程质量管理条例》规定的最低质保期，是效力性强制性规定，如施工合同约定的保修期短于法定保修期，该约定无效。持该观点的各地高院意见有：北京市高级人民法院《关于审理建设工程施工合同纠纷案件若干疑难问题的解答》第三十一条规定："建设工程施工合同中约定的建设工程质量标准低于国家规定的工程质量强制性安全标准的，该约定无效；合同约定的质量标准高于国家规定的强制性标准的，应当认定该约定有效"，江苏省高级人民法院《关于审理建设工程施工合同纠纷案件若干问题的意见》第六条规定："建设工程施工合同中约定的正常使用条件下工程的保修期限低于法律、行政法规规定的最低期限，当事人要求确认该约定无效的，人民法院应予支持"，浙江省高级人民法院《关于审理建设工程施工合同纠纷案件若干疑难问题的解答》第四条规定："建设工程施工合同中约定的正常使用条件下工程的保修期限低于国家和省规定的最低期限的，该约定应认定无效"，四川省高级人民法院《关于审理建设工程施工合同纠纷案件若干疑难问题的解答》第十条规定："建设工程施工合同中约定的正常使用条件下工程的保修期限低于国家和省级相关行政主管部门规定的最低期限的，该约定应认定无效"等。

2. 合同条款约定保修期限低于法定最低保修期限应如何处理

建设工程施工合同中约定保修期限低于法律规定的强制最低保修期限的条款被认定无效后，应按照《建设工程质量管理条例》第四十条规定的最低保修期确定建设工程的保修期限。

律师代理案件时，应重点举证证明上述特殊事实的存在，在此基础上，做出相应的代理策略。比如，代理过程中，代理律师可通过下列方法实现举证。

（1）通过举证提交竣工验收报告报送的物流信息、微信或邮件截图等，证明承包人报送了竣工验收报告，进而证明发包人怠于办理竣工验收手续。

（2）发包人擅自使用案涉工程的证据，如经营性建筑的开业典礼、消费凭证，还可通过搜索媒体报道等方式获取相关信息。

二、质量保修责任主体

《建筑法》第六十二条第一款规定："建筑工程实行质量保修制度。"《建设工程质量管理条例》第四十一条规定："建设工程在保修范围和保修期限内发生质量问题的，施工单位应当履行保修义务，并对造成的损失承担赔偿责任"。可见，行政法规直接规定，施工单位是工程质量保修的责任主体。建设工程领域，施工单位可以是承包人、分包人、无效合同的实际施工人等。

（一）承包人的保修责任

《建设工程质量管理条例》第三十九条规定："建设工程实行质量保修制度。建设工程承包单位在向建设单位提交工程竣工验收报告时，应当向建设单位出具质量保修书。质量保修书中应当明确建设工程的保修范围、保修期限和保修责任等"。由此可见，与建设单位签订施工合同的承包人应承担保修责任。

（二）分包人的保修责任

1. 专业分包人就工程质量向总承包人负责

《建筑法》第五十八条规定："建筑施工企业对工程的施工质量负责"，分包人依法对其施工的质量负责。同时，《建筑法》第五十五条规定："分包单位应当接受总承包单位的质量管理"。因此，工程竣工验收合格后，专业分包人根据法律法规的规定，向总包承担质量责任，质量责任包括质量保修责任。

工程实务中，专业分包人对总包承担质量保修责任，也有相应的制度设计。《建设工程施工专业分包合同示范文本》GF—2003—0213《协议书》第七条约定："分包人向承包人承诺，按照合同约定的工期和质量标准，完成本协议书第一条约定的工程，并在质量保修期内承担保修责任。"《通用条款》第1.20条约定："合同价款：指承包人与分包人在本合同协议书中约定，承包人用以支付分包人按照分包合同完成分包范围内全部工程并承担质量保修责任的款项。"第25.1条约定："在包括分包工程的总包工程竣工交付使用后，分包人应按国家有关规定对分包工程出现的缺陷进行保修，具体保修责任按照分包人与承包人在工程竣工验收之前签订的质量保修书执行。"

因此，不管从法律规定还是工程实务中，专业分包人均应向总包承担质量保修责任。如总包向发包人履行了分包人承包范围的质保责任，总包依法可向分包人追偿。

2. 专业分包人就工程质量问题向发包人承担连带责任

专业分包人与发包人之间没有直接的合同关系，工程竣工验收之前，由总包向发包人签署《工程质量保修书》。《建筑法》第五十五条规定："建筑工程实行总承包的，工程质量由工程总承包单位负责，总承包单位将建筑工程分包给其他单位的，应当对分包工程的质量与分包单位承担连带责任。"《建设工程质量管理条例》第二十七条规定："总承包单位依法将建设工程分包给其他单位的，分包单位应当按照分包合同的约定对其分包工程的质量向总承包单位负责，总承包单位与分包单位对分包工程的质量承担连带责任"，《建设工程施工合同解释（一）》第十五条规定："因建设工程质量发生争议的，发包人可以以总承包人、分包人和实际施工人为共同被告提起诉讼"，在法律、行政法规、司法解释的相关条款中均规定，专业分包人对发包人连带承担质量责任，质量责任包含质量保修责任。因此，即使专业分包人与发包人无直接合同关系，但工程竣工验收合格后，分包人仍应向发包人承担连带的质量保修责任。

3. 劳务分包人保修责任

一种观点认为，劳务分包也是分包，根据《建筑法》第五十五条、《建设工程质量管理条例》第二十七条、《建设工程司法解释（一）》第十五条规定，劳务分包单位对其施工的工程，依法需要承担质量责任。

另一种观点认为，劳务分包提供的是某工种的劳务服务，体现在建设工程中，很可能仅是其中的一个工序，而某工程部位出现质量问题，原因可能是材料、构配件不合格，也可能是工序施工不规范等导致。劳务作业的质量管控，只能体现在施工过程中，施工完成并验收合格后，即使出现质量问题，技术上很难界定是否系劳务分包单位施工所致。并且，即使出现质量问题，劳务分包单位因往往只分包其中一个工种，并无承担质量保修的能力，因此，竣工验收合格后，劳务分包单位一般不再承担质量责任，也不承担保修责任。在《丛某某、延边恒某房地产开发有限公司建设工程施工合同纠纷民事二审民事判决书》[延边朝鲜族自治州中级人民法院（2021）吉24民终2279号]所涉案件中，延边朝鲜族自治州中级人民法院认为：丛某某系个人，不具备从事建筑活动劳务作业的相应资质，恒某公司与丛某某之间的劳务合同无效。丛某某组织人员进行施工，提供的仅是简单的劳务作业，获取的是劳务报酬，其承包的内容是劳务作业并不是建筑工程本身。恒某公司与丛某某没有签订书面劳务分包合同，对于施工质量，双方没有明确约定。《建筑法》第三十二条规定，建筑工程监理应当依照法律、行政法规及有关的技术标准、设计文件和建筑工程承包合同，对承包单位在施工质量、建设工期和建设资金使用等方面，代表建设单位实施监督。工程监理人员认为工程施工不符合工程设计要求、施工技术标准和合同约定的，有权要求建筑施工企业改正。丛某某在进行劳务作业时，发包人恒某公司应提供技术指导，如丛某某未按发包方恒某公司的要求进行施工，恒某公司或监理公司当时就应当指出，丛某某应当承担返工、维修等责任。在丛某某施工结束前，恒某公司及监理公司并未提出丛某某施工部分存在其现主张的质量问题。丛某某施工完毕后，恒某公司已接受丛某某的施工成果，案涉工程也已交付给购房者使用，应视为丛某某按恒某公司的要求完成了劳务作业任务。《建设工程质量管理条例》第三条规定："建设单位、勘察单位、设计单位、施工单位、工程监理单位依法对建设工程质量负责。"其第三十九条规定："建设工程实行质量保修制度。建设工程承包单位在向建设单位提交工程竣工验收报告时，应当向建设单位出具质量保修书。质量保修书中应当明确建设工程的保修范围、保修期限和保修责任等。"其中规定的承担质量保修责任的施工单位、工程承包单位均是指工程承包人或实际施工人，并不是劳务作业分包人。恒某公司要求丛某某承担赔偿责任没有充分的法律依据，无法予以支持。原审判决丛某某承担相应赔偿责任不当，法院予以纠正。

（三）无效合同承包人的保修责任

1. 实际施工人应承担相应的保修责任

《民法典》第七百九十三条规定："建设工程施工合同无效，但是建设工程经验收合格的，可以参照合同关于工程价款的约定折价补偿承包人"，合同无效，只要质量合格，实际施工人可按合同约定的价款获得对价。但需要注意，无效合同的实际施工人所取得的对价，应包含其继续履行保修的义务。并且，质量保修制度是《建筑法》规定的施工单位的法定义务，实际施工人作为施工单位的一种类型，应按法律规定承担保修义务。为此，多地高级人民法院颁布了相关审理意见，如安徽省高级人民法院《关于审理建设工程施工合同纠纷意见案件适用法律问题的指导意见》有如下规定："建设工程施工合同无效，但工程经竣工验收合格并交付发包人使用的，承包人应承担相应的工程保修义务和责任，发包人可参照合同约定扣留一定比例的工程款作为工程质量保修金"；北京市高级人民法院《关于审理建设工程施工合同纠纷案件若干疑难问题的解答》第 31 条规定："建设工程施工合同无效，但工程经竣工验收合格并交付发包人使用的，承包人应依据法律、行政法规的规定承担质量保修责任。"因此，无效合同的承包人，其取得工程价款后，依法应对质量合格部分工程继续承担质量保修责任。

2. 实际施工人应向发包人承担相应的保修责任

依据《建设工程施工合同解释（一）》第十五条"因建设工程质量发生争议的，发包人可以以总承包人、分包人和实际施工人为共同被告提起诉讼"的规定，实际施工人应向发包人承担相应的质量责任，质量责任包含质量保修责任。

律师代理案件中，可适当运用以下方法。

（1）因劳务分包人的质量责任轻，如发包人起诉分包单位承担质量责任，代理律师可通过举证证明分包是劳务分包的方式，减轻当事人质量责任。

（2）代理发包人主张质量责任时，代理律师可通过过程资料判定项目建设的专业分包人，并将专业分包人一并列为被告，多个责任人共同保证发包人债权的实现。

（3）实际施工人诉发包人时，作为发包人代理人，应注意实际施工人所施工部分工程的质量问题，并及时向实际施工人提起质量抗辩或反诉。

三、质量保修责任的承担方式

保修责任的承担方式分为承包人维修与承担修复费用两种。

（一）承包人维修

《建设工程质量管理条例》第四十一条规定："建设工程在保修范围和保修期限内发生质量问题的，施工单位应当履行保修义务，并对造成的损失承担赔偿责任。"质量保修责任的承担方式首先是由承包人维修。

维修是承包人承担保修责任的主要方式，也是保修期内出现工程质量缺陷后发包人应当首先选择的救济途径。

《房屋建筑工程质量保修办法》第九条规定："房屋建筑工程在保修期限内出现质量缺陷，建设单位或者房屋建筑所有人应当向施工单位发出保修通知。施工单位接到保修通知后，应当到现场核查情况，在保修书约定的时间内予以保修。发生涉及结构安全或者严重影响使用功能的紧急抢修事故，施工单位接到保修通知后，应当立即到达现场抢修。"

在实务中，承包人采用自行维修方式承担质量保修责任时，存在一些争议情形。律师在代理相关案件时，应注意审查如下问题。

1. 承包人履行维修义务存在履行障碍（缺乏资质、能力不足）时如何处理

承包人存在履行障碍时，可由承包人自行委托具有相应资质的第三方代替承包人承担维修义务，也可由发包人自行维修或委托第三方进行维修，修复的费用由承包人承担。具体的承担方式将在下文"承担修复费用"中详述。

2. 承包人有能力履行修复义务，发包人能否拒绝承包人的进场维修

修复是承包人的义务也是承包人的权利，在没有出现承包人无能力修复的情形下，发包人不能拒绝承包人维修；若发包人无理由拒绝承包人维修，另行委托第三方承担修复义务或者自行维修的，无权要求承包人承担修复费用。

3. 建设工程施工合同无效，承包人能否通过维修的方式承担质量保修责任

应分析导致施工合同无效的原因，若施工合同无效是因承包人缺乏相应资质导致的，则承包人不能通过维修的方式承担质量保修责任。承包人可自行委托具有相应资质的第三方，代替承包人承担质量保修责任，也可由发包人自行维修或委托第三方维修，由承包人承担修复费用（详见下文"承担修复费用"）。若因其他非资质原因导致施工合同无效的，承包人仍然具有修复能力的，应由承包人自行修复。

在朱某某与丹阳市盛某机械有限公司建设工程施工合同纠纷一案［（2013）苏审三民申字第349号］中，江苏省高级人民法院认为："本案中朱某无相关建筑施工资质，其承建盛某公司厂房施工工程，相关建设工程施工合同无效。虽然盛某公司在案涉工程未经竣工验收的情况下擅自使用，但朱某仍应在建设工程的合理使用寿命内对地基基础工程和主体结构质量承担民事责任。根据鉴定意见，朱某承建的厂房在地基基础工程和主体结构质量方面均存在问题，二审法院依据工程造价咨询报告书判令朱某承担相关修复费用，并无不当"。

（二）承担修复费用

发包人通知承包人承担质量保修责任，承包人拒绝修复或在合理期限内不能修复或发包人有正当理由拒绝承包人修复，发包人另行委托他人修复的，承包人应承担合理的修复费用。

《房屋建筑工程质量保修办法》第十二条规定："施工单位不按工程质量保修书约定保修的，建设单位可以另行委托其他单位保修，由原施工单位承担相应责任。"

在此情形下，律师代理相关案件时应关注下列问题。

1. 发包人拒绝承包人修复的正当理由包括哪些

正当理由包括承包人无施工资质、承包人多次修复不能解决质量问题双方失去合作信任等。

在江苏南通二建集团有限公司与吴江恒某房地产开发有限公司建设工程施工合同纠纷一案［（2012）苏民终字第 0238 号］《最高人民法院公报》2014 年第 8 期公报案例中，江苏省高级人民法院认为："因施工方原因致使工程质量不符合约定的，施工方理应承担无偿修理、返工、改建或赔偿损失等违约责任。本案中，双方当事人对涉案屋面所做的工序进行了明确约定，然南通某建在施工过程中，擅自减少多道工序，尤其是缺少对防水起重要作用的 2.0 厚聚合物水泥基弹性防水涂料层，其交付的屋面不符合约定要求，导致屋面渗漏，其理应对此承担违约责任。鉴于恒某公司几经局部维修仍不能彻底解决屋面渗漏，双方当事人亦失去信任的合作基础，为彻底解决双方矛盾，原审法院按照司法鉴定意见认定按全面设计方案修复，并判决由恒某公司自行委托第三方参照全面设计方案对屋面渗漏予以整改，南通某建承担与改建相应责任有事实和法律依据，亦属必要"。

2. 发包人已委托他人对保修期内的质量缺陷进行了修复，能否要求承包人赔偿已产生的修复费用

（1）发包人通知承包人对质量缺陷进行修复，承包人拒绝修复、在合理期限内不能修复或发包人有正当理由拒绝承包人修复，发包人另行委托他人修复的，承包人应当承担合理的修复费用。

在《汪清县宝某房地产开发有限公司、江苏长某建设集团有限公司建设工程施工合同纠纷再审民事判决书》［最高人民法院（2018）最高法民再 235 号］所涉案件中，最高人民法院认为："本案中，因长某公司明确拒绝进行改建施工，宝某公司另行发包给具备法定资质的其他施工企业施工，并无不当。因长某公司施工的外墙保温工程质量缺陷无法修复，宝某公司通过采用铝单板干挂改建方式完成外墙保温工程，为此超出原外墙保温工程造价的工程款 6855796 元，属于宝某公司因工程质量缺陷需多承担的工程费用，应认定属于长某公司施工的工程质量缺陷给宝某公司造成的损失，长某公司应承担赔偿责任。本院酌定，就宝某公司案涉外墙保温工程改建超出原工程造价的费用 6855796 元，由长某公司承担 60% 的赔偿责任"。

（2）发包人未通知承包人对质量缺陷进行修复，但发承包双方通过协商承包人同意承担该费用的，承包人应当承担合理的修复费用。

在《重庆某通建设（集团）有限责任公司、重庆市佳某建筑工程有限公司建设工程施工合同纠纷二审民事判决书》［最高人民法院（2018）最高法民终 494 号］所涉案件中，最高人民法院认为："案涉项目实际施工人佳某公司施工部分存在质量问题，根据《建设工程施工合同解释》第十一条的规定，应当先要求佳某公司进行修理、返工或者改建，如果佳某公司拒绝从事上述工作的，才能减少支付工程款。但由于发生地震，发包人与承包

人通过多次协商，同意采用在工程结算款中扣除缺陷工程修复款方式处理，该处理方式符合当时的情势，本院予以认可"。

（3）发包人未通知承包人修复或无正当理由拒绝承包人修复的，承包人是否应承担修复费用。

关于发包人未履行通知义务的情况下，承包人是否应负担相应的维修费用的问题，实践中存在争议，详见本章第六节的阐述。

（4）发、承包人如在合同中约定承包人拒绝维修时发包人可另行委托他人维修并由承包人承担修复费用，合同无效时该条款仍可参照适用。

在《四川省第某建筑工程有限公司、云南万某房地产开发有限公司建设工程施工合同纠纷二审民事判决书》[最高人民法院（2019）最高法民终1134号]所涉案件中，最高人民法院认为："根据《补充协议》第5.2.20条约定：'合同规定由承包人完成或提供配合的工作（包括合同、会议纪要约定内容以及设计变更等），如承包人拒绝完成或不能按合同要求完成，发包人即可另行安排其他单位完成，所发生的费用就由承包人承担的实际费用（另加20%管理费）从承包人工程款中抵扣，影响工期的责任由承包人负责'，该约定与工程款有关，可参照该约定，对万某公司主张的修复管理费予以支持"。

3. 对于承包人实际进行了维修但又未能修复的，其已投入的维修成本如何承担

如该费用是因承包人缺乏修复能力造成，则该费用应由承包人自行承担；如未能修复是因发包人原因造成，则维修成本由发包人承担。

承包人对非因自身原因造成的质量问题进行维修情形下的费用计算。

（1）承包人将质量问题修复好的，由发包人或责任人承担修复费用。

（2）若承包人未能将质量问题修复，不得要求发包人或责任人承担修复费用。

（3）若承包人在修复过程中扩大了质量问题造成的损失，对于损失扩大部分，承包人应承担责任。

四、特殊情形下质量保修责任的认定

（一）未完工程的质量保修责任承担

未完工程指承包人尚未完成合同约定范围全部工作的工程。未完工程，常见于施工合同中途解除的情形。

根据《民法典》第五百六十六条第一款规定，合同解除后，尚未履行的，终止履行。主流观点认为，工程尚未施工完成而合同解除，承包人对已完工程部分仍应承担保修责任。例如，在《中某二十局局集团有限公司、日照市白某湾科技金融小镇发展有限公司建设工程施工合同纠纷二审民事判决书》[山东省高级人民法院（2020）鲁民终2531号]所涉案件中，山东省高级人民法院认为："本案中，白某湾小镇提出的局部墙面抹灰砂浆

强度不合格、局部外墙漆及腻子不合格、部分管井位移、部分水暖支管道局部埋深不够，部分单体楼雨污支管道倒返水等问题，属于工程返修和质量保修问题，应按合同约定的质量保修问题对待。合同解除后，涉案工程至本案诉讼均未过质保期，故中某二十局应承担相应的返修和保修责任"。

（二）合同无效情形下的质量保修责任承担

质量保修责任是《建筑法》及《建设工程质量管理条例》规定的承包人的法定责任。建设工程施工合同无效，不能免除承包人的法定保修责任。同时，施工合同无效，承包人可依据合同约定，取得相应折价补偿款，而承包人取得价款的前提，是完全履行其质量义务，包括提供质量合格的工程，并承担质量保修责任。如承包人因合同无效不承担质量保修责任，则会导致承包人因无效合同获得额外利益。

各地高级人民法院基本持上述意见。例如，浙江省高级人民法院《关于审理建设工程施工合同纠纷案件若干疑难问题的解答》第二十条规定："建设工程施工合同无效，不影响发包人按合同约定、承包人出具的质量保修书或法律法规的规定，请求承包人承担工程质量责任"。北京市高级人民法院《关于审理建设工程施工合同纠纷案件若干疑难问题的解答》第31条规定："建设工程施工合同无效，但工程经竣工验收合格并交付发包人使用的，承包人应依据法律、行政法规的规定承担质量保修责任。发包人要求参照合同约定扣留一定比例的工程款作为工程质量保修金的，应予支持"。江苏省高级人民法院《建设工程施工合同案件审理指南》第五条规定："在履行保修责任的方式上，如果施工合同不是因为承包人没有相应的资质而被确认无效的，则仍由承包人承担质量瑕疵的维修义务。若施工合同是由于承包人没有相应的资质而被确认无效的，则不能由承包人自己来承担质量瑕疵的维修义务。可由承包人自行委托具有相应资质的施工队伍，来替代承包人承担质量瑕疵的维修义务，也可由发包人自行维修，修复的费用由承包人承担"。安徽省高级人民法院《关于审理建设工程施工合同纠纷意见案件适用法律问题的指导意见》第十四条规定："建设工程施工合同无效，但工程经竣工验收合格并交付发包人使用的，承包人应承担相应的工程保修义务和责任，发包人可参照合同约定扣留一定比例的工程款作为工程质量保修金"等，均认为合同无效后，承包人仍应承担质量保修责任。

值得注意的是，江苏省高级人民法院《建设工程施工合同案件审理指南》第五条第八款规定，若施工合同是因承包人没有相应的资质而被确认无效的，出现质量问题时，可由承包人委托具有相应资质的施工队伍，来替代承包人承担质量责任，也可由发包人自行委托第三方维修，修复的费用由承包人承担。例如，如刘某与羊绒制品公司、建筑装饰公司建设工程施工合同纠纷一案［（2012）浦民一（民）初字第24740号］中，上海市浦东新区人民法院认为："原告并不具备施工资质，其当然也不具备承担维修的能力。对于原告施工范围内的保修问题，应由其承担保修所产生的费用。"当然，如出现质量问题时，承包人已取得相应资质的，可自行维修。

律师代理过程中，应特别注意以下问题。

（1）代理人首先应确定发包人的行为是否属于擅自使用的范畴；如未完工程移交发包人后，发包人将其交由其他单位继续施工。

（2）代理发包人反诉实际施工人质量责任时，如实际施工人没有相应资质，可通过要求实际施工人承担维修费用的方式主张权利。

第五节　质量责任中违约金与实际损失

发包人向承包人主张因承包人施工质量原因产生的损失有两种途径，一是按照合同约定的违约金主张，二是按照实际发生的损失计算，包括直接损失和间接损失。当两种损失计算方式发生竞合或冲突时，该如何处理也是律师代理实务中的难点问题。

《民法典》第五百八十五条第一款规定："当事人可以约定一方违约时应当根据违约情况向对方支付一定数额的违约金，也可以约定因违约产生的损失赔偿额的计算方法。"

司法实践中，约定违约金和损害赔偿之间的争议焦点主要集中在以下几个方面：

一、违约金和损害赔偿是否可以同时主张

一方当事人违反合同的约定，可能会产生违约金请求权和损害赔偿请求权竞合的情形。守约方对于二者能否同时主张，有观点认为损害赔偿请求权与违约金请求权，当事人不能自由选择，有违约金场合下必须适用违约金。原因在于违约金系损害赔偿额的预先约定，属于当事人的特别约定，应当优先适用。而且违约金的特别约定具有限定责任的功能，如果任由守约方选择，必然使违约金"限额责任"的目的落空，因此，违约方有坚持要求仅依据违约金约定的数额承担责任的权利。有观点认为，违约金请求权与损害赔偿请求权产生的基础各不相同，但是在违约方违约导致合同解除的情形下，两种请求权同时满足，同时发生效力，原则上二者不能累加计算，但是二者并无顺序优劣。

依据《民法典》第五百八十五条第二款的规定，约定的违约金低于损失的，可以增加；约定的违约金过分高于损失的，可以适当减少。《民法典合同编通则司法解释》第六十五条第一款规定："当事人主张约定的违约金过分高于违约造成的损失，请求予以适当减少的，人民法院应当以民法典第五百八十四条规定的损失为基础，兼顾合同主体、交易类型、合同的履行情况、当事人的过错程度、履约背景等因素，遵循公平原则和诚信原则进行衡量，并作出裁判。"根据上述法条可以推论出约定违约金的数额和损失要基本匹配，根据公平原则，违约金请求权和损害赔偿请求权不能同时适用。所以，在施工过程中出现

质量违约的情况下，发包人可以就违约金或者损害赔偿择一主张。

在《江苏苏某建设集团有限公司、安庆新某悦盛房地产发展有限公司建设工程施工合同纠纷二审民事判决书》[最高人民法院（2019）最高法民终589号]所涉案件中，最高人民法院认为："朱某和苏某公司进行补桩，可以证明案涉桩基工程存在质量问题。苏某公司作为施工方，应对其施工质量不合格造成的损失承担赔偿责任。一审判决认定鉴定意见书中较低的18713308.24元作为应付的补桩费用，对苏某公司并无不利。一审判决判令苏某公司向新某公司支付补桩费用18713308.24元，应予维持。最高人民法院已认定苏某公司因工程质量不合格应承担向新某公司支付补桩费用18713308.24元的责任，已实际弥补新某公司的损失。工程质量违约金的约定作为损害赔偿的预先约定，在已经实际弥补损失的情况下，工程质量违约金也不应当再计算"。

但在司法实践中亦存在例外情形，在因质量问题造成的损失数额多于违约金数额的情况下，发包人主张违约金请求权的，并不意味着其放弃了损害赔偿请求权。根据《民法典》第五百八十五条第二款的规定，发包人有权请求违约金数额增加。

另外，合同约定了违约金，发包人主张损害赔偿的，法院能否直接适用违约金条款径直作出判决？通常发包人对于主张损害赔偿请求权还是违约金请求权享有选择权。在司法实践中，发包人主张损害赔偿的，法院不能直接适用违约金条款径直作出判决。但实务中仍有主张损失赔偿，但法院适用违约金的案例存在。

综上所述，律师在代理建设工程施工合同纠纷涉及违约损失赔偿时，应当重点审查。

（1）施工合同中是否有关于违约金以及损害赔偿的约定。

（2）守约方实际受到的损失的数额是否低于或过分高于违约方承担违约金数额。

（3）起诉时选择依据违约金条款主张违约方承担违约金或赔偿损失，应选择合适的诉讼策略。

二、法院是否可依职权调整违约金

依据《民法典》第五百八十五条第二款的规定，违约金的调整需要以当事人的请求为前提，法院不能依职权自行调整。

但在发包人有过错以及适用损益相抵原则的情形下，法院可依职权对违约金的金额进行调整。合同关于违约金的约定并没有排除损益相抵及与有过失原则的适用。法官适用上述规则酌减违约金，属于法院应当查明事实的范畴，并不以违约方请求为前提，与依违约方请求而减少违约金并不矛盾。

在《张某、濮阳市青某装饰工程有限公司装饰装修合同纠纷二审民事判决书》[河南省濮阳市中级人民法院（2021）豫09民终242号]所涉案件中，濮阳市中级人民法院认为："现在青某公司的行为已构成违约，合同无法继续履行，应按合同约定承担违约责任。一审判决认定青某公司违约，但以合同约定的违约金过高为由进行了调整。《合同法》第一百一十四条、《最高人民法院关于适用〈中华人民共和国合同法〉若干问题的解释（二）》第二十九条规定的前提是当事人请求调整，并确实低于或过分高于违约行为给当事人造成的损失时，才能进行调整。人民法院未经当事人请求不得依职权调整违约金的数额，但对明显过高或过低的违约金约定应当向当事人行使释明权。当事人未提出违约金过高的请求，一审法院自行调整违约金不当，应予以纠正"。

针对上述情况，律师应重点审查以下几方面。

（1）诉讼请求所依据的请求权基础是违约金还是损害赔偿。

（2）是否需要提出调整违约金的请求。

三、约定违约金高于实际损失时应该如何处理

《民法典》第五百八十五条第二款规定："约定的违约金低于造成的损失的，人民法院或者仲裁机构可以根据当事人的请求予以增加；约定的违约金过分高于造成的损失的，人民法院或者仲裁机构可以根据当事人的请求予以适当减少。"

依据上述规定，约定违约金与实际损失相当或者略高于实际损失，不予调整；约定违约金过分高于实际损失的，可以适当减少。

在《朱某与梁某等农村建房施工合同纠纷一审民事判决书》〔北京市密云区人民法院（2018）京0118民初11965号〕所涉案件中，朱某主张因堵某违约造成的损失包括建房施工质量损失、错过最佳施工期的损失及延期入住的损失，但未就实际损失提供相应证据加以证实。梁某在庭审中明确提出保证书约定的违约金高于损失，法院综合当事人对违约金的约定、履约经过、违约程度以及损失情况，酌定违约金数额为10000元，现朱某要求堵某和梁某支付违约金75000元，超过10000元的部分，不予支持。

四、违约金低于或过分高于损失的判断标准

《民法典合同编通则司法解释》第六十五条第二款规定："约定的违约金超过造成损失的百分之三十的，人民法院一般可以认定为过分高于造成的损失。"上述规定把超过损失的百分之三十作为认定约定违约金是否过高的标准。司法实践中一般按照该规定，以实际损失为基础，兼顾合同的履行情况、当事人的过错程度以及预期利益等综合因素来调整违约金。

因此，当约定违约金超过发包人遭受的实际损失百分之三十时，可以认定约定违约金"过分高于"损失。法院可依据承包人的请求，以实际损失为基础，兼顾施工合同的履行情况、当事人的过错程度以及预期利益等综合因素适当减少违约金。

在《北京贝某公司与淮北海某房地产开发有限公司建设工程施工合同纠纷》〔最高人民法院（2014）民申字第1195号〕所涉案件中，最高人民法院认为："当事人约定的违约金超过造成损失的百分之三十的，一般可以认定为"过分高于造成的损失"的规定，按照

贝某公司所受损失（二审认定施工损失为1571938元）的30%计算，双方约定的350万元违约金过高，应予适当调整"。

判断违约金是否低于或过分高于损失时，"损失"是否包含可得利益的损失？《九民会纪要》第50条对此作出说明："认定约定违约金是否过高，一般应当以《合同法》第113条规定的损失为基础进行判断，这里的损失包括合同履行后可以获得的利益。……"因此，此处的"损失"包括发包人因质量问题造成的预期利益损失。

在大连市中级人民法院审理的中国建筑某工程局与大连某房地产开发有限公司建设工程施工合同纠纷案〔（2020）辽02民再210号〕中，辽宁省大连市中级人民法院根据泰乐公司的申请委托中平会计师事务所进行鉴定，委托事项为对"中建八局施工的五根立柱质量问题所造成的直接和间接损失进行鉴定"。其鉴定结论为：①银行贷款利息损失39102389.46元；②违约交房赔偿小业主损失10836351.83元；③司法机关拍卖房屋损失7289882.90元；④看护费损失360706元；⑤水电费损失830445.12元；⑥工程维修检测费损失527000元；⑦可得利益损失17899931.86元；总计76846707.17元。

五、请求违约金调整时的举证责任分配

发包人根据合同的约定请求违约金的，根据"谁主张谁举证"的原则，如果承包人认为约定的违约金过分高于给发包人造成的损失，向人民法院或者仲裁机构申请减少违约金的，承包人就此承担举证责任。如果发包人认为约定的违约金低于受到的损失，请求人民法院或者仲裁机构适当增加违约金的，发包人就此承担举证责任。

最高人民法院《九民会纪要》第50条也对此做出了规定："……主张违约金过高的违约方应当对违约金是否过高承担举证责任。"，此处将违约金过高的举证责任归于请求酌减违约金的违约方，即由承包人负举证责任。

在《浙江省岩土某公司与宁波某公司建设工程合同纠纷再审民事判决书》〔浙江省高级人民法院（2016）浙民再129号〕所涉案件中，浙江省高级人民法院审理认为："岩土某公司认为违约金过高，其应当承担举证责任，但其未有任何举证。宁波某公司认为违约金并不高，其提供了相应的证据，已尽到了合理的举证义务。因此，岩土某公司抗辩提出的该项理由不能成立，其要求调低违约金缺乏法律依据，原审法院予以调低不当"。

在广州市越秀某公司与四川顺某公司建设工程分包合同纠纷案〔（2020）川民终1408号〕中，四川省高级人民法院认为："一审法院在考虑本案综合因素前提下已认定顺某公司存在违约，并判决其承担违约金100万元，越秀某公司上述证据仅证明顺某公司存在违约，但不能证明一审判决认定的违约责任过轻，亦不能证明判决100万元的违约金过低，故不予采信"。

另外，如合同约定了违约金，发包人请求承包人支付违约金时是否需举证证明损失的大小？对此，目前主要存在三种不同的观点。

（1）除非当事人有特别约定，否则，只要存在不符合合同约定的事实，无需证明损失的存在以及大小，就可向违约方请求违约金。故承包人和发包人约定违约金的，承包人因为质量不符合合同的约定造成违约，发包人无需证明因为承包人的质量违约造成的损失以及损失的大小，即可直接请求违约金。

（2）需要证明存在同类合同、同类违约情况下的典型损害，但无需证明损失的具体数额。

（3）需要证明涉及的损失的具体数额，若实际不存在损失，则可能不支持或仅支持少部分违约金。

律师在代理案件时，如涉及请求调整违约金的情形，应重点审查以下几方面。

（1）如违约方主张违约金过高，是否举证证明违约金过分高于损失。

（2）如守约方认为违约金低于损失，是否举证证明违约金低于损失。

第六节　承包人质量责任的免除

承包人在施工过程中对工程质量负责，对于因其原因造成的工程质量问题，应当承担修理、返工、改建以及赔偿损失的责任。《民法典》第八百零一条规定："因施工人的原因致使建设工程质量不符合约定的，发包人有权请求施工人在合理期限内无偿修理或者返工、改建。经过修理或者返工、改建后，造成逾期交付的，施工人应当承担违约责任。"《建筑法》第七十四条规定："建筑施工企业在施工中偷工减料的，使用不合格的建筑材料、建筑构配件和设备的，或者有其他不按照工程设计图纸或者施工技术标准施工的行为的……造成建筑工程质量不符合规定的质量标准的，负责返工、修理，并赔偿因此造成的损失；构成犯罪的，依法追究刑事责任。"但建设工程的施工是一个长期而复杂的过程，造成工程质量的原因往往不是单一的，而是复杂的、多方面的。非因施工企业的原因，或者由多方原因造成的工程质量问题，应相应地免除或者减轻施工企业的质量责任。对此，《建设工程施工合同解释（一）》第十三条规定："发包人具有下列情形之一，造成建设工程质量缺陷，应当承担过错责任：（一）提供的设计有缺陷；（二）提供或者指定购买的建筑材料、建筑构配件、设备不符合强制性标准；（三）直接指定分包人分包专业工程。承包人有过错的，也应当承担相应的过错责任。"

建设工程竣工验收以后，在保修期内，承包人对工程承担质量责任主要体现在保修义务上。《建筑法》第六十二条规定了建筑工程实行质量保修制度，并规定了建筑工程的保修范围应当包括地基基础工程、主体结构工程、屋面防水工程和其他土建工程，以及电气管线、上下水管线的安装工程，供热、供冷系统工程等项目，同时规定了具体的保修范围和最低保修期限由国务院规定。《建设工程质量管理条例》第四十条规定了建设工程的保修范围以及最低保修期限，第四十一条规定了施工企业在保修期内应对保修范围内的工程承担保修义务，并对其造成的损失承担相应的赔偿责任。《民用建筑节能条例》第二十三条则规定了在正常使用条件下，保温工程的最低保修期限为 5 年。根据上述规定，施工企业在保修期内对建设工程承担保修责任是其法定的义务，且该义务是效力性的强制规定，施工企业必须遵守，建设单位与施工单位关于保修义务的约定违反该规定的将会被认定为无效。保修期内，承包人承担质量责任是常态，但是并非所有情况下，承包人均要承担质量责任，如《房屋建筑工程质量保修办法》第十七条规定了因使用不当或者第三方造成的质量缺陷、不可抗力造成的质量缺陷不属于质量保修的范围。《建设工程施工合同解释（一）》第十四条则规定了建设工程未经竣工验收，发包人擅自使用后，又以使用部分质量不符合约定为由主张权利的，人民法院不予支持；但是承包人应当在建设工程的合理使用寿命内对地基基础工程和主体结构质量承担民事责任。

一、施工阶段承包人质量责任的免除

（一）发包人提供的设计有缺陷

先勘察，再设计，后施工是建设工程的基本程序，建设工程的施工需要依据建设单位向施工单位提交的施工图纸。设计单位需要按照工程质量、安全标准以及设计合同的要求进行施工图设计，如果施工图纸存在缺陷，容易造成工程产生质量问题，因此，设计缺陷是建设工程产生质量问题的原因之一。《建筑法》第七十三条规定："建筑设计单位不按照建筑工程质量、安全标准进行设计的，责令改正，处以罚款；造成工程质量事故的，责令停业整顿，降低资质等级或者吊销资质证书，没收违法所得，并处罚款；造成损失的，承担赔偿责任；构成犯罪的，依法追究刑事责任。"《建设工程质量管理条例》第十九条、《建设工程勘察设计管理条例》第五条均规定了勘察、设计单位必须按照工程建设强制性标准进行勘察、设计，并对其勘察、设计的质量负责。

建设单位与勘察单位签订勘察合同以后，勘察单位按照勘察合同的约定向建设单位交付勘察成果。建设单位将勘察成果提供给设计单位，设计单位按照勘察成果进行工程设计并将设计成果交付建设单位。建设单位将设计成果提供施工单位，施工单位依据建设单位交付的图纸进行施工。虽然《建筑法》《建设工程质量管理条例》《建设工程勘察设计管理条例》规定了勘察、设计单位的质量责任，但是根据合同相对性的原则，勘察、设计单位仅就勘察、设计成果依据合同对建设单位负责，与施工单位并不相互承担因合同产生的违约责任。建设单位与施工单位之间因施工合同产生工程承发包关系，建设单位将设计单位提交的设计成果交付施工单位按图施工，建设单位是设计图纸的提供方，对设计图纸缺陷承担过错责任，一旦因为设计图纸的缺陷造成工程质量问题，则应当由建设单位承担质量责任。建设单位承担质量责任以后，其可以依据勘察、设计合同的约定向勘察、设计单位主张赔偿。

根据《建设工程施工合同解释（一）》第十三条的规定，发包人提供的设计存在缺陷，造成工程质量缺陷，发包人应当承担责任。但承包人对工程质量缺陷存在过错的，承包人应承担相应过错责任。如施工图设计存在明显缺陷，作为一名成熟的承包人应当发现而没有发现的或者发现了仍然按照图纸进行施工，造成工程质量缺陷的，承包人应当承担相应的过错责任。在《王某某与奇台县东某油脂有限公司建设工程施工合同纠纷二审民事判决书》[新疆维吾尔自治区高级人民法院（2014）新民一终字第88号]所涉案件中，新疆维吾尔自治区高级人民法院认为："东某公司未按照国家有关规定向王某某提供设计文件和经过相关职能部门审定的施工图纸，以及将涉案工程交由无施工资质的王某某施工，造成涉案工程的质量问题，其自身的过错明显，故其责任相对较大；王某某明知东某公司未提供设计文件和正规图纸，没有及时提出意见和建议，按照东某公司的指示继续施工亦有过错，应承担相应的责任。"最终，新疆维吾尔自治区高级人民法院认定东某公司对案涉工程的修复费用承担80%的责任，王某某对修复费用承担20%的责任。对设计缺陷的审查以承包人是否具备相应的专业能力为限，若对设计缺陷的审查超出承包人的专业能力时，在承包人按图施工的情况下，则承包人不应承担质量责任。在《漠河砂某有限公司、中铁某公司建设工程施工合同纠纷再审审查与审判监督民事裁定书》[最高人民法院（2018）最高法民申2048号]所涉案件中，最高人民法院认为："关于案涉尾矿库工程质量是否合格，中铁某公司应否承担责任的问题。首先，中铁某公司不负有完成案涉尾矿库库底防渗施工的合同义务。虽然初步设计与安全专篇包含防渗系统，但《基建合同》并未对防渗工程作出约定，即使砂某公司招标文件明确告知投标人初步设计已经完成，但由于《基建合同》未约定，且特别约定招标投标文件与《基建合同》有冲突的以《基建合同》为准，因此，中铁十九局不负有完成案涉尾矿库库底防渗施工的合同义务。其次，《基建合同》第1.5条约定"工程质量标准以设计院图纸要求为准"，双方责任第2.4条约定"乙方负责严格按照施工计划、施工图纸和施工规范施工"，因此，按照设计图纸和施工方式进行施工是中铁某公司的约定义务，也是双方约定的工程质量标准。砂某公司主张中铁某公司具有注意义务，应当发现施工图纸与施工方式违反有关规定，超出施工单位的约定义务和专业能力。据此，砂某公司应对设计缺陷造成的质量缺陷自行承担相应责任，其认为中铁某公司负有注意义务，并据此主张承担赔偿责任，缺乏充分的事实和法律依据"。

（二）发包人提供或者指定购买的建筑材料、建筑构配件、设备不符合强制性标准

工程项目建设过程的建筑材料、建筑构配件和设备可以由建设单位提供，也可以由承包人提供，由发承包双方在施工合同中予以约定。根据《建筑法》第二十五条的规定，如果发承包双方在施工合同中约定建筑材料、建筑构配件和设备由承包人单位采购的，则发包人不得指定承包方购入用于工程的建筑材料、建筑构配件和设备或者指定生产厂、供应商，除非设计单位依据《建设工程勘察设计管理条例》第二十七条规定，因对建筑材料、专用设备和工艺生产线等有特殊要求，指定了生产厂、供应商。在承包人采购建筑材料、建筑构配件和设备的情形下，若因建筑材料、建筑构配件和设备的原因造成工程质量缺陷，应由承包人承担质量责任。

根据《建设工程施工合同解释（一）》第十三条的规定，发包人提供或者指定购买的建筑材料、建筑构配件、设备不符合强制性标准，造成建设工程质量缺陷，应当承担过错责任，承包人有过错的，也应承担相应的过错责任。如发包人提供的建筑材料、建筑构配件和设备没有经过检测，承包人即投入使用，或者承包人明知发包人提供的建筑材料、建筑构配件和设备不合格仍然使用的，则承包人违反了《建设工程质量管理条例》第二十九条的规定，应当承担相应的过错责任。北某寺与金某某建设工程施工合同纠纷案［（2012）辽审三民提字第 39 号］，辽宁省高级人民法院认为："案涉工程混凝土强度的设计标准为 C30，而案涉大雄宝殿二层浇筑的混凝土经法院委托鉴定，其强度仅为 C14.9。虽然该工程使用的水泥为北普陀禅寺所提供，但作为施工方在浇筑前应对水泥质量进行检测，对质量不合格的水泥有权拒绝使用或留存质量不合格的证据。由于施工方没有证据证明案涉工程混凝土强度不合格是由于水泥质量不合格所造成，故其对案涉工程质量问题应承担过错责任，双方当事人对工程质量问题各自承担 50% 的责任"。

（三）发包人直接指定分包人分包专业工程

《建筑法》第二十九条规定：建筑工程总承包单位可以将承包工程中的部分工程发包给具有相应资质条件的分包单位，分包单位按照分包合同的约定对总承包单位负责，总承包单位和分包单位就分包工程对建设单位承担连带责任。根据上述规定，在承包人自行分包的情形下，因分包人的原因造成工程质量问题，承包人应与分包人就质量问题对发包人承担连带责任。而在发包人指定分包的情形下，发包人要对其指定分包人的施工质量承担责任，根据《建设工程施工合同解释（一）》第十三条第一款第三项规定，发包人直接指定分包人分包专业工程，造成建设工程质量缺陷，应当承担过错责任。在发包人指定分包的情形下，承包人收取发包人或者指定分包人的管理费、服务费的，承包人应当履行管理与监督义务，因管理、监督原因导致工程质量问题的，承包人承担相应的过错责任。

在《四川森某置业有限公司与江苏广某建设集团有限公司建设工程施工合同纠纷一案二审民事判决书》［四川省高级人民法院（2016）川民终 790 号］所涉案件中，四川省高级人民法院认为："案涉工程的土石方挖填等均属于发包人分包工程，不属于承包人承包范围，应当认定此部分工程系发包人指定分包。但承包人负有对发包人发包的单项工程进行总包管理和服务的义务，发包人也因此向承包人支付了施工管理费和配合费。对发包人分包的工程导致的质量缺陷，发包人应当承担主要责任，承包人对发包人分包的工程负有总包管理的合同义务，对其质量缺陷也应承担相应过错责任"。

律师在代理该类案件的过程中需要注意以下问题。

（1）产生质量问题的原因是什么？

（2）如果是多方因素造成的质量问题，各自的责任大小分别是多少？

二、缺陷责任期/保修期承包人质量责任的免除

《建筑法》第六十二条规定了建筑工程实行质量保修制度，《建设工程质量管理条例》第六章就建设工程保修的范围、保修期限以及承包人的责任作了详细的规定，在保修期内，保修范围内的工程发生质量问题，承包人应履行保修义务，并对因质量问题造成的损失承担赔偿义务。

承包人承担保修责任的前提是建设工程尚处于保修期内，如果建设工程已经超过约定的保修期限，则承包人可以拒绝承担保修义务。但是当约定的保修期限低于法定最低保修期限时，则该约定无效，承包人应在法定最低保修期限内承担保修责任。例如，天某置业公司与乔某防水公司案［（2015）昆花民初字第00503号］，天某置业公司与乔某防水公司在施工合同中约定外墙保温的保修期限为2年。在约定的保修期满后，案涉工程的外墙保温开始开裂、空鼓、脱落，天某置业公司遂要求乔某防水公司进行维修，但是乔某防水公司以保修期满为由予以拒绝。天某置业公司在与乔某防水公司协商未果的情况下，向昆山法院提起诉讼，要求确认保修条款的约定无效，并要求乔某防水公司承担维修义务。法院经审理后认为双方关于保修期的约定违反了《民用建筑节能条例》第二十三条关于外墙保温的保修期限最低5年的规定，遂判令保修期的条款无效，并将案涉工程的保修期延长为5年。由于乔某防水公司在诉讼过程中明确不按照鉴定机构给出的方案进行维修，法院最终判决乔某防水公司向天某置业公司支付维修费4309478元。

在缺陷责任期/保修期内，非因承包人原因导致的工程质量问题，由责任方承担责任；发包人发现质量问题后并未通知承包人而自行维修或者另行委托他人维修等情形，承包人是否可以免除维修义务，在实务中存在不同的意见；发包人未经竣工验收擅自使用建筑物，承包人是否可以免除维修义务，同样存在不同的处理方式。

（一）发包人未经竣工验收擅自使用建筑物

《民法典》第七百九十九条第二款规定："建设工程竣工经验收合格后，方可交付使用；未经验收或者验收不合格的，不得交付使用。"建设工程的质量涉及不特定人员的安全，只有在验收合格情况下投入使用，方可保障人民群众的人身和财产安全，若建设工程在未经验收合格的情况下投入使用，将会存在危及人身和财产安全的风险。《建设工程施工合同解释（一）》第十四条规定："建设工程未经竣工验收，发包人擅自使用后，又以

使用部分质量不符合约定为由主张权利的，人民法院不予支持；但是承包人应当在建设工程的合理使用寿命内对地基基础工程和主体结构质量承担民事责任。"发包人未经竣工验收擅自使用建筑物，承包人是否承担保修责任，实务中存在两种分歧观点。

1. 发包人未经竣工验收擅自使用建筑物，承包人不承担保修责任

在建设工程未经验收合格或者经验收不合格的情况下，如果发包人擅自使用或者强行使用的，除地基基础工程和主体结构外，对于发包人已经使用的部分，承包人不再承担返修义务，也不再承担质量保修责任，发包人未使用的部分，承包人仍应按照法律规定及合同约定承担质量责任。在《中某建设高新工程技术有限责任公司沈阳分公司与黑河正某房地产开发有限公司、嫩江县宝宏置业发展有限公司建设工程施工合同纠纷一案二审民事判决书》[黑龙江省高级人民法院（2015）黑民终字第 168 号] 所涉案件中，黑龙江省高级人民法院认为："案涉工程接近尾声时，因交房逾期购房人上访，政府施压发包人交房息访，为减轻逾期交房违约损失，发包人同意购房人陆续入住。涉案工程未经竣工验收，发包人实际接收并交付使用，构成擅自使用，依据《建设工程施工合同解释》（已失效）第十三条（现《建设工程施工合同解释（一）》第十四条）规定，应由发包人自行承担工程基础、主体以外的一般工程质量责任，发包人以一般工程质量问题主张赔偿责任，缺乏法律依据。发包人与承包人就在建工程发现质量问题形成的意见，不能作为擅自使用后承包人应当承担责任的依据"。

2. 发包人未经竣工验收擅自使用建筑物，承包人仍需承担保修责任

根据《建设工程施工合同解释（一）》第十四条的规定："建设工程未经竣工验收，发包人擅自使用后，又以使用部分质量不符合约定为由主张权利的，人民法院不予支持；但是承包人应当在建设工程的合理使用寿命内对地基基础工程和主体结构质量承担民事责任。"然而，在实际裁判过程中，有观点认为，发包人擅自使用未经竣工验收合格工程产生的法律后果为：即使建设工程视为竣工验收合格，承包人仍应当承担竣工验收合格后的保修责任。

在《齐齐哈尔市非某建筑装饰工程有限责任公司与泰来县聚某购物中心有限公司、泰来县鑫某房地产开发有限责任公司建设工程施工合同纠纷申诉、申请民事判决书》[最高人民法院（2016）最高法民再 23 号] 所涉案件中，最高人民法院认为："聚某公司在案涉工程竣工后未经验收即开业使用，根据合同约定，自其实际使用之日起即应认定工程已经验收合格，非某公司不再负有施工中或经验收不合格的质量返修责任，仅对案涉工程质量在保修期内及保修范围内负有保修义务，承担保修责任。"其他一些地方高级人民法院如[广东省高级人民法院（2020）粤民申 11002 号][广西壮族自治区高级人民法院（2019）桂民申 1742 号][甘肃省高级人民法院（2020）甘民申 673 号]案件中均持相同的观点，认为建设工程未经验收合格投入使用视为验收合格，并不免除承包人的保修责任。

（二）发包人未通知承包人履行维修义务

《房屋建筑工程质量保修办法》第九条规定了保修期内的房屋建筑工程出现质量缺陷，应当首先向施工单位发出保修通知，施工单位依据保修书的约定对房屋进行维修。该办法第十二条规定：施工单位不按照约定维修的，建设单位可以另行委托其他单位维修，由原施工单位承担相应责任。《建设工程施工合同（示范文本）》GF—2017—0201 第15.4.4 条款规定，承包人未能按照约定进行履行保修义务，在发包人催告后仍未履行保修义务的，发包人有权自行保修或者委托第三人保修，所需要的维修费用由承包人承担。上述两个文件针对承包人的保修义务，虽然都有发包人需要履行通知维修的义务，但是并未规定发包人未履行通知义务的情况下，承包人是否应当负担相应的维修费用。

在司法实践中，各地关于发包人未履行通知义务自行维修或者委托第三人维修的情形下承包人是否应当承担维修费用的意见并不一致。一种观点认为，发包人未履行通知义务，承包人不承担维修费用。如四川省高级人民法院《关于审理建设工程施工合同纠纷案件若干疑难问题的解答》第 31 条规定："因承包人原因致使工程质量不符合合同约定，发包人要求承包人承担保修责任或者赔偿修复费用等实际损失的，按保修的相关规定处理。承包人拒绝修复、在合理期限内不能修复或者发包人有正当理由拒绝承包人修复，发包人另行委托他人修复后要求承包人承担合理修复费用的，应予支持。发包人未通知承包人或无正当理由拒绝由承包人修复而另请他人修复的，所发生的修复费用由发包人自行承担。"［最高人民法院（2016）最高法民终 227 号］［最高人民法院（2018）最高法民终 92 号］两个案件中也认定，发包人未能提供在工程出现质量缺陷的情形下通知承包人履行维修义务的证据，遂判令承包人不承担发包人支付的维修费用。

另一种观点认为，发包人未履行通知义务，承包人承担合理的修复费用。如北京市高级人民法院《关于审理建设工程施工合同纠纷案件若干疑难问题的解答》第 30 条规定："因承包人原因致使工程质量不符合合同约定，承包人拒绝修复、在合理期限内不能修复或者发包人有正当理由拒绝承包人修复，发包人另行委托他人修复后要求承包人承担合理修复费用的，应予支持。发包人未通知承包人或无正当理由拒绝由承包人修复，并另行委托他人修复的，承包人承担的修复费用以由其自行修复所需的合理费用为限。"

（三）维修方案不合理

建设工程竣工验收合格以后，进入质保期，承包人承担质量保修责任，这是承包人法定和约定的义务。当建设工程存在质量问题时，承包人应当将工程维修至法定或者约定的标准。但是当建设工程能够满足使用的条件，而维修方案明显不合理的情况下，发包人要求承包人进行维修的请求将不能得到支持。

在《慈溪市慈某教育集团执行异议复议裁定书》［浙江省高级人民法院（2012）浙执

复字第 26 号〕所涉案件中，浙江建某公司起诉至宁波市中级人民法院，要求慈某集团支付慈吉中学 A、B、C 三幢宿舍楼的工程价款，慈某集团提起反诉，要求浙江建某公司赔偿因工程质量缺陷造成的经济损失。案件审理过程中，宁波市中级人民法院委托国家建筑工程质量监督检验中心对系争工程进行质量缺陷鉴定，检验报告显示系争工程主要质量缺陷是楼层标高与设计不符，楼层净高比设计要求低了 5 厘米。后原设计单位浙江省建筑设计研究院接受宁波市中级人民法院委托进行质量缺陷整改方案鉴定，并出具《慈吉教育集团中学宿舍楼 A、B、C 修复加固方案》，方案的内容为将已投入使用的建筑物水平方向解体、横向切割，用"1596 个千斤顶"将楼层抬高 5 厘米，灌以钢筋网片和细石混凝土，在内外墙配以大面积钢板固定后再做粉饰，以提升标高符合设计要求。宁波市中级人民法院最终认定，根据质量检测报告，工程施工质量确实存在与设计要求不符合之处，慈某集团要求浙江建某公司按设计要求维修具有一定的合理性。但是，按原设计要求选用的加固修复方案费用高达 3800 多万元，大大超过工程造价，经济上不合理，有关顶升（迫降）方案施工难度高、风险大，而涉案工程标高与设计值最大相差 66 毫米，层高与设计值不符之处最大值为 98 毫米，有的仅相差 11 毫米，不予调整仍可满足正常使用，故法院对该院出具的维修方案不予采纳。该案中，浙江建工交付的工程不符合设计的要求，慈某集团有权依据合同要求浙江建某公司承担质量责任，但是法院没有采纳维修方案的基础是建筑物现状并不具有安全隐患，能够正常使用，且浙江省建筑设计研究院提供的维修方案不仅在造价上远超浙江建某公司的工程价款，而且该维修方案的实施也存在安全风险，不具有合理性。虽然法院没有支持鉴定机构给出的修复方案，但是法院考虑承包人的过错，在计算工程价款时进行了部分扣除。

而在前述天某置业公司与乔某防水公司一案中，鉴定机构给出的方案是铲除原有的保温层并重新施工，整个修复方案的费用超过原施工工程价款的两倍，但是法院采纳了鉴定机构的意见。在该案中，外墙保温层已经发生脱落的情况，现有的保温层存在安全风险，因此，即使维修费用很高，法院最终也还是采纳了鉴定机构给出的鉴定方案。

（四）超范围、过度维修产生的费用

在建设工程产生质量问题时，承包人仅对自己施工的部分承担维修的义务，对于超出自己施工范围的部分，其不承担维修义务，而是应由施工的单位承担保修义务，但是在承包人分包工程的情况下，其应当与分包人就工程质量对发包人承担连带责任。

建设工程产生质量问题，发包人的维修方案应当符合诚实信用的原则，不能过度维修。发包人过度维修通常发生在承包人怠于维修或者多次维修不能解决质量问题的情况下，若承包人怠于维修或者多次维修不能解决质量问题，发包人往往会选择自行维修或者委托第三方维修。如果维修的费用明显超出市场的价格，那么对于超出的部分，承包人可以进行抗辩，拒绝支付。例如，在《北京东某晨光装饰有限责任公司与北京朱某民俗饭庄建设工程施工合同纠纷二审民事判决书》〔北京市第三中级人民法院（2021）京 03 民终 3144 号〕所涉案件中，北京市第三中级人民法院认为："东某公司包工包料承包了朱某饭庄的建房工程，东某公司应保质保量完成建房工程，确保房屋建筑工程质量合格。东某公司为朱某饭庄建设的房屋，因施工工艺等问题，致使房屋屋面瓦滑坡，且所使用的建房木材中有部分脊檩出现了多条大角度斜向开裂，不符合国家相关标准规范的规定。朱某饭庄表示不要求东某公司翻修，要求东某公司赔偿相应的维修费用。经鉴定机构鉴定，受损屋面需拆除重新施工，受损开裂脊檩需拆除后进行替换。工程质量拆除维修费用亦经修复造价鉴定机构鉴定。因此，朱某饭庄要求东某公司赔偿维修费用，法院予以支持，但赔偿维修费用的具体数额，法院综合鉴定材料和案件的审理情况予以计算，对于朱某饭庄过高部分的请求，法院不予支持。"该案中，法院并没有完全适用鉴定机构给出的维修费用标准，而是根据具体情况，扣除了部分维修费用。

（五）多方原因导致质量问题

建设工程产生质量问题的原因可能是单一原因，也可能是多方的复合原因。如果是承包人单方原因造成，则应由承包人单独承担质量责任。即使承包人施工的部分产生质量问题，如果产生质量问题的部分是由多方的原因造成的，这种情况下，应当由各责任方根据责任的大小承担质量责任，承包人可以就质量责任提出减轻或者免除的抗辩。

如前述天某置业公司与乔某防水公司一案，天某置业公司申请法院委托鉴定机构对建筑物外墙保温层空鼓、开裂、脱落的原因进行鉴定，鉴定机构给出的意见是因为乔某防水公司施工的原因导致。后乔某防水公司提出墙基和真石漆也是保温层出现质量问题的原因，要求对此进行鉴定。由于当时处于雨季，考虑安全因素，在政府的要求下，天某置业公司在鉴定机构入场前将案涉的外墙保温层铲除进行了维修。最终，法院鉴定无法进行是天某置业公司的原因导致，减轻了乔某防水公司的质量责任，承担了大部分的维修费用。

（六）强制性标准提高产生的费用

建筑行业的强制性标准存在变化，竣工验收时的标准与质保维修时的标准可能存在不一致的情形。在强制性标准提高的情况下，承包人进行维修的成本可能高于竣工验收时的成本。因强制性标准的提高导致维修费用增加，费用应当由谁来承担？这也是质保过程中会遇到的争议。

通常情况下，发包人的抗辩是因为承包人的原因导致工程存在质量问题，如果承包人施工的质量不存在问题，那么就不会产生维修，也就不会产生维修费用。因此，因维修所产生的所有费用应当由承包人承担。

泗阳县某医院与江苏某建筑工程有限公司建设工程施工合同纠纷案〔（2016）苏 13 民终 2568 号〕，宿迁市中级人民法院有如下观点："天某公司认为维修费用高于工程本身造价，是不合理的。对此，本院认为，天某公司施工时间在 2009 年，维修造价的鉴定在 2015 年，相隔近 6 年时间，工程造价成本提高是必然趋势，且维修与建造不同，尚需拆除程序，故维修费用高于工程造价符合实际需要"。

而承包人的抗辩理由通常是因为强制标准的提高，承包人支付了额外的保修费用，发包人也获得了更高标准的建筑物，因此，因为强制标准提高而增加的维修费用应当由发包人承担。

镇江新区某公司与戴某某、江苏厚某公司等施工合同纠纷案〔（2022）苏 11 民终 2236 号〕，镇江市中级人民法院认为："厚某公司作为施工单位，对于案涉污水管道工程修复应当承担多大的责任，应当综合考虑造成案涉工程不合格的原因、修复方案等因素。根据一审查明的事实，案涉工程不合格的主要原因系污水管道环刚度不符合设计要求，导致污水管道变形、开裂等。虽然施工单位厚某公司使用了环刚度不符合设计标准的管道，但是监理单位在材料进场检测后，同意厚某公司使用该管道。故案涉工程使用环刚度不符合设计要求的污水管道，责任不全在厚某公司。案涉工程不合格的重要原因是管道基础含软弱土层，由于管底的不均匀沉降，导致管道产生起伏、破裂、脱节等结构性缺陷。该因素造成案涉工程不合格，不能归责于施工单位的原因。另根据一审查明事实，案涉工程 2010 年就施工完毕，整个道路 2016 年后实际投入使用，直至完工近十年后，才对案涉工程进行合格性检测，设施自然老化也占一定的因素。另根据国家对污水处理管道使用标准的调整，修复方案采用新的标准，增加了一定费用，该部分费用也不应完全由施工方厚某公司承担。综合以上原因，造成案涉工程不合格原因是多方面的。新区某公司上诉认为，案涉工程修复费用完全应当由厚某公司承担，与事实不符，本院不予支持。一审法院综合以上因素，酌定施工单位厚某公司承担总修复费用 20% 的责任，应属恰当"。

律师在代理该类案件时，应注意以下问题。

（1）发包人是否存在擅自使用的情形。

（2）发包人是否有通知承包人维修的证据。

（3）维修方案是否合理，维修费用是否超出合理范围。

第七节　工程竣工验收程序

一、工程竣工验收概述

工程竣工验收，是指施工单位已按照设计要求完成全部工作任务，准备将工程交付给建设单位投入使用前，由建设单位依照国家关于建设工程竣工验收制度的规定，对该项工程是否合乎设计要求和工程质量标准所进行的检查、考核工作。建设工程的竣工验收是工程建设全过程的最后一道程序，是对工程质量实行控制的最后一个重要环节。

二、房屋建筑和市政基础设施工程竣工验收程序

工程竣工验收由建设单位负责组织实施。国务院住房和城乡建设主管部门负责全国工程竣工验收的监督管理。县级以上地方人民政府建设主管部门负责本行政区域内工程竣工验收的监督管理，具体工作可以委托所属的工程质量监督机构实施。

（一）工程竣工验收条件

（1）完成工程设计和合同约定的各项内容。

（2）施工单位在工程完工后对工程质量进行了检查，确认工程质量符合有关法律、法规和工程建设强制性标准，符合设计文件及合同要求，并提出工程竣工报告。工程竣工报告应经项目经理和施工单位有关负责人审核签字。

（3）对于委托监理的工程项目，监理单位对工程进行了质量评估，具有完整的监理资料，并提出工程质量评估报告。工程质量评估报告应经总监理工程师和监理单位有关负责人审核签字。

（4）勘察、设计单位对勘察、设计文件及施工过程中由设计单位签署的设计变更通知书进行了检查，并提出质量检查报告。质量检查报告应经该项目勘察、设计负责人和勘察、设计单位有关负责人审核签字。

（5）有完整的技术档案和施工管理资料。

（6）有工程使用的主要建筑材料、建筑构配件和设备的进场试验报告，以及工程质量检测和功能性试验资料。

（7）建设单位已按合同约定支付工程款。

（8）有施工单位签署的工程质量保修书。

（9）对于住宅工程，进行分户验收并验收合格，建设单位按户出具《住宅工程质量分户验收表》。

（10）建设主管部门及工程质量监督机构责令整改的问题全部整改完毕。

（11）法律、法规规定的其他条件。

（二）工程竣工验收程序

（1）工程完工，建设单位收到施工单位的工程质量竣工报告，勘察、设计单位的工程质量检查报告，监理单位的工程质量评估报告，对符合验收要求的工程，应组织勘察、设计、施工、监理等单位和其他有关方面的专家组成验收组、制定验收方案。

（2）建设单位应在工程竣工验收 7 日前，向建设工程质量监督机构申领《建设工程

竣工验收备案表》和《建设工程竣工验收报告》，并同时将竣工验收时间、地点及验收组名单书面通知建设工程质量监督机构。

（3）建设工程质量监督机构应审查该工程竣工验收十项条件和资料是否符合要求，符合要求的发给建设单位《建设工程竣工验收备案表》和《建设工程竣工验收报告》，不符合要求的，通知建设单位整改，并重新确定竣工验收时间。

（4）建设单位应按下列要求组织竣工验收。

①建设、勘察、设计、施工、监理单位分别汇报工程合同履约情况和在工程建设各个环节执行法律、法规和工程建设强制性标准的情况。

②验收组人员审阅建设、勘察、设计、施工、监理单位的工程档案资料。

③实地查验工程质量。

④对工程勘察、设计、施工、监理单位各管理环节和工程实物质量等方面作出全面评价，形成经验收组人员签署的工程竣工验收意见。

⑤参与工程竣工验收的建设、勘察、设计、施工、监理等各方不能形成一致意见时，应当协商提出解决的方法。待意见一致后，重新组织工程竣工验收，当不能协商解决时，由建设行政主管部门或者其委托的建设工程质量监督机构裁决。

（三）工程竣工验收备案

建设单位应当自工程竣工验收合格之日起 15 日内，向工程所在地的县级以上地方人民政府建设行政主管部门的备案机关备案。

建设单位办理工程竣工验收备案应当提交下列文件：①工程竣工验收备案表；②工程竣工验收报告，应当包括工程报建日期，施工许可证号，施工图设计文件审查意见，勘察、设计、施工、工程监理等单位分别签署的质量合格文件及验收人员签署的竣工验收原始文件，市政基础设施的有关质量检测和功能性能试验资料以及备案机关认为需要提供的有关资料；③法律、行政法规规定应当由规划、公安消防、环保等部门出具的认可文件或者准许使用文件；④施工单位签署的工程质量保修书；⑤法规、规章规定必须提供的其他文件。商品住宅还应当提交《住宅质量保证书》和《住宅使用说明书》。

备案部门收到建设单位报送的竣工验收备案文件和建设工程质量监督部门签发的工程质量监督报告后，验证文件齐全，应当在工程竣工验收备案表上签署文件收讫。工程竣工验收备案表一式二份，一份由建设单位保存，一份在备案部门存档。

三、水利工程建设项目竣工验收

水利工程建设项目验收，按验收主持单位性质不同，分为法人验收和政府验收两类。法人验收是指在项目建设过程中由项目法人组织进行的验收。法人验收是政府验收的基础。政府验收是指由有关人民政府、水行政主管部门或者其他有关部门组织进行的验收，包括专项验收、阶段验收和竣工验收。水利工程建设项目具备验收条件时，应当及时组织验收。未经验收或者验收不合格的，不得交付使用或者进行后续工程施工。

（一）法人验收程序

工程建设完成分部工程、单位工程、单项合同工程，或者中间机组启动前，应当组织法人验收。项目法人可以根据工程建设的需要增设法人验收的环节。项目法人应当自工程开工之日起 60 个工作日内，制定法人验收工作计划，报法人验收监督管理机关和竣工验收主持单位备案。

施工单位在完成相应工程后，应当向项目法人提出验收申请。项目法人经检查认为建设项目具备相应的验收条件的，应当及时组织验收。法人验收由项目法人主持。验收工作组由项目法人、设计、施工、监理等单位的代表组成；必要时可以邀请工程运行管理单位等参建单位以外的代表及专家参加。项目法人可以委托监理单位主持分部工程验收，有关委托权限应当在监理合同或者委托书中明确。

法人验收后，质量评定结论应当报该项目的质量监督机构核备。未经核备的，不得组织下一阶段验收。项目法人应当自法人验收通过之日起 30 个工作日内，制作完毕法人验收鉴定书，发送参加验收单位并报送法人验收监督管理机关备案。法人验收鉴定书是政府验收的备查资料。

（二）政府竣工验收程序

竣工验收应当在工程建设项目全部完成并满足一定运行条件后的 1 年内进行。不能按期进行竣工验收的，经竣工验收主持单位同意，可以适当延长期限，但最长不得超过 6 个月。逾期仍不能进行竣工验收的，项目法人应当向竣工验收主持单位作出专题报告。

竣工财务决算应当由竣工验收主持单位组织审查和审计。竣工财务决算审计通过 15 日后，方可进行竣工验收。工程具备竣工验收条件的，项目法人应当提出竣工验收申请，经法人验收监督管理机关审查后报竣工验收主持单位。竣工验收主持单位应当自收到竣工验收申请之日起 20 个工作日内决定是否同意进行竣工验收。

竣工验收原则上按照经批准的初步设计所确定的标准和内容进行。项目有总体初步设计又有单项工程初步设计的，原则上按照总体初步设计的标准和内容进行，也可以先进行单项工程竣工验收，最后按照总体初步设计进行总体竣工验收。项目有总体可行性研究但没有总体初步设计而有单项工程初步设计的，原则上按照单项工程初步设计的标准和内容进行竣工验收。建设周期长或者因故无法继续实施的项目，对已完成的部分工程可以按单项工程或者分期进行竣工验收。

竣工验收分为竣工技术预验收和竣工验收两个阶段。

大型水利工程在竣工技术预验收前，项目法人应当按照有关规定对工程建设情况进行竣工验收技术鉴定。中型水利工程在竣工技术预验收前，竣工验收主持单位可以根据需要决定是否进行竣工验收技术鉴定。竣工技术预验收由竣工验收主持单位以及有关专家组成的技术预验收专家组负责。工程参建单位的代表应当参加技术预验收，汇报并解答有关问题。

竣工验收的验收委员会由竣工验收主持单位、有关水行政主管部门和流域管理机构、有关地方人民政府和部门、该项目的质量监督机构和安全监督机构、工程运行管理单位的代表以及有关专家组成。工程投资方代表可以参加竣工验收委员会。竣工验收主持单位可以根据竣工验收的需要，委托具有相应资质的工程质量检测机构对工程质量进行检测。

项目法人全面负责竣工验收前的各项准备工作，设计、施工、监理等工程参建单位应当做好有关验收准备和配合工作，派代表出席竣工验收会议，负责解答验收委员会提出的问题，并作为被验收单位在竣工验收鉴定书上签字。竣工验收主持单位应当自竣工验收通过之日起 30 个工作日内，制作竣工验收鉴定书，并发送有关单位。竣工验收鉴定书是项目法人完成工程建设任务的凭据。

（三）水利工程档案验收程序

档案验收是水利工程建设项目档案工作的重要组成部分，是保证项目档案完整、准确、系统、规范和安全的重要手段，是水利工程建设项目竣工验收的重要内容。档案验收接受档案主管部门的监督指导。

档案验收以验收组织单位召集验收会议的形式进行。验收组全体成员参加验收会议，项目法人、各参建单位和运行管理单位等有关人员列席会议。档案验收包括首次会、查看现场、检查档案、验收组内部会议、末次会等工作流程，由验收组组长或其委托的验收组成员主持。

1. 召开首次会

（1）验收组组长宣布验收组成员名单及验收议程安排。

（2）项目法人汇报工程概况、档案管理与自检情况。

（3）监理单位汇报项目档案审核情况。

（4）验收组成员对有关情况进行质询。

2. 检查工程建设现场

3. 检查档案安全保管情况

4. 检查档案信息化管理情况

重点检查档案数字化成果情况，电子文件归档和电子档案管理情况，电子档案管理系统各项功能，以及电子档案的真实性、完整性、可用性和安全性。

5. 抽查档案案卷

重点抽查项目前期及批复、项目划分、重要合同、设计变更、隐蔽工程、重要设备、质检、竣工图、质量终身责任等文件材料，总体抽查数量不低于总量的10%。其中案卷数量低于1000卷的，抽查数量不少于100卷；案卷数量不满100卷的，抽查数量不少于20卷。

6. 召开验收组内部会议

（1）验收组结合检查情况，按照《评分标准》逐项评分。

（2）验收组进行综合评分评议，讨论形成档案验收意见。

（3）验收组成员在验收意见上签字。

7. 召开末次会

（1）验收组与项目法人交换意见，通报验收情况。

（2）验收组宣读验收意见。

（3）项目法人针对存在问题作出整改承诺。

对档案验收意见提出的问题及整改要求，验收组织单位应督促项目法人整改；项目法人应在工程竣工验收前完成相关整改工作，并在提出竣工验收申请时将整改情况一并报送竣工验收组织单位。通过档案验收的，验收组织单位应在10个工作日内向申请验收单位印发档案验收意见，并根据实际情况抄送相应项目法人和相应档案主管部门。未通过档案验收的，验收组应书面提出整改意见。项目法人原则上应在30个工作日内完成相关整改工作后，按要求重新申请验收。

四、公路工程竣工验收

公路工程验收分为交工验收和竣工验收两个阶段。交工验收是检查施工合同的执行情况，评价工程质量是否符合技术标准及设计要求，是否可以移交下一阶段施工或是否满足通车要求，对各参建单位工作进行初步评价。竣工验收则是综合评价工程建设成果，对工程质量、参建单位和建设项目进行综合评价。

（一）公路工程竣工验收条件

（1）通车试运营2年以上。

（2）交工验收提出的工程质量缺陷等遗留问题已全部处理完毕，并经项目法人验收合格。

（3）工程决算编制完成，竣工决算已经审计，并经交通运输主管部门或其授权单位认定。

（4）竣工文件已完成"公路工程项目文件归档范围"的全部内容。

（5）档案、环保等单项验收合格，土地使用手续已办理。

（6）各参建单位完成工作总结报告。

（7）质量监督机构对工程质量检测鉴定合格，并形成工程质量鉴定报告。

（二）公路工程竣工验收程序

公路工程符合竣工验收条件后，项目法人应按照项目管理权限及时向交通主管部门申请验收。交通主管部门应当自收到申请之日起 30 日内，对申请人递交的材料进行审查，对于不符合竣工验收条件的，应当及时退回并告知理由；对于符合验收条件的，应自收到申请文件之日起 3 个月内组织竣工验收。

1. 竣工验收准备工作程序

（1）公路工程符合竣工验收条件后，项目法人应按照公路工程管理权限及时向相关交通运输主管部门提出验收申请，其主要内容包括以下几方面。①交工验收报告。②项目执行报告、设计工作报告、施工总结报告和监理工作报告。③项目基本建设程序的有关批复文件。④档案、环保等单项验收意见。⑤土地使用证或建设用地批复文件。⑥竣工决算的核备意见、审计报告及认定意见。

（2）相关交通运输主管部门对验收申请进行审查，必要时可组织现场核查。审查同意后报负责竣工验收的交通运输主管部门。

（3）以上文件齐全且符合条件的项目，由负责竣工验收的交通运输主管部门通知所属的质量监督机构开展质量鉴定工作。

（4）质量监督机构按要求完成质量鉴定工作，出具工程质量鉴定报告，并审核交工验收中对设计、施工、监理初步评价结果，报送交通运输主管部门。

（5）工程质量鉴定等级为合格及以上的项目，负责竣工验收的交通运输主管部门及时组织竣工验收。

2. 竣工验收主要工作内容

（1）成立竣工验收委员会。

（2）听取公路工程项目执行报告、设计工作报告、施工总结报告、监理工作报告及接管养护单位项目使用情况报告。

（3）听取公路工程质量监督报告及工程质量鉴定报告。

（4）竣工验收委员会成立专业检查组检查工程实体质量，审阅有关资料，形成书面检查意见。

（5）对项目法人建设管理工作进行综合评价。审定交工验收对设计单位、施工单位、监理单位的初步评价。

（6）对工程质量进行评分，确定工程质量等级，并综合评价建设项目。

（7）形成并通过《公路工程竣工验收鉴定书》。

（8）负责竣工验收的交通运输主管部门印发《公路工程竣工验收鉴定书》。

（9）质量监督机构依据竣工验收结论，对各参建单位签发"公路工程参建单位工作综合评价等级证书"。

竣工验收委员会由交通运输主管部门、公路管理机构、质量监督机构、造价管理机构等单位代表组成。国防公路应邀请军队代表参加。大中型项目及技术复杂工程，应邀请有关专家参加。项目法人、设计、施工、监理、接管养护等单位代表参加竣工验收工作，但不作为竣工验收委员会成员。

五、航道工程建设项目竣工验收程序

航道工程建设项目完工后、正式投入使用前，对工程交工验收、航运枢纽工程阶段验收、工程质量、强制性标准执行、资金使用等情况进行全面检查验收，以及对工程建设、设计、施工、监理等工作进行综合评价。航道工程建设项目应当按照法规和国家有关规定及时组织竣工验收，经竣工验收合格后方可正式交付使用。

（一）航道工程竣工验收条件

（1）已按照批准的工程设计和有关合同约定的各项内容建设完成，各合同段交工验收合格，其中航运枢纽工程各阶段验收合格；建设项目有尾留工程的，尾留工程不得影响建设项目的投入使用，尾留工程投资额可以根据实际测算投资额或者按照工程概算所列的投资额列入竣工决算报告，但不超过工程总投资的5%。

（2）主要机械设备或者设施试运行性能稳定，主要技术参数达到设计要求。

（3）需要实船适航检验的，已选用设计船型进行了实船适航检验，各项检验指标满足设计要求。

（4）试运行期满足要求，工程效果和运行能力符合设计要求。

（5）环境保护设施，航运枢纽、通航建筑物等工程建设项目的安全设施、消防设施、水土保持设施等已按要求与主体工程同时建设完成，且已通过验收或者备案。

（6）竣工档案资料齐全，并通过专项验收。

（7）竣工决算报告已编制完成，按照国家有关规定需要审计的，已完成审计。

（8）工程运行管理单位已落实。

（9）廉政建设合同已经履行。

（二）航道工程竣工验收程序

由交通运输部负责竣工验收的航道工程建设项目，项目单位应当通过交通运输部按照国务院规定设置的负责航道管理的机构或者项目所在地省级交通运输主管部门向交通运输部提出竣工验收申请。对于其他航道工程建设项目，项目单位按管理权限向负责建设项目竣工验收的交通运输主管部门提出竣工验收申请。

项目单位申请竣工验收，应当提交以下材料：申请文件和竣工验收报告。竣工验收报告包括以下几项：①项目单位工作报告；②施工、监理等单位的工作报告；③质量监督机构出具的项目工程质量鉴定报告和质量监督管理工作报告；④试运行报告；⑤竣工决算报告（按照国家有关规定需要审计的，应当包括竣工决算审计报告）；⑥按照法规办理的各专项验收或者备案证明材料；⑦有关批准文件。

航道工程建设项目竣工验收的主要内容有以下几方面：①检查工程执行有关部门批准文件情况；②检查工程实体建设情况，核查质量监督机构出具的项目工程质量鉴定报告和质量监督管理工作报告；③检查工程合同履约情况；④检查工程执行强制性标准情况；⑤检查按照法规办理的各专项验收或者备案情况；⑥检查竣工验收报告编制情况；⑦检查廉政建设合同执行情况；⑧对存在的问题和尾工工程提出处理意见；⑨对航道工程建设、设计、施工、监理等单位的工作作出综合评价；⑩出具竣工验收现场核查报告，对竣工验收是否合格提出意见。

交通运输主管部门应当成立竣工验收现场核查组，对工程进行现场核查。竣工验收现场核查组应当由交通运输主管部门、质量监督机构、项目单位人员和专家等组成，并邀请海事管理机构等其他依法对项目负有监督管理职责的相关部门参加。工程设计、施工、监理、试验检测等单位人员应当参加现场核查。

竣工验收现场核查组应当对照航道工程竣工验收主要内容，客观公正、实事求是地对工程进行现场核查，形成竣工验收现场核查报告。竣工验收现场核查报告应当全面反映竣工验收现场核查工作开展情况和工程建设实际情况，并明确作出竣工验收合格或者不合格的核查结论。竣工验收现场核查报告由竣工验收现场核查组全体成员签字。竣工验收现场核查组成员对核查结论有不同意见的，应当以书面形式说明其不同意见和理由，竣工验收现场核查报告应当注明不同意见。竣工验收现场核查组组长应当组织全体成员对不同意见进行研究，提出竣工验收是否合格的核查结论。竣工验收现场核查组成员拒绝在核查报告上签字，又不书面说明其不同意见和理由的，视为同意核查结论。竣工验收现场核查报告明确竣工验收合格但提出整改要求的，项目单位应当进行整改，并将整改情况形成书面材料报负责竣工验收的交通运输主管部门；竣工验收现场核查报告明确竣工验收不合格的，项目单位整改后应当重新申请竣工验收。

交通运输主管部门应当按照国家规定的程序和时限完成航道工程建设项目竣工验收工作。竣工验收合格的，应当签发《航道工程竣工验收证书》。航道工程建设项目竣工验收合格后，项目单位应当按照要求及时登录在线平台填报竣工基本信息，并按规定将竣工测量图报送负责航道管理的部门，沿海航道的竣工测量图还应当报送海军航海保证部。

省级交通运输主管部门完成国务院有关主管部门审批、核准的航道工程建设项目竣工验收后，应当自《航道工程竣工验收证书》签发之日起20个工作日内将竣工验收报告和竣工验收现场核查报告报交通运输部。上级交通运输主管部门应当对下级交通运输主管部门组织的竣工验收工作进行监督检查。

对于一次设计、分期建成的航运枢纽、通航建筑物等航道工程建设项目，项目单位可以对已建成具有独立使用功能并符合竣工验收条件的部分航道工程提出分期竣工验收申请。航道工程建设项目有尾留工程的，项目单位应当落实竣工验收现场核查报告对尾留工程的处理意见。尾留工程完工并符合交工验收条件后，项目单位应当组织尾留工程验收，验收通过后将相关资料报负责建设项目竣工验收的交通运输主管部门。

航道工程建设项目竣工验收合格后，项目单位应当按照国家有关规定办理档案、资产交付使用等相关手续。

（三）航道工程档案管理

项目单位应当建立健全工程建设项目档案管理制度，保证档案资料真实、准确和完整，督促勘察设计、施工、监理、试验检测等单位加强建设项目档案管理，按照有关规定办理工程竣工档案专项验收。项目单位应当按照国家有关规定负责航道工程建设项目档案的收集、整理和归档，包括纸质技术档案资料、电子技术档案资料、影像及图片资料等。

航道工程建设项目勘察、设计、施工、监理、试验检测等单位应当加强资料档案的管理，按照国家有关规定建立健全各自的工程项目档案，对各环节的文件、图片、影像等资料进行立卷归档。

不同种类的工程，验收的主管部门和程序是不同的，律师在代理该类案件时，应注意以下问题。

（1）首先弄清楚涉及纠纷的工程的验收主管部门和相关程序要求。

（2）提前告知客户验收相关程序的规定。

第五章

工程价款结算与支付

工程价款是指按照建设工程的发承包的约定或其他相关规定，由发包人支付给承包人的工程预付款、工程进度款、工程竣工价款。根据住房城乡建设部、财政部《建筑安装工程费用项目组成》的规定，建筑安装工程费用按照构成要素划分，由人工费、材料（包含工程设备，下同）费、施工机具使用费、企业管理费、利润、规费和税金组成；按照工程造价形成划分，由分部分项工程费、措施项目费、其他项目费、规费、税金组成。

第一节　工程价款的确定方式

一、可以直接确定工程价款的情形

（一）固定总价合同

固定总价合同一般是指合同当事人约定对施工图预算包干的建设工程施工合同。其中，合同总价款是指承包人完成合同约定范围内工程量以及为完成该工程量而实施的全部工作的总价款。除非出现发包人增减工程量、设计变更或其他符合合同约定调价条件的情况，合同总价款一经约定，就不允许调整。

《建设工程施工合同解释（一）》第二十八条规定："当事人约定按照固定价结算工程价款，一方当事人请求对建设工程造价进行鉴定的，人民法院不予支持"。固定总价合同，如果在履行过程中无工程变更，所完成的工作内容与合同约定范围一致的，可以直接确定工程竣工结算价款，法院不允许一方当事人申请启动造价鉴定。这是因为固定总价合同是双方在自由协商的基础上选择的计价方式。设置固定总价合同的初衷之一就是简化工程结算争议。如果一方当事人在未产生变更的情况下，申请对固定总价工程进行造价鉴定，就违背了双方签订合同时的合意，也有滥用鉴定权利、破坏合同稳定性之嫌。

如合同中对"包死"的项目约定不明确，则容易导致争议的发生，所以明确固定总价合同"包死"的对象十分重要。如固定总价合同是依据招标施工图为基础签订的，而实际施工过程中的施工图纸与招标施工图纸有偏差，那么找出招标图纸与实际施工图纸之间的区别，针对图纸变化内容进行调整价款，此时的招标施工图纸的施工内容就是"包死"的对象。但此种模式下，该类合同的附件内也有工程量清单，而且总价也是依据清单中分项项目价格累加计算获得，但该合同总价的对价范围是招标施工图纸范围内的全部工程，只有在图纸发生变更时才能调整合同价，清单内的各分项项目的数量即使与招标图纸的实际数量不一致，合同总价也不调整。清单内的数量不论多报，还是漏报，均不调整总价。

实践中，固定总价工程可能出现变更。工程变更是指经发包人批准的对合同工程工作内容、合同图纸、合同规范、位置与尺寸、施工顺序与时间、施工条件、合同条款或其他特征等的改变。包括对合同工程的增加、减少、取消、替代和使用材料等的改变。工程变更一般会带来工程价款的调整，根据前述固定总价合同的定义，固定总价合同的结算款＝合同总价＋变更价款。如果合同未对变更部分的价款计价标准进行约定，则极易发生争议。因此，发承包双方应尽可能在合同中对变更部分的计价方法进行约定。如双方对变更部分的价款产生争议，可以申请对该部分的工程造价进行鉴定。

根据《建设工程司法解释（一）》第十九条"当事人对建设工程的计价标准或者计价方法有约定的，按照约定结算工程价款。因设计变更导致建设工程的工程量或者质量标准发生变化，当事人对该部分工程价款不能协商一致的，可以参照签订建设工程施工合同时当地建设行政主管部门发布的计价方法或者计价标准结算工程价款"的规定，变更项目施工后，发承包双方就工程造价调整，若能达成一致，则按双方的约定调整工程价款；若双方不能达成一致，则参照签订施工合同时当地建设行政主管部门发布的计价方法或者计价标准调整工程价款。

综上所述，律师代理案件时应注意审查以下问题。

（1）注意审查固定总价合同中的固定总价所对应的施工内容，看实际施工内容与该施工内容是否一致。

（2）注意审查固定总价合同中的固定总价所包含的风险范围，看实际施工过程中发生的风险是否超出合同约定的风险范围。

（3）当最终结算价款需要调整时，注意审查调整工程价款的计价标准和调整的方法。

（二）发承包双方已经签订结算协议

结算协议是指发承包双方对工程价款结算达成的协议。在实践中，无论是补充协议中的结算条款，还是双方确认的结算定案单（表），抑或其他可以证明当事人确定工程造价内容的书面文件，只要当事人就工程价款结算形成一致的意思表示，无论该意思表示体现的载体名称如何，均属于结算协议的范畴。

那么，结算行为的性质是法律行为还是事实行为？讨论这个问题的意义在于，如果认为结算行为是法律行为，想要推翻结算协议，则只能通过无效、可撤销等诉讼否认协议效力，之后才能重新结算；如果认为结算协议是事实行为，由于结算协议仅仅是对事实的确认，若有证据证明结算金额与事实不符，则可以推翻结算金额，并据实计算工程款。山东省高级人民法院《关于审理建筑工程承包合同纠纷案件若干问题的意见》第31条后段规定："诉讼中，当事人一方对工程结算书有异议而又不能提供充分证据请求法院予以鉴定的，原则上不予支持"，这就是建立在结算行为是事实行为基础上的，认为当事人无须通过诉讼否认结算协议的效力，可以直接举证证明结算协议与事实不符，进而据实结算。北京市高级人民法院《关于审理建设工程施工合同纠纷案件若干疑难问题的解答》第七条第一款规定："当事人在诉讼前已就工程价款的结算达成协议，一方在诉讼中要求重新结算的，不予支持，但结算协议被法院或仲裁机构认定无效或撤销的除外"。这就是认定结算行为为法律行为。实务界主流观点也认为结算行为系法律行为。

发承包双方在诉讼前已经对工程价款结算达成协议的，根据《建设工程施工合同解释（一）》第二十九条的规定，应当按照结算协议的约定进行结算，诉讼中一方当事人申请对工程造价进行鉴定的，人民法院不予支持。本条所涉及最常见的争议是发承包双方就建设工程竣工结算达成协议后，一方反悔不按照结算协议履行，诉讼中要求对工程价款进行造价鉴定。

1. 双方达成结算协议后，一方主张结算协议未涉及的违约责任的处理

实践中，当事人达成的结算协议因结算范围不同，存在"大结算"和"小结算"之分。"大结算"是指包括工程造价、索赔款、违约金在内的终局的一揽子结算协议；"小结算"一般是指对某一部分或者某一阶段工程造价的结算。结算协议所涉及的结算范围的工程造价对当事人具有约束力，但若结算协议对违约责任是否包含在结算范围内，未作出明确约定的情况下，守约方是否可另行向违约方主张违约责任，实践中存在不同理解。一种观点认为，除非明确约定结算协议系不含违约责任、声明保留追究对方违约责任的权利的"小结算"情形外，否则应理解为"大结算"，双方当事人均不得再主张对方的违约责任。如兆某公司与金某公司建设工程施工合同纠纷案［（2017）最高法民再97号］。另一种观点则认为，"权利放弃需要明示"，除非结算协议明确约定双方不得再另行主张违约责任，否则当事人仍有权主张。如原广东省高级人民法院《关于审理建设工程施工合同纠纷案件若干问题的意见》第四条规定："没有证据证明当事人已同意不计算结算前的违约金和垫资款利息，一方当事人在结算完毕后再主张结算前的违约金和垫资款利息的，可予支持。"

2. 当事人在诉讼中自行达成结算协议的准用

《建设工程施工合同解释（一）》第二十九条规定的是双方当事人在诉讼前达成结算协议，与双方当事人在诉讼中达成结算协议，二者只是达成时间不同而已，都是当事人对结算价款如何结算的意思表示，本质上没有区别，法律都应该予以尊重和保护。例如，在《连云港市远某房地产开发有限公司、江苏南通某集团有限公司建设工程施工合同纠纷二审民事判决书》［最高人民法院（2017）最高法民终20号］所涉案件中，最高人民法院认为，双方在诉讼中共同委托第三方出具审计报告，并予以确认，法院认为应视为双方对工程价款达成了结算协议，未支持一方的鉴定申请。因此，对于当事人在诉讼中达成的工程价款结算协议书，应当准用《建设工程施工合同解释（一）》第二十九条的规定。

3. 施工合同无效，对结算协议效力的影响

施工合同无效，结算协议是否仍然可以作为当事人结算的依据？结算协议书虽然与施

工合同有关联，但是其独立于施工合同，且根据《民法典》第七百九十三条的规定，施工合同无效，承包人已经实际完成的工程，发承包双方仍然需要结算。因此，结算协议是否可以作为当事人结算的依据，与施工合同是否有效无关，只要结算协议系当事人的真实意思表示，且无其他违反法律、行政法规的强制性规定的情形，不影响其结算协议书的效力。

4. 单方委托第三方造价审核成果文件与结算协议的关系

在建设工程施工领域，发包人往往缺少相应的工程款结算的审核能力，需要委托第三方协助完成工程款的决算工作。在委托中，第三人不是作为专业的审计机构独立完成工程款决算的审计工作，而是运用其专业知识，协助发包人的工作，完成的审核视为发包人对承包人提供的决算报告的审核，从性质上讲是发包人的内部审核。第三人就其审核工作对发包人负责，当发包人授权或者委托第三人与承包人直接进行工程款决算审核工作，第三人出具的审核意见承包人认可或双方达成一致意见的，视为发包人与承包人达成的一致意见。此时审核意见书相当于结算协议书，可以作为决算工程款的依据。实践中出现的监理公司出具的结算文件能否作为结算的依据，要结合案情来推断。监理公司实施的民事法律行为的效力取决于是否拥有相应的授权，如果根据合同或者案件事实可以认定监理公司拥有工程款结算审核的授权，则其出具的结算文件经承包人同意后对发包人发生法律效力，可以作为结算工程款的依据。反之，则不能作为结算依据。

5. 结算协议违反招标合同约定的工程造价的效力

《建设工程施工合同解释（一）》第二条第一款规定："招标人和中标人另行签订的建设工程施工合同约定的工程范围、建设工期、工程质量、工程价款等实质性内容，与招标投标合同不一致，一方当事人请求按照招标投标合同确定权利义务的，人民法院应予支持"。其第二款进一步规定了几种属于背离招标投标合同实质性内容，变相降低工程价款的情形。那么，结算协议中约定的最终结算的工程价款与招标合同约定的工程价款不一致的，是否无效？一种观点认为，结算协议中约定的最终结算的工程价款与招标合同约定的工程价款不一致不能成为结算协议无效的理由。另一种观点认为，结算协议约定的工程价款与招标投标合同约定不一致的，结算协议相关约定无效。目前，前一种观点是较为主流的观点。

《建设工程施工合同解释（一）》第二条上位法的依据是《招标投标法》第四十六条第一款："招标人和中标人应当自中标通知书发出之日起三十日内，按照招标文件和中标人的投标文件订立书面合同。招标人和中标人不得再行订立背离合同实质性内容的其他协议。"该条款的立法目的在于保护公平竞争，维护招标投标活动市场秩序。违反《招标投标法》第四十六条第一款的规定，另行签订合同所约定的工程造价与招标投标合同中造价约定不一致，根据《建设工程施工合同解释（一）》第二条规定而无效的合同，其性质属于工程施工合同，或者属于工程施工合同中的工程造价条款。而结算协议是独立于工程施工合同的，前者一般在工程竣工前，结算协议在工程竣工后，两者具有本质的差异。

综上，律师代理案件时应注意审查以下问题。

（1）发承包双方是否已经达成结算协议。

（2）结算协议的内容是否仅针对造价，还是对造价、工期、质量以及违约责任的一并处理。

（3）结算协议是否存在无效、可撤销的情形。

（三）逾期审核结算文件

工程竣工验收合格后，发包人为了拖延支付，往往对承包人送审的结算文件不愿意结算，长期不能办理最终结算，承包人便拿不到工程款。为了防止发包人的此种怠于结算行为，双方在合同中约定如发包人逾期结算，则按承包人提交的结算文件作为结算依据。

《建设工程施工合同解释（一）》第二十一条规定："当事人约定，发包人收到竣工结算文件后，在约定期限内不予答复，视为认可竣工结算文件的，按照约定处理。承包人请求按照竣工结算文件结算工程价款的，人民法院应予支持。"依此规定，逾期审核结算文件视为认可送审价。

承包人提交的竣工结算文件一般为其单方制作，承包人可能利用发包人缺乏专业知识而在报送结算资料时高估冒算。即使合同约定逾期审核视为认可结算价，实务中也对该约定作限缩性解释：建设工程施工常用示范文本的通用条款里，有与本条内容类似的约定，但示范文本的体量较大，此类关乎结算程序与结算依据的重要条款很容易被淹没在其他条款中，而发包人对于通用条款可能并不熟悉。并且，在实践中，承包人提交的结算价款往往虚高，不符合实际情况。因此，此类条款对双方当事人利益影响巨大，应当经过双方当事人充分协商一致。如果当事人只是在通用条款中作此类约定，则不宜直接适用，只有在当事人于专用条款部分作出约定或另行作出专门约定的情况下才能适用。

在《河南中某建设工程有限公司、河南省临颖华某房地产开发有限公司建设工程施工合同纠纷再审审查与审判监督民事裁定书》[最高人民法院（2021）最高法民申2760号]所涉案件中，最高人民法院认为："建设部制定的建设工程施工合同格式文本中的通用条款第33条第3款的规定，不能简单地推论出，双方当事人具有发包人收到竣工结算文件一定期限内不予答复，则视为认可承包人提交的竣工结算文件的一致意思表示，承包人提交的竣工结算文件不能作为工程款结算的依据。"江苏省高级人民法院《关于审理建设工程施工合同纠纷案件若干问题的解答》（已失效）第9条规定，也持有同样观点。

需要注意的是在专用合同条款就同一事项作出与通用合同条款中示范性内容不一致的约定时，应该理解为合同双方通过协商对通用合同条款中的相关事项进行了修改或变更，双方当事人应该遵从专用合同条款的约定。在《福安市京某房地产有限公司、中建某建设发展有限公司建设工程施工合同纠纷再审民事判决书》[最高人民法院（2019）最高法民再 110 号〕所涉案件中，最高人民法院认为："通用合同条款确定了发包人对承包人结算资料的审查时限，同时也确定了发包人逾期未提交审查意见的法律后果（即视为认可承包人提交的竣工结算文件）；专用合同条款仅约定发包人对承包人结算资料的审查时限，而未约定发包人逾期未提交审查意见的法律后果。这种情况下不能作出发包人即接受了通用合同条款所预设的法律后果的解释，因为'视为认可承包人提交的竣工结算文件'这一责任后果，相对于发包人承担的在约定期限内不予答复的不利后果而言，并不具有唯一性。因此，在本案中不应作出双方就'发包人收到承包人竣工结算文件后，在约定期限内不予答复，视为认可竣工结算文件'达成了一致约定这一事实的认定。"

另外，如果发包人在约定期限内对承包人提交的结算文件提出异议，该条款对于发包人的不利后果将不再产生。对于发包人如何提出异议及所提异议是否应当为实质性异议，目前存在两种观点。一种观点认为只要发包人在约定期限内提出异议，就可免除承担本条规定的不利后果，即使所提异议不具有合理性，也非实质性异议。另一种观点认为发包人应当本着诚信的原则对竣工结算文件进行审核，并做出合理答复，否则发包人就会为了实现自身目的，不管竣工结算文件客观与否，一概胡乱地提出异议，导致本条与当事人的约定成为一纸空文。现行主流观点为第一种观点，因为从该条款制定本意出发，即让发包人和承包人能够就建设工程价款问题迅速取得结果，如果双方对工程价款无异议，则可依结算文件执行；如果有异议，考虑到工程价款结算涉及双方当事人的重大利益，发包人所提异议是否合理，法院往往难以准确界定，在发包人和承包人就工程款未达成一致意见需进一步结算的情形下，不宜对本条作扩大适用。

（四）共同委托第三方出具咨询意见

工程竣工结算，通常做法是先由承包人单方面制作完成结算文件，再交由发包人或委托的造价咨询单位或人员进行审核。发承包双方对争议之处，经过多轮反复核对、磋商、妥协最终达成一致，签订结算协议或者在结算文件上签字盖章。实践中，也存在这种情况：发承包双方在施工合同中或事后达成协议，约定由双方或发包人委托造价咨询单位和人员进行造价审核，双方最终以受托人作出的造价审核意见进行结算。在这种情况下，造价审核意见对发承包双方是否具有约束力，即一方不认可造价审核意见诉至法院，法院是否应当按照造价审核意见直接确定造价？

对此，《建设工程施工合同解释（一）》第三十条规定："当事人在诉讼前共同委托有关机构、人员对建设工程造价出具咨询意见，诉讼中一方当事人不认可该咨询意见申请鉴定的，人民法院应予准许，但双方当事人明确表示受该咨询意见约束的除外。"该条规定源自《建设工程施工合同解释（二）》（已失效）第十三条，与原规定相比，未作任何改动。根据该条规定，当事人在诉讼前共同委托有关机构、人员对建设工程造价出具咨询意见，原则上对双方没有约束力，仅在当事人明确表示受该咨询意见约束时为例外。

关于如何理解"当事人明确表示受该咨询意见约束",山东省高级人民法院《关于审理建设工程施工合同纠纷案件若干问题的解答》第9条规定:"建设工程施工合同纠纷案件中,发包人以工程质量不符合合同约定或者法律规定为由,要求承包人承担责任的,如何处理?承包人提起的建设工程施工合同纠纷,发包人以工程质量不符合合同约定或者法律规定为由,要求承包人支付违约金或者赔偿修理、返工或改建的合理费用损失的,应当向发包人释明,发包人提起反诉的,与本诉一并审理。"

但如果双方已经通过委托合同明确约定按照造价报告进行结算或其他方式明确表示接受咨询意见约束,则意味着该咨询意见及其证明的事实已经得到双方当事人的认可。在《四川省第一某筑工程有限公司、昭通市泰某房地产开发经营有限公司建设工程施工合同纠纷二审民事判决书》[最高人民法院(2019)最高法民终557号]所涉案件中,最高人民法院认为:"一某公司与泰某公司达成了《昭阳区住房和城乡建设管理局关于盛世荷苑房地产开发项目建设协调会议纪要》,其中明确约定,工程结算方式为双方共同委托第三方具备甲级资质的工程造价咨询公司对一建公司报送的7#地块工程结算文件审核,审核确定的工程结算书经三方签字盖章生效。纪要与协议书同等效力,签字就是同意并保证履行义务,并明确如果违约就要按照相关法律规定承担责任。上述约定应当视为双方当事人明确表示受该咨询意见的约束。泰某公司现单方申请重新鉴定,不符合会议纪要的精神和结算方式的约定,本院不予准许"。

关于受托的有关机构、人员资质(资格)要求。从1996年建设部发布的《工程造价咨询单位资质管理办法(试行)》(已失效)和人事部、建设部发布的《造价工程师执业资格制度暂行规定》(已失效)开始,我国对从事工程造价咨询单位和执业人员开始进行资格管理,要求从事工程造价咨询单位需要取得相应的资质等级和执业人员具备执业资格。虽然上述政府部门规章已经被新的政府部门规章所代替,但对工程造价咨询企业和执业人员的资质(资格)要求在《建设工程施工合同解释(一)》发布前一直保留。《工程造价咨询企业管理办法》规定,工程造价咨询企业的资质等级分为甲级和乙级,不同资质等级的企业从事的业务范围不同;《注册造价工程师管理办法》规定,注册造价工程师分为一级注册造价工程师和二级注册造价工程师,同样,不同资格等级的造价工程师允许执业的范围也不相同。2021年6月28日,住房和城乡建设部办公厅发布的《关于取消工程造价咨询企业资质审批加强事中事后监管的通知》已经明确自2021年7月1日起,住房和城乡建设主管部门停止工程造价咨询企业资质审批,工程造价咨询企业按照其营业执照经营范围开展业务。

如果受托的机构、人员不具有工程造价咨询企业的资质或注册造价工程师的资格,甚至营业执照经营范围也不包含工程造价咨询业务,那么其所出具的造价鉴定报告是否可以适用本条的规定?实践中存在不同的观点。

第一种观点认为,造价咨询是一项非常专业的工作,我国实行造价咨询企业和人员的资质（格）管理，就是为了保障造价咨询成果文件的质量，因此存在上述情况所作出的咨询意见，应当不能作为当事人结算的依据。

第二种观点认为，当事人委托第三方提供造价咨询意见，认可咨询意见是基于对第三方的信任，是发承包双方作出的民事法律行为，虽然受托方的咨询活动违反相关规定，但不影响当事人约定的效力。

第三种观点是前两种观点的折中观点，认为若在咨询意见作出后，当事人认可咨询意见的，与当事人达成结算协议的效果无异，双方应当以咨询意见作为结算依据；若在咨询意见作出前，当事人通过协议明确以咨询意见为准的，因受托人不具有相关资质（资格）要求，咨询意见不具有法律效力。

目前第二种观点获得的认同较为广泛，在《浦城县万某置业有限公司建设工程施工合同纠纷再审审查与审判监督民事裁定书》[最高人民法院（2019）最高法民申6461号]所涉案件中，最高人民法院认为："《评估报告》的一名鉴定人注册执业单位并非鉴定机构，对案涉工程价格进行鉴定确有不妥，但考虑到当事人对该造价工程师实际参与案涉工程造价评估的事实未提出异议，法院对该《评估报告》予以采信并无明显不当"。

二、通过工程造价鉴定确定工程价款的情形

在建设工程相关争议中，经常出现当事人对工程造价出现争议，在诉讼中申请工程造价鉴定的情况。对于当事人既未达成结算协议，也不属于本章第一节第一部分"可以直接确定工程价款的情形"的，当事人可以通过申请工程造价鉴定确定工程价款，对于工程造价鉴定的具体操作指引详见第六章。

第二节　几种特殊情形下的工程价款结算

一、未完工程的工程价款结算

（一）固定总价合同未完工程的结算规则

固定总价合同履行中，承包人未完工程价款如何确定？司法实践中大致有两种方法：一是采用"按比例折算"的方式，即在相应同一取费标准下计算出已完工程部分的价款占整个合同约定工程的总价款的比例，以此标准乘以合同约定的总价款，确定已完部分的价款；二是依据政府部门发布的定额进行计算。

从相关司法文件和判决来看，第一种观点为通说。北京市高级人民法院《关于审理建

设工程施工合同纠纷案件若干疑难问题的解答》第 13 条规定："建设工程施工合同约定工程价款实行固定总价结算，承包人未完成工程施工，其要求发包人支付工程款，经审查承包人已施工的工程质量合格的，可以采用'按比例折算'的方式，即由鉴定机构在相应同一取费标准下分别计算出已完工程部分的价款和整个合同约定工程的总价款，两者对比计算出相应系数，再用合同约定的固定价乘以该系数确定发包人应付的工程款。"山东省高级人民法院《山东省高级人民法院全省民事审判工作会议纪要》（鲁高法〔2011〕297号）也持有相同的观点。

江苏省高级人民法院《关于审理建设工程施工合同纠纷案件若干问题的解答》（已失效）不仅规定了采用"按比例折算"的方式，同时也规定了应当参照市场定额标准和市场报价情况据实结算的情形，即"建设工程仅完成一小部分，如果合同不能履行的原因归责于发包人，因不平衡报价导致按照当事人合同约定的固定价结算将对承包人利益明显失衡的，可以参照定额标准和市场报价情况据实结算"。

司法实践中参照定额标准进行结算的案例，如在隆某公司与方某公司建设工程施工合同纠纷案［最高法（2014）民一终字第 69 号］中，最高人民法院认为："对于约定了固定价款的建设工程施工合同，双方未能如约履行，致使合同解除的，在确定争议合同的工程价款时，既不能简单地依据政府部门发布的定额计算工程价款，也不宜直接以合同约定的总价与全部工程预算总价的比值作为下浮比例，再以该比例乘以已完工程预算价格的方式计算工程价款，而应当综合考虑案件实际履行情况，并特别注重双方当事人的过错和司法判决的价值取向等因素来确定。该案中一审法院委托鉴定机构对已完工和未完工部分均按定额作出鉴定，但不以该鉴定结果直接确认工程价款，而是以此确定已完工部分占全部工程的比例，再乘以平方米均价计算出的全部工程价款，即得出已完工程的价款。这种计算方式既能反映当事人通过合同表达出的真实意思，也能反映施工的客观情况。就本案而言，此种计算方式更为合理，故二审判决对此亦予以了认可。"该案倾向于认为，在建设单位根本性违约导致合同中途解除时，施工单位可以突破合同价约定，以定额价计算工程价款。

"按比例折算"方式，也有正反两种折算方式。前面司法文件所表述的折算方式为正向折算方式。反向折算方式为按照统一标准计算出尚未完成施工部分的造价和全部工程造价，两者的比值乘以合同约定的固定总价，得出未完工程造价，再由固定总价减去未完工程造价，最后得出已完工程造价。

（二）固定单价合同的结算规则

一般情况下，固定单价合同未完工程的结算可以通过如下方法进行：按合同约定的计量规则，计算实际完成工程量，再乘以合同约定的固定单价进行计算，从而确定已完工程的实际价款。

在某些特殊情况下，如存在不平衡报价，那么按照合同约定的固定单价来确定未完工程的价款可能会导致结算结果畸高畸低。此种情况下，应当综合考虑合同约定和履行具体情况、未完工原因，在查明案件事实的基础上，根据公平原则和诚实信用原则，酌情选择一种合理的计价方式（如参照定额价）来确定未完工工程的成本。在《清远市清新区富某房地产开发有限公司（原清新县富华隆房地产开发有限公司）、曾某建设工程施工合同纠纷再审审查与审判监督民事裁定书》[最高人民法院（2017）最高法民申1340号]，最高人民法院认为："关于案涉工程造价结算数额的确定问题。本案有关施工合同因曾某不具有承包经营资质，应当确认无效。如前所述，未完工的工程依然要结算工程款。故依照《最高人民法院关于审理建设工程施工合同纠纷案件适用法律问题的解释》第二条之规定，案涉工程价款亦可参照合同计算。建设工程合同价款的确定一般有三种方式：一是固定总价；二是固定单价；三是可调价格。通常约定固定价款结算的，其固定价款确定的依据应当是工程全部完工。本案《建设施工合同补充协议》中约定案涉工程以固定单价方式进行结算，倘若工程正常竣工全部完成，毫无疑问当以双方约定的固定价款方式作出结算，但在本案工程没有完工的情况下，以合同约定的单价结算既不客观也不合理。对此，《工程造价鉴定意见书（定稿）》以2010'定额'套价确定工程价款符合本案工程施工的实际情况。"

综上，律师代理案件时应注意审查以下问题。

（1）未完工程结算首先要注意审查合同约定的计价方式。

（2）未完工程结算要注意审查是否存在不平衡报价，继而考虑是否需要打破合同约定计价方式进行计价。

二、多份合同情形下的工程价款结算

（一）必须招标项目工程款的结算

《招标投标法》第三条规定："在中华人民共和国境内进行下列工程建设项目包括项目的勘察、设计、施工、监理以及与工程建设有关的重要设备、材料等的采购，必须进行招标：（一）大型基础设施、公用事业等关系社会公共利益、公众安全的项目；（二）全部或者部分使用国有资金投资或者国家融资的项目；（三）使用国际组织或者外国政府贷款、援助资金的项目。前款所列项目的具体范围和规模标准，由国务院发展计划部门会同国务院有关部门制订，报国务院批准。法律或者国务院对必须进行招标的其他项目的范围有规定的，依照其规定。"属于必须招标范围的工程项目，其发包应当通过招标投标方式进行。

必须招标工程项目，如果签订了标前合同后又进行招标投标，影响中标结果的，中标无效，标前合同也因未进行招标投标而无效。在两份合同均无效的情况下，根据《建设工程施工合同解释（一）》第二十四条的规定："当事人就同一建设工程订立的数份建设工程施工合同均无效，但建设工程质量合格，一方当事人请求参照实际履行的合同关于工程价款的约定折价补偿承包人的，人民法院应予支持。实际履行的合同难以确定，当事人请求参照最后签订的合同关于工程价款的约定折价补偿承包人的，人民法院应予支持"，发承包双方应当以实际履行的合同作为结算依据。

必须招标工程项目中，发承包双方签订的施工合同应当符合《招标投标法实施条例》第五十七条规定。如果发承包双方通过合法招标投标的方式进行了发包，又在中标后另行签订违背中标合同实质性内容的协议，根据《建设工程施工合同解释（一）》第二条规定："招标人和中标人另行签订的建设工程施工合同约定的工程范围、建设工期、工程质量、工程价款等实质性内容，与中标合同不一致，一方当事人请求按照中标合同确定权利义务的，人民法院应予支持。招标人和中标人在中标合同之外就明显高于市场价格购买承建房产、无偿建设住房配套设施、让利、向建设单位捐赠财物等另行签订合同，变相降低工程价款，一方当事人以该合同背离中标合同实质性内容为由请求确认无效的，人民法院应予支持。"若施工合同内容与招标投标文件中的实质性内容不一致，或者另行签订施工合同与按照招标投标文件内容签订的施工合同实质性内容不一致的，根据《建设工程施工合同解释（一）》第二条的规定，应当依据招标文件签订的中标合同作为结算依据。

（二）不属于必须招标项目工程款的结算

（1）发包人通过招标投标程序进行发包，发承包双方又另行签订背离招标投标合同实质性内容的合同。《建设工程施工合同解释（一）》第二十三条规定在此情况下"当事人请求以招标投标合同作为结算建设工程价款依据的，人民法院应予支持"，即将招标投标合同作为结算依据。

（2）发包人未进行招标，但与承包人签订了多份施工合同。

《民法典合同编通则司法解释》第十四条第三款规定："当事人就同一交易订立的多份合同均系真实意思表示，且不存在其他影响合同效力情形的，人民法院应当在查明各合同成立先后顺序和实际履行情况的基础上，认定合同内容是否发生变更。法律、行政法规禁止变更合同内容的，人民法院应当认定合同的相应变更无效。"

不属于必须招标投标的工程项目，如果未采用招标投标方式签订了多份合同，且这些合同均不存在其他合同无效的事由，那么所签订的多份合同均为有效合同，当事人可以通过举证各合同成立先后顺序、实际履行情况等确定合同内容是否发生变更，以此确定结算的依据。

三、合同无效情形下的工程价款结算

《民法典》第七百九十三条规定的合同无效情形下的工程价款结算分为两种：建设工程经验收合格的，可以参照合同关于工程价款的约定折价补偿；建设工程经验收不合格，经修复后验收合格的，承包人承担修复费用；经修复后验收不合格的，承包人无权要求折价补偿。

如果合同无效的原因是未取得建设工程规划许可证，甚至是"三无"工程，而工程验收合格的，根据《民法典》第七百九十三条的规定，应该按照合同约定结算工程款，但不能一概而论。因为，违反土地管理法、城乡规划法的规定工程，可能会因为行政违法被拆除、没收，也可能在建设单位被处以罚款后予以保留。若工程被拆除或没收，发包人也没有取得工程所有权，无法适用"折价补偿"的规则，建造工程所发生的费用就成为损失，应当按照发承包双方的过错大小进行分担。绝大多数司法判例会认为，工程违反城乡规划过错在发包人，由发包人承担全部损失，或者承包人知道或应当知道工程没有取得规划许可，仍然进行施工，也存在一定的过错，由发包人承担大部分损失，承包人承担小部分损失。

综上，律师代理案件时应注意审查以下问题。

（1）存在多份合同情形下，注意审查多份合同的效力，若既存在有效合同，也存在无效合同，以有效合同作为结算依据；若均为无效合同，则根据《建设工程施工合同解释（一）》第二十四条的规定判定结算依据。

（2）施工合同无效情形下，注意审查是否符合折价补偿的条件，即承包人主张工程款的条件是否成立。

四、约定行政审计、财政评审情形下的工程价款结算

为了对政府投资项目中资金的使用情况、投资效果进行监督，审计机关和财政机关会对部分政府投资项目进行行政审计和财政投资评价。发包人为了减少行政风险，经常会在施工合同中约定工程决算价以审计机关审计报告或财政部门结论为准。此前，甚至有很多地方性法规、政府规章也做出了类似的规定。当事人在最终决算时是否采用审计报告或财政评审报告结论产生的纠纷也时有发生。

（一）行政审计和财政评审的概念

行政审计是审计机关根据《审计法》等有关规定，对政府投资项目预算执行情况和决算进行审计，可以从项目立项至竣工决算整个过程的各个环节进行监督，也可以进行项目建设后效益评价，对工程相关方取得建设项目资金的真实性、合法性进行调查，对廉洁纪律等方面进行监督。

财政评审是财政机关根据《预算法》《财政投资评审管理规定》等相关规定，对政府投资项目工程概算、预算、结算、决算进行评审，通过结算评审确保按工程进度拨付资金，防止资金沉淀、挪用；通过竣工决算评审为投资效益评估和绩效评价提供依据。

（二）行政审计与财政评审的适用

根据《全国人民代表大会常务委员会法制工作委员会关于对地方性法规中以审计结果作为政府投资建设项目竣工结算依据有关规定提出的审查建议的复函》《保障中小企业款项支付条例》第十一条和最高人民法院《关于政府审计的答复（2008）》的规定，当事人约定以行政审计或财政评审结论为结算依据的，应当按照约定；没有约定的，一方不得强制要求另一方以行政审计或财政评审结论作为结算依据。

当事人对"最终决算由审计单位审计"之类的约定，是否为审计机关的行政审计存在争议的，最高人民法院在公报案例重庆某公司与中铁某公司建设工程合同纠纷案件中认为，除有其他事实可以证明以外，不能通过解释推定为行政审计。在中铁某公司与重庆某公司建设工程合同纠纷案［（2012）民提字第205号］中，最高人民法院认为："国家审计机关的审计系对工程建设单位的一种行政监督行为，与当事人之间的民事法律关系性质不同。因此，当事人对接受行政审计作为确定民事法律关系依据的约定，应当具体明确，而不能通过解释推定的方式，认为当事人已经同意接受国家机关的审计行为对民事法律关系的介入"。

当施工合同无效时，合同中"以行政审计或财政评审结论作为结算依据"的条款能否参照适用？该约定系当事人对结算方法和程序的约定，属于结算条款的范畴。根据《民法典》第五百六十七条，合同的权利义务关系终止，不影响合同中结算和清理条款的效力。

（三）行政审计与财政评审超期未完成的救济路径

行政审计或财政评审程序超过合理期限没有启动或者没有完成，若系承包人原因导致的，承包人不能突破双方约定，在诉讼和仲裁程序中申请工程造价鉴定；若系发包人、审计机关或财政机关导致的，承包人可以突破双方约定。在《黄某某、郴州市发展某资集团有限公司建设工程施工合同纠纷二审民事判决书》［最高人民法院（2020）最高法民终630号］所涉案件中，最高人民法院认为："当事人约定以审计部门的审计结果作为工程款结算依据的，应当按照约定处理。但审计部门无正当理由长期未出具审计结论，经当事人申请，且符合具备进行司法鉴定条件的，人民法院可以通过司法鉴定方式确定工程价款"。

（四）不服行政审计或财政评审结论的救济路径

1. 提起民事诉讼或仲裁

行政审计或财政评审结论是确定工程价款的重要依据，但是当事人仍有提出异议的权利。当事人对行政审计或财政评审结论有异议的，应当提供审计结论确有错误的证据，并根据合同约定提起诉讼或者仲裁。《2015 年全国民事审判工作会议纪要》（征求意见稿）规定第 49 条规定，"合同约定以审计机关出具的审计意见作为工程价款结算依据的，应当遵循当事人缔约本意，将合同约定的工程价款结算依据确定为真实有效的审计结论。承包人提供证据证明审计机关的审计意见具有不真实、不客观情形，人民法院可以准许当事人补充鉴定、重新质证或者补充质证等方法纠正审计意见存在的缺陷。上述方法不能解决的，应当准许当事人申请对工程造价进行鉴定。"

在勇某公司与同某公司合同纠纷案［（2016）最高法民终 269 号］中，最高人民法院认为："当事人约定投资金额以经法定审计部门审计的金额为准，但《审计报告》均是以《重庆市建设工程费用定额》为依据作出，与当事人约定的计价标准不符，不能作为确定投资金额的依据。实践中，裁判者对当事人提出的异议审查标准较为严格，一般不会轻易否定行政审计和财政评审结论对当事人的约束力，启动司法鉴定程序"。

2. 行政复议与行政诉讼

承包人不服行政审计或财政评审结论，是否可以提起行政复议、行政诉讼，司法实践中存在如下两种不同的观点。

（1）《审计法》《审计法实施条例》（2010 修订）规定仅根据不同的审计事项，被审计单位有或提请审计机关本级政府裁决，或提出行政复议、行政诉讼的权利，并规定其他主体有无救济主体资格。但当审计报告对承包人的权利和义务产生实质影响时，承包人有权提起行政复议和行政诉讼。在勇某实业与北某审计局撤销审计报告纠纷案［（2016）渝 0109 行初 129 号］中，重庆市北碚区人民法院认为："审计机关除依照《审计法》第二十二条和《审计法实施条例》（2010 修订）第二十条之规定外，对被审计单位作出的其他审计决定具有可诉性。北某审计局在审计报告中责成建设单位按照审定竣工结算总造价与 BT 承包单位办理竣工结算。审计报告对承包单位勇某实业的权利义务产生实际影响，勇某实业对此可以提起行政诉讼。"重庆市第一中级人民法院（2017）渝 01 行终 110 号行政判决二审予以维持。

（2）承包人不是被审计单位，审计决定对承包人合法权益不会造成必然的、直接的影响。承包人与该审计决定不具有利害关系，其对审计决定提出的异议，不属于《行政复议法》《行政诉讼法》规定的受理范围，无权对审计决定提起行政诉讼。例如，在《重庆市万州某工程总公司与四川省沐川县审计局审计行政确认案一审行政裁定书》［四川省乐山市市中区人民法院（2015）乐中行初字第 83 号］所涉案件中，法院认为："沐川县审计局作出的《审计决定》审减 578780 元，审计对象是底堡学校，起诉人（承包人）与该《审计决定》并无利害关系，其不具有原告的诉讼主体资格。"四川省乐山市中级人民法院（2015）乐行终字第 80 号行政裁定对该裁定予以维持。

第三节 工程价款调整

一、工程变更引起的工程价款调整

工程变更是指发包人或承包人提出、经发包人批准的对合同工程工作内容、合同图纸、合同规范、位置与尺寸、施工顺序与时间、施工条件、合同条款或其他特征等的改变。包括对合同工程的增加、减少、取消、替代和使用材料等的改变。根据《建设工程施工合同（示范文本）》GF—2017—0201通用条款第10.1条的规定："除专用合同条款另有约定外，合同履行过程中发生以下情形的，应按照本条约定进行变更：（1）增加或减少合同中任何工作，或追加额外的工作；（2）取消合同中任何工作，但转由他人实施的工作除外；（3）改变合同中任何工作的质量标准或其他特性；（4）改变工程的基线、标高、位置和尺寸；（5）改变工程的时间安排或实施顺序。"

《建设工程施工合同解释（一）》第十九条规定："当事人对建设工程的计价标准或者计价方法有约定的，按照约定结算工程价款。因设计变更导致建设工程的工程量或者质量标准发生变化，当事人对该部分工程价款不能协商一致的，可以参照签订建设工程施工合同时当地建设行政主管部门发布的计价方法或者计价标准结算工程价款。建设工程施工合同有效，但建设工程经竣工验收不合格的，依照民法典第五百七十七条规定处理。"即工程发生变更，需要变更工程价款的，若合同中有约定的，按约定办理；若合同中无约定，可参照定额计价。

在《夏河安某投资有限责任公司、甘肃安某清真绿色食品有限公司建设工程施工合同纠纷再审审查与审判监督民事裁定书》[最高人民法院（2021）最高法民申125号]所涉案件中，最高人民法院认为："原审法院委托中介机构对变更部分造价进行了鉴定，原判决根据鉴定意见及现场勘验、实际施工情况，认定了变更部分的工程价款，并无不当。因双方对待宰、屠宰车间、锅炉房、水池、水泵房和污水处理车间等工程未签订书面合同，鉴定机构参照《甘肃省建设工程费用定额》认定该部分工程造价措施费，亦无不当"。

二、清单错漏偏差引起的工程价款调整

《建设工程施工合同（示范文本）》GF—2017—0201第1.13条规定："工程量清单错误的修正：除专用合同条款另有约定外，发包人提供的工程量清单，应被认为是准确的和完整的。出现下列情形之一时，发包人应予以修正，并相应调整合同价格：（1）工程量清单存在缺项、漏项的；（2）工程量清单偏差超出专用合同条款约定的工程量偏差范围的；

（3）未按照国家现行计量规范强制性规定计量的。"

《建设工程工程量清单计价标准》GB/T 50500—2024新增术语工程量清单缺陷，将"多列项、错项、漏项、项目特征不符、工程量偏差"统一为"工程量清单缺陷"。第2.0.27条规定："工程量清单缺陷是指工程量清单的分部分项工程项目清单中所列的清单项目与对应的合同图纸及合同规范所要求的清单项目在列项、项目特征、工程数量上存在的差异。包括工程量清单多列项、错漏项、项目特征不符、工程数量偏差及其他同类。"

首先，工程量清单缺陷的仅适用于分部分项工程项目清单，而不包括措施项目清单和其他项目清单。其次，工程量清单缺陷是指分部分项项目清单与合同图纸及合同规范所要求的清单之间的差异。所谓"合同图纸"和"合同规范"，指作为合同文件组成部分的图纸和规范，而在履约过程中变更的图纸属于工程变更，不属于工程量清单缺陷讨论的范畴。最后，工程量清单缺陷的具体情形可包括：清单多列项、错漏项、项目特征不符、工程数量偏差及其他同类。其中错漏项、项目特征不符、工程数量偏差需要新增单价或调整单价，工程数量偏差在达到一定程度（变化幅度超出15%）时需要调整单价，估价原则均需要依据《建设工程工程量清单计价标准》GB/T 50500—2024第8.9.1条的规定执行。

《建设工程工程量清单计价标准》GB/T 50500—2024第8.2.1条规定："采用单价合同的工程，应依据本标准第7.2.1条的规定重新计量合同图纸的分部分项工程项目清单的所有清单项目及工程量，并按下列规定调整其与已标价工程量清单存在差异的工程量清单缺陷引起的合同价格：（1）工程量清单缺陷引起清单项目变化（项目增减），或清单工程量增加或减少且增减工程量未超过相应清单项目合同清单所含工程量的15%（含15%）的，应按本标准第8.9.1条的规定计算调整合同价格；（2）工程量清单缺陷引起清单工程量增加或减少，且增减工程量超过相应清单项目合同清单所含工程量的15%（不含15%）的，应按本标准第8.9.2条的规定计算调整合同价格。"

《建设工程工程量清单计价标准》GB/T 50500—2024第8.9.1条规定："采用单价合同的工程，因工程变更或工程量清单缺陷引起分部分项工程的清单项目变化（项目增减），或清单工程量发生变化且工程量变化不超出15%（含15%）时，发承包双方应依据本标准第7.1节、第7.2节、第7.4节规定确认的工程变更或工程量清单缺陷引起变化的工程量，按下列规定确定综合单价并计价，调整合同价格：（1）相同施工条件下实施相同项目特征的清单项目，应采用相应的合同单价；（2）相同施工条件下实施类似项目特征的清单项目或类似施工条件下实施相同项目特征的清单项目，应采用类似清单项目的合同单价换算调整后的综合单价；（3）相同施工条件下实施不同项目特征的清单项目或不同施工条件下实施相同项目特征的清单项目，可依据工程实施情况，结合类似项目的合同单价计价规则及报价水平，协商确定市场合理的综合单价；（4）不同施工条件下实施不同项目特征的清单项目，可依据工程实施情况，结合同类工程类似清单项目的综合单价，协商确定市场合理的综合单价；（5）因减少或取消清单项目的工程变更显著改变了实施中的工程施工条件，可根据实施工程的具体情况、市场价格、合同单价计价规则及报价水平协商确定工程变更的综合单价。"第8.9.2条规定："采用单价合同的工程，因工程变更或工程量清单缺陷引起分部分项工程的清单工程量发生变化，且工程量变化超出15%（不含15%）时，发承包双方应按本标准第7.1节、第7.2节、第7.4节规定确认的工程变更或工程量清单缺陷引起变化的工程量，按下列规定调整合同价格：（1）如工程变更或工程量清单缺陷引起增加清单项目及相应清单项目工程量的，可依据本标准第8.9.1条的规定，并结合因增加工程数量引起的人工及材料采购价格优惠的影响，在合理下调其合同单价及新增综合单价后，计算相应清单项目价格，调整合同价格；（2）如工程变更或工程量清单缺陷引起减少清单项目及相应清单项目工程量的，可依据本标准第8.9.1条的规定，并结合因减少工程数量引起的人工及材料采购价格失去优惠的影响，在合理上调其合同单价及新增综合单价后，计算相应清单项目价格，调整合同价格。"

工程量清单缺陷可以影响合同价款但仅限于单价合同。单价合同中发包人对分部分项项目清单的准确性和完整性负责，才存在工程量清单是否有缺陷的讨论。如果在总价合同中，由承包人对工程图纸总价包干，不论工程量清单是否存在缺陷均不会影响合同总价。

在《建设工程工程量清单计价规范》GB 50500—2013实施期间，其第4.1.2条规定："招标工程量清单必须作为招标文件的组成部分，其准确性和完整性应由招标人负责。"该条款为强制性条款，而13版的清单计价规范又是国家强制性标准，因此如果出现工程量清单的错误，责任由谁承担，成为实务中的争议焦点，尤其是发包人利用强势地位，在招标文件或合同中约定由承包人承担工程量清单错误的风险时，该约定是否有效？

一种观点认为，即使合同有约定，工程量清单的准确性和完整性也应由发包人负责。在《扬州开某建筑安装工程有限公司与扬州鑫某房屋开发有限公司建设工程施工合同纠纷二审民事判决书》〔江苏省高级人民法院（2016）苏民终1151号〕所涉案件中，江苏省高级人民法院认为："《中华人民共和国建筑法》第十八条规定，建筑工程造价应当按照国家有关规定，由发包单位与承包单位在合同中约定。本案工程采用工程量清单计价方式通过招标投标签订合同作为计算工程造价的依据，《建设工程工程量清单计价规范》系国家建设主管部门对工程量清单计价方式的规范文件，根据其中强制性条文笫3.1.2条的规定，采用工程量清单方式招标，工程量清单必须作为招标文件的组成部分，其准确性和完整性由招标人负责。本案建设工程施工合同第23.2条C款条款约定，如工程量清单存在漏项、错误、特征及工作内容描述不准确，则由承包人承担不利后果的约定与该强制性条款相冲突，故不应作为双方的结算依据。一审鉴定机构对上述因工程量清单漏项、错误及描述不准确引发的争议按照实际发生情况进行调整的处理方式符合工程量清单计价规范的强制性规定，一审法院对相关鉴定意见予以采信并无不当"。

另一种观点认为，如招标投标文件或合同明确约定由承包人负责复核工程量清单的，则应由承包人承担工程量清单错漏项的责任。在《广东省第四某筑工程有限公司与梅州某住房和城乡建设局合同纠纷一案民事二审判决书》〔广东省梅州市中级人民法院（2021）粤14民终45号〕所涉案件中，梅州市中级人民法院认为："上诉人于2016年9月8日向被上诉人递交投标承诺书，自愿参加该项目投标并承诺：接受招标文件全部条款，未经招标人允许，不对招标文件条款及内容提出异议。上诉人在投标时未对弃土场受纳处置费是否缺项、漏项提出质疑，视为认可此项未列入并能承担由此带来的风险。据此，招标文件内容对双方当事人具有约束力，双方均应按约履行"。

三、合同约定的工程价款调整

在施工合同的履行过程中，可能会出现施工成本增加的风险，就这些风险的分担，发承包双方可以在合同中进行约定，即合同约定的固定总价、固定单价包含哪些风险范围，出现何种风险事件时双方可以通过调整工程价款对风险进行共同分担。

《建设工程施工合同（示范文本）》GF—2017—0201通用条款第11条"价格调整"将合同约定的价格调整分为物价波动引起的调整和法律变化引起的调整。其中，第11.1条物价波动引起的价格调整方法有两种，分别为价格指数调整价格差额和造价信息调整价格差额。这种调整方法与《建设工程工程量清单计价标准》GB/T 50500—2024附录A提供的价格调整方法是一致的。

但是，《建设工程施工合同（示范文本）》GF—2017—0201与《建设工程工程量清单计价标准》GB/T 50500—2024均非强制性规定，合同双方可以通过约定排除上述条款的适用。发包人往往倾向于将全部风险转移给承包人，约定无论出现何种风险时均不能进行工程价款调整。而在出现风险后，如钢材价格大幅上涨后，承包人往往会主张合同将风险全部转移给承包人显失公平，仍应当对价款予以调整。

显失公平的衡量标准存在不确定性，如果发承包双方未在合同中工程价款的调整方法及风险范围，可能会陷入合同僵局，应当如何解决这种合同僵局，详见本节第五部分"情势变更和不可抗力引起的工程价款调整"。

四、法律、政策变化引起的工程价款调整

在讨论法律、政策变化引起的工程价款调整前，首先需要确定的是基准日期，以此作为对比时点。

《建设工程施工合同（示范文本）》GF—2017—0201通用条款第1.1.4.6款规定："基准日期：招标发包的工程以投标截止日前28天的日期为基准日期，直接发包的工程以合同签订日前28天的日期为基准日期。"在使用示范文本且专用条款并未对此作出更改的情况下，可以以此确定合同的基准日期。如专用条款通过约定对基准日期的认定作出了更改，应当以专用条款的约定为准。

对于法律、政策变化引起的工程价款调整，《建设工程施工合同（示范文本）》GF—

2017—0201 通用条款第 11.2 条"法律变化引起的调整"规定，"基准日期后，法律变化导致承包人在合同履行过程中所需要的费用发生除第 11.1 条〔市场价格波动引起的调整〕约定以外的增加时，由发包人承担由此增加的费用；减少时，应从合同价格中予以扣减。基准日期后，因法律变化造成工期延误时，工期应予以顺延。因法律变化引起的合同价格和工期调整，合同当事人无法达成一致的，由总监理工程师按第 4.4 条〔商定或确定〕的约定处理。因承包人原因造成工期延误，在工期延误期间出现法律变化的，由此增加的费用和（或）延误的工期由承包人承担。"

《建设工程工程量清单计价标准》GB/T 50500—2024 第 3.3.2 条规定，法律法规与政策性变化而引起的计量与计价风险应由发包人承担。

根据上述规定，法律法规和政策性变化的计价风险原则上由发包人承担。如果合同没有明确约定，则可以参照《建设工程施工合同（示范文本）》GF —2017—0201、《建设工程工程量清单计价标准》GB/T 50500—2024 的规定由发包人承担。当合同就法律、政策性风险由谁承担作出明确约定时，应尊重合同约定。而合同中发承包双方对法律变化引发的价格调整的约定，本质上是对如何分配法律变化风险及利益的约定。该约定并不违反法律行政法规的规定，应属有效。

常见的法律法规和政策变化有以下几类。

1. 税收政策变化

税金是工程价款的组成部分之一。根据《建筑安装工程费用项目组成》（建标〔2013〕44 号文）的规定，建筑安装工程费用项目按费用构成要素组成划分时，包括人工费、材料费、施工机具使用费、企业管理费、利润、规费和税金。因此，税收政策的变化可能会引起工程价款的调整。

2. 强制性标准变化

在项目的建设过程中，除了各类法律法规，往往还会涉及各类规范、标准的适用。行政监管部门可能会颁布新的强制性标准，这些标准通常关乎设计和施工的安全、环保和质量等方面。

这些强制性标准必须执行，否则相关主体不仅会受到行政处罚，还可能涉及法律责任和经济赔偿，涉案工程也可能无法进行竣工验收。从制定主体权威性、强制实施性、普遍适用性等角度进行考量，强制性标准的调整也应属于法律、政策变化的范畴。如果在施工合同履行过程中，强制性标准产生了变化，也可能导致工程价款的调整。

3. 安全文明施工费费率调整

在建筑工程的施工阶段，为了确保工地的安全作业、文明施工、环境保护、职工防护以及改善施工人员的生活状况，施工企业需支付特定的专项资金，这笔资金被称为安全文明施工费。该费用在《建设工程工程量清单计价规范》GB 50500—2013 中被列为不可竞争性费用，13 版清单计价规范属于国家强制性标准，故安全文明施工费费率调整一般被认为属于政策变化，但实务中对此亦是存在争议的。《建设工程工程量清单计价标准》GB/T 50500—2024 出台后，该标准为推荐性标准，安全文明施工费调整为安全生产措施费，不再是不可竞争性费用，因此安全生产措施费费率调整也不再属于政策变化的范畴。下面简单介绍一下规则的变化。

《建设工程工程量清单计价规范》GB 50500—2013 第 3.1.5 条规定："措施项目中的安全文明施工费必须按国家或省级、行业建设主管部门的规定计算，不得作为竞争性费用。"这意味着安全文明施工费的费率具备以下特点：由权威机构设定、具有强制性、普遍适用性，且其调整通常与法律法规或政策的变动相关联。新出台的《建设工程工程量清单计价标准》GB/T 50500—2024 第 3.2.5 条规定："措施项目清单中的安全生产措施费应按国家及省级、行业主管部门的相关规定计价。"《建设工程工程量清单计价规范》GB 50500—2013 中安全文明施工费包括安全施工、文明施工、环境保护和临时设施四项费用，而新标准将上述四项分别计入措施项目中，安全生产措施费仅指安全施工费，考虑《企业安全生产费用提取和使用管理办法》（财资〔2022〕136 号）使用的术语为"安全生产费用，而且"施工"表述不如"生产"范围更广，所以《建设工程工程量清单计价标准》GB/T 50500—2024 中采用了"安全生产措施费"的术语。

五、情势变更和不可抗力引起的工程价款调整

（一）情势变更

《民法典》第五百三十三条规定："合同成立后，合同的基础条件发生了当事人在订立合同时无法预见的、不属于商业风险的重大变化，继续履行合同对于当事人一方明显不公平的，受不利影响的当事人可以与对方重新协商；在合理期限内协商不成的，当事人可以请求人民法院或者仲裁机构变更或者解除合同。人民法院或者仲裁机构应当结合案件的实际情况，根据公平原则变更或者解除合同"。

从以上规定可知，情势变更原则的适用应符合以下条件：①有情势变更的客观事实；②情势变更须发生在合同成立后，履行完毕前；③情势变更的发生不可归责于当事人；④缔约时无法预见；⑤如履行原合同将导致显失公平或不能实现合同目的。建设工程是高度复杂，需要发承包人长期协调的工作，在施工过程中，客观上发生了在招标投标时难以预见的变化，实质上就是属于情势变更的范畴。

情势变更常见情形如下。

（1）合同签订后，建设工程的原材料、工程设备价格变化超出了正常的市场价格涨跌幅度。那么涨跌幅度是多少，如何衡量？理论上以工程成本为衡量公平与否的主要标准。如果仅仅是承包人获利减少，不能认定为显失公平。目前立法尚无明文规定具体涨跌幅度标准，实践中通常的做法是参照当地主管部门出台的一些适时反映本地区情况的地方

性法规、政策、意见，考虑涨价导致的价格增长占合同总价的比例综合考虑。

（2）政府规划发生了重大变化。此类情形主要是指政府区域总体规划发生了变化、用地规划进行调整或其他原因，导致原土地、工程规划发生重大变化，当事人只能根据变化的情况重新确定双方权利、义务。在《香港万某策划设计投资有限公司、吴某某项目转让合同纠纷再审审查与审判监督民事裁定书》［最高人民法院（2017）最高法民申2539号］所涉案件中，最高人民法院认为："虽因政府规划调整，导致地块不能继续开发，该项政府规划调整系双方当事人在订立合同时无法预见的情形，也属于非不可抗力造成的不属于商业风险的重大变化，对此万某公司不应当承担违约责任"。

在司法实践中，对于情势变更原则的适用应严格依照法定程序并审慎加以把握，原则上情势变更不能由法院依职权直接进行认定，应按照当事人的请求结合个案的具体情况进行确认。

（二）不可抗力

《民法典》第一百八十条规定："因不可抗力不能履行民事义务的，不承担民事责任。法律另有规定的，依照其规定。不可抗力是不能预见、不能避免且不能克服的客观情况"。此条款中的客观情况包括自然灾害，如台风、地震、洪水、冰雹；政府行为，如征收、征用；社会异常事件，如罢工、骚乱。

不可抗力作为法定免责事由，准确适用有利于减轻当事人负担，也符合公平原则，但过度适用，则会对交易秩序造成较大破坏。因此，不可抗力的适用，必须严格依法进行，做到当用则用，不能滥用。2020年，新冠肺炎疫情暴发后，最高人民法院接连发布指导意见，应对疫情期间不可抗力在各领域的适用问题，在建筑工程领域也作出了具体细化的适用方法规定。

对不可抗力的确定是适用不可抗力免责的前提。对于不可抗力的确定，以《建设工程施工合同（示范文本）》GF—2017—0201为例，在通用条款第17.1条中对不可抗力的确认作出了详细的描述，列举了多种不可抗力情形。不可抗力发生后的免责问题实际上就是违约损失如何分担的问题，并不是真正意义上的免责。上述示范文本通用条款第17.3条则是关于损失分担的方法。

综上，律师代理案件时应注意审查以下问题。

（1）实际案例中的争议主要是工程变更的签证是否及时办理和确认。常见情况有：发包人口头通知变更，实施后的最终工程状态无法确定是否过程中发生过该事件，或者实际变更后，发包人认为是承包人自己主张未经发包人或监理审批同意，律师应指导当事人在过程中及时固定相关证据。

（2）律师在为当事人起草施工合同过程中，在专用条款中尽量设计不可抗力条款，细化不可抗力事件名称、判定标准、免责范围以及免责范围之外的损失界定及赔偿标准。

如果当事人的施工合同专用条款中没有不可抗力条款，却发生了不可抗力事件，则指导当事人向对方发出通知、收集不可抗力的发生及由此造成的损失的证据、及时就己方的损失与对方进行沟通并予以确认，若无法确认的，可向法院提起诉讼，维护自身权益。

六、工期延误等引起的工程价款调整

在工程履行的过程中，可能会出现工期延误。在施工合同中，如果双方未就因工期延误情形下的价款调整进行明确的约定，那么在结算时，关于是否应调整工程价款的问题可能会成为争议焦点。

《建设工程工程量清单计价规范》GB 50500—2013 第 9.8.3 条规定："发生合同工程工期延误的，应按照下列规定确定合同履行期的价格调整：（1）因非承包人原因导致工期延误的，计划进度日期后续工程的价格，应采用计划进度日期与实际进度日期两者的较高者；（2）因承包人原因导致工期延误的，计划进度日期后续工程的价格，应采用计划进度日期与实际进度日期两者中较低的"。《建设工程工程量清单计价标准》GB/T 50500—2024 在上述规定的基础上进行了细化，第 8.7.4 条规定："合同工程出现工期延长的，应按下列规定确定及调整合同履行期由于物价变化影响的价格：（1）因发包人原因引起工期延长的，计划进度日期后续工程的价格，采用计划进度日期与实际进度日期两者的较高者；（2）因承包人原因引起工期延长的，计划进度日期后续工程的价格，采用计划进度日期与实际进度日期两者的较低者；（3）因非发承包双方原因引起工期延长的，计划进度日期后续工程的价格应按本标准第 8.7.2 条的规定调整，合同另有约定或法律法规及政策另有规定除外。"。2024 版计价标准与 2013 版计价规范并无实质区别，仅是对 2013 版计价规范进行了细化。

《建设工程施工合同（示范文本）》GF—2017—0201 通用条款第 11.1 条约定："因承包人原因工期延误后的价格调整：因承包人原因未按期竣工的，对合同约定的竣工日期后继续施工的工程，在使用价格调整公式时，应采用计划竣工日期与实际竣工日期的两个价格指数中较低的一个作为现行价格指数。"

如合同约定适用《建设工程工程量清单计价规范》GB 50500—2013/《建设工程工程量清单计价标准》GB/T 50500—2024，或采用了示范文本通用条款的约定对工程价款进行调整，则可以适用上述规定对工程价款进行调整。如果合同未有明确约定，守约方可以依据《民法典合同编通则司法解释》第六十二条的规定："非违约方在合同履行后可以获得的利益难以根据本解释第六十条、第六十一条的规定予以确定的，人民法院可以综合考虑违约方因违约获得的利益、违约方的过错程度、其他违约情节等因素，遵循公平原则和诚信原则确定"，主张以违约方的违约获利作为可得利益损失的计算依据，请求对合同价款进行调整，避免违约方因违约而获利。

除价款本身的调整外，对于工期延误的索赔等详见第三章第四节"工期延误索赔"。

第四节　工程款支付

一、工程款支付方式

（一）发包人垫付款的扣回

已付工程款，一般包括发包人支付的预付款以及需要按照施工进度进行支付的进度款，在双方结算时应当予以扣减，但有些时候，发包人直接给实际施工人支付工程款、代承包人支付材料费、工人工资以及施工场地水电费等。发包人垫付的上述费用在双方结算时是否应当抵扣工程款，司法实践中一般根据双方合同约定及合同履行情况来认定。

（1）发包人未经承包人同意，直接垫付分包工程款、材料款，且承包人事后也没有追认的，该垫付款原则上不能抵扣应向承包人支付的工程款金额。

合同具有相对性，在未经承包人认可的情形下，发包人擅自向实际施工人和分包人直接支付工程款，直接支付的款项原则上不可以直接抵扣承包人的工程款。在《宁波嘉某工业有限公司建设工程施工合同纠纷再审民事判决书》［浙江省高级人民法院（2017）浙民再46号］所涉案件中，浙江省高级人民法院认为："合同具有相对性，《建设工程施工合同解释》第二十六条系出于保护实际施工人，特别是其背后农民工的利益所作的特殊规定，不能随意扩大适用范围或加以任意解释，不能由此得出发包人在没有合同约定或未经合同相对方承包人认可的情况下，可以直接向合同以外的实际施工人支付工程款的结论。"在《山西昊某房地产开发有限公司、南通市常某建筑安装工程有限公司建设工程施工合同纠纷再审审查与审判监督民事裁定书》［最高人民法院（2019）最高法民申5009号］所涉案件中，最高人民法院认为："因商砼买卖合同是南通常某公司与案外人签订，代付款项需经南通常某公司委托或认可，因诉争款项未经南通常某公司委托或认可，故原审法院不予支持亦无不妥"。

但也有个别观点认为，如双方未约定不能直接付款至第三方，支付给真正的施工人也并不会损害承包人的权益，代付的工程款可以抵扣承包人的工程款。例如，在《上海绿某建设（集团）有限公司、南昌东方某房地产开发有限公司建设工程施工合同纠纷二审民事判决书》［最高人民法院（2017）最高法民终822号］所涉案件中，最高人民法院认为："可以抵扣的理由为收款人系案涉工程的实际施工人，发承包双方未曾约定工程款不能直接支付给第三方，付款的银行记账回执摘要栏注明款项用途为工程款"。

（2）特定情形下，发包人向实际施工人垫付工程款，可以抵扣应付承包人的工程款。

如果发包人为承包人垫付人工费、材料款等行为系为了工程继续推进，具有现实紧迫性，虽未经承包人授权，但在并未损害承包人实质利益情况下，在《浙江省东阳第某筑工程有限公司、淮安纯某投资开发有限公司建设工程施工合同纠纷二审民事判决书》[最高人民法院（2017）最高法民终 19 号] 所涉案件中，最高人民法院认为："部分款项的支付虽未经东阳某公司明确授权，但鉴于案涉工程未实际完工的情况，纯某公司的支付行为具有现实紧迫性和必要性，且上述费用经鉴定确已实际发生，纯某公司的垫付行为未损害东阳某公司的实质利益，一审法院据此认为该部分款项应抵扣东阳某公司工程款并无不当"。

如果发包人系应行政主管部门要求，代承包人垫付农民工工资，垫付的款项可以在工程款中扣除。在《南通苏某建设有限公司、宏某有限公司建设工程施工合同纠纷二审民事判决书》[最高人民法院（2019）最高法民终 1891 号] 所涉案件中，最高人民法院认为："关于农民工工资 1935000 元，虽然苏某建设公司主张该笔款项未经苏某建设公司确认，苏某建设公司并不拖欠农民工工资，但是该笔款项系应辽宁省朝阳市住房和城乡规划建设委员会、辽宁省朝阳市劳动监察支队等行政部门要求支付，并经上述部门确认，宏某公司代施工单位苏某建设公司垫付的该笔款项已实际支付到位。因此，一审法院认定该款在应付工程款内扣除，并无不当"。

（3）发承包人双方虽然约定工程款应支付至承包人的账户，但同时承包人也承诺在一定条件发包人可以向第三方支付款项时，当发包人在符合承包人承诺的情形下，向第三方支付的款项应认定发包人已向承包人支付工程款。

在《安徽省十某茶场、合肥建工金某集团有限公司建设工程合同纠纷再审审查与审判监督民事判决书》[最高人民法院（2017）最高法民提 183 号] 所涉案件中，最高人民法院认为："虽然未按照《建设工程施工合同》约定，将该笔款项汇入金某公司所属账户。金某公司向十某茶场出具的《关于不拖欠农民工工资的承诺》明确表示如拖欠农民工工资，同意十某茶场直接从结算款中扣留拖欠的金额。人社局和住建委根据国务院关于农民工工资的相关规定，要求十某茶场垫付农民工工资是履行政府行政管理职责，并未侵犯金某公司的权益"。

（4）若施工现场用水、用电由发包人开户，费用由发包人向相关单位支付的，除施工合同特别约定由发包人承担施工水电费以外，在工程款进行结算时，发包人可以依据工程行业的惯例，将水电费用作为发包人已向承包人支付的工程款，在结算中予以扣除。

（5）若工程价款包含发包人提供的甲供材的，甲供材按照发承包双方约定的价格抵扣发包人应付承包人的工程款。

（二）以房抵款、商票支付

1. 以房抵款

实践中，因发包人资金不足或为了扩大商品房的销售量等原因，发承包双方约定，发包人以承包人施工的部分房屋冲抵工程款。从"以房抵款"协议的签订时间、双方是否需要清算等不同角度，通常存在下列几种情形。

（1）当事人约定"以房抵款"，但用于抵偿工程款数额或对应房屋等未予以明确，需要通过事后达成补充协议才能完成"以房抵款"的，原来"以房抵款"协议不能认为双方就案涉工程欠款达成了以商品房抵偿的合意，法院仍支持承包人要求发包人支付工程款请求。在《奇台县蒙某房地产开发有限公司建设工程施工合同纠纷再审审查与审判监督民事裁定书》［最高人民法院（2019）最高法民申5468号］所涉案件中，最高人民法院认为："协议签订时，案涉工程刚开始施工，双方尚未形成债权债务关系，房屋亦未建成，以物抵债协议应当具备的基本内容均未确定。双方实际履行合同过程中，存在蒙某房产公司以建成后的商品房抵偿工程款的情况，但双方就此另行签订了商品房买卖合同，并对抵偿工程款的房屋的位置、面积及价格做出清楚明确的约定，确定了抵偿工程款的具体数额。据此，二审法院认定案涉'协议'不具备以物抵债协议的基本内容，不能认为双方就案涉工程欠款达成了以商品房抵偿的合意。该认定并无不当，本院予以维持"。

（2）当事人双方签订商品房买卖合同的同时，约定发包人不能按期支付工程款，就履行双方签订的商品房买卖合同，或者发包人支付工程款后，双方解除商品房买卖合同等类似内容的，无论商品房买卖合同签订时间是在工程款履行期限届满之前还是之后，以商品房买卖合同和上述约定共同组成的"以房抵款"协议，其性质应理解为对工程款的一种担保，根据《民法典》第四百零一、第四百二十八条规定，认定此类协议违反了禁止流押或流质的规定而无效。

（3）当事人于工程款清偿期届满后签订"以房抵款"协议，且所抵工程款、房屋等具体明确，合同内容不存在其他违反法律、行政法规的强制性规定的，"以房抵款"协议即为有效。根据《民法典合同编通则司法解释》第二十七条第一款、第二款的规定，债务人或者第三人与债权人在债务履行期限届满后达成以物抵债协议，不存在影响合同效力情形的，人民法院应当认定该协议自当事人意思表示一致时生效。债务人或者第三人履行以物抵债协议后，人民法院应当认定相应的原债务同时消灭；债务人或者第三人未按照约定履行以物抵债协议，经催告后在合理期限内仍不履行，债权人选择请求履行原债务或者以物抵债协议的，人民法院应予支持，但是法律另有规定或者当事人另有约定的除外。

若发包人未履行"以房抵款"协议，承包人能否向发包人主张所抵付的工程款，需根据当事人之间是否存在"以房抵款"协议签订后工程款债权消灭的合意有所不同。若当事人之间存在该合意，则承包人不得再向发包人主张工程款债权，只能要求履行"以房抵款"协议；反之，承包人可以选择向发包人主张工程款，也可以选择要求履行"以房抵款"协议。在兴某公司与通州某公司建设工程施工合同纠纷案［（2016）最高法民终字第484号］中，最高人民法院认为："债务清偿期届满后，债权人与债务人所签订的以物抵债协议，如未约定消灭原有的金钱给付债务，应认定系双方当事人另行增加一种清偿债务的履行方式，而非原金钱给付债务的消灭。本案中，双方当事人签订了《房屋抵顶工程款协议书》，但并未约定因此而消灭相应金额的工程款债务，故该协议在性质上应属于新债清偿协议。对于当事人之间'以房抵款'协议签订后工程款债权消灭的合意并不要求有明确协议条款为条件"。

（4）当事人于工程款清偿期届满前签订"以房抵款"协议，应当根据《民法典合同编通则司法解释》第二十八条的规定，对该协议的效力进行判定："债务人或者第三人与债权人在债务履行期限届满前达成以物抵债协议的，人民法院应当在审理债权债务关系的基础上认定该协议的效力。当事人约定债务人到期没有清偿债务，债权人可以对抵债财产拍卖、变卖、折价以实现债权的，人民法院应当认定该约定有效。当事人约定债务人到期没有清偿债务，抵债财产归债权人所有的，人民法院应当认定该约定无效，但是不影响其他部分的效力；债权人请求对抵债财产拍卖、变卖、折价以实现债权的，人民法院应予支持。当事人订立前款规定的以物抵债协议后，债务人或者第三人未将财产权利转移至债权人名下，债权人主张优先受偿的，人民法院不予支持；债务人或者第三人已将财产权利转移至债权人名下的，依据《最高人民法院关于适用〈中华人民共和国民法典〉有关担保制度的解释》第六十八条的规定处理。"

2. 商票支付

发包人以商业承兑汇票形式向承包人支付工程价款，商业承兑汇票到期未能兑付的，若发承包人双方未约定承兑汇票出具后工程款债权消灭的，商业承兑汇票金额不能作为已付工程款。在《安徽某工程有限公司、东某置业有限公司建设工程施工合同纠纷民事申请再审审查民事裁定书》[最高人民法院（2021）最高法民申6965号]所涉案件中，最高人民法院认为："债权的产生是基于双方之间的建设工程施工合同，商业汇票的出具只是一种支付方式，故在商业汇票没有得到承兑的情形下，不产生偿付工程款的效力。双方并未约定商业汇票出具后原债权就消灭，二审判决认定安徽某建只能依据票据法律关系另行起诉，为适用法律错误"。

（三）罚款、违约金的冲抵

在实务中，经常出现施工合同约定了出现某些情形时，发包人可以对承包人处以罚款或者违约金。争议较多的问题是，如果承包人起诉发包人请求支付工程款，发包人主张对罚款、违约金部分进行冲抵的，应当以抗辩的形式提出还是需要提起反诉。

反诉本质是一种独立的诉讼请求，即便原告撤回本诉也能独立存在，也不直接影响本诉诉请的成立与否。抗辩不是独立的诉，需依赖对方的诉求存在，目的是阻却对方的请求成立。故反诉还是抗辩，关键要看被告的主张是否有独立给付请求的内容。

对于建设工程施工合同中的反诉与抗辩，法律并没有明确规定。但可以参照《买卖合同司法解释》第三十一条的规定，"出卖人履行交付义务后诉请买受人支付价款，买受人以出卖人违约在先为由提出异议的，人民法院应当按照下列情况分别处理：（一）买受人拒绝支付违约金、拒绝赔偿损失或者主张出卖人应当采取减少价款等补救措施的，属于提出抗辩；（二）买受人主张出卖人应支付违约金、赔偿损失或者要求解除合同的，应当提起反诉。"也就是说，如果被告的主张没有独立给付请求的内容，也没有超出原告的诉讼请求范围，仅是减少或拒绝工程价款的支付，应认定为抗辩，无须提出反诉。如果被告以原告违约为由，要求原告承担违约责任、赔偿损失，或要求原告承担保修责任，因被告的主张有独立给付请求的内容，应当界定为构成独立的反诉。

二、工程价款利息计算

在建设工程施工合同的履行中，涉及的工程价款利息主要包括预付款利息、进度款利息、结算价款利息以及垫资款利息，在司法实践中又以发包人迟延支付进度款和结算价款，承包人主张利息争议居多，特别是结算价款。关于工程价款利息的结算，主要涉及三个问题：一是利息的性质问题；二是利息计付起息时间点的确定；三是利息的计息标准或者计息利率。

（一）关于建设工程价款利息的性质

理论与司法实践目前主要有三种观点：一是工程价款利息属于法定孳息，二是工程价款利息属于因迟延支付工程价款造成的损失；三是逾期支付工程价款利息可以作为违约金处理。

1. 利息属于法定孳息

工程价款利息是"法定孳息"，发包人因占用工程价款实际受益，根据《民法典》第三百二十一条第二款及《建设工程施工合同解释（一）》第二十六条的规定，承包人可以向发包人主张工程款利息。依此理由主张工程款利息，不以发包人未付工程款属于违约行为为要件。在《湖北鑫某置业发展有限公司、四川省泸州市第某建筑工程有限公司建设工程施工合同纠纷二审民事判决书》[最高人民法院（2019）最高法民终 895 号] 所涉案件中，最高人民法院认为："《建设工程施工合同解释》第十七条规定的发包人应当向承包人支付的欠付工程款利息的性质，应当认定为法定孳息，而不是一种违约赔偿责任方式"。

2. 利息属于损失

根据《民法典》第五百八十三条、第五百八十四条的规定，发包人逾期支付工程款的，承包人有权向发包人主张工程款利息损失，但以发包人逾期支付工程款的行为属于违约行为为条件。

3. 利息属于违约金

法律依据为《民法典》第五百八十五条"当事人可以约定一方违约时应当根据违约情况向对方支付一定数额的违约金，也可以约定因违约产生的损失赔偿额的计算方法。"之规定。如果双方在合同中约定逾期付款，应当承担利息，并约定利息计算方法，则利息亦属于违约金。

（二）工程价款利息起算点

《建设工程施工合同解释（一）》第二十七条规定："利息从应付工程款之日开始计付。当事人对付款时间没有约定或者约定不明的，下列时间视为应付款时间：（一）建设工程已实际交付的，为交付之日；（二）建设工程没有交付的，为提交竣工结算文件之日；（三）建设工程未交付，工程价款也未结算的，为当事人起诉之日。"

本条规定的工程款（进度款，结算款，下同）利息，其性质属于法定孳息，与利息起算点时工程价款是否已经明确无关。在起算的时间点适用上具有先后顺序，只有前一个条件不成就时才适用后一个条件。工程分期（段、栋）交付的，若当事人约定每期（段、栋）分别进行结算的，工程每期（段、栋）的工程款可以分别按照《建设工程施工合同解释（一）》第二十七条的规定计付利息；若没有约定，应以最后一期（段、栋）交付时间作为建设工程利息计付的开始时间。

（三）工程价款利息标准

《建设工程施工合同解释（一）》第二十六条规定："当事人对欠付工程价款利息计付标准有约定的，按照约定处理。没有约定的，按照同期同类贷款利率或者同期贷款市场报价利率计息。"

当事人约定的工程款利息标准低于同期同类银行贷款利率或者同期贷款市场报价利率，承包人主张利率标准过低的，可以根据《民法典》第五百八十五条第二款关于违约金的调整规则，要求调整增加至同期同类银行贷款利率或者同期贷款市场报价利率标准。在《北京中某村开发建设股份有限公司、湖南潭某高速公路开发有限公司建设工程施工合同纠纷二审民事判决书》[最高人民法院（2019）最高法民终 1401 号]所涉案件中，最高人民法院认为："《中华人民共和国合同法》第一百一十四条第二款规定，中某村公司主张合同约定 0.08‰/天的标准过低，要求法院对利率调高，按照银行同期贷款年利率 6.12% 计息，符合法律规定，本院予以支持"。

发包人以约定的工程款利息标准过高请求法院或仲裁委调整的，应按照《九民会纪要》第五十条的规定确定的规则处理，即"认定约定违约金是否过高，一般应当以《合同法》第一百一十三条规定的损失为基础进行判断，这里的损失包括合同履行后可以获得的利益。除借款合同外的双务合同，作为对价的价款或者报酬给付之债，并非借款合同项下的还款义务，不能以受法律保护的民间借贷利率上限作为判断违约金是否过高的标准，而应当兼顾合同履行情况、当事人过错程度以及预期利益等因素综合确定。主张违约金过高的违约方应当对违约金是否过高承担举证责任。"

（四）合同无效情形下的工程款利息

施工合同无效，工程款利息支付条款是否可以参照适用，司法实践中有不同的观点。

一种观点认为有关利息支付的条款属于工程价款支付条款的性质，应当参照适用。在《武某山旅游经济特区管理委员会、十某市政建设工程有限责任公司建设工程施工合同纠纷二审民事判决书》〔最高人民法院（2020）最高法民终 773 号〕所涉案件中，最高人民法院认为："根据《建设工程施工合同解释》第二条的规定，太某湖公司与十某市政公司在《施工合同》及各补充协议均约定了工程欠款利息的计算标准，虽然合同无效，但十某市政公司可以请求参照合同约定支付其工程款的利息"。

另一种观点认为利息支付的约定因施工合同无效而无效，不能参照适用。在《吴道全、重庆市丰某县第一建筑工程公司建设工程施工合同纠纷再审民事判决书》〔最高人民法院（2019）最高法民再 258 号〕所涉案件中，最高人民法院认为："建设工程内部承包合同无效，合同中关于发包人违约应按照农业银行同期贷款利息的 4 倍每月计算利息支付给分包人的约定亦无效。根据《建设工程施工合同解释（一）》第十七条的规定，原判按照中国人民银行同期同类贷款利率计付工程款利息并无不当"。

三、"背靠背条款"的适用

"背靠背条款"是指合同中负有付款义务的一方在合同中设置的，以其在与第三人的相关合同中收到相关款项作为其支付本合同款项的前提的条款。在建设工程领域，一般表现为承包人或被挂靠人与分包人、次承包人或者挂靠人在合同中约定"收到建设单位工程款后向分包人、次承包人或挂靠人支付工程款"等类似内容的条款。之所以作出此类约定，主要是承包人利用自身的优势地位，将向建设单位收取工程款的风险转移给分包、次承包人、挂靠人。为表述方便，以下仅以分包关系为例。

（一）"背靠背条款"的性质

对于"背靠背条款"的性质，实务界存在不同的观点，一是认为建设单位负有支付工程款的义务，建设单位支付工程款只是时间长短问题，因此以建设单位付款作为承包人向分包人支付工程款的前提，属于附期限条款；二是认为建设单位向承包人付款，不是对时间的约定，而是对付款条件的约定，因此属于附条件条款。我国司法裁判一般认为属于附条件条款。如在《中国建筑某局（集团）有限公司、沈阳祺某市政工程有限公司建设工程施工合同纠纷二审民事判决书》〔最高人民法院（2020）最高法民终 106 号〕所涉案件中，最高人民法院就认为"背靠背条款"属于付款条件。

（二）"背靠背条款"的适用

1. "背靠背条款"原则上有效

大部分法院认为"背靠背条款"系双方当事人意思真实表示，属于平等民事主体间对自己民事权利的处置，符合《民法典》第一百四十三条的规定，应属有效条款。承包人在未收到发包人的工程款的情况下，可以依此拒绝分包人要求其工程款的主张。实践中，也有一种观点认为，虽然"背靠背条款"有效，但需承包人证明其已积极向发包人主张权利，方可作为拒绝分包人主张工程款的理由。在《中国建筑某局（集团）有限公司、沈阳祺某市政工程有限公司建设工程施工合同纠纷二审民事判决书》[最高人民法院（2020）最高法民终106号]所涉案件中，最高人民法院认为："关于'背靠背'付款条件是否已经成就，中建某局并未提供有效证据证明其在盖章确认案涉工程竣工后至本案诉讼前，已积极履行以上义务，对大某建设予以催告验收、审计、结算、收款等。中建某局主观怠于履行职责，拒绝祺某公司的诉求，始终未积极向大东建设主张权利，该情形属于《合同法》第四十五条第二款规定附条件的合同中当事人为自己的利益不正当地阻止条件成就的，视为条件已成就的情形"。

2. 大型企业与中小型企业签订的"背靠背条款"无效

2024年8月27日，最高人民法院正式发布并施行《最高人民法院关于大型企业与中小企业约定以第三方支付款项为付款前提条款效力问题的批复》（以下简称批复）。《批复》共两条，一条规定"背靠背条款"无效的条件，另一条规定"背靠背条款"无效的法律后果。

《批复》并未将所有的"背靠背条款"统统归于无效，而是作出了具体、明确的限定：①合同主体仅限于大型企业与中小型企业，且仅倾向于保护中小型企业；②合同内容仅限违反《保障中小企业款项支付条例》第六条、第八条的规定；③纠纷类型仅限建设工程领域的相关合同纠纷。只有同时满足以上三点的背靠背条款才符合《批复》的精神可被归于无效，其他背靠背条款的效力如何处理，《批复》未作出回应，故不可肆意扩大《批复》的适用，认为所有的"背靠背条款"均应归于无效。2024年7月29日，人民法院案例库新增三个涉及"背靠背条款"案例："广西某物资公司诉某工程公司买卖合同纠纷案""上海某建设公司诉上海某公司建设工程施工合同纠纷案""北京某建筑工程公司诉某建筑公司北京分公司、某建筑公司建设工程分包合同纠纷案"，三个案例均未对"背靠背条款"的效力进行评价，只是强调"背靠背条款"不能作为拒绝付款的抗辩理由。因此，在依据《批复》否定"背靠背条款"效力时，应采取审慎的态度，严格适用《批复》的适用条件。

第六章

司法鉴定

建设工程合同纠纷案件因涉及多方主体、证据材料繁多、法律关系复杂、专业技术性强等特点，案件处理较为困难。其中，工程造价、工程质量、工期延误、停工损失等问题是建设工程合同纠纷案件中的争议焦点。这些问题需要专业知识人员运用科学技术、专门知识进行鉴别、判断，并提供意见。实践中，对于是否应当启动鉴定、如何质证、采信鉴定意见等问题，各方认识不一。这些分歧导致建工案件的代理与审理均存在不确定性。

随着《民事诉讼法》《最高人民法院关于民事诉讼证据的若干规定》（以下简称《民事证据规定》，2019 年修正）《民事诉讼法司法解释》《委托鉴定审查工作规定》等法律法规的出台和更新，鉴定委托书的具体内容得到了进一步明确。上述法律法规确立了对鉴定事项、鉴定材料、鉴定机构、鉴定人、鉴定意见书的审查制度，完善了鉴定期限制度、鉴定人出庭作证制度，加强了对鉴定活动的监督。

本章分为八节，分别探讨鉴定程序的启动，鉴定阶段当事人及其代理人、鉴定人与裁判者的协作，工程造价鉴定，工期鉴定，工程质量鉴定，对鉴定意见的质证，补充鉴定和重新鉴定等。这些内容旨在为律师在代理建工案件及处理司法鉴定问题时提供指引及借鉴。

第一节　鉴定程序启动

一、鉴定概述

（一）鉴定的概念、种类

司法鉴定是指在诉讼或仲裁活动中，鉴定人运用科学技术或者专门知识对诉讼或仲裁涉及的专门性问题进行鉴别和判断并提供鉴定意见的活动。建设工程领域的司法鉴定，主要涉及工程造价、工期、工程质量、修复方案等专门性问题。依据《建设工程施工合同解释（一）》的相关规定，结合目前司法实践，建设工程纠纷司法鉴定的范围主要包括如下三类。

1. 工程造价鉴定

建设工程造价鉴定，是指诉争双方就案涉工程的价款无法达成一致的情况下，申请由专业鉴定机构对工程造价争议中涉及的专门性问题进行认定并提供鉴定意见的活动。工程造价鉴定是建设工程类鉴定中最为常见的一类鉴定，主要是因为工程价款能否顺利、及时、足额取得影响着承包人合同目的的实现，双方极易在结算时产生分歧。

2. 工期鉴定

建设工程合同纠纷实务中，工期鉴定也是一类常见的鉴定类型，是一项技术性和法理性都较强的鉴定工作。目前实务中的工期鉴定，一般涉及工期延误期间、归责、工程延误产生的损失等类型的鉴定。

3. 工程质量鉴定

建设工程合同履行过程中，工程质量问题也是引发争议的常见原因。包括工程质量是否符合合同约定或法定，质量问题应当如何确定修复方案，修复费用如何分担等问题。当发承包双方就上述问题无法达成一致时，可能会就此申请鉴定。

（二）自行委托"鉴定"和司法鉴定的区别

《民事诉讼法》中所称的鉴定，一般指的是司法鉴定。如无特殊说明，本章中所称的鉴定，亦指司法鉴定。司法鉴定是指在诉讼活动中鉴定人运用科学技术或者专门知识对诉讼涉及的专门性问题进行鉴别和判断并提供鉴定意见的活动。

《民事诉讼法》第七十九条规定："当事人可以就查明事实的专门性问题向人民法院申请鉴定。当事人申请鉴定的，由双方当事人协商确定具备资格的鉴定人；协商不成的，由人民法院指定。当事人未申请鉴定，人民法院对专门性问题认为需要鉴定的，应当委托具备资格的鉴定人进行鉴定。"鉴定意见是《民事诉讼法》第六十六条规定的证据形式之一，对于案件的结果可能具有重要影响。

司法实践中，一方当事人为了证明自己的诉请，自行就某些专门性问题委托相关单位或个人进行"鉴定"，并在诉讼中将该书面意见作为证据向法院提交。人民法院对此意见是否采信及如何采信存在争议。

最高人民法院民一庭认为，自行委托鉴定机构提供专业意见时，供专业机构使用的基础材料可能都是由当事人一方提供，难免作出有利于自己的取舍，造成鉴定结论不能客观、完全地体现争议事实的真实面貌。同时，鉴定人的鉴定资格、工作程序和方法等也没有接受对方当事人的监督，意见是否合法、准确，需要对方的认定。因此，对于当事人自行委托"鉴定"形成的书面意见，不能作为民事诉讼法规定的八种法定证据类型中的鉴定意见对待。虽然当事人自行委托"鉴定"形成的书面意见不能直接被采用，但可以准用私文书证的证据规则来处理。

二、鉴定的提出

司法鉴定应在对争议事实和鉴定事项范围明确后进行。司法鉴定程序的启动以当事人申请鉴定为主，法庭或仲裁庭依职权委托鉴定为补充。

（一）当事人申请鉴定

当事人如果认为案件存在需要鉴定的专门性问题，应当主动向法院或仲裁机构提出鉴定申请。法院或仲裁机构在审查申请后，如果认为有必要，应启动鉴定程序。当事人申请鉴定应当在举证期限届满前或者人民法院指定的期限内提出书面申请。申请书中应当载明需要鉴定的事项及需要通过鉴定意见证明的事实。需注意，申请鉴定的事项，若与争议事实没有关联，或者不涉及案件基本事实的认定，或者对讼争事项的裁量没有意义，缺乏鉴定必要性的，鉴定申请可能不会被准许。

《建设工程施工合同解释（一）》第三十二条第一款规定："当事人对工程造价、质量、修复费用等专门性问题有争议，人民法院认为需要鉴定的，应当向负有举证责任的当事人释明。当事人经释明未申请鉴定，虽申请鉴定但未支付鉴定费用或者拒不提供相关材料的，应当承担举证不能的法律后果。"所谓"释明"是指人民法院应当告知负有举证责任的当事人鉴定的必要性以及不鉴定的法律后果，根据职责从法律与事实上促使当事人举证，以便查清案件事实。法官的释明既是一种权利，又是一种义务。法官中立性原则不妨碍或否定释明权利和义务。释明对象为对该专门性问题相关的待证事实负有举证责任的一方当事人。如在《垫江县佳某美庭家居装饰有限公司、陈某某建设工程施工合同纠纷再审审查与审判监督民事裁定书》[最高人民法院（2017）最高法民申 4557 号]所涉案件中，最高人民法院认为："佳某美庭公司申请再审提交的《招标控制价》即为原审中佳某美庭公司举示的委托四川久某工程项目管理咨询有限公司作出的评估报告。由于该评估报告系佳某美庭公司单方委托形成，广东装某四川分公司对此不予认可，且在原审法院向佳某美庭公司释明之后，其未申请重新鉴定，故佳某美庭公司就广东装某四川分公司应承担整改费用的主张未完成举证义务，其关于整改费用的主张不能成立。因此佳某美庭公司应依据《招标控制价》认定广东装某四川分公司支付工程整改费用的申请再审事由不能成立，不予支持"。

（二）人民法院依职权启动鉴定程序

法院或仲裁机构审理案件时，如果发现存在需要鉴定的专门性问题，也可以依据职权主动启动鉴定程序。对于裁判者能否依职权启动鉴定程序，实务中存在一定争议，主要有以下两种观点。

1. 肯定说

鉴定意见属于民事诉讼证据的一种。当事人因客观原因不能自行收集的证据，或者人民法院认为审理案件需要的证据，人民法院有权进行调查收集。符合依职权调查收集证据条件的，人民法院应当依职权委托鉴定，在询问当事人的意见后，指定具备相应资格的鉴定人。

2. 否定说

当事人对自己提出的主张，有责任提供证据。当事人为向人民法院证明自己的主张，可以就查明事实的专门性问题向人民法院申请鉴定。经人民法院委托，鉴定人运用科学技术或专门知识就委托鉴定事项进行鉴别、判断后得出意见。在当事人诉辩对抗过程中，是否申请鉴定，属于当事人意思自治的范畴，人民法院不能依职权启动鉴定程序，否则将影响裁判的公正。

江苏省高级人民法院民一庭在制定《建设工程施工合同纠纷案件司法鉴定操作规程》时，特别强调了法院依职权启动鉴定的条件为"一般应限于案件涉及国家利益、社会公共利益或他人合法权益的情形。"《民事诉讼法司法解释》第九十六条第一款规定，法院依职权启动鉴定的主要涉及可能损害国家利益、社会公共利益，涉及身份关系、存在可能恶意串通损害他人合法权益等情形。若案件不属于《民事诉讼法司法解释》第九十六条规定的情形，法院不能依职权启动鉴定。

无论是哪种启动方式，鉴定程序都需要遵循一定的法定程序，确保鉴定过程的公正性和鉴定结果的权威性，保护当事人的合法权益。

三、鉴定的原则

（一）必要性原则

在诉讼或仲裁程序中，若争议事实涉及专门性问题，且当事人提供的证据无法满足高度盖然性的证明标准，无法确认争议事实，当事人提出司法鉴定申请的，法庭或仲裁庭得予以准许。若法庭或仲裁庭认为通过当事人所提供的证据已足以认定相关事实，则无需启动司法鉴定程序。

（二）关联性原则

人民法院应当根据查明待证事实的需要确定鉴定事项，鉴定事项应当与待证事实具有充分关联性，能够为查明待证事实提供依据。

（三）可行性原则

裁判者委托的司法鉴定事项，应当属于能够通过司法鉴定得出鉴定意见的事项。

（四）鉴定范围最小化原则

根据《建设工程施工合同解释（一）》第三十一条规定，"当事人对部分案件事实有争议的，仅对争议的事实进行鉴定，但争议事实范围不能确定，或者双方当事人请求对全部事实鉴定的除外"，可知人民法院在委托鉴定前应通过其他手段排除无争议项，只对有争议项进行鉴定。对于建设工程争议应先根据诉辩意见及当事人举证质证确定争议项，再对争议项进行鉴定。

四、鉴定事项、鉴定范围、鉴定依据

人民法院或仲裁机构准许当事人的鉴定申请后，应确定具备相应资质的鉴定人，并根据当事人申请及查明案件事实的需要，确定委托鉴定事项、鉴定范围、鉴定依据和鉴定期限。

（一）鉴定人的确定

人民法院或仲裁机构准许当事人鉴定申请的，应当组织双方当事人协商确定具备相应资质的鉴定人。当事人协商不成的，由人民法院或仲裁机构指定。符合依职权调查收集证据条件的，人民法院或仲裁机构应当依职权委托鉴定，鉴定机构的选定与当事人申请鉴定程序一致。

（二）鉴定事项、鉴定范围、鉴定目的和鉴定期限的确定

人民法院或仲裁机构在确定鉴定人后应当出具委托书，委托书中应当载明鉴定事项、鉴定范围、鉴定目的和鉴定期限。当事人对部分案件事实有争议的，仅对有争议的事实进行鉴定，但争议事实范围不能确定，或者双方当事人请求对全部事实鉴定的除外。

《建设工程施工合同解释（一）》第三十三条规定："人民法院准许当事人的鉴定申请后，应当根据当事人申请及查明案件事实的需要，确定委托鉴定的事项、范围、鉴定期限等，并组织当事人对争议的鉴定材料进行质证。"

五、鉴定机构的选定

《民事证据规定》第三十二条第一款规定："人民法院允许鉴定申请的，应当组织双方当事人协商确定具备相应资格的鉴定人。当事人协商不成的，由人民法院指定。"

确定鉴定机构时，首先应采取当事人协商的方式。协商应当遵循各方当事人自愿的原则，当事人应当在人民法院公布的名册中确定具备鉴定资质的机构，同时要承诺双方均与鉴定机构无利害关系。当事人协商一致选择鉴定机构的，人民法院应当审查协商选择的鉴定机构是否具备鉴定资质及符合法律、司法解释等规定。发现双方当事人的选择有可能损害国家利益、集体利益或第三方利益的，应当终止协商选择程序，由人民法院指定鉴定机构。

若双方当事人无法协商确定鉴定机构，人民法院可以通过摇号的方式随机确定鉴定机构。随机摇号优点在于选择面宽，随机性更大，有效避免了选择鉴定机构的盲目性、随意性和人为因素的干扰。参与摇号的鉴定机构虽然同属于一个执业资格类别的鉴定范围内，

但鉴定机构各自所擅长的专业领域不同，随机选定也可能会出现一些不确定因素。在需通过摇号的方式确定鉴定机构时，建议代理人就摇号等事项必须到场核实，就与双方当事人有利害关系的鉴定机构予以排除。建议代理人对选定的鉴定机构的相关资质进行核实，确定其具有从事相关鉴定的资质。

有少数观点认为，从事建设工程司法鉴定的机构应当完成司法鉴定机构登记、取得司法鉴定资质。《全国人民代表大会常务委员会关于司法鉴定管理问题的决定》明确了法医类、物证类、声像资料鉴定实行登记管理制度。其中，第二条第一款规定："国家对从事下列司法鉴定业务的鉴定人和鉴定机构实行登记管理制度：（一）法医类鉴定；（二）物证类鉴定；（三）声像资料鉴定……。"其第二条第一款第四项规定："根据诉讼需要由国务院司法行政部门商最高人民法院、最高人民检察院确定的其他应当对鉴定人和鉴定机构实行登记管理的鉴定事项"也实行登记管理制度。从 2005 年至今通过"商定"纳入的鉴定事项仅有"环境损害司法鉴定"。

到目前为止，形成了"四大类"需实行登记管理的司法鉴定事项，即法医类、物证类、声像资料类、环境损害类四类。

江苏省高级人民法院《关于确定委托鉴定机构的意见》指出，江苏省法院不再编制委托鉴定机构名册，建立全省法院统一使用的"委托鉴定机构电子信息平台"，两类主体可以自愿进入"平台"，一类是《国家司法鉴定人和司法鉴定机构名册》所列的法医、物证、声像资料类司法鉴定机构，另一类是符合相关行业资质等级标准的其他鉴定机构。

总而言之，除上述"四大类"之外的鉴定均不在统一管理范围之内。因此，对工程造价鉴定、工程质量鉴定、维修方案鉴定、价值鉴定等领域，在实践中仅需要取得各专业资质即可开展相关司法鉴定工作。

在选定鉴定机构的过程中及确定鉴定机构后，代理人应尤其注意是否存在鉴定机构需要回避的情形，并及时向法院提出。鉴定机构应当回避的具体规定包括以下几方面。

（1）《民事诉讼法》第四十七条规定："审判人员有以下情形之一的，应当自行回避，当事人有权用口头或者书面方式申请他们回避：（一）是本案当事人或者当事人、诉讼代理人近亲属的；（二）与本案有利害关系的；（三）与本案当事人、诉讼代理人有其他关系，可能影响对案件公正审理的。"

（2）《司法鉴定程序通则》第二十条规定："司法鉴定人本人或者其近亲属与诉讼当事人、鉴定事项涉及的案件有利害关系，可能影响其独立、客观、公正进行鉴定的，应当回避。司法鉴定人曾经参加过同一鉴定事项鉴定的，或者曾经作为专家提供过咨询意见的，或者曾被聘请为有专门知识的人参与过同一鉴定事项法庭质证的，应当回避。"

第二节　鉴定阶段当事人及其代理人、鉴定人与裁判者的协作

作为当事人与法官之间的沟通者，律师要做好法律与事实的衔接工作，及时将当事人手中掌握的证据材料妥善地传递给鉴定机构和法院，同时准确、全面、及时地向法院表达己方的观点，能够有效地推进案件办理进程和争议的解决。

一、鉴定材料的收集、组织、提交

在建设工程司法鉴定中收集并提供相关鉴定材料至关重要。以工程造价鉴定为例，常规的鉴定材料主要包括：当事人签订的合同（协议）、补充协议及备忘录等；施工图纸、设计修改、变更通知单、现场签证单、技术核定单、图纸会审记录等；工程预算书、工程结算书、工程款支付申报文件、工程款支付文件、结算协议书、造价信息材料及其他财务资料等；开工报告、竣工工程验收证明或其他能够证明实际开工、竣工时间的资料等；工程分部分项验收单、隐蔽工程验收记录等；当事人共同认定的主要材料、材料价格认定单、设备采购发票、加工订货合同以及建设单位供应的建筑材料、设备清单等；造价存在缺陷的鉴定材料，合同缺陷或者被迫让利的证据等；当事人共同认定的其他涉及该工程造价鉴定的照片、录音、录像等相关证据材料。建设工程司法鉴定材料的主要组成部分是经当事人质证并经法院认定的证据材料，这些证据材料也是鉴定人出具鉴定意见的鉴定依据。

《民事证据规定》第三十一条第二款规定："对需要鉴定的待证事实负有举证责任的当事人，在人民法院指定期间内无正当理由不提出鉴定申请或者不预交鉴定费用，或者拒不提供相关材料，致使待证事实无法查明的，应当承担举证不能的法律后果。"因此，当事人应当在人民法院或仲裁机构指定的时间内，提交鉴定材料。

二、针对鉴定人的证据清单补充提交的鉴定材料及证据

鉴定过程中鉴定人认为需要补充相关鉴定材料的，人民法院或仲裁机构应当要求当事人在指定的期限内提交，并按相关规定进行交换、质证。

三、参与现场勘验的注意事项

鉴定机构出具鉴定意见所依据的鉴定材料，大体上分为两方面，一是法院或仲裁机构移交给鉴定机构的各方当事人证据材料；二是鉴定机构通过现场勘验形成的勘验笔录。在双方当事人证据材料缺失较为严重的情况下，后者显得尤为重要，对鉴定结果存在直接影响。

工程案件中，现场勘验是委托鉴定程序的重要活动之一，在工程造价鉴定、工程质量鉴定中尤为常见。现场勘验所形成的勘验笔录，也是鉴定机构出具鉴定意见的重要依据。代理人除了应当熟悉建工案件委托鉴定中现场勘验的规则、作用、要求等，还应当发挥代理人在现场勘验活动中的引导、解释、说明以及把控风险等作用。在现场勘验过程中，律师应当注意以下几方面。

（1）告知当事人提前安排拟参加勘验的人员。参与现场勘验的人员应当是项目的负责人、实际参与项目施工的现场负责人，若勘验涉及某个具体工序、具体专业领域，应安排相关技术人员参加。

（2）律师可提前协助当事人准备相关资料，并在勘验过程中携带。相关资料主要包括但不限于：我方及其他各方的证据材料、项目施工图纸、竣工图纸以及其他相关施工资料等。勘验过程中，当存在疑问或者争议时，可以现场查看相关证据材料或核对图纸，及时向鉴定机构进行解释、说明。

（3）律师到达勘验现场时，需关注到场的鉴定人员身份，以便核实其是否具备相应的鉴定资质、是否与最终鉴定意见记载的鉴定人员相符。如发现鉴定人员缺乏相应鉴定资质，可以要求法院或仲裁机构不予采信鉴定意见或要求重新鉴定。

（4）在勘验前，提前将案涉事实、法律、合同条款进行逐一梳理，根据案件具体情况，预测鉴定人员可能会询问的问题，与当事人的项目管理人员、相关技术人员提前沟通、核实，以避免在勘验过程中无法及时回应鉴定机构或者做出想当然的答复而记入笔录，对己方产生不利影响。

（5）现场勘验完成后，当事人签署勘验笔录时，代理人要注意仔细核对笔录的基本内容，是否包括勘验的时间、地点、勘验人、在场人、勘验的经过和结果，对记载错误或者不准确的地方，要及时和鉴定机构沟通，并要求当场予以更改。此外，在鉴定机构人员、法院或仲裁机构人员允许的情况下，建议对勘验笔录拍照存档。

四、鉴定的效率和程序推进

代理的一方如需申请鉴定时，着重把控鉴定的几个关键节点，促进程序的推进，提升司法鉴定的效率，以求能最大限度地维护己方当事人的合法权益。具体需要把握如下事项：①在申请鉴定前应厘清鉴定的争议焦点，在《鉴定申请书》中明确申请鉴定的目的、范围、事项等；②注意审查鉴定机构的资质，注意核查鉴定人的资格和身份；③全面审查鉴定依据的证据，重视鉴定中的质证环节；④重视现场勘验工作；⑤重视对鉴定意见书征求意见稿的审查和回复；⑥重视对正式《鉴定意见书》的质证。

五、对鉴定意见征求意见稿的异议

鉴定机构在出具正式鉴定意见书之前，应提请委托人向各方当事人发出鉴定意见书征求意见稿和征求意见函，鉴定机构在收到当事人的复函后，鉴定人应依据复函中的异议及相应证据对征求意见稿进行复核、修改完善，直到对未解决的异议都能答复时，鉴定机构再向委托人出具正式鉴定意见书。

因此，在征求意见稿阶段，对于鉴定意见征求意见稿有异议，可以通过书面复函的形式提出，要求鉴定机构对提出的异议予以复核、修改或者说明。当事人对征求意见稿的异议应附相应证据或者依据的，鉴定人应对征求意见稿进行复核，作出调整或不调整的说明，出具最终鉴定意见。

根据《民事证据规定》第三十七条的规定，当事人在收到法院送达的鉴定意见书正式版后对鉴定意见书内容仍有异议的，可以在人民法院指定的期限内提出。人民法院应当要求鉴定人对当事人提出的异议作出解释、说明或者补充；当事人申请鉴定人出庭的，应当按照规定组织鉴定人到庭接受当事人质询。

第三节　工程造价鉴定

一、鉴定的资质

（一）工程造价鉴定机构的资质

建设工程鉴定机构属于行业主管，不属于司法部管理的司法鉴定机构范围。当事人主张建设工程鉴定机构未列入司法部司法鉴定机构名录，不具备鉴定资格的，不予支持。

《工程造价咨询企业管理办法》第四条规定："工程造价咨询企业应当依法取得工程造价咨询企业资质，并在其资质等级许可的范围内从事工程造价咨询活动"。所谓的资质等级许可指的就是工程造价咨询企业资质证书，共分为甲乙丙三级，甲级资质最高，丙级资质最低。甲级工程造价咨询企业可以从事各类建设工程项目的工程造价咨询业务，乙级工程造价咨询企业可以从事 2 亿元（2020 年 2 月 19 日前为 5000 万元）以下各类建设工程项目的工程造价咨询业务。

值得注意的是，2021 年 6 月 28 日，住房和城乡建设部办公厅发布的《关于取消工程造价咨询企业资质审批加强事中事后监管的通知》，明确自 2021 年 7 月 1 日起住房和城乡建设主管部门停止工程造价咨询企业资质审批，工程造价咨询企业按照其营业执照经营范围开展业务。因此，对于 2021 年 7 月之后开展的造价鉴定活动，鉴定机构的资质等级不会对鉴定资格产生实质性影响。

（二）造价工程师的资质演变

1996 年发布的《人事部、建设部关于印发〈造价工程师执业资格制度暂行规定〉的通知》（人发〔1996〕77 号，已失效）标志着国家开始实施造价工程师执业资格制度。根据 2018 年住房和城乡建设部、交通运输部、水利部和人社部四部印发的《〈造价工程师职业资格制度规定〉〈造价工程师职业资格考试实施办法〉的通知》，造价工程师进一步区分为一级造价工程师和二级造价工程师，并且专业由原来的土木建筑工程、安装工程 2 个专业变更为土木建筑工程、交通运输工程、水利工程和安装工程 4 个专业类别。一级和二级造价工程师的数量是造价咨询企业等级认定的重要条件之一。

除了造价工程师外，还有一种全国建设工程造价员资格证书，也属于造价鉴定人员资质。总体上，造价员是逐步向造价工程师过渡的。在 2018 年造价工程师改革前取得证书的也能进行工程造价鉴定。二者有以下区别：造价工程师属于国家依法设定的执业资格，系国家行政机关实施的行政许可，作为执业市场准入资格，依法享有相应造价文件的签字权并依法承担法律责任；而造价员是一种岗位设置，其证书属于职业水平证书，不具有行政许可的性质，也不是职业资格的市场准入资格，造价员的职责是协助造价工程师开展造价工作，不具有独立的造价文件签发权。

造价工程师资质对司法鉴定的影响如下。《注册造价工程师管理办法》（2020 年修正）第十八条规定："注册造价工程师应当根据执业范围，在本人形成的工程造价成果文件上签字并加盖执业印章，并承担相应的法律责任。最终出具的工程造价成果文件应当由一级注册造价工程师审核并签字盖章"。第二十条明确规定："注册造价工程师不得有下列行为：……（九）超出执业范围、注册专业范围执业"。也就是说，注册土木建筑工程专业的造价工程师，不得对交通运输工程、水利工程和安装工程进行鉴定，除非进行相应专业的增项考试并通过后完成注册。这在实践中具有非常重要的意义，当前，内部人员管理混乱的鉴定机构众多，跨专业鉴定的行为屡见不鲜，作为法律从业者，若想推翻鉴定报告，以造价工程师资质专业范围入手是可行的突破口。但审判实践中对于此仍有不同的裁判观点，在《八某建设集团有限公司、程某某建设工程合同纠纷二审民事判决书》[山东省烟台市中级人民法院（2019）鲁 06 民终 6182 号] 所涉案件中，八某集团上诉认为："鉴定报告中载明的鉴定人员宋某某、闫某某不具有合法鉴定资格，经查询住房和城乡建设部网站，二人均为土建专业的注册造价工程师，本案系安装工程，其二人无权进行鉴定。"被上诉人程某某辩称："关于鉴定的问题，鉴定机构经过法院委托，鉴定人员与鉴定机构均具有合法的鉴定资格，住房和城乡建设部的网站中没有对注册造价工程师进行专业的分类，两个鉴定人员都属于正常的执业状态。"法院认为："本案鉴定机构系由法院依法指定，并具有乙级资质证书，具有对涉案工程造价进行鉴定的相应资质，八某集团主张该公司无鉴定资质，与事实不符，本院不予支持。双方当事人均认可鉴定人员宋某某、闫某某均具有注册造价工程师资质，八某集团依据造价工程师执业考试的专业分类标准主张二人不具有本案司法鉴定资质，没有法律依据，本院不予支持。"在《贵州城某房地产开发有限公司、重庆伟某建筑工程集团有限公司建设工程施工合同纠纷二审民事判决书》[最高人民法院（2020）最高法民终371号]所涉案件中，最高人民法院认为："关于鉴定人员资质及鉴定意见质证程序问题。城某公司上诉主张《司法鉴定意见书》的鉴定人员不具备造价工程师（安装）资质，鉴定意见质证程序存在重大瑕疵，不能作为认定案涉工程款的依据。鉴定机构正某公司针对城某公司的异议作出说明，本案鉴定人员具备造价工程师执业资格，均从事造价咨询工作十年以上且具备高级工程师职称，《注册造价工程师管理办法》并未规定造价工程师的执业范围需按专业划分，《建设工程司法鉴定程序规范》关于鉴定机构指派鉴定人的规定中也无按专业指派的要求。城某公司向本院明确表示未找到鉴定人员应具有安装专业造价资质的相关依据，且对鉴定机构的解释无异议，故本院对其该项主张不予支持"。

以上案例显示，当事人就鉴定人员跨专业进行造价鉴定提出的异议，若鉴定内容无重大错误，该异议一般不足以说服法院重新进行造价鉴定。

二、工程造价鉴定的种类

（一）工程造价鉴定

工程造价鉴定，指鉴定机构接受人民法院或仲裁机构委托，在诉讼或仲裁案件中，鉴定人运用工程造价方面的科学技术和专业知识，对工程造价争议中涉及的专门性问题进行鉴别、判断并提供鉴定意见的活动。

江苏省高级人民法院民一庭于2015年出台的《建设工程施工合同纠纷案件司法鉴定操作规程》第二十七条规定："当事人对工程价款存在争议，既未达成结算协议，也无法采取其他方式确定工程款的，人民法院可以根据当事人的申请委托鉴定机构对工程造价进行鉴定"。

工程造价司法鉴定作为一种独立证据，是工程造价纠纷案调解和判决的重要依据，在建筑工程诉讼活动中起着至关重要的作用。

（二）索赔费用鉴定

索赔是指在工程合同履行过程中，合同当事人一方因非己方的原因而遭受损失，按合同约定或法律法规规定应由对方承担责任，从而向对方提出补偿的要求。双方当事人因索赔费用未能达成一致，可以申请索赔费用的造价鉴定。索赔费用鉴定中最为常见的是停窝工损失的鉴定。

《民法典》第八百零三条规定："发包人未按照约定的时间和要求提供原材料、设备、场地、资金、技术资料的，承包人可以顺延工程日期，并有权请求赔偿停工、窝工等损失。"《民法典》第八百零四条规定："因发包人的原因致使工程中途停建、缓建的，发包人应当采取措施弥补或者减少损失，赔偿承包人因此造成的停工、窝工、倒运、机械设备调迁、材料和构件积压等损失和实际费用。"

停窝工损失是指承包人在进入施工现场后，因非自身原因导致的不能按照合同约定或者设计安排进行施工，使施工进度慢于合同约定进度，由此给承包人造成的损失。

《建设工程造价鉴定规范》GB/T 51262—2017 第 5.8.3 条对暂停施工产生的费用鉴定进行了如下规定："当事人对暂停施工索赔费用有争议的，鉴定人应按以下规定进行鉴定：1. 合同中对上述费用的承担有约定的，应按合同约定作出鉴定；2. 因发包人原因引起的暂停施工，费用由发包人承担，包括：对已完工程进行保护的费用、运至现场的材料和设备的保管费、施工机具租赁费、现场生产工人与管理人员工资、承包人为复工所需的准备费用等；3. 因承包人原因引起的暂停施工，费用由承包人承担"。其中第 2 款列举了因发包人原因暂停施工时，索赔费用所包含的鉴定事项。

如果停工时间过长，已超出合理期限，在《建设工程造价鉴定规范》GB/T 51262—2017 第 5.8.3 条所列举的鉴定事项的基础上，承包人还可以索赔以下费用：①遣散费用：一般为将遣散已雇佣的农民工所需的费用；②周转材料撤场费用：包括将施工现场的周转材料（如脚手架、模板等）转移至其他工地或存储地点所需的拆卸、运输和重新组装的费用；③施工机械撤场费用：将大型施工设备从施工现场撤离并转移的费用；④预期利润损失：由于工程提前终止，承包人无法获得原本预期在工程完工后的利润，因此可以向发包人索赔这部分损失。

《江苏省高院建设工程施工合同纠纷案件司法鉴定操作规程》也对停、窝工损失的鉴定进行了规定，人民法院根据当事人申请，委托鉴定机构对窝工损失进行鉴定时，应先根据当事人的举证确定因发包人责任导致工程暂停施工的期间；若无法确定，应召开鉴定准备会征询鉴定人的意见，鉴定人认为鉴定不具备条件的，不予鉴定。

停、窝工损失鉴定内容包括以下几方面：①保护、保管暂停施工部分的工程或全部工程的费用；②由于暂停施工而引起的、必需的安全费用；③项目经理部人员的工资及进入施工现场生产工人的工资；④由于暂停施工而引起的需延期租赁的施工机械和施工机具租赁费用；⑤为暂停施工部分的工程复工所必需的准备费用。

发包人向承包人主张迟延竣工违约责任，承包人以增加合同工作内容导致工期延长进行抗辩，但提交的证据不足以证明的，应由承包人对工期申请鉴定。实践中，停、窝工损失是在出现工期延误后以索赔方式进行主张，但若发承包双方无法达成一致意见，当事人可就暂停施工索赔费用向鉴定机构申请司法鉴定。

（三）工程变更鉴定

工程变更鉴定也是造价鉴定的一项重要内容。它指合同工程实施过程中，由发包人提出，或由承包人提出，经发包人批准，致使合同工程的工作出现增、减、取消，或施工工艺、顺序、时间发生改变，设计图纸的修改，施工条件变化，以及因招标工程量清单的错漏而引发合同条件改变、工程量增减的情况。双方当事人对上述工程变更事项引起价款增减产生的争议，由鉴定机构根据合同及施工文件计算变更价款的过程。

（四）预期可得利益鉴定

《民法典》第五百八十四条规定："当事人一方不履行合同义务或者履行合同义务不符合约定，造成对方损失的，损失赔偿额应当相当于因违约所造成的损失，包括合同履行后可以获得的利益；但是，不得超过违约一方订立合同时预见到或者应当预见到的因违约可能造成的损失"。该条款中所称的"损失赔偿额应当相当于因违约所造成的损失，包括合同履行后可以获得的利益"便是通常所说的"可得利益损失"。

在实践中，承包人主张"可得利益损失"大多是因为发包人违约解除合同或者发包人将承包人承包范围内的部分工程另行发包给他人实施，继而承包人就未实施的部分工程内容主张可得利益损失的赔偿。

（五）质量修复费用鉴定

质量修复费用鉴定是因质量问题引发的，质量存在问题，鉴定出质量修复方案后，由造价鉴定部门进行质量修复费用鉴定。审判实务中较为常见的是两种情形，一是工程竣工验收合格，承包人索要工程款，发包人提出存在质量问题，双方对此产生争议，发包人申请质量鉴定及成因鉴定，此时的质量鉴定为保修期质量鉴定，请求权基础是《建设工程质量管理条例》第四十一条："建设工程在保修范围和保修期限内发生质量问题的，施工单位应当履行保修义务，并对造成的损失承担赔偿责任"。质量鉴定结果显示存在质量问题，并且与承包人的施工行为存在因果关系，则需进一步鉴定质量修复方案，修复方案确定后再进行修复费用鉴定。二是工程施工过程中，发包人认为存在质量问题，承包人不修复，也不认可发包人主张，发包人可申请质量鉴定，确实存在质量问题，可由承包人修复，若承包人不修复或多次修复仍不能达到合同要求，发包人不同意其再修复的，则可申请修复方案鉴定并进行修复费用鉴定。此项的请求权基础是《民法典》第八百零一条规定："因施工人的原因致使建设工程质量不符合约定的，发包人有权请求施工人在合理期限内无偿修理或者返工、改建"。

在《张家口建某工程集团有限公司等建设工程施工合同纠纷二审民事判决书》[北京市高级人民法院（2020）京民终80号]所涉案件中，北京市高级人民法院有以下观点："关于玫某美公司的第3项（请求判令张家口建某集团承担案涉工程经鉴定质量不合格所需的修复、返工、改造费用）上诉请求。本院认为，建设工程施工合同无效且建设工程经竣工验收不合格的，应按照以下情形分别处理：（一）修复后的建设工程经竣工验收合格，发包人请求承包人承担修复费用的，应予支持；（二）修复后的建设工程经竣工验收不合格，承包人请求支付工程价款的，不予支持。案涉工程经鉴定虽存在部分质量问题但均可修复，为此一审法院委托鉴定机构制定了加固和修复方案，确定了修复费用（10840520.93元）。一审法院综合考虑以下几点：①案涉工程闲置系因玫某美公司原因；②闲置时间长，鉴定单位对于部分质量问题的成因无法确定是施工质量问题还是建设方养护不当造成，即玫某美公司对工程质量问题负有一定的责任；③张家口建某集团撤场后，客观上丧失了由其承担加固和修复工作的机会。一审法院判定张家口建某集团承担的工程修复费用为8400000元，具有合理性，本院予以维持"。

在司法实践中，有法院认为，对工程质量保修期内的质量缺陷可以通过保修制度解决，不需要对质量缺陷的修复方案和修复费用进行鉴定，例如，［江苏省高级人民法院（2016）苏民终1056号］案件持这种观点。也有法院认为，在工程质量保修期内，承包人不认可质量问题是施工原因导致，发包人可以根据工程质量缺陷鉴定结果申请修复方案及修复费用鉴定，例如，［安徽省芜湖市中级人民法院（2017）皖02民终171号］案件持这种观点。

在《蒋某某与连云港俊某房地产发展有限公司、江苏大某建设集团有限公司建设工程施工合同纠纷二审民事判决书》［江苏省高级人民法院（2016）苏民终1056号］所涉案件中，江苏省高级人民法院认为："关于俊某公司上诉提出的一审法院未采纳俊某公司对本案工程质量进行修复及修复费用鉴定的申请属于程序违法的问题。本案工程已经通过了分户验收，俊某公司与大某公司之后也就工程交付、质量及综合验收问题协商一致，认可工程质量合格且由俊某公司负责竣工验收，大力公司予以提交资料等方面的配合。虽然工程交付时，俊某公司认可质量合格，但并不因此免除施工人的质量保修责任。本案建设工程施工合同约定了质保金且在蒋某提起本案诉讼时质保金并未退还。蒋某某亦答辩提出经一审委托鉴定确定的质量问题属于保修范围内的问题。一审判决认定俊某公司提出的质量问题，应当依法通过主张保修责任处理，并无不当"。

在《德某镁汽车部件（芜湖）有限公司与芜湖伟某建设有限公司建设工程施工合同纠纷二审民事判决书》［安徽省芜湖市中级人民法院（2017）皖02民终171号］所涉案件中，芜湖市中级人民法院认为："关于德某镁公司一审主张538604.78元损失及鉴定评估费用66000元应否支持的认定。涉案工程存在屋面渗水质量问题，已经鉴定单位出具的报告证实，且在涉案工程的质量保修期内，伟某建设公司对此应承担维修义务。伟某建设公司上诉认为讼争的质量问题是因德某镁公司不当使用所致，但所举证据不足以证明其上诉理由成立，且与一审法院委托鉴定结论相悖，故不予采信。《合同法》第一百零七条规定，当事人一方履行合同义务不符合约定的，应当承担继续履行、采取补救措施或者赔偿损失等违约责任。伟某建设公司对涉案工程存在施工质量明确予以否认，且认为该维修并不是其应承担的维修义务，只同意在德某镁公司全额支付工程款的条件下帮助维修，故德某镁公司要求伟某建设公司直接赔偿维修费损失并不违反法律规定。根据安徽大某司法鉴定所提供的修复方案意见以及安徽博某工程咨询有限公司接受一审法院委托出具的维修工程造价鉴定意见，涉案工程因屋面渗水所致的工程维修费为538604.78元，德某镁公司因此支付鉴定费用66000元，一审法院判决由伟某建设公司承担上述损失符合法律规定，伟某建设公司该部分的上诉请求亦不能成立"。

三、造价鉴定提供的材料

（一）建设工程计价依据

造价鉴定的材料主要包括两部分，鉴定人自备材料和委托人、当事人提交材料，根据《建设工程造价鉴定规范》GB/T 51262—2017 第4条，相关内容如下。

4.1　鉴定人自备

4.1.1　鉴定人进行工程造价鉴定工作，应自行收集适用于鉴定项目的法律、法规、规章和规范性文件。

4.1.2　鉴定人应自行准备与鉴定项目相关的标准规范，若工程合同约定的标准规范不是国家或行业标准，则应由当事人提供。

4.1.3　鉴定人应自行收集与鉴定项目同时期、同地区、相同或类似工程的技术经济指标以及各类生产要素价格。

4.2　委托人移交

4.2.1　委托人移交的证据材料应包含但不限于下列内容：

1　起诉状（仲裁申请书）、反诉状（仲裁反申请书）及答辩状、代理词；

2　证据及《送鉴证据材料目录》（格式参见本规范附录E）；

3　质证记录、庭审记录等卷宗；

4　鉴定机构认为需要的其他有关资料。

鉴定机构接收证据材料后，应开具接收清单。

4.2.2　委托人向鉴定机构直接移交的证据，应注明质证及证据认定情况，未注明的，鉴定机构应提请委托人明确质证及证据认定情况。

4.2.3　鉴定机构对收到的证据应认真分析，必要时可提请委托人向当事人传达要求补充证据的函件。

4.2.4　鉴定机构收取复制件应与证据原件核对无误。

鉴定机构收集的材料并非能一次收集齐全，鉴定过程中，鉴定人可根据鉴定需要提请委托人通知当事人补充证据。但补充的鉴定证据必须经案件双方质证后被法院认证，方可作为鉴定依据，对委托人转交，但未经质证的证据，鉴定人应提请委托人组织质证并确认证据的证明力。送鉴证据材料目录见表6-1。

送鉴证据材料目录 表 6-1

选择项	序号	材料名称	选择项	序号	材料名称
☐	1	起诉状（仲裁申请书）	☐	22	工程质量检测报告
☐	2	反诉状（仲裁反申请书）	☐	23	工程计量单
☐	3	答辩状、代理词	☐	24	工程结算单
☐	4	地质勘察报告	☐	25	进度款支付单
☐	5	工程招标、投标文件	☐	26	工程结算审核书
☐	6	施工组织设计	☐	27	合同约定的主要材料价格
☐	7	中标通知书	☐	28	甲供材料、设备明细
☐	8	工程监理合同	☐	29	侵权损害赔偿的有关资料
☐	9	建设工程施工合同	☐	30	当事人存在争议事实
☐	10	开工报告			
☐	11	施工图设计文件审查报告			
☐	12	施工图纸（或竣工图纸）			
☐	13	图纸会审记录			
☐	14	设计变更单			
☐	15	工程签证单			
☐	16	工程变更单			
☐	17	工程洽商记录			
☐	18	工程会议纪要			
☐	19	工程验收记录			
☐	20	单位工程竣工报告			
☐	21	单位工程验收报告			

（二）鉴定方法

鉴定项目可以划分为分部分项工程、单位工程、单项工程的，鉴定人应当分别进行鉴定后汇总。实践中，以分部分项工程的分类出具鉴定报告的，鉴定报告中对土建、安装、水电等会分别汇总鉴定金额；以单位工程的分类出具鉴定报告的，是考虑到发包人按批次验收，每栋楼有单独的单位工程开、竣工时间点，对每栋楼进行单独的鉴定便于当事人双方核对，这时，就应汇总单位工程鉴定金额；若项目为一个单独的建筑整体，则鉴定单位会按单项工程出具鉴定报告，汇总该单项工程各项人工、材料、机械等价格。

需要说明的是，造价鉴定的资料来源及建设工程的复杂性使得鉴定机构的鉴定意见有时会出现较大分歧。实践中，鉴定机构在收到鉴定资料后会先出具一版初稿（征求意见稿），在发承包双方就初稿提出异议后，根据异议情况决定是否调整初稿内容，并出具终稿。对于争议暂不能确定的，鉴定意见可以分为无争议部分和有争议部分。根据案情需要，在征得法院同意后，鉴定单位也可能出具选择性意见，提供两版不同计算方式得出的金额，供法院判决时进行选择。

四、争议项或选择性意见的应对思路

根据《建设工程造价鉴定规范》GB/T 51262—2017，鉴定意见分为三种类型：确定性意见、推断性意见、选择性意见。确定性意见指的是当鉴定项目或者鉴定事项内容事实清楚，证据充分时，鉴定机构应作出确定性意见；推断性意见指的是当鉴定项目或者鉴定事项内容客观，事实较清楚，但证据不够充分时，鉴定机构应当作出推断性意见；选择性意见指的是当鉴定项目合同矛盾或鉴定事项中部分内容证据矛盾，人民法院暂不明确要求鉴定人分别鉴定的，鉴定机构可分别按照不同的合同约定或证据，作出选择性意见，由人民法院最终判断。

鉴定人给出三种不同的建议意见，核心问题还是在于能否提供完整鉴定检材，故建设工程鉴定的核心还是证据。其中，以招标投标资料、合同、图纸、签证、往来函件、施工组织计划、监理日志、验收资料等较为关键。案件当事人完整提供上述材料再结合现场勘验，就能较好地反映案涉工程基本情况，确保鉴定人出具确定性或推断性意见。

鉴定机构接受鉴定委托，应当出具肯定或否定的确定性鉴定意见，原则上不得出具选择性鉴定意见。鉴定机构认为只能出具选择性鉴定意见的，应及时以书面方式与委托法院进行沟通。委托法院同意出具选择性鉴定意见的，鉴定机构方可出具选择性鉴定意见。

第四节　建设工期鉴定

建设工程施工合同纠纷中，工期争议占有一定的比例。承包人主张工程价款的案件中，可能会同时主张停工损失，发包人则会以承包人工期违约为由进行抗辩或提起反诉。对此，涉及工期争议的案件需要对停工事实、逾期事实、停工或逾期的原因、期间等进行查明。

一、鉴定资质的争议现状

目前，相关法律、法规以及司法解释中并没有关于工期鉴定资质管理方面的规定。

《建设工程造价鉴定规范》GB/T 51262—2017 第 5.7 节"工期争议的鉴定"进行了规定。《建筑安装工程工期定额》TY 01-89-2016 为现行有效的工期定额。中国工程建设标准化协会制定的《建设工程工期延误量化分析标准》于 2024 年 6 月 1 日起施行，但该标准仅为团体标准，并非国家标准或交易习惯。

根据《工程造价咨询企业管理办法》第 15 条、第 20 条关于"工程造价咨询机构、人员的业务范围"的规定，工期事项并不属于造价咨询机构执业范围。基于目前尚无工期鉴定的资质，司法实践中，委托何种机构进行工期鉴定，不同法院有不同的做法。大多数法院选择委托具有工程造价咨询资质的机构进行工期鉴定，也有部分学者、律师基于监理的主要职责是对建设工期监督，认为委托工程监理机构进行工期鉴定更加合适。委托具有资质的全过程工程咨询企业进行工期司法鉴定也较为常见。

二、建设工程工期鉴定的举证责任分配

工期鉴定的主要目的是解决工期延误所引发的争议，工期延误在建设工程施工合同纠纷中通常表现为请求和抗辩的双重性。承包人主张工程款时，发包人可能以工期延误为由提出抗辩或反请求，承包人也可能在主张工程款的同时主张工期索赔。

司法实践中，发包人要求承包人承担工期延误的违约责任的举证责任较为简单，一般只需举证合同约定工期和实际工期用以证明工期延误的天数，以及合同约定的工期延误的违约责任的承担。承包人需举证证明工期延误的责任并非承包人自身原因造成。

（一）顺延工期鉴定一般应由承包人提出申请

《建设工程施工合同（示范文本）》GF—2017—0201 通用合同条款第 7.5.2 条规定："因承包人原因造成工期延误的，可以在专用合同条款中约定逾期竣工违约金的计算方法和逾期竣工违约金的上限。承包人支付逾期竣工违约金后，不免除承包人继续完成工程及修补缺陷的义务。"对承包人而言，主张工期索赔或为了抗辩工期延误并非承包人原因或并非全系承包人原因造成，需要承担举证责任。承包人可以从工期延误全部或部分系发包人原因、第三方原因、法定事由或约定事由、不可抗力及意外事件等所导致的方面考虑和举证，主张工期应当顺延。顺延工期鉴定（即工期能否顺延及可顺延天数鉴定）应由承包人提出鉴定申请。

（二）承包人就工期延误的举证方向

合同履行中，因下列情况导致工期延误和（或）费用增加的，由发包人承担由此延误的工期和（或）增加的费用，且发包人应支付承包人合理的利润：①发包人未能按合同约定提供图纸或所提供图纸不符合合同约定的；②发包人未能按合同约定提供施工现场、施工条件、基础资料、许可、批准等开工条件的；③发包人提供的测量基准点、基准线和水

准点及其书面资料存在错误或疏漏的；④发包人未能在计划开工日期之日起 7 天内同意下达开工通知的；⑤发包人未能按合同约定日期支付工程预付款、进度款或竣工结算款的；⑥监理人未按合同约定发出指示、批准等文件的；⑦专用合同条款中约定的其他情形。因发包人原因未按计划开工日期开工的，发包人应按实际开工日期顺延竣工日期，确保实际工期不低于合同约定的工期总日历天数。因发包人原因导致工期延误需要修订施工进度计划的，按照《建设工程施工合同（示范文本）》GF—2017—0201 第 7.2.2 条（施工进度计划的修订）执行。

当事人对鉴定项目因设计变更顺延工期有争议的，鉴定人应参考施工进度计划，判别是否因增加了关键线路和关键工序的工程量而引起工期变化，如增加了工期，应相应顺延工期；如未增加工期，工期不予顺延。当事人对鉴定项目因工期延误索赔有争议的，鉴定人应先确定实际工期，再与合同工期对比，以此确定是否延误以及延误的具体时间。对工期延误责任的归属，鉴定人可从专业鉴别、判断的角度提出建议，最终由委托人根据当事人的举证判断确定。

三、工期鉴定和损失鉴定的衔接

（一）工期鉴定的启动、内容

初步认定存在工期延误、具备索赔要件但难以判定工期延误责任主体或者难以确定具体延误时间和费用等情况，当事人可以申请工期鉴定。

《建设工程施工合同解释（一）》第三十二条规定："当事人对工程造价、质量、修复费用等专门性问题有争议，人民法院认为需要鉴定的，应当向负有举证责任的当事人释明"。在确定应由哪一方当事人申请鉴定时，法庭或仲裁庭主要考虑举证责任的分配。故工期鉴定可以由当事人主动申请启动，也可以由法庭或仲裁庭在认为有必要时主动向负有举证责任的当事人释明。

《建设工程造价鉴定规范》GB/T 51262—2017 第 5.7 条"工期索赔争议的鉴定"规定的工期鉴定内容包括：开工日期、项目工期、实际竣工时间、工期是否延误及延误时间、工期延误责任归属、工期延误索赔等。针对发包人在签订施工合同时不合理压缩工期，可以通过鉴定合理项目工期来推翻原合同工期。根据《最高人民法院关于印发全国民事审判工作会议纪要的通知》规定，要依法维护通过招标投标方式所签订的中标合同的法律效力。当事人违反工程建设强制性标准，任意压缩合理工期、降低工程质量标准的约定，也应认定无效。《最高人民法院第八次全国法院民事商事审判工作会议（民事部分）纪要》第 30 条再次规定，当事人违反工程建设强制性标准，任意压缩合理工期、降低工程质量标准的约定，应认定无效。

第五节　工程质量鉴定

工程质量鉴定是指在诉讼或仲裁活动中鉴定机构接受人民法院或仲裁机构的委托，指派鉴定人员运用建设工程相关知识和技术标准对有质量争议的工程进行调查、勘验、检测、分析、复核、验算、判断，并由鉴定机构出具鉴定意见的活动。

工程质量鉴定分为三个阶段，第一阶段是鉴定工程质量是否符合国家标准、行业规范及合同约定标准，若不符合，责任应当由谁承担；第二阶段是当工程质量存在缺陷时，由鉴定机构确定修复方案；第三阶段是鉴定机构针对修复方案所需费用进行造价鉴定，三个阶段是递进的关系。当然，并非所有质量纠纷都存在上述三个阶段。

一、鉴定的资质

鉴定人的资质要求和回避情形详见本章第一节第五小节"鉴定机构的选定"。目前，国家和地方对于工程质量鉴定资质、资格没有专门的规定，实践中就工程质量鉴定的资格认定主体也不统一，例如，通过公开信息查询，可查到如下资质。①建设行政主管部门核发的"建设工程质量检测机构资质""房屋质量检测资格"。②水利行政主管部门核发的"水利工程质量检测单位资质"。③市场监督管理行政主管部门、中国国家认证认可监督管理委员会核发的"检验检测机构资质"。④中国合格评定国家认可委员会颁发的"认可证书"。⑤上海质量体系审核中心核发的"质量管理体系认证证书"。

2023 年 3 月 31 日，住房和城乡建设部印发的《建设工程质量检测机构资质标准》（建质规〔2023〕1 号）规定：建设工程质量检测机构的资质标准包括检测机构资历及信誉、主要人员、检测设备及场所、管理水平等内容。检测机构资质分为两个类别：综合资质和专项资质，不区分等级。综合资质是指包括全部专项资质的检测机构资质。专项资质包括建筑材料及构配件、主体结构及装饰装修、钢结构、地基基础、建筑节能、建筑幕墙、市政工程材料、道路工程、桥梁及地下工程等 9 个检测机构专项资质。无论是综合资质还是专项资质在资质及信誉、人员配备、检测设备及场所要求、管理水平上均有明确的规定和要求。

对一般的质量缺陷由进入人民法院目录的、具备行政主管部门核发的检测资质的工程质量检测机构进行质量鉴定即可。对疑难、复杂工程质量缺陷的鉴定，建议人民法院或仲裁机构选定通过计量认证（China Metrology Accreditation，CMA）、实验室认可（China National Accreditation Service for Conformity Assessment，CNAS）的具备质量检测与检验资质的质量鉴定机构，建议鉴定机构指派具有注册建筑师、注册结构师、注册建造师等资质的人员从事鉴定工作。

需要注意的是，针对工程修复方案鉴定，鉴定机构还应当取得建设行政主管部门核准的相应工程设计资质。《建设工程勘察设计管理条例》第八条规定："建设工程勘察、设计单位应当在其资质等级许可的范围内承揽建设工程勘察、设计业务。禁止建设工程勘察、设计单位超越其资质等级许可的范围或者以其他建设工程勘察、设计单位的名义承揽建设工程勘察、设计业务。"

二、举证责任分配

《建设工程施工合同解释（一）》第三十二条规定："当事人对工程造价、质量、修复费用等专门性问题有争议，人民法院认为需要鉴定的，应当向负有举证责任的当事人释明。当事人经释明未申请鉴定，虽申请鉴定但未支付鉴定费用或者拒不提供相关材料的，应当承担举证不能的法律后果。一审诉讼中负有举证责任的当事人未申请鉴定，虽申请鉴定但未支付鉴定费用或者拒不提供相关材料，在二审诉讼中申请鉴定，人民法院认为确有必要的，应当依照民事诉讼法第一百七十条第一款第三项的规定处理。"

（一）发包人申请质量鉴定的情形

建设工程验收合格，或者虽没有竣工验收，但发包人擅自使用的，发包人请求对承包人所承建的工程质量进行鉴定的，一般不予支持。涉及地基基础和主体结构的工程质量，只有在发包人对地基基础和主体结构的安全性提供重大缺陷的足够证据后，才可以启动鉴定。并且，鉴定范围应该严格限于对地基基础和主体结构的安全性是否符合规范进行鉴定。工程质量保修期内出现质量缺陷，承包人拒绝承担保修责任，发包人可以申请质量鉴定及成因鉴定。

最高人民法院审理的中建某局集团有限公司、山东玖某海洋产业股份有限公司建设工程施工合同纠纷案［（2018）最高法民终 947 号］中，最高人民法院认为："虽然玖某公司认可涉案工程已被使用或者另行组织施工，但根据《最高人民法院关于审理建设工程施工合同纠纷案件适用法律问题的解释》第十三条'建设工程未经竣工验收，发包人擅自使用后，又以使用部分质量不符合约定为由主张权利的，不予支持；但是承包人应当在建设工程的合理使用寿命内对地基基础工程和主体结构质量承担民事责任'规定，中建某局仍应对涉案工程主体结构质量承担责任。经鉴定，涉案工程主体结构存在质量问题，修复费用为 3685422.02 元。故中建某局应支付玖某公司涉案工程主体结构质量修复费用 3685422.02 元。"二审法院支持了一审法院的裁判观点。

在贵州鸿某腾建筑工程有限责任公司、贵州正某新材料科技有限公司建设工程施工合同纠纷案［（2021）黔 27 民终 953 号案件］中，黔南布依族苗族自治州中级人民法院认为："虽然案涉工程已经竣工验收，并投入使用，但厂区土建工程属基础工程，不能免除鸿某腾建筑公司在合理期限内的质量担保义务。因双方对案涉工程质量相关问题存在争议，根据正某新材料公司的申请，一审法院依法委托……分别对案涉工程中的土建工程质量、强夯地基强夯质量、工程质量修复方案、工程质量修复费用进行鉴定。上述鉴定机构均具备相应的鉴定资质，作出的评估鉴定结论，均是依据委托鉴定事项和经双方质证的鉴定材料，并根据相关规范，通过现场勘查、调查、分析、计算后得出，鉴定程序合法"。

（二）承包人申请质量鉴定的情形

根据已有证据能够证明质量不符合合同约定，承包人主张并非施工原因导致但提交的证据不足以证明的，应当由承包人申请质量问题成因鉴定。

（三）法院依职权启动鉴定的情形

依据《民事诉讼法》第七十九条和《民事诉讼法司法解释》第九十六条的规定，若建设工程质量问题涉及公共利益以及人民群众生命健康和财产安全的，当事人对工程质量是否合格存在争议的，即使当事人没有申请质量鉴定，人民法院也可以依职权启动质量鉴定程序。

三、鉴定事项及范围

（一）鉴定事项

鉴定事项是指鉴定项目工程质量争议中涉及的问题，若通过当事人举证无法达到高度盖然性证明标准，则需要对其进行鉴别、判断并提供鉴定意见的争议项目。

《最高人民法院关于人民法院民事诉讼中委托鉴定审查工作若干问题的规定》第1条规定："严格审查拟鉴定事项是否属于查明案件事实的专门性问题，有下列情形之一的，人民法院不予委托鉴定：（1）通过生活常识、经验法则可以推定的事实；（2）与待证事实无关联的问题；（3）对证明待证事实无意义的问题；（4）应当由当事人举证的非专门性问题；（5）通过法庭调查、勘验等方法可以查明的事实；（6）对当事人责任划分的认定；（7）法律适用问题；（8）测谎；（9）其他不适宜委托鉴定的情形。"

人民法院在审理建设工程合同纠纷案件中对外委托和组织司法鉴定工作，应当认真审查拟鉴定事项是否属于待查明案件事实的专门性问题。有关工程价款数额的确定和工程质量等方面的问题，如果当事人不能协商一致或者通过其他方式达成解决方案，人民法院可以根据当事人的申请对外委托鉴定。对于明显不属于专门性事实问题的，依法不应委托鉴定。拟鉴定事项所涉鉴定技术和方法没有科学可靠性的，也不应委托鉴定。委托鉴定的，应根据鉴定事项的难易程度、鉴定材料准备情况等，合理确定鉴定期限；鉴定机构、鉴定人因特殊情况需要延长鉴定期限的，应提出书面申请，由人民法院根据具体情况决定是否延长。

《中国建设工程施工合同法律全书词条释义与实务指引》中将确定鉴定事项的一般原则归纳为以下几方面：第一，关联性原则。委托鉴定的事项应当与当事人所争议的待证事实具有关联性，能够达到证明待证事实的目的；第二，可行性原则。鉴定事项应当属于能够通过鉴定得出结论的事项，以及不存在鉴定程序难以实施的客观障碍；第三，鉴定范围最小化原则。裁判者在委托鉴定前应尽量排除无争议项，只对有争议项进行鉴定。建议对待证事实能不通过鉴定就可以确定的，则不作鉴定；能够进行部分鉴定的，则不进行全部鉴定；必须通过鉴定才能确定的，应当事先做好鉴定方法、鉴定依据的论证与确认，事先认定鉴定必需的基础性技术资料；第四，鉴定过程参与原则。鼓励鉴定人员提供鉴定程序的中间成果；鼓励当事人对鉴定人员提供的中间成果充分发表意见，尽可能地减少鉴定次数，严格限制重复鉴定。

（二）鉴定范围

《建设工程施工合同解释（一）》第三十一条规定："当事人对部分案件事实有争议的，仅对有争议的事实进行鉴定，但争议事实范围不能确定，或者双方当事人请求对全部事实鉴定的除外。"从该条文可见，鉴定范围是指案件中有争议的事实。就鉴定范围来说，应当遵循必要性、关联性、可行性的原则，排除无争议项，只对争议项进行鉴定，但争议事实范围不能确定，或者双方当事人请求对全部事实鉴定的除外。

（三）鉴定事项与鉴定范围的区别与联系

实务中常将鉴定事项与鉴定范围混为一谈，但二者并不全然相同。鉴定范围是指有争议的事实，但并非全部有争议的事实都需要鉴定或者可以鉴定，只有基于鉴定范围针对涉及专业知识的争议问题，法官或仲裁员无法依据法律知识、日常逻辑经验进行认定，需要委托鉴定机构依据专业技术和能力给出专业意见的具体问题才是鉴定事项，也就是说，鉴定事项是包括在鉴定范围中的。

四、质量鉴定及成因鉴定、修复方案鉴定、修复造价鉴定

如上所述，工程质量鉴定分三个阶段，第一阶段是质量鉴定及成因鉴定；第二阶段是修复方案鉴定；第三阶段是修复造价鉴定。

质量鉴定与成因鉴定，主要判断是否存在质量问题。若存在质量问题，需认定导致质量问题的技术成因和责任归属。常见的技术成因有以下几方面：①勘察文件存在缺陷，包括不符合法律法规的强制性规定、勘察技术规范、质量标准等；②设计文件存在缺陷，包括设计文件不符合国家法律法规规范的强制性规定，设计方案存在错误或者不合理等；

（二）损失鉴定（停窝工损失，人、材、机差价损失，财务成本损失，利润损失）

工期迟延责任在谁，最终归结在损失谁承担问题。若是因发包人导致工期延长的，则承包人有权向发包人主张工期延长产生的损失。若因承包人导致工期延长，则发包人可向承包人索赔工期延长损失。

1. 因发包人导致工期延误，承包人的索赔

承包人应对停工事实负举证义务，法官一般通过审查签证、工作联系函、政府环保管控文件、监理日志、施工日志等查明是否存在停工事实及相应天数。承包人主张的停工原因大多为发包方未按约支付进度款、新冠疫情、大气污染防控等。通过审查施工过程中承包人递交的进度款申请表、发包人实际付款情况等认定是否存在延迟支付进度款的事实；通过审查政府主管部门下发的新冠疫情管控文件、环保管控文件、施工项目环保管控工作群，并结合实际施工情况认定是否存在因新冠疫情、大气污染防控停工的事实。

因发包人导致工期延长时，承包人可以索赔的事项通常包括以下几个方面。①人工费损失，包括停窝工期间工人的工资、工资上涨的成本、工人遣散费用等。需要提供工人名单、工资发放记录、考勤表等证据来证明损失。②材料费损失，涉及因工期延长导致的材料价格上涨带来的成本增加。③机械费损失，包括因工期延长导致的机械设备租赁费用、钢管、扣件等周转材料租赁费用增加。④管理费损失，包括管理人员工资、办公费等。⑤利润损失，因工期延长导致的利润损失。⑥设备和材料的积压损失，因停窝工导致的设备和材料积压，可能产生的额外存储费用或资金占用成本等。

值得注意的是，即使是发包人违约，承包人也负有防止损失扩大的义务。若发包人已明显无履行意愿、无履行能力或客观上已不具有继续履行施工合同的可能，承包人应及时采取措施防止停工损失持续增加，对于明显超过合理期限的停工损失，不应支持。

2. 因承包人导致工期延误，发包人的索赔

因承包人导致工期延误、逾期交工，如发包人拟进行索赔，则发包人应对逾期交工事实负举证义务，法官通过审查开工通知、开工报告、双方往来函件、监理日志、工地会议纪要、竣工验收报告、实际交付使用等证据，查明实际开工、竣工时间，认定是否存在逾期交工的事实。

发包人可以索赔的常见内容有：①违约金，如果合同中有约定，发包人可以要求承包人支付因工期延误而产生的违约金；②第三方索赔，如果工期延长导致发包人对第三方违约，发包人支付给第三方的违约金或赔偿金可以向承包人索赔，如发包人向房屋买受人实际支付的逾期交房损失；③资金占用成本，工期延长可能导致发包人的资金占用时间增加，从而增加了融资成本，这部分费用可以要求承包人赔偿；④发包人项目人员管理开支；⑤额外的监理费用，由于工期延长，可能需要额外的监理服务，这部分增加的费用可以向承包人索赔；⑥租金损失、经营损失等。

③施工材料存在质量问题或不符合设计要求；④施工操作不当或错误、管理缺陷等。

当案件确定质量存在问题后，双方对修复方案无法达成一致意见时，需要进行修复方案鉴定。对于严重质量缺陷，原则上由原设计单位编制修复方案，鉴定机构有同等及以上设计资质时，也可以编制修复方案。针对轻微质量缺陷，可以由第一阶段的质量鉴定与成因鉴定机构直接编制修复方案。

修复方案确定后，如果承包人拒绝按照修复方案维修，或者双方已无合作、信任的基础，发包人拒绝由承包人进行修复，则需进行修复造价鉴定，且发包人一般也会提出该鉴定要求。对于修复造价鉴定，在本章第三节已进行了详细论述，在此不再展开。

第六节　对鉴定意见的质证

鉴定意见包括最终的鉴定意见书（正式稿）和征求意见稿，甚至有些疑难复杂案件中，鉴定机构会出具多份征求意见稿后定稿。因此，对征求意见稿和最终的鉴定意见书，代理人都应当认真应对，就鉴定程序、鉴定依据、鉴定机构的资质、鉴定意见与案件的关联性等充分发表意见。

《建设工程施工合同解释（一）》第三十四条规定："人民法院应当组织当事人对鉴定意见进行质证。鉴定人将当事人有争议且未经质证的材料作为鉴定依据的，人民法院应当组织当事人就该部分材料进行质证。经质证认为不能作为鉴定依据的，根据该材料作出的鉴定意见不得作为认定案件事实的依据。"

一、鉴定资质的审查

《关于人民法院民事诉讼中委托鉴定审查工作若干问题的规定》规定："人民法院选择鉴定机构，应当根据法律、司法解释等规定，审查鉴定机构的资质、执业范围等事项。当事人协商一致选择鉴定机构的，人民法院应当审查协商选择的鉴定机构是否具备鉴定资质及符合法律、司法解释等规定。发现双方当事人的选择有可能损害国家利益、集体利益或第三方利益的，应当终止协商选择程序，采用随机方式选择。人民法院委托鉴定机构指定鉴定人的，应当严格依照法律、司法解释等规定，对鉴定人的专业能力、从业经验、业内评价、执业范围、鉴定资格、资质证书有效期以及是否有依法回避的情形等进行审查。特殊情形人民法院直接指定鉴定人的，依照前款规定进行审查。"

因此，代理人在质证时第一步要做的就是核实鉴定机构、鉴定人是否具有相应的资质，具体资质要求详见前文描述。需要提醒注意的是，尤其修复方案鉴定需要着重关注鉴定机构是否具有相应的设计资质。笔者代理的一起案件中，建设单位将案涉项目的周边配套市政分包给某市政公司施工，该工程项目属于市政工程，后因维修方案和费用产生争议诉至法院，法院组织选定了某设计公司作为鉴定机构，但该设计公司在超出其资质等级许可范围的情况下承揽建设工程设计业务。案涉工程为市政行业道路工程，按照《建设工程勘察设计资质管理规定》和《工程设计资质标准》（已被修订），只能由具有"工程设计综合资质"或者符合等级要求的"市政工程设计行业资质"的主体进行维修方案设计。经"人民法院对外委托专业机构专业人员信息平台"和"全国建筑市场监督公共服务平台"查询，该设计公司仅仅具有"工程设计建筑行业（建筑工程）甲级"和"工程设计风景园林工程设计专项乙级"两项资质，并不具有上述资质要求。

如果鉴定人不具备相应资格，申请重新鉴定的，可以依据《关于人民法院民事诉讼中委托鉴定审查工作若干问题的规定》第四十条规定，要求鉴定人退还已经收取的鉴定费。

二、鉴定程序性事项的审查

（一）鉴定程序是否合法、规范

1. 是否签订承诺书

《最高人民法院关于人民法院民事诉讼中委托鉴定审查工作若干问题的规定》第三十四条规定，人民法院应当要求鉴定机构在接受委托后 5 个工作日内，提交鉴定方案、收费标准、鉴定人情况和鉴定人承诺书。重大、疑难、复杂鉴定事项可适当延长提交期限。鉴定人拒绝签署承诺书的，人民法院应当要求更换鉴定人或另行委托鉴定机构。《民事证据规定》第三十三条规定，在鉴定开始之前，法院应当要求鉴定人签署承诺书。承诺书是为了约束鉴定人，确保鉴定人公正、客观、诚实地进行鉴定。当然，未签署承诺书并不当然导致鉴定报告无效。

2. 是否存在无正当理由超期延期情形

《司法鉴定程序通则》第二十八条规定，司法鉴定机构应当在与委托人签订司法鉴定协议书之日起 30 个工作日内完成委托事项的鉴定。鉴定事项涉及复杂、疑难、特殊的技术问题或者检验过程需要较长时间的，经本机构负责人批准，完成鉴定的时间可以延长，延长时间一般不得超过 30 个工作日。司法鉴定机构与委托人对完成鉴定的时限另有约定的，从其约定。若存在无正当理由超期延期情形且经人民法院准许，当事人可申请另行委托鉴定的，原鉴定机构、鉴定人应退回已经收取的鉴定费用。

依据《最高人民法院关于人民法院民事诉讼中委托鉴定审查工作若干问题的规定》第四十条规定，在鉴定程序严重违法时，当事人申请重新鉴定的，人民法院应当准许，并且鉴定人收取的费用应当退还。若鉴定意见存在瑕疵，可以通过补正、补充鉴定或者补充质证、重新质证等方法解决，人民法院不予准许重新鉴定的申请。

（二）是否存在鉴定人回避的情形

《民事诉讼法》第四十七条规定，存在以下情形之一的，鉴定人应当自行回避，当事人有权申请回避："（一）是本案当事人或者当事人、诉讼代理人近亲属的；（二）与本案有利害关系的；（三）与本案当事人、诉讼代理人有其他关系，可能影响对案件公正审理的。"

《司法鉴定程序通则》第二十条规定："司法鉴定人本人或者其近亲属与诉讼当事人、鉴定事项涉及的案件有利害关系，可能影响其独立、客观、公正进行鉴定的，应当回避。司法鉴定人曾经参加过同一鉴定事项鉴定的，或者曾经作为专家提供过咨询意见的，或者曾被聘请为有专门知识的人参与过同一鉴定事项法庭质证的，应当回避。"

代理人应尤其注意是否存在上述鉴定人需要回避的情形，并及时向法院申请。若存在应当回避但未回避情形的，鉴定结论无效，可以进行重新鉴定。重新鉴定时，按照《司法鉴定程序通则》第二十条规定，参加过同一鉴定事项的初次鉴定的或者在同一鉴定事项的初次鉴定过程中作为专家提供过咨询意见的司法鉴定人应当回避。

三、鉴定意见的审查

（一）鉴定依据是否充分

鉴定依据是指鉴定项目适用的法律、法规、规章、专业标准规范和依据，当事人提交经过质证并经委托人认定或者当事人一致认可后用作鉴定的证据。鉴定依据包括规范依据和合同依据。

规范依据是指形成鉴定意见必须依据的技术标准、技术规范和技术方法，是整个司法鉴定的核心和准绳。《司法鉴定程序通则》第二十三条规定："司法鉴定人进行鉴定，应当依下列顺序遵守和采用该专业领域的技术标准、技术规范和技术方法：（一）国家标准；（二）行业标准和技术规范；（三）该专业领域多数专家认可的技术方法。"代理人在针对鉴定依据的充分性进行质证时，应当关注以下几点：鉴定适用规范是否符合上述顺序规则；适用规范是否与鉴定项目相符以及适用规范是否有效。采用的技术标准是否恰当非常重要。

合同依据也是鉴定依据中非常重要的一部分，这里的合同依据并不仅仅指合同文本本身，还包括了招标投标文件、中标通知书、施工图纸、合同履行过程中产生的往来函件等。值得注意的是，合同依据有时会和规范依据产生冲突，比如对于工程质量的标准，双方可能另行约定与国家强制性规范不同的标准。如果合同中约定的标准低于国家规定的强制性标准，仍然依据国家标准进行鉴定，如果合同约定的标准高于国家标准，则需要参照双方合同中的关于质量标准的特殊约定。

（二）是否超范围鉴定

关于委托范围的质证，主要考虑两方面的内容。首先，鉴定范围是否属于当事人委托的范围，鉴定机构应当依据鉴定事项开展鉴定工作，不得超出委托范围鉴定。其次，鉴定范围是否属于法律问题，鉴定机构是否越权导致以鉴代审，鉴定机构应当仅针对事实问题进行鉴定，法律问题属于裁判者应当裁决的事项，例如，如果案涉项目存在几种质量标准的争议，鉴定机构不得直接确定以何种标准作为依据，采纳何种质量标准应为裁判者决定。

四、鉴定意见与待证事实是否具有关联性

鉴定意见是指鉴定人根据鉴定依据，运用科学技术和专业知识，经过鉴定程序就工程造价、质量、工期等争议事项的专门性问题作出的鉴定结论，主要表现为鉴定意见书、补充鉴定意见书等。鉴定意见作为证据，必须符合证据的衡量标准，即真实性、合法性、关联性。鉴定意见的关联性主要在于鉴定材料要与案件事实具有关联性。

五、鉴定意见不能作为证据的情形

（一）鉴定依据的材料未经质证

《建设工程施工合同解释（一）》第三十四条规定，人民法院应当组织当事人对鉴定意见进行质证。鉴定人将当事人有争议且未经质证的材料作为鉴定依据的，人民法院应当组织当事人就该部分材料进行质证。经质证认为不能作为鉴定依据的，根据该材料作出的鉴定意见不得作为认定案件事实的依据。

例如，在《四川希某建设集团有限公司、付某等建设工程施工合同纠纷民事再审民事裁定书》[最高人民法院（2021）最高法民再 316 号]所涉案件中，最高人民法院认为："原审判决据以认定案涉工程造价的《鉴定意见书》相关鉴定材料未经依法质证，属于严重违反法定程序之情形。《鉴定意见书》'二、鉴定依据'第 5、7、8、9、10 项均是鉴定机构据以确定工程价款的基础性材料，原一审法院没有将上述当事人存在争议的鉴定材料进行质证，就将其移送鉴定机构，原二审法院也未进行补充质证，属违法剥夺当事人辩论权利的情形，不符合民事诉讼辩论原则。因相关鉴定材料未经质证，原审法院认定'沈阳南路硬化路面拆除及恢复工程'和'部门单位院内硬化路面的破除与恢复施工'等相应的工程款造价，依据并不充分，致基本事实不清。"因此，代理人在对鉴定结论进行质证时，首先应当关注鉴定报告列出的鉴定依据，尤其是需要当事人提交的鉴定材料，是否经过质证。

（二）鉴定意见不明确或论证不充分

按照鉴定意见的确定性程度，可以将鉴定意见分为确定性意见、推断性意见和意见不

明确三种类型。建设工程案件中的鉴定专业性强，因存在专业知识的局限，若鉴定结论不明确会直接影响裁判者对鉴定结论的理解和采纳，甚至会发生弃用鉴定意见的情况。《关于人民法院民事诉讼中委托鉴定审查工作若干问题的规定》第 11 条规定："如鉴定意见书有下列情形之一的，视为未完成委托鉴定事项，人民法院应当要求鉴定人补充鉴定或重新鉴定：（1）鉴定意见和鉴定意见书的其他部分相互矛盾的；（2）同一认定意见使用不确定性表述的；（3）鉴定意见书有其他明显瑕疵的。补充鉴定或重新鉴定仍不能完成委托鉴定事项的，人民法院应当责令鉴定人退回已经收取的鉴定费用"。因此，若鉴定意见不明确，出现模棱两可的结论或者论证相互矛盾的情形，该鉴定意见即存在重大瑕疵，不应当被采纳。

例如，福建省高级人民法院 2022 年发布的《福建法院建设工程施工合同纠纷十大典型案例》提出："鉴定机构对当事人争议的工程造价出具不明确的意见，不能据以认定待证事实的，不能作为证据使用，应根据《民事证据规定》第四十条的规定，要求鉴定机构对鉴定结论作出解释、说明或者补充，明确其意见，并出庭接受当事人的质询。否则，应责令其退还鉴定费用，并依照《民事诉讼法》的规定对鉴定机构进行处罚。"

（三）鉴定意见书格式存在重大错误

依据《关于人民法院民事诉讼中委托鉴定审查工作若干问题的规定》，代理人在拿到鉴定意见书后，要审查鉴定意见书的内容和形式是否正确，即下述内容是否准确：①委托法院的名称；②委托鉴定的内容、要求；③鉴定材料；④鉴定所依据的原理、方法；⑤对鉴定过程的说明；⑥鉴定意见；⑦承诺书。其中，需要尤其关注鉴定意见书是否有鉴定人签名或者盖章，是否附有鉴定人的相应资格证明。实践中存在这样一种情况：法院委托的鉴定机构为 A 公司，但在 A 公司出具的鉴定报告的落款处加盖了"A 公司司法鉴定所"的公章。在出具的鉴定报告中错误加盖公章，属于主体错误，该鉴定报告应当被认定为无效，不可作为定案的依据。

六、鉴定人拒不出庭接受质询的后果

《证据若干规定》第三十七条规定："人民法院收到鉴定书后，应当及时将副本送交当事人。当事人对鉴定书的内容有异议的，应当在人民法院指定期间内以书面方式提出。对于当事人的异议，人民法院应当要求鉴定人作出解释、说明或者补充。人民法院认为有必要的，可以要求鉴定人对当事人未提出异议的内容进行解释、说明或者补充"。

若代理人在收到鉴定意见后有异议的，可以依据《民事证据规定》第三十八条规定和《民事诉讼法》第八十一条规定，向法院申请鉴定人出庭。若人民法院认为鉴定人有必要出庭的，也可以通知鉴定人出庭。

鉴定人出庭作证的，应当就鉴定事项如实答复当事人的异议和审判人员的询问。当庭答复确有困难的，经人民法院准许，可以在庭审结束后书面答复。人民法院应当及时将书面答复送交当事人，并听取当事人的意见。必要时，可以再次组织质证。若鉴定人拒不出庭作证，人民法院可以依据《民事诉讼法》第八十一条之规定，不采纳鉴定意见，同时应当建议有关主管部门或者组织对拒不出庭作证的鉴定人予以处罚。若当事人因鉴定人拒不出庭作证而申请重新鉴定的，人民法院应当准许。

第七节　补充鉴定和重新鉴定

一、补充鉴定

《民事证据规定》第四十条第三款规定："对鉴定意见的瑕疵，可以通过补正、补充鉴定或者补充质证、重新质证等方法解决的，人民法院不予准许重新鉴定的申请。"此条指明了鉴定意见瑕疵补正、补充鉴定或者补充质证、重新质证与重新鉴定程序的区别，强调启动重新鉴定程序的高门槛，保障了其作为司法救济鉴定争议的严谨性，同时也符合合理管控重新鉴定的司法鉴定管理发展趋势。

补充鉴定是针对原鉴定过程的扩张和继续，是对原鉴定中存在的局部性、个别性的瑕疵进行的补充、修正和完善的再鉴定活动，以更明确、更全面反映特征事实，得出更为可靠的结论的鉴定行为。《司法鉴定程序通则》第三十条规定："有下列情形之一的，司法鉴定机构可以根据委托人的要求进行补充鉴定：①原委托鉴定事项有遗漏的；②委托人就原委托鉴定事项提供新的鉴定材料的；③其他需要补充鉴定的情形。补充鉴定是原委托鉴定的组成部分，应当由原鉴定人进行。"

补充鉴定仅是在原鉴定意见的基础上进行修改、补充、完善，并不涉及一个新鉴定程序的开启，因此，不会像重新鉴定那样极易造成鉴定资源的浪费与司法程序的诉累。需要说明的是，虽然我国《仲裁法》并未明确规定补正鉴定、补充鉴定，但《仲裁法》第七条规定，仲裁应当根据事实，符合法律规定，公平合理解决纠纷。故仲裁也应参照诉讼程序允许补正鉴定和补充鉴定。

二、重新鉴定

（一）重新鉴定的理由

最高人民法院发布的《民事证据规定》第四十条规定："当事人申请重新鉴定，存在下列情形之一的，人民法院应当准许：（一）鉴定人不具备相应资格的；（二）鉴定程序严重违法的；（三）鉴定意见明显依据不足的；（四）鉴定意见不能作为证据使用的其他情形。存在前款第一项至第三项情形的，鉴定人已经收取的鉴定费用应当退还。拒不退还的，依照本规定第八十一条第二款的规定处理。"对鉴定意见的瑕疵，可以通过补正、补充鉴定或者补充质证、重新质证等方法解决的，人民法院不予准许重新鉴定的申请。重新鉴定的，原鉴定意见不得作为认定案件事实的根据。启动重新鉴定的理由主要包括以下四种情形：①鉴定人不具备相应资格的；②鉴定程序严重违法的；③鉴定意见明显依据不足的；④鉴定意见不能作为证据使用的其他情形。

1. 鉴定人不具备相应资格

关于鉴定人的资格问题前文已经详细阐述。由于鉴定人资格是保障鉴定意见具有可行性、可靠性、合理性的前提条件，无论是《民事诉讼法》及相关司法解释，还是《民事证据规定》，均规定法院应当委托具备资格的鉴定人进行鉴定，因此，鉴定意见的出具主体不具备相应鉴定人资格的，当然能够成为申请重新鉴定的正当性理由。

2. 鉴定程序严重违法

鉴定程序违法的情形相对较多，如鉴定材料未经法庭质证、被委托的鉴定机构未经当事人双方协商一致或按规定进行选定、鉴定主体未依法回避以及法院超出法定范围依职权启动鉴定、鉴定材料采集环节程序违法、鉴定人员组成程序违法等。由于鉴定程序是实现鉴定意见科学合理性与真实可靠性的必备前提，故针对不符合规定程序作出的鉴定意见，当事人有权提出重新鉴定的申请。

3. 鉴定意见明显依据不足

在实务中，"鉴定意见明显依据不足"主要包括以下情形：①鉴定意见明显违反客观规律；②鉴定意见与当事人提供的证据明显不一致；③鉴定意见违反基本的鉴定方法、相关专门性问题的普遍原理。符合客观规律、基本鉴定方法、普遍原理是使鉴定意见具备客观性、科学性的前提条件；鉴定意见与当事人提供的送鉴材料保持一致亦是鉴定意见具备客观性、真实性的基本前提，若违背上述前提，鉴定意见则失去了被采信的基础，当事人也有充分理由提起重新鉴定申请。

（二）对一审鉴定意见的上诉

在实务中，当事人对一审法院委托鉴定人所作的鉴定意见不服，提起上诉并申请重新鉴定的，二审法院是否准许呢？在最高人民法院民事审判第一庭编的《民事审判实务问答》中有明确回答，具体如下。

对于当事人对一审法院委托鉴定人所作的鉴定意见不服，提起上诉并申请重新鉴定的，有观点认为，应先组织当事人对所提证据进行质证，听取双方的异议和理由，由合议庭依法进行确认。如果异议成立，原鉴定结论确实存在问题的，视具体情况，或补充鉴定，或对原鉴定结论中某一部分不予采信；如果原鉴定结论存在原则错误的，可以重新鉴定。也有观点认为，委托鉴定应当视为法院调查取证的范畴，对于一审鉴定有误、不明确或应当重新鉴定的，属于一审判决认定事实不清，证据不足，应当发回重审，二审不作重新鉴定。还有观点认为，虽然当事人在二审中有要求重新鉴定的权利，但二审重新鉴定不能以当事人的申请为依据，二审可以直接要求一审鉴定单位复议，或参加二审的质证。

对此，最高人民法院有以下观点。首先，应当审查上诉人在一审时有无对该鉴定意见提出异议，一审法院有无对该异议进行审理，如要求鉴定人提供说明，在说明仍不能解决争议时，根据当事人的申请组织鉴定人出庭接受询问等。如果上述审理步骤并未完成，二审应当予以审查，通过审查确定该异议是否成立。其次，如果经过审查，可以通过补正、补充鉴定或补充质证、重新质证等方法解决上诉人对鉴定意见的异议的，则二审法院应当就此开展审理活动，从而在实质上解决当事人的矛盾纠纷，对案件的相关基本事实作出实体判断，而不应当通过发回重审这种审理成本较高、解决矛盾纠纷效果较差的方式来处理。如果经审查，上诉人对鉴定意见所提异议的理由成立，足以排除该鉴定意见的采信的，相关专门性问题应当通过重新鉴定予以查明。此时，是否由二审法院径行按照相关法律、司法解释的规定委托有资质的鉴定人重新鉴定，还是发回一审法院对相关案件事实进行重新查明，则应当根据案件的具体情况处置。

例如，在《安康市长某建筑（集团）有限公司、五矿二十三某建设集团有限公司等建设工程施工合同纠纷其他民事民事裁定书》[最高人民法院（2021）最高法民申4546号]所涉案件中，最高人民法院认为："一审中的鉴定意见系依法作出，一审法院据此认定本案事实，并无不当。《最高人民法院关于民事诉讼证据若干规定（2019年修正）》第四十条规定：'当事人申请重新鉴定，存在下列情形之一的，人民法院应当准许：……（二）鉴定程序严重违法的；（三）鉴定意见明显依据不足的……'，一审对长某公司的重新鉴定申请未予答复虽有不妥，但并不构成程序严重违法的情形，故本案鉴定工作不宜重新进行"。

又如，在《安徽通某建设集团有限公司、淮南市重点工程建设管理中心等建设工程施工合同纠纷民事申请再审审查民事裁定书》[最高人民法院（2021）最高法民申5136号]所涉案件中，最高人民法院认为："关于应否重新鉴定。《最高人民法院关于民事诉讼证据若干规定（2019年修正）》第四十条第一款规定：'当事人申请重新鉴定，存在下列情形之一的，人民法院应当准许：（一）鉴定人不具备相应资格的；（二）鉴定程序严重违法的；（三）鉴定意见明显依据不足的；（四）鉴定意见不能作为证据使用的其他情形。'关于鉴定人员与鉴定程序是否合法。本案鉴定系由当事人申请、一审法院依法委托有鉴定资质的鉴定机构对案涉工程造价进行鉴定。根据一、二审查明，鉴定人员系鉴定机构聘用人员，具备造价员资质，河南林某公司不存在与鉴定人员私下接触影响鉴定公正中立的情形，鉴定程序合法规范，且鉴定人出庭接受质询，故案涉鉴定意见书应当作为认定本案事实的依据。"因此，未采信安徽通某公司的重新鉴定主张。

第七章

建设工程价款优先受偿权

《民法典》第八百零七条规定："发包人未按照约定支付价款的，承包人可以催告发包人在合理期限内支付价款。发包人逾期不支付的，除根据建设工程的性质不宜折价、拍卖外，承包人可以与发包人协议将该工程折价，也可以请求人民法院将该工程依法拍卖。建设工程的价款就该工程折价或者拍卖的价款优先受偿"。这是现行建设工程价款优先受偿权的法律渊源。

自 1999 年《合同法》第二百八十六条创设建设工程价款优先受偿权制度以来，到《民法典》时代，该项制度的基本法律规定除个别文字的调整外并无变化。如何正确运用该项制度，依法解决实务中的优先受偿权纠纷，司法实践一直处于摸索、完善当中。最高人民法院为了明确适用规则，自 2002 年至 2023 年间，先后公布了最高院《优先权批复》、最高院《装饰装修工程优先权函复》、《建设工程施工合同解释（二）》（已废止）、《建设工程施工合同解释（一）》及《商品房消费者权利保护批复》等司法解释性质文件，并通过指导案例和相关庭室专业法官会议纪要，逐步限缩了权利主体的范围，限定了行权期限并逐步调整完善，进一步明确了权利范围等。但是，由于司法实践具有复杂性，实务当中仍然会出现无规则时如何处理、有规则时如何适用等争议，本章将从权利主体、义务主体、客体、行使期限、权利范围、行使方式、权利冲突和限制放弃等七个方面，为律师代理建工案件及处理优先受偿权问题时提供分析和指引。

第一节　优先受偿权的权利主体

《民法典》第八百零七条规定，承包人为优先受偿权的权利主体，但对"承包人"的内涵和外延没有作出明确界定。按照法律对于建设工程合同的定义，建设工程合同是承包人进行工程建设，发包人支付价款的合同，承包人的核心义务是工程建设。但是现实情况是多样化的，承包人在具体情形下能否作为权利主体这一问题存在争议，如施工合同有效或者无效中的承包人，总分包合同中的总承包人和分包人，挂靠、转包、违法分包等情形下的承包人和实际施工人等，不一而足。

建设工程合同的承包人包括工程勘察、设计和施工的承包人，但一般情形下，优先受偿权的权利主体仅限于工程施工的承包人，工程勘察、设计的承包人不在此列。但代理实务中，应注意在工程总承包等特殊情形下，勘察费、设计费与工程施工价款一并结算，此时，工程总承包人属于优先受偿权的权利主体。

本节从《民法典》第八百零七条出发，结合《建设工程施工合同解释（一）》第三十五条规定，对优先受偿权的权利主体进行分析指引。

一、承包人

最高人民法院在司法解释和批复中，逐渐限定了承包人的范围。从《建设工程施工合同解释（二）》（已废止）到《建设工程施工合同解释（一）》均规定："与发包人订立建设工程施工合同的承包人，依据民法典第八百零七条的规定请求其承建工程的价款就工程折价或者拍卖的价款优先受偿的，人民法院应予支持"，将优先受偿权的权利主体限定为与发包人订立建设工程施工合同的承包人。

同时，最高人民法院通过一次批复和两次司法解释逐步明确了装饰装修工程的承包人可以作为优先受偿权的权利主体，最高人民法院《装饰装修工程优先权函复》《建设工程施工合同解释（二）》（已废止）和《建设工程施工合同解释（一）》均规定："装饰装修工程具备折价或者拍卖条件，装饰装修工程的承包人请求工程价款就该装饰装修工程折价或者拍卖的价款优先受偿的，人民法院应予支持。"综上，最高人民法院目前明确的优先受偿权的权利主体为与发包人订立建设工程施工合同的承包人和装饰装修工程的承包人。

但是，最高人民法院对赋予装修装饰工程的承包人权利主体地位设置了限制条件，最高人民法院《装饰装修工程优先权函复》载明，装修装饰工程的发包人不是该建筑的所有权人或者承包人与该建筑物的所有权人之间没有合同关系的除外。《建设工程施工合同解释（二）》（已废止）第十八条规定："装饰装修工程的承包人，请求装饰装修工程价款就该装饰装修工程折价或者拍卖的价款优先受偿的，人民法院应予支持，但装饰装修工程的发包人不是该建筑物的所有权人的除外"。最高人民法院相关庭室在其编著的对该解释的理解与适用一书中认为，承包人与所有权人之间没有合同关系和发包人不是所有权人的限制作用基本相同，故两者取其一，只限定发包人不是所有权人。综上，在发包人与建设工程对应建筑物的所有权人不一致时，原则上承包人不享有优先受偿权。此时，作为承包人的代理人，应明确知晓司法解释的原意，发包人不是所有权人这一限制条件的产生实质上是由于装饰装修工程无法单独处理。如果处理装饰装修工程，必然涉及第三人即所有权人的建筑物，损害第三人利益。

另外，值得探讨的是，与装饰装修工程的承包人地位类似的承包人是否能作为优先受偿权的权利主体。在发包人平行发包时，发包人将建设工程的土建等其他专业工程发包给多个承包人施工时，在同一建设工程中存在总承包人和多个专业工程的承包人。最高人民法院没有明确规定平行发包时装饰装修工程以外其他类专业工程承包人是否有权主张优先受偿权。在实务中，此类承包人应尽量主张优先受偿权，如果承包人与发包人直接订立合同，可直接适用前述规定；否则，基于优先受偿权的立法理念，平行发包时的承包人仍然在《民法典》规定的承包人范畴，尤其是在相同情况下，应当赋予装饰装修工程的承包人优先受偿权，前提是该部分工程具备可拍卖条件。所以，除非不满足可拍卖条件，否则，应当赋予平行发包时的承包人同等的权利保护地位。

在《四川中某煤炭建设（集团）有限责任公司、成都泓某嘉泰房地产有限公司建设工程施工合同纠纷民事再审民事判决书》[最高人民法院（2021）最高法民再188号]所涉案件中，最高人民法院认为，《合同法》第二百八十六条规定的享有优先受偿权的承包人所完成的工程并不局限于单独的建筑物或构筑物，如装饰装修工程的承包人也享有优先受偿权。对于同一建设工程，由于工程技术内容不同、需要多方投资等原因，存在多个承包人是常见现象；只要承包人完成的工程属于建设工程，且共同完成的建设工程宜于折价、拍卖的，就应当依法保障承包人的优先受偿权。

该案中，中某煤建公司施工的基坑支护、降水、土石方挖运工程，从设计到具体施工，均与总包方密切联系，与主体工程的施工严密配合，交叉进行，属于案涉海某友谊大厦项目建设工程不可缺少的内容。在整个施工过程中，中某煤建公司投入的建筑材料和劳动力已经物化到案涉海某友谊大厦项目整个建筑物之中，与建筑物不可分割。中某煤建公司作为与发包方鸿某嘉泰公司订立建设工程施工合同的承包人，在未受偿工程款15398977.71元范围内有权就案涉海某友谊大厦工程折价或者拍卖的价款优先受偿。

一、二审法院认定中某煤建公司施工内容实质是对拟修建建筑物所依附的土地现状进行的改变，尚未形成单独的建筑物或构筑物，客观上不具备行使建设工程价款优先受偿权的条件，系认定事实和适用法律错误，最高人民法院予以纠正。

综上，作为承包人的代理人，应注意并进行如下审查。

（1）主张工程价款的同时，尽量一并主张优先受偿权，并重点审查工程具备可折价、拍卖性。

（2）承包人是否与发包人订立建设工程施工合同。

（3）承包人如系装饰装修等类型专业工程的承包人，需关注发包人是否系建设工程的所有人。

二、其他权利主体

（一）实际施工人

对于转包、违法分包、挂靠情形下的实际施工人是否具备优先受偿权的权利主体资格，最高人民法院此前未在司法解释中予以明确，《建设工程施工合同解释（二）》（已废止）征求意见稿给予了两种意见，但最高人民法院在《〈建设工程司法解释（一）〉理解与适用》一书中论述："与发包人未建立建设工程施工合同关系，发包人在与承包人签订建设工程施工合同时，往往并不知道实际施工人的存在。但是建设工程价款优先受偿权对发包人利益有重大影响，如果发包人在与承包人签订建设工程施工合同时并不知道工程会由实际施工人施工，其本意就是由承包人负责施工，结果承包人与实际施工人背地里签订了转包或者违法分包合同，已经损害了发包人权益，如果还允许实际施工人向其主张建设工程价款优先受偿权，对发包人明显不公平。"《最高人民法院民事审判第一庭 2021 年第 21 次专业法官会议纪要》意见进一步明确：实际施工人不属于"与发包人订立建设工程施工合同的承包人"，不享有建设工程价款优先受偿权，彻底否定了实际施工人的权利主体资格。

关于专业法官会议纪要意见的效力问题，最高人民法院副院长贺小荣在《体系化思维对民事裁判统一性的内在约束》一书中明确，会议纪要也是漏洞补充的重要方式，"法官会议纪要"与公报案例等性质基本相同，意在通过个案分析提炼出一般性规则，总体上近于个案补充。而"法官会议纪要"是法官按照一定程序讨论后对某一法律适用问题形成的多数意见，尽管具有很强的参考价值，但不具有强制适用效力。该意见若与事后发布的指导性案例、最高人民法院审判委员会讨论案件所形成的最终意见相悖，当然应以后者为准。虽然"法官会议纪要"不具有强制适用效力，但是，在没有其他规范性文件发布之前，还是会成为各级裁判者裁判时自由心证的重要参考。

鉴于此，探讨实际施工人优先受偿权主体资格，无实质意义。但是基于前述最高院专业法官会议纪要意见中的否定理由和司法解释相关规定的文意，若将"承包人"仅限定为必须是与发包人"直接订立书面建设工程施工合同的承包人"，实务中似有探讨空间。

原则上，与发包人订立建设工程施工合同的承包人为合同的签约方和相对方。但是在发包人明知挂靠和指定分包的情形下，名义承包人和发包人之间欠缺真实的意思表示，挂靠人、指定分包人和发包人之间具备真实的建设工程施工合同法律关系的意思表示。前述规定的承包人除了建设工程施工合同上签章的承包人以外，理应包括事实上与发包人成立建设工程施工合同关系的承包人。挂靠有别于转包和违法分包，在建设工程承接之前，挂靠人即已实质性介入合同的磋商环节，挂靠人直接与发包人接触谈判，在需缴纳签约或者施工保证金的环节，保证金的资金来源于挂靠人，直至合同的签订和履行，均由挂靠人直接实施，被挂靠人仅仅提供资质；而指定分包则更为明显，指定分包人实际上由发包人选择并指定，在指定的项目上由其履行完全施工义务，承包人仅是名义上的签约方和相对方。结合《民法典》第一百四十六条对虚假的意思表示行为和隐藏的民事法律行为的效力认定与第九百二十五条隐名委托行为的法律后果，可以认为第三人即发包人在订立合同时知情，该合同直接约束委托人和第三人理论来推导，也即挂靠人和指定分包人是与发包人事实上订立建设工程施工合同的承包人，从而具备优先受偿权的权利主体资格。《最高人民法院民事审判第一庭 2021 年第 20 次专业法官会议纪要》意见认为："没有资质的实际施工人借用有资质的建筑施工企业名义与发包人签订建设工程施工合同，在发包人知道或者应当知道系借用资质的实际施工人进行施工的情况下，发包人与借用资质的实际施工人之间形成事实上的建设工程施工合同关系。"《最高人民法院建设工程施工合同司法解释（二）理解和适用》一书中也有类似论述，指定分包人就特定项目完全替代承包人履行了合同义务，承包人仅承担配合盖章等手续的义务，指定分包人和发包人之间形成事实合同关系。最高人民法院的指导性案例［江苏省扬州市中级人民法院〔2015〕扬民终字第002139号］判决挂靠人和发包人直接成立建设工程施工合同关系；［最高人民法院院〔2019〕最高法民申6085号］宁夏钰某工程公司与安徽三某工程公司再审一案中，确认挂靠人基于和发包人的事实合同关系，可主张优先受偿权，均可作为主张优先权的参考依据。据此，在发包人明知挂靠和指定分包时，代理挂靠和指定分包人的律师，应主张委托人为事实上与发包人订立建设工程施工合同的承包人，进而主张优先受偿权。

最高人民法院否定实际施工人的优先受偿权主体资格，作为实际施工人的代理人，不宜强行挑战规则。在条件具备时，建议委托人选择以直接与发包人存在合同关系的转包人、被挂靠人的名义向发包人主张优先受偿权，避免在一次诉讼中既主张优先受偿权，又同时披露转包、挂靠事实。对于转包人、被挂靠人和实际施工人之间可能存在的矛盾，应尽量以和解的形式解决，一致对外选择以转包人、被挂靠人名义行使优先受偿权；或者直接将相应的工程款债权及优先受偿权转让给委托人，以债权受让人的主体身份进行主张。但是，特别需要提醒律师的是，在案件代理中需要注意执业风险。

综上所述，在实务中有如下建议。

（1）委托人为实际施工人时，不宜挑战规则，可重点从与发包人订立施工合同的法律关系角度进行论证，有条件时可选择合同相对方作为权利主张主体。

（2）委托人系挂靠人、指定分包人时，应重点举证发包人明知相关情况，并围绕合同的磋商、签订、履行、结算环节，证明委托人参与、实施相关事务，全盘替代履行义务，或存在发包人与委托人直接进行结算、还款等事实，以此论证委托人系事实上的合同相对方和承包人，进而符合法律适用的条件来主张权利。

（二）工程价款债权转让情形下的权利主体

根据债权转让一般理论，工程价款债权转让若合法有效，相应的从权利理应一并转让，受让人有权主张优先受偿权。然而，司法实践中却存在两种截然相反的观点。反对观点指出，优先受偿权具有人身专属性，专属于承包人。债权转让后，受让人虽可主张债权，却无权主张优先受偿权。此外，司法解释限定权利主体为与发包人订立施工合同的承包人，受让人明显不在此列，以此否认受让人的主体资格。

在代理实务中，律师应做好两个方面的充分准备。首先，债权转让行为必须合法有效。对《民法典》第五百四十五条规定的依债权性质、当事人约定以及法律规定三种禁止转让的情形，需对照具体事实进行研判并加以规避，债权转让合同和通知中，应明确优先受偿权一并转让。其次，原则上从权利随主权利一并转让，但专属于债权人自身的除外。优先受偿权是否具有人身专属性并无定论，发包人抗辩多从优先受偿权角度出发，明确给予承包人相应的权益保障，而承包人工程价款债权受让人，多为一般债权人，优先受偿权的立法主旨为保障农民工工资的实现，而受让人无此保护必要，来论证优先受偿权具有承包人的专属性；受让人可从法无明文禁止即许可的一般法律适用原则入手，进行论证。

在《王某、闫某再审审查与审判监督民事裁定书》[最高人民法院（2021）最高法民申35号]所涉案件中，最高人民法院认为，债权人转让权利的，受让人取得与债权有关的从权利，但该从权利专属于债权人自身的除外。法律虽然规定由承包人主张优先受偿权，但是并不能得出建设工程价款优先受偿权具有人身专属性。综上，该案例支持债权受让人有权主张优先受偿权。

在《中建海某建设发展有限公司、厦门兴某伟业房地产开发有限公司等建设工程施工合同纠纷民事二审民事判决书》[最高人民法院（2021）最高法民终958号]所涉案件中，最高人民法院认为，建设工程款债权转让后，中建某局享有的建设工程价款优先受偿权可以随之转让予中建海某公司。①建设工程价款优先受偿权为法定优先权，功能是担保工程款优先支付，系工程款债权的从权利，不专属于承包人自身，可以随建设工程价款债权一并转让。《合同法》第八十一条规定："债权人转让权利的，受让人取得与债权有关的从权利，但该从权利专属于债权人自身的除外。"《建设工程施工合同解释（二）》（已废止）第十七条虽然规定由承包人主张优先受偿权，但是并不能得出建设工程价款优先受偿权具有人身专属性。故建设工程价款债权转让的，建设工程价款优先受偿权随之转让并不违反法律规定。②本案建设工程价款优先受偿权与工程款债权的一并转让，既不增加兴某伟业公司的负担，也不损害兴某伟业公司其他债权人的利益。综上，中建某局将案涉工程款债权转让给中建海某公司后，中建海某公司可以享有建设工程价款优先受偿权。

综上，在实务中，有如下建议。

（1）如果委托人为实际施工人并且优先受偿权是其债权最终实现的重要方式，律师应建议委托人谨慎选择通过债权转让方式行使权利。

（2）代理人尽量收集类案生效裁判，分析借鉴裁判中的有利观点及其法律依据，并预判行权路径带来的风险。

（三）代位权情形下的权利主体

在承包人的债权人代位行使对发包人的权利时，能否代位行使优先受偿权？《民法典》第五百三十五条规定："因债务人怠于行使其债权或者与该债权有关的从权利，影响债权人的到期债权实现的，债权人可以向人民法院请求以自己的名义代位行使债务人对相对人的权利，但是该权利专属于债务人自身的除外。"

如前所述，法律也未规定优先受偿权为专属权利，仅仅从代位权的法律制度出发，代位主张优先受偿权貌似没有法律障碍。最高人民法院第六巡回法庭关于民商事案件的55个最新裁判观点中的问题11为：审判实践中，如何把握建设工程价款优先受偿权的权利行使主体、权利的保护范围以及权利的行使条件和方式等？其观点为以《民法典》第五百三十五条对发包人提起代位权诉讼，代位权行使之范围为债权及其从权利，优先受偿权作为从权利即应包括在代位权范围内。但是，值得代理人注意的是，在此之后形成的《最高人民法院民事审判第一庭 2022 年第 22 次专业法官会议纪要》，以优先受偿权的权利主体限定为与发包人订立合同的承包人为由否定了实际施工人的主体资格，所以该意见在实务中可以向裁判者阐述，但是可能存在时效和区域的局限性。在《富锦市福祥年村儿文某旅游发展有限公司、刘某某债权人代位权纠纷二审民事判决书》〔黑龙江省高级人民法院（2020）黑民终 512 号〕所涉案件中，黑龙江省高级人民法院认为原告在债务人无法履行债务的情况下，有权代位债务人向被告发包人在其债权范围内主张债权，同时亦代位取得工程款的优先受偿权。但是，代理人特别需要注意的是，该案例对于债权人代位取得优先受偿权的说理非常简单，司法实践中以此作为成功案例说服裁判者的引用效果存在极大的不确定性。

反对观点认为，优先受偿权的主体限定为与发包人订立合同的承包人，承包人的债权人明显不在此列，债权人无法满足与发包人订立合同的相对人和承包人的双重条件，况且，即便实际施工人为债权人时，也不能因行权路径的不同而获得不同的法律效果，故在实际施工人代位时，可主张债权，代位主张优先受偿权仍然受到限制。在其他债权人代位时，更加不能获得权利主体资格。综上，代位权为合同之债的保全，代位的债权若无人身专属性，法律赋予其权利，但是，鉴于优先受偿权的特殊性质，不宜代位主张优先受偿权。

综上，实务中若只能通过代位行使承包人优先受偿权来解决问题，建议注意以下两点。

（1）明确委托人与承包人、承包人与发包人各自之间的债权事实。

（2）尽量收集最高院类案生效裁判的指导性意见和历史裁判思路，尽量选择成功可能性更高的行权路径，避免行权路径的差异带来的风险。

第二节　优先受偿权的义务主体

优先受偿权的义务主体一般指向发包人，但是，实践的复杂性导致前述发包人的不同身份角色可能存在分离等不一致情形，需要从《民法典》第八百零七条的规定出发，结合其他法律规定，进行分析指引。

一、发包人

发包人是优先受偿权的当然义务主体，一般情况下，发包人是建设工程施工合同的相对方，是业主单位，是建设工程项目建设的甲方、投资主体，是建筑物建成后的物权人，除非由于客体受限不宜主张（参见下一节论述），发包人基于工程建设负担优先受偿权，是不存在争议的。

但需注意的是，在发包人已失去工程所附着土地的使用权甚至承包人所承建工程已被其他主体收购或者取回的情况下，该工程优先受偿权的认定和行使将涉及土地使用权人或者其他主体的权利，承包人主张优先受偿权时应一并起诉土地使用权人或者其他相关主体。

在《北京某工集团有限责任公司、丹东汉某口岸置业有限公司等建设工程施工合同纠纷民事二审民事判决书》［最高人民法院（2021）最高法民终 885 号］所涉案件中，最高人民法院认为，案涉国有土地使用权已于 2016 年收归国有，最高人民法院（2020）最高法民终 784 号民事判决也确认"因土地使用权出让合同在案涉土地查封之前已解除，虽然案涉土地使用权登记在汉高置业公司名下，但汉高置业公司对案涉土地已不享有权利"。根据房地一体原则，对案涉工程价款优先受偿权的认定将涉及一并处理案涉旅检大楼和综合服务大楼及其所占用土地的国有土地使用权。汉某置业在《国有建设用地使用权出让合同》解除后，已不是案涉土地使用权的权利主体。在汉某置业已失去案涉土地使用权的情况下，对案涉工程优先受偿权的认定和行使均涉及土地使用权人的权利。北京某工在本案中未一并起诉土地使用权人，为保障土地使用权人的辩论权利，该院对此不予审查，北京某工可依法另行主张权利。

二、合伙建设情形下的义务主体

发包人内部存在合伙关系时，合伙人对外承担责任的问题，无论是《民法通则》，还是《民法典》中关于合伙合同的条款均规定，合伙人基于共享利益、共担风险，对合伙债务承担连带责任，故可对合伙发包人一并主张优先受偿权，应不存在争议。

合伙人显名，甚至一并作为建设工程施工合同的发包人，代理人主张优先受偿权即可。难度在于隐名合伙时，就需要代理人和当事人一起收集合伙关系存在的证据，可以通过项目招商的公开信息，项目报建报批的各环节，其他社会渠道探听、查询，必要时可申请法院调取证据。

三、代建制建设情形下的义务主体

在实践中，还存在代建制优先受偿权如何主张的情形。

代建制来源于《国务院关于投资体制改革的决定》（国发〔2004〕20 号）："对非经营性政府投资项目加快实行代建制，即通过招标等方式，选择专业化的项目管理单位负责控制项目投资、质量和工期，建成后移交给使用单位"。故代建制下可能存在建设单位和项目管理单位两个义务主体。在项目管理单位直接以自己的名义与承包人订立合同时，建设单位和项目管理单位之间的法律关系应为委托代理关系，按照《民法典》第九百二十五条、第九百二十六条的规定，承包人知情代理关系时，合同约束承包人和委托人；在项目管理单位披露其与委托人的代理关系时，承包人有选择权，可选择建设单位、项目管理单位其一作为相对方，但选定后不得变更。基于此，承包人会存在向建设单位、项目管理单位择一和两家单位共同主张等不同情况。实务中，应当着重进行以下审查。

（1）尊重合同约定。基于具体的合同约定，选择义务主体。

（2）在发包人知情或者项目管理单位选择披露委托人时，需要充分考虑法律规定的后果，结合被诉义务主体的履行能力，作出慎重选定。

《民法典》第九百二十五条规定："受托人以自己的名义，在委托人的授权范围内与第三人订立的合同，第三人在订立合同时知道受托人与委托人之间的代理关系的，该合同直接约束委托人和第三人，但有确切证据证明该合同只约束受托人和第三人的除外。"

《民法典》第九百二十六条规定："受托人以自己的名义与第三人订立合同时，第三人不知道受托人与委托人之间的代理关系的……受托人因委托人的原因对第三人不履行义务，受托人应当向第三人披露委托人，第三人因此可以选择受托人或者委托人作为相对人主张其权利，但第三人不得变更选定的相对人。"

建设单位可能不是合同约定的发包人，项目管理单位可能不是建设项目的最终权利人，代理工作中，建议施工方知情时，可将两家单位共同列为被告，一并主张优先受偿权，减少风险，也有利于查明事实，有利于后续执行。针对建设单位可能的抗辩，虽然不是合同约定的发包人，但基于代理的法律后果由委托人承担的规定，作为最终的受益人，应承担相应责任；仅仅针对项目管理单位提出的抗辩，尤其其不披露委托人时，法律没有限定发包人必须是建设工程建成后的物权人，承包人的优先受偿权是建立在建设工程施工合同基础上的，从此点出发，可说服裁判者支持优先受偿权。

综上所述，在实务中，有如下建议。

（1）重合同相对性，列合同约定的发包人为义务主体。

（2）不局限于合同，考虑委托人提供的信息，收集相应的证据，将合伙人列为共同义务主体。

（3）在隐名和间接委托时，需要考虑法律适用的后果，权衡利弊，注重考虑履行能力和实现优先受偿权的可能性来列义务主体。

第三节　优先受偿权的客体

优先受偿权的客体，即优先受偿权的指向对象，工程建设的成果。本节从《民法典》第八百零七条的规定出发，结合司法解释规定，进行分析指引。

一、建设工程

根据《建筑法》第二条第二款规定,建筑活动是指各类房屋建筑及其附属设施的建造和与其配套的线路、管道、设备的安装活动。《建设工程质量管理条例》第二条规定:"所称建设工程,是指土木工程、建筑工程、线路管道和设备安装工程及装修工程。"

由于部门立法的局限性,建设工程的范围更广,不局限于建筑法规定。一般意义上,建设工程是指为人类生活、生产提供物质技术基础的各类建筑物和工程设施的统称。按照自然属性,可分为建筑工程、土木工程和机电工程三类。各类房屋、铁路、公路、机场、港口、桥梁、矿井、水库、电站、通信线路等建设活动均属于建设工程范畴,也是优先受偿权的客体。

按相关规范性文件规定,小额工程不属于建设工程规制范畴。《建筑工程施工许可管理办法》规定:"工程投资额在 30 万元以下或者建筑面积在 300 平方米以下的建筑工程,可以不申请办理施工许可证。"

抢险救灾以及其他临时性房屋、农民自建低层住宅,1993 年国务院《村庄和集镇规划建设管理条例》,2 层(不含)以下和军事工程、家庭住宅装饰装修《住宅室内装饰装修管理办法》亦不属于建设工程规制范畴。

上述属于建设工程规制范畴的工程,不能成为承包人主张优先受偿权的客体。

二、不宜折价、拍卖的建设工程

《民法典》第八百零七条规定了优先受偿权的除外条件:"除根据建设工程的性质不宜折价、拍卖外",满足除外条件的建设工程,不能成为优先受偿权的客体。法律没有明确哪些建设工程不宜折价、拍卖,需要结合《民法典》其他规定,指引如下:

(一)违章(违法)建设工程

建设工程涉及社会公共利益,需要办理相应的规划审批等手续,具体体现主要为四证:①国有土地使用证;②建设用地规划许可证;③建设工程规划许可证;④建筑工程施工许可证。

因国有土地使用证和建设用地规划许可证是建设工程规划许可证办理的前置条件,建筑工程施工许可证的缺失不足以否定建设工程的合法性,故一般以建设工程规划许可证为判定标准。从优先受偿权的客体而言,建设工程应当具备前述三证,否则,欠缺合法性基础,不宜在市场上流通,不宜进行折价、拍卖。

在《中国水利水某第十四工程局有限公司、敦煌市某旅游文化开发有限责任公司与四川省广某房地产开发有限责任公司、敦煌市某实业有限责任公司建设工程施工合同纠纷二审判决书》[最高人民法院(2022)最高法民终 341 号]所涉案件中,最高人民法院认为，依照法律规定，承包人就工程折价或者拍卖变卖的价款享有优先受偿权的基础是案涉工程不存在"除按照建设工程的性质不宜折价、拍卖"情形。该案工程直至水某十四局起诉前仍未取得建设工程规划许可证等行政许可手续。根据《土地管理法》《城乡规划法》的相关规定，在城市规划区内，未取得建设工程规划许可证或者违反建设工程规划许可证的规定建设，严重影响城市规划的建筑，为违法建筑。按照《城乡规划法》第六十四条的规定，违法建筑尚可采取改正措施消除对规划实施的影响的，限期改正，处建设工程造价百分之五以上百分之十以下的罚款；无法采取改正措施消除影响的，限期拆除，不能拆除的，没收实物或者违法收入，可以并处建设工程造价百分之十以下的罚款。水某十四局虽然认为案涉工程属于"违法建筑尚可采取改正措施消除对规划实施的影响"情形，据此主张享有建设工程价款优先受偿权。但案涉项目因未取得建设工程规划许可证，尚未被城乡规划主管部门处理，仍属违法建筑，不宜被拍卖变卖，水某十四局不享有建设工程价款优先受偿权。

虽然在现行执行规定中，确实有对违章（违法）建筑进行现状拍卖的规定，但此举系为了保护申请执行人的特殊措施，不能据此倒推违章（违法）建筑具有可拍卖性。

还有一种特殊情况需要提醒代理人注意的是，发包人能够办理前述审批手续而未办理，并以此提出抗辩时，从表象上看，建设工程不具备合法手续，但代理过程中，应注意到相关部门调查收集相应证据。论证已经具备发证的实质性条件，未领证系发包人过错导致，建议参照《建设工程施工合同解释（一）》第三条规定，并结合《民法典》第一百五十九条条件拟制成就的规定："当事人为自己的利益不正当地阻止条件成就的，视为条件已经成就"，争取有利裁判。

（二）其他流通性受限的建设工程

建设工程的流通性受限，不宜通过折价、拍卖方式对工程进行转让。因法无明文规定，只能从体系解释的角度来寻找渊源。《民法典》物权编第二百四十二条规定："法律规定专属于国家所有的不动产和动产，任何组织或者个人不能取得所有权。"《民法典》第三百九十九条规定："下列财产不得抵押：（三）学校、幼儿园、医疗机构等为公益目的成立的非营利法人的教育设施、医疗卫生设施和其他公益设施；"以上物权的限制性规定，导致此类建设工程不宜进行折价、拍卖。此类工程涉及国家和社会公共利益，不宜通过拍卖形式转让。从此规定的精神出发，可以简要归纳流通性受限的建设工程，主要指事业单位、社会团体以公益目的建设的教育设施、医疗设施及其他公共道路、公园、广场等社会公益设施；国家机关的办公用房或者军事建筑。

但是，值得代理人注意的是，法律并未明确规定不宜折价、拍卖的建设工程的范围，故在判定时，要注意甄别。笔者建议只要建设工程具有经济上的流通性，具有交换价值时，就应当争取优先受偿权。比如，人防工程虽然具有部分公共属性，但仍具有交换价值，可作为优先受偿权的客体；建设工程的收益等具有交换价值时，可作为客体，比如高速公路的收费权、车位的出租收益；建设工程的替代物亦可成为客体，比如灭失时的保险赔偿金、拆迁时的补偿金或置换用房等等。

在《博某建设集团有限公司与安阳广某欣置业有限公司、管广生建设工程施工合同纠纷二审民事判决书》[最高人民法院（2014）民一终字第61号]所涉案件中，最高人民法院认为，根据《中华人民共和国人民防空法》第十八条、第二十二条、第二十六条的规定，人防工程只是对相关建筑工程在战时及紧急状态下确保能够发挥特定用途有特别要求，但其经济价值和可交易属性是应当受到法律保护的。广某欣公司上诉认为，博某公司施工的地下室属于人防工程且该部分工程不宜折价拍卖，没有法律依据。

在《中某银行股份有限公司江门分行、广东中某集团建设有限公司等执行分配方案异议之诉民事裁定书》[最高人民法院（2016）最高法民申1281号]所涉案件中，最高人民法院认为，关于中某公司、新某公司主张优先受偿权是否具有法律依据的问题。因涉案工程为公路建设工程，属于特殊建设工程，无法直接拍卖或折价，该工程的主要经济价值即体现在其通行费用上，故对其收益即年票补偿款作为优先受偿权的行为对象符合实际情况。再审申请人中某银行江门分行认为涉案公路年票补偿款不属于工程价款优先受偿权的对象的申请理由不成立。

综上所述，在实务中，有如下建议。

（1）在主张优先受偿权时，需要甄别建设工程种类，注意收集建设项目的报勘报建资料，以掌握主动权。

（2）注意建设工程质量合格且适宜拍卖、折价，是主张优先受偿权的前提条件。

（3）在建筑物本身不宜拍卖、折价或者发生灭失、拆迁等特殊情况时，注意分析评价有无替代物，是否具备流动性的经济属性，是否可作为优先受偿权的客体。

三、未竣工的建设工程

《民法典》第七百九十九条规定："建设工程竣工后，发包人应当根据施工图纸及说明书、国家颁发的施工验收规范和质量检验标准及时进行验收。验收合格的，发包人应当按照约定支付价款，并接收该建设工程。建设工程竣工经验收合格后，方可交付使用；未经验收或者验收不合格的，不得交付使用。"建设工程质量事关人民群众的生命财产安全，工程质量不合格不得交付使用，更不宜拍卖、折价。故建设工程质量合格，系承包人主张工程价款和优先受偿权的前提条件。

《建设工程施工合同解释（一）》第三十九条规定："未竣工的建设工程质量合格，承包人请求其承建工程的价款就其承建工程折价或者拍卖的价款优先受偿的，人民法院应予支持。"建设工程未竣工时，只要满足质量合格的条件，仍可主张优先受偿权。

一般情形下，质量合格指工程竣工验收后合格。但是，在工程未经竣工验收的情况下，如何判定质量是否合格，进而判定适宜拍卖、折价，实践中经常会存在争议。《建设工程施工合同解释（一）》第十四条规定："建设工程未经竣工验收，发包人擅自使用后，又以使用部分质量不符合约定为由主张权利的，人民法院不予支持……。"这是对发包人擅自使用行为而课以质量责任，且责任范围仅限于使用部分，据此可作为主张依据。在《新疆百某房地产开发有限公司、中某建设有限公司建设工程施工合同纠纷民事二审民事判决书》[最高人民法院（2021）最高法民终 841 号]所涉案件中，同样据此确认了优先受偿权。对于其他情况特别是未竣工工程，在实务中，建议通过施工过程中已完工程的检验批、分部分项、单体工程验收合格手续，来证明质量是否合格。在《中建某局第一建筑工程有限公司、苏州新某企业经济发展有限公司建设工程施工合同纠纷民事二审民事判决书》[最高人民法院（2021）最高法民终 1263 号]所涉案件中，也肯定了比观点。最后，只能通过质量司法鉴定来判定合格，作为权利主张的基础。

综上所述，在实务中，有以下建议。

（1）代理人通过举证施工过程中的检验批、分部分项、单体工程验收合格手续来证明质量是否合格，以满足优先受偿权的主张基础。

（2）发包人实际使用的，可从司法解释的规定入手解决质量合格的问题。

（3）质量合格与否存在争议的，建议启动鉴定来处理。

第四节　优先受偿权的行使

《建设工程施工合同解释（一）》第四十一条规定："承包人应当在合理期限内行使建设工程价款优先受偿权，但最长不得超过十八个月，自发包人应当给付建设工程价款之日起算。"据此可知，施工合同的承包人行使建设工程价款优先受偿权，除应满足本章前述主体、客体等条件外，还应当在法律规定的期间内行使。

就承包人对优先受偿权的行使期限，即承包人自何时起可以行使该权利，至何时止若未行使则丧失该权利，《合同法》第二百八十六条以及《民法典》第八百零七条均规定在"发包人逾期不支付"价款时，承包人可以向发包人主张工程价款并行使优先受偿权，并没有对优先受偿权的行使期限作出规定。最高人民法院 2002 年 6 月 20 日发布的《优先权批复》，首次对承包人优先受偿权的权利行使期限进行明确并限定为"六个月"，自"建设工程竣工之日或者建设工程合同约定的竣工之日起计算"，由于大多数工程的承发包双方在该六个月内往往并未完成结算，发包人有无欠付价款以及欠付金额的事实并未确定；而在结算完成后因发包人未按约付款，或者双方因结算争议无法达成一致的，承包人拟行使优先受偿权时，又已超过《优先权批复》限定的六个月期限，致使长期实践中承包人优先受偿权难以得到保护，优先受偿权制度在很大程度上形同虚设。

针对《优先权批复》有关行权期限起算时间所存不合理，最高人民法院在《建设工程施工合同解释（二）》第二十二条作出规定："承包人行使建设工程价款优先受偿权的期限为六个月，自发包人应当给付建设工程价款之日起算"，将行使起算点回归到《合同法》第二百八十六条规定本意。

而《民法典》施行后的《建设工程施工合同解释（一）》第四十一条在保留"自发包人应当给付建设工程价款之日起算"基础上，仍然对优先受偿权的行使期限进行了限缩，规定承包人应当在合理期限内行使，且最长不得超过十八个月。

本节将根据《民法典》第八百零七条和《建设工程施工合同解释（一）》第四十一条等规定，着重对优先受偿权行使期限的确定和计算等相关事项进行分析指引。

一、优先受偿权行使的起算时间

根据《民法典》第八百零七条规定，优先受偿权的行使期限，应当以发包人逾期支付工程价款的发生时间为起算点，在合同约定或者根据法律确定的工程价款支付时间届满或者发包人付款条件已经成就时，若发包人未向承包人支付工程价款，即发包人应付而未付工程价款的事实成立的，承包人才能向发包人主张应付工程价款并主张优先受偿权。

律师在审查该项事实时，需要注意以下几点。

（1）施工合同约定的发包人支付工程价款的时间或条件是否明确及有效。

（2）发包人支付价款的时间是否到期，条件是否成就（包括依法视为成就的情形）。

（3）承包人对发包人逾期支付价款的情况是否进行催告。

（4）承包人行使优先受偿权是否超过法定最长保护期限。

（5）承包人行使优先受偿权是否符合法律规定的主体、客体、权利范围等其他条件。

关于优先受偿权行使期限的起算时间，可具体分为以下几种情形。

（一）以合同约定支付工程结算价款的时间确定

通常情况下，建设工程施工合同对发包人付款时间的约定，是根据合同履行情况及工程完成进度的相关节点来确定对应的付款比例或金额，其实质是以承包人依约完成相应的施工义务作为发包人支付对应价款的条件。即使部分合同对工程进度或者付款时间约定了具体的日期，但当工程实际进度的完成时间与该约定日期不一致时，也应以该工程进度实际完成的时间作为对应的价款支付时间，并不受合同中原具体日期的约束。由此可见，施工合同约定的付款时间，通常体现为合同约定的某项工作的实际完成时间，而建设工程价款优先受偿权的行使期限，则与合同约定的承包人最终完成工程以及经过结算所能够确定应付工程款的时间有关。

在施工合同正常履行完毕情况下，即工程经竣工验收质量合格，承发包双方对经过竣工结算的工程款数额已经确定，则应按照合同约定的工程结算价款的支付时间（不包括预留质保金的返还期限，详见下文），来确定发包人应付工程款即承包人行使优先受偿权的起算时间。华某公司与淮某公司建设工程合同纠纷案［（2021）最高院民申 5725 号］，法院认为，双方对案涉欠付工程款约定分期履行，属于对同一个债务的履行，最后一期工程款应付之日为债务整体到期之日，二审判决以最后一期工程款应付之日作为工程款优先受偿权起算点，并无不当。

即使在施工合同无效情形下，也应以合同约定的工程款支付时间为参照依据起算优先受偿权的期限。最高人民法院在其审理的首某建设集团与诚某开发公司建设工程施工合同纠纷案［（2020）最高法民终 1192 号］中认为，施工合同被确认无效后，由于物化到建设工程中的材料和劳动力已经客观上无法返还，故《建设工程施工合同解释》第二条以上述法律规定的折价补偿为基础，确定当事人可参照合同约定请求折价补偿该工程价款。根据该规定，此种折价补偿款项的支付时间，也应以合同约定的工程款支付时间为参照依据。故首某建设集团关于应自合同被确认无效时起算工程价款优先受偿权的期限的上诉理由，该院不予支持。

在此情形下，律师对优先受偿权行使期限的审查重点主要有以下几方面。

（1）案涉工程是否通过或者可依法视为竣工验收合格。

（2）有无双方认可的工程造价咨询审核报告、结算协议或类似文件。

（3）发包人付款是否符合合同约定，其对应付款有无合法的抗辩事由。

（4）合同中是否有在应付工程款中预留质保金及其返还期限的约定。

（二）合同约定的进度款支付时间以及质保金返还时间，不能作为工程结算价款优先受偿权的起算时间

如前所述，施工合同根据工程形象进度的完成情况，约定对应比例的付款节点，包括预付款、中间进度款和竣工结算价款，以及在工程款中预留的质保金。若发包人未按合同约定支付中间进度款，承包人在继续履行施工合同的同时，可以向发包人主张该部分进度款，但不能对该部分进度工程款主张优先受偿权，除非当事人已经明确主张解除施工合同或者终止履行合同。

最高人民法院民事审判第一庭在其编著的《最高人民法院新建设工程施工合同司法解释（一）理解与适用》明确：分期施工、阶段付款的施工合同，承包人主张阶段性工程付款而合同仍在继续履行的，应当以工程最终竣工结算后所确定的工程总价款的应付款时间作为优先受偿权行使期限的起算时间。在实务中，也存在双方结算时工程并未竣工的情形，故该意见中的"工程最终竣工结算后所确定的工程总价款"，也应包括在工程虽未竣工但实际已经终止施工情形下的双方对已完成工程量的结算价款。由此，不论建设工程有无竣工，承包人主张优先受偿权的工程款均应以承包人终止施工行为时已经完成的确定工程量为结算对象。

中间进度款通常是承发包双方在订立合同时按照合同暂定价及工程进度计划预测的相应比例的付款，其金额并不真正对应承包人实际完成的工程量。一旦出现发包人设计变更、建设方案调整等导致工程减项、甩项的情况，合同约定的进度款可能超出承包人已完成的工程量。而且，在承包人继续施工情况下，工程量价及工程质量尚未稳定，优先受偿权的权利范围和客体均处于不确定的变化状态，也不符合优先受偿权行使条件。

而就双方在合同中约定预留部分工程款作为质保金的，对该部分质保金是否属于可优先受偿的工程款权利范围，在司法实践中尚存在争议（参见本章第五节），但意见一致的是，对约定的质保金返还时间，也不能作为承包人行使工程价款优先受偿权的起始时间，从而变相地延长优先受偿权的行使期限。

在《北京首某建设集团有限公司、通化市诚某房地产开发有限责任公司建设工程施工合同纠纷二审民事判决书》[最高人民法院（2020）最高法民终1192号]所涉案件中，最高人民法院认为，质保金虽然来源于工程款，但是在功能上却发挥了保证金的作用。对于该保证金的返还日期，其具有区别于工程款支付期限的单独要求，通常需要由当事人通过约定的方式，明确在一定的保修期满以后，建设单位将质保金返还给施工单位。就此而言，质保金是为保障工程质量而自工程款中扣除，自扣除之日起，其已经与整个工程应付工程款相分离。因此，对该返还义务的具体履行期限，需要基于合同的特殊约定来确定。因而，在质保金与工程价款存在上述功能区分的情况下，不应该以建设单位返还质保金作为应付工程款的时间。

针对此类情形，律师应当注意以下几点。

（1）承包人根据合同约定主张进度工程款的，若合同仍在继续履行的，不可以对欠付的部分进度款主张优先受偿权。

（2）承包人主张的欠付工程款中包含尚未到期的质保金的，就该质保金部分主张优先受偿权存在争议风险。

（3）在施工合同存在无效情况时，为避免承包人借保证合同无效获取质保金提前返还的时间利益，可提醒发包人在质量保修书或合同条款中注明：本保修书（本条款）是为保证工程质量的特别约定（承诺），具有独立于施工合同的法律效力，其效力不受施工合同无效的影响。

（三）合同没有约定工程款付款时间或者约定不明的

在实践中，并非所有施工合同均对发包人的付款时间作出明确无疑的约定，也并非所有施工合同都能正常履行直至工程结算完成后才发生纠纷，若施工合同未对付款时间作出约定或者约定不明，或者双方尚未进行竣工结算，甚至建设工程尚未交付的，对此等情形，则应根据《建设工程施工合同解释（一）》第二十七条的规定，按照不同情况，分别将工程实际交付时间、竣工结算文件提交时间或者当事人起诉时间视为应付款时间，并据此计算优先受偿权的起始时间。

1. 应以建设工程实际交付之日视为应付款时间的

在合同没有约定付款时间或者约定不明，且双方已经办理建设工程的交付手续，或者虽未办理工程移交手续，但符合《建设工程施工合同解释（一）》第十四条及第九条第二款第三项的规定，发包人擅自使用可视为工程移交的情形时，发包人已经实际控制了承包人承建的工程，有条件对工程行使占有、使用、收益甚至处分的权利。在此情形下，发包人已经受益，而承包人却仍未收到全部或者部分工程款，双方的权利义务显然不对等。因此，《建设工程司法解释（一）》第二十七条第二款第一项规定，将建设工程实际交付之日视为发包人应付款时间。从此时开始，承包人可以向发包人主张欠付工程价款，并可行使优先受偿权。

在《永某建工集团有限公司、晋城晋某大酒店有限公司破产债权确认纠纷民事申请再审审查民事裁定书》［最高人民法院（2021）最高法民申4959号］所涉案件中，法院认为，涉案工程于2012年底基本完工，永某公司即向晋某大酒店提交了工程结算书，晋某大酒店未给予回复，并在案涉工程未经竣工验收的情况下，于2013年擅自使用，进行过营业。原审判决认定以永某公司申报债权主张利息起算时间的2013年1月6日作为工程竣工日，符合客观事实，也符合法律规定。

该种情形下，律师应重点审查以下几方面。

（1）施工合同未约定付款时间或者约定不明的依据。

（2）承发包双方对建设工程的移交手续。

（3）双方虽未办理移交手续，但发包人实际控制、占有、使用建设工程的证据，包括承包人撤场记录、建设工程控制现状等证据。

2. 应以承包人提交竣工结算文件之日视为应付款时间的

对工程已经竣工验收但未交付，而承包人已依约向发包人或者监理单位提交竣工结算文件的，若发包人未在合同约定期限内答复的，《建设工程施工合同解释（一）》第二十七条第二款（二）规定将提交竣工结算文件之日视为发包人应付款时间。

需要注意的是，施工合同中可能约定了发包人对承包人提交的竣工结算文件进行审核的期限（如《建设工程施工合同（示范文本）》GF—2017—0201通用条款），从发包人角度，会主张应当以该审核期限届满时若发包人未予答复的次日视为应付款之日，从法律逻辑而言，该种意见有其合理性，而司法解释则是从防止发包人故意拖延审核并拖延付款考虑，为督促发包人行使审核权利，已经明确规定，故律师在实务中，无需再对该解释规定提出质疑。

该种情形下，若发包人已在合同约定的竣工结算报告审核期限内向承包人作出了答复，是否还能够以竣工结算文件提交之日作为应付款时间？对此，应当根据双方行为的实际情况区别处理。

（1）发包人在审核期限内已经作出审核意见，若承包人已明确接受该审核意见，或者承包人虽未在审核报告上签字盖章但已依此审核数额主张欠付工程价款的，则不应适用该项解释规定，而应根据合同约定来确定发包人应付款时间（参见本章第一节第一条）。

（2）发包人虽在审核期限内作出答复，但其答复内容与竣工结算文件没有实质性关联的，不能作为发包人对竣工结算文件的审核意见的，仍然应当以承包人提交竣工结算文件之日作为发包人应付款时间。

（3）发包人在审核期限内作出答复，对承包人竣工结算资料内容及形式的完备性、真实性等提出实质性要求，系发包人行使工程结算审核权利，承包人应当对该答复作出实质性回应，或者补充、修正竣工结算资料，应付款时间应当顺延至承包人提交补充文件之日。

（4）双方因结算争议致使工程价款未能确定的，承包人优先受偿权的起算时间则按下文所述情形确定，而不再以承包人竣工结算资料提交之日。

该种情形下，除前项审查内容外，律师还应重点审查以下几方面。

（1）承包人提交竣工结算文件的时间、方式、附件资料以及份数是否符合合同约定，其中包括电子版本和纸质版本，附件资料包括图纸份数有无按照竣工结算审核要求提交齐备。

（2）发包人出具签收手续的经办人是否符合合同约定或者有无授权。

（3）若发包人拒收的，承包人是否以邮寄方式有效提交。

（4）发包人是否在合同约定的审核期限内答复，答复内容是否与竣工结算有实质性关联，以及承包人针对发包人的答复，有无及时回应或者补充资料。

3. 应以当事人起诉之日作为应付款时间的

对于工程既未交付、工程价款也未结算，而无法确定应付工程价款时间的，则应根据《建设工程施工合同解释（一）》第二十七条第二款第三项规定，以"当事人起诉之日"作为发包人应付工程款的时间。

在司法实践中，对双方诉前没有完成结算而经诉讼才确定工程价款的情形，法院也会以当事人起诉之日作为应付款时间，而并不区分双方合同有无约定付款时间以及工程有无实际交付。

在《中国工商银行股份有限公司来某分行、广西某工集团冶金建设有限公司等民事二审民事判决书》［最高人民法院（2022）最高法民终 347 号］所涉案件中，最高人民法院认为，鉴于本案属于案涉工程没有竣工、承包人提前退场且没有结算情况下引发的建设工程施工合同纠纷，故本案不存在自建设工程竣工之日或者建设工程合同约定的竣工之日起计算优先受偿权期限的问题。依照《合同法》第二百八十六条规定的精神，承包人主张优先受偿权的基础和前提是发包人欠付工程款且应付未付，也即只有在工程价款数额确定且逾期不支付的情况下，承包人才存在行使工程价款优先受偿权的问题。本案起诉时，发包人应付工程款金额及支付期限尚未确定，诉讼中经由司法鉴定的方式确定案涉工程价款，故承包人在诉讼中主张建设工程价款优先受偿权，未超过行使期限。

最高人民法院（2020）最高法民终 766 号一案也作如是认定。

该种情形下，律师应重点审查以下几方面。

（1）合同有无约定付款时间。

（2）工程实际状况如何，有无符合发包人转移占有或者实际控制的情形。

（3）承包人在同案中主张工程款利息的，应当注意利息的性质、起算时间与优先受偿权的起算时间有无冲突。

（4）造成工程未完工、未验收、未结算等情形的过错原因。虽然违约责任或过错责任与优先受偿权的行使期限无关，但会对承包人主张工程价款的权利产生重大影响，律师在审查中应当一并综合审查，统筹考量。

（四）应当以合同解除之日作为优先受偿权起算时间的

在《通州建某集团有限公司与安徽天某化工有限公司别除权纠纷二审民事判决书》〔安徽省高级人民法院（2014）皖民一终字第 00054 号〕所涉案件中，安徽省高级人民法院认为，符合《企业破产法》第十八条规定的情形，建设工程施工合同视为解除的，承包人行使优先受偿权的期限应自合同解除之日起计算。

在《兰州新区某文化发展有限责任公司、中冶某集团有限公司等建设工程施工合同纠纷其他民事民事裁定书》〔最高人民法院（2021）最高法民申 2944 号〕所涉案件中认为，关于建设工程优先受偿权的法律适用问题，案涉工程未经竣工验收即停工，双方当事人于 2018 年 12 月经协商解除建设工程施工合同，从合同解除之日至中冶某公司起诉之日，并未超过六个月期限，原判决对优先受偿权行使期限的认定并无不当。

需要注意的是，司法实务中存在为数较多的无效施工合同，对承发包双方终止施工合同关系、不再继续履行的情形，也应参照上述意见以双方终止合同履行之日作为优先受偿权的起算时间。

（五）发包人破产时，应以承包人债权申报时间为优先受偿权起算点

根据《企业破产法》第四十六条第一款规定，未到期的债权，在破产申请受理时视为到期。因此，即使承包人工程价款未到应付款时间的，在发包人进入破产程序后，该工程款债权也应于破产申请受理时依法视为到期。承包人根据债权申报通知向管理人申报债权的时间，应作为其优先受偿权行使期限的起算点。如果承包人申报债权未主张优先受偿权，或者因自身原因未申报债权的，在超过优先受偿权行权期限后，其优先受偿权的主张将不能得到法律的保护。如果承包人在行权期限内主张但未得到管理人确认的，则应及时向法院提起确认之诉。

在《重庆建工某有限公司、重庆某交通装备有限公司建设工程施工合同纠纷民事再审民事判决书》[最高人民法院（2022）最高法民再114号]所涉案件中，最高人民法院认为，在发包人进入破产程序的情形下，承包人的工程款债权加速到期，优先受偿权的行使期间以承包人债权申报时间为起算点，而不以工程款结算为必要。从2016年1月29日（申报债权）至2018年10月8日（提起优先受偿权确认之诉），远超18个月。优先受偿权的行使期间为除斥期间，一旦经过即消灭实体权利，故审定债权金额及再次申报优先受偿权的行为并不能使建工某公司的优先受偿权失而复得。况且，优先受偿权对其他债权人利益有重大影响，如允许建工某公司在重整计划执行过程中，依然可以行使优先受偿权，实际上是将其未及时行使优先权的法律后果转嫁给其他债权人，对其他债权人不公，也不利于重整计划的执行。

二、优先受偿权行使的法律属性

《建设工程施工合同解释（一）》第四十一条规定，承包人应当在合理期限内行使优先受偿权，但最长不得超过十八个月，旨在督促承包人积极行使该项法定权利，避免对交易安全以及第三方合法权益产生消极影响。但其未对条文中的"合理期限"内容和"十八个月"的期限性质作出释明，以致实务中存在疑虑：何为"合理期限"？若超过"合理期限"是否就丧失优先受偿权？"十八个月"为除斥期间还是准诉讼时效？

对优先受偿权行使期限的性质，最高人民法院民事审判第一庭编著的《最高人民法院建设工程施工合同司法解释（二）理解与适用》提到，优先受偿权的生效无须登记，不具有公示的形式，其行使对（发包人的）其他权利人影响巨大，不应当使权利人据此权利长期怠于行使而妨碍其他权利人权利的实现。最高人民法院通过司法解释规定该权利预设期间，作为承包人的权利行使期，就是以促使法律关系尽早确定为目的，不得中止、中断和延长，故应当是除斥期间而非特殊诉讼时效，承包人必须在该期间内行使优先受偿权，否则将不能得到支持。同时，该意见还指出，除斥期间的主要特点之一在于其为法律明确规定的权利存续期间，而非当事人约定。因此，优先受偿权的行使期限也不由当事人约定加以改变。前文引用的在《重庆建工某有限公司、重庆某交通装备有限公司建设工程施工合同纠纷民事再审民事判决书》[最高人民法院（2022）最高法民再114号]所涉案件中，最高人民法院明确指出，优先受偿权的行使期间为除斥期间，一旦经过即消灭实体权利。在《建设工程施工合同解释（一）》出台前，司法实践观点较为一致，认为优先受偿权行使期限的性质是除斥期间。在《建设工程施工合同解释（一）》出台后，最高人民法院民事审判第一庭编著的《最高人民法院新建设工程施工合同司法解释（一）理解与适用》提到，这里的合理期限既不属于诉讼时效，也不属于除斥期间，是从保护施工人和其他权利人权益的角度拟制的期限。

由此可见，《建设工程施工合同解释（一）》第四十一条所述"合理期限"，只是为督促承包人在其优先受偿权依法成立后应尽早行使，以避免影响其他权利人的合法权益，同时也减少自身在行使和实现优先受偿权时可能面临的障碍和风险，该"合理期限"对优先受偿权的行使和确认，在事实认定和法律适用方面并没有实质性影响。换言之，该司法解释条文的实质为：承包人应自发包人应当给付建设工程价款之日起十八个月内行使优先受偿权。

三、双方对付款时间达成新的约定，对优先受偿权行使的影响

在实务中，经常会出现承发包双方就同一项建设工程签订多份施工合同，或者在施工合同外另行签订补充协议，又对工程款支付时间及条件形成新的约定，尤其在施工合同约定的工程结算期限届满后，双方为解决结算争议，通过协商对工程价款以及付款时间达成结算协议。上述情形是否会对优先受偿权的起算时间产生影响？

当双方签订多份施工合同，或施工过程中签订补充协议，涉及对施工合同约定的付款时间及条件进行实质性改变时，应采取以下措施。首先，应当区分工程合同有无经过招标投标程序，以及是否存在数份合同均无效等情形，根据《建设工程施工合同解释（一）》第二条、第二十三条以及第二十四条规定，有中标合同的，以中标合同确定双方的权利义务（含付款时间）；数份合同均无效时，参照实际履行的合同确定。而后，再按照被确定为结算依据的合同中所约定的付款时间及条件来计算优先受偿权的行使期限的起算点。

对于双方在工程结算中，为解决结算争议以及合同履行中的其他纠纷，经协商达成的结算协议或者补充协议，又对施工合同约定的付款时间作出改变（多数为推迟付款期限）的，应当根据《民法典》有关合同效力的规定对该协议的效力加以判断。除属法定无效情形外，应当认定其为有效。不仅双方应当受其约束，而且优先受偿权的行使期限也应按照该协议重新约定的付款时间来确定。

在《山东中某防科技发展有限公司、江苏省某集团有限公司建设工程合同纠纷二审民事判决书》[最高人民法院（2019）最高法民终990号]所涉案件中，对于工程价款优先受偿权起算时间，法院认为，虽然施工合同约定了涉案工程竣工日期，但因中某防公司未按合同约定支付工程进度款等原因，导致涉案工程多次停工，未完成竣工验收。直至2015年3月17日，在《工程竣工移交手续》中，双方协商同意终止履行施工合同，并在《对账单》中约定了结算价款。故一审法院从2015年3月17日起计算建设工程价款优先受偿权保护期间，并无不当。

需要注意的是，在建设工程价款优先受偿权诉讼中，若当事人据以证明优先受偿权行使期限的依据为施工合同以外的补充协议，且该补充协议改变了施工合同原本约定的发包人应付工程款期限，从而延迟了优先受偿权的起算时间的，人民法院须主动审查施工合同的实际履行情况、承发包双方的主观意愿以及是否存在恶意串通、损害第三人利益的情

形，以及该补充协议的效力。尤其是若按原合同约定的付款时间起算优先受偿权已经过期的，该项工程的抵押权人等利害关系人也可依法以有独立请求权的第三人身份参加诉讼并申请撤销该补充协议。当该补充协议无效或者被依法撤销的，则应当以施工合同约定的应付工程款时间来确定优先受偿权行使期限的起算点。

如果按原施工合同约定计算优先受偿权的行使期限已经届满之后，当事人又重新约定工程款支付时间的，因优先受偿权行使期限属于除斥期间，故该约定仅应对工程款债权本身的诉讼时效产生影响，而不应发生延长或者重新计算优先受偿权行使期限的法律后果。在此情形下，律师应当注意以下几点。

（1）合同原约定的应付款之日，是否已经具备工程款支付的条件，譬如工程有无验收合格或者移交使用，价款结算有无完成等客观情况。

（2）承发包双方签订补充协议有无正当事由及可能损害第三人合法利益，譬如承包人对发包人在此期间已将承建工程对外设置抵押的事实是否知情等。

（3）在承发包双方对付款时间已经作出补充约定情况下，应不再适用《建设工程施工合同解释（一）》第二十七条有关拟制应付款时间的规定。

四、新旧司法解释对优先受偿权行使的衔接

就此问题，最高人民法院民一庭编著的《最高人民法院新建设工程施工合同司法解释（一）理解与适用》提到，根据《民法典时间效力规定》第一条、第二十条，一般应从优先受偿权履行的持续情况确定是否适用十八个月最长期限的新规定。对《建设工程施工合同解释（一）》施行前签订的施工合同，若根据《建设工程施工合同解释（二）》的规定，原六个月的优先受偿权行使期限已经届满的，则优先受偿权的履行并未持续至《建设工程施工合同解释（一）》施行后，其优先受偿权的行使期限仍应适用原司法解释规定的六个月；若在《建设工程施工合同解释（一）》施行后，优先受偿权尚未超过六个月的行使期限，该项权利还在履行期间，则可适用《建设工程施工合同解释（一）》对优先受偿权期限的新规定，自发包人应付工程价款之日起算十八个月内，承包人仍然有权主张优先受偿权。

律师在所承接案件可能涉及新旧司法解释衔接问题时，应当特别注意承包人诉讼请求中有关工程款利息的起算时间，是否对其同时主张的优先受偿权行使期限产生不利的影响。简言之，承包人同案诉请主张的工程款利息（不包括逾期支付进度款的阶段性计息），若是从 2020 年 7 月 2 日之前（不含该日）就已全部起算的，即意味着承包人自认应付工程款时间系在该日期之前，那么，根据《建设工程施工合同解释（二）》（已废止）有关优先受偿权行使期限为六个月的规定，其同案主张的优先受偿权的行使期限至 2020 年 12 月 31 日即已届满，则存在逾期行使的风险。

五、承包人催告对优先受偿权行使的影响

承包人根据《民法典》第八百零七条行使催告权的，包括在"发包人未按照约定支付价款"时，承包人"可以催告发包人在合理期限内支付价款"，以及针对"发包人逾期不支付的"，承包人可以催告"与发包人协议将该工程折价"。

前种作为履行工程债务的催告，性质属于授权性规范而非强制性规范，"依约付款"系发包人应主动履行的合同义务，并不因承包人催告与否而免除或者减轻。因此，该种催告并非承包人行使工程款权利包括优先受偿权的必经程序，对优先受偿权行使期限没有影响。

而后种催告，作为承包人启动与发包人协议将工程折价即实现优先受偿权的路径之一，方式可以是书面通知，也可以是口头或者其他方式。在承发包双方已经达成将工程折价抵付对应工程款的协议，或者承包人已经诉讼对其承建工程主张优先受偿权的情况下，就此前承包人有无催告，法律上已无实际意义。需要注意的是，若承包人诉请优先受偿权时已经超过法定行权期限，但在此前承包人已向发包人进行催告并且该催告未超出行权期限的，就有可能被法院认定为其已经对发包人行使了优先受偿权，从而获得保护。

天某公司与华某公司建设工程施工合同纠纷案〔（2012）民一终字第41号〕，法院认为，案涉工程在2008年2月4日竣工验收后，华某公司于同年5月12日以"工作联系单"方式向天某公司主张案涉工程的优先受偿权，并未超出法定的优先受偿权除斥期间。天某公司认为华某公司起诉时主张优先受偿权超出法定的期间缺乏事实和法律依据，不能成立。一审判决认定华某公司享有天某国贸中心8～24轴裙楼工程优先受偿权正确，应予维持。

第五节　优先受偿权的权利范围

建设工程价款优先受偿权制度的创设目的，是为了通过保护承包人的建设工程价款，从而间接保障建筑工人的劳动报酬等合法权益。优先受偿权作为法定优先权的设立及权利范围，由法律直接规定，并不由当事人自行约定，而与抵押权、质押权及留置权等具有担保性质的其他优先权利不同。

关于优先受偿权的权利范围，最高人民法院曾在《最高人民法院关于建设工程价款优先受偿权问题的批复》第三条中规定："建筑工程价款包括承包人为建设工程应当支付的工作人员报酬、材料款等实际支出的费用，不包括承包人因发包人违约所造成的损失。"

但由于工程计价中的人工费、材料费等费用与承包人的工人报酬、材料款等实际支出不完全相同，且工程款利息属于承包人投入工程成本的法定孳息，并不以发包人违约为其产生前提，据此规定难以从工程造价或者合同价款中再区分出可纳入优先受偿权的权利范围的承包人实际支出的费用内容，以致司法实践中争议不断。

鉴于此，最高人民法院在 2018 年《建设工程施工合同解释（二）》第二十一条明确了优先受偿权的权利范围，《建设工程施工合同解释（一）》第四十条对该内容全部保留沿用，其规定："承包人建设工程价款优先受偿的范围依照国务院有关行政主管部门关于建设工程价款范围的规定确定。承包人就逾期支付建设工程价款的利息、违约金、损害赔偿金等主张优先受偿的，人民法院不予支持"。由此，对优先受偿权的权利范围及其构成内容的界定，具有很强的可操作性，也减少了实务中的争议。

一、属于优先受偿权的权利范围

（一）建设工程价款

根据《建设工程施工合同解释（一）》第四十条规定，优先受偿权的权利范围应当依照国务院有关行政主管部门关于建设工程价款范围的规定确定，目前，我国住房和城乡建设部门有关建设工程价款组成的规定主要有以下几方面。

（1）《建筑安装工程费用项目组成》。其第一条第一款规定"建筑安装工程费用项目按费用构成要素组成划分为人工费、材料费、施工机具使用费、企业管理费、利润、规费和税金"。

（2）《建筑工程施工发包与承包计价管理办法》。其第 5 条第 1 款规定："工程价格由成本（直接成本、间接成本）、利润（酬金）和税金构成。"

虽然，上述两项规定的用语不一样，但其内含的工程价款范围和构成是相同的。据此可见，优先受偿权的权利范围应包括由人工费、材料费、施工机具使用费、企业管理费、利润、规费和税金构成的全部工程价款。其中，人工、材料及施工机具费为直接成本，企管费及规费为间接成本，其具体构成内容详见上述计价规定，本处不再列举。

需要注意的是，《建设工程施工合同解释（一）》第四十条采用了"开放性"规定，根据承包人建设工程价款与其优先受偿权之间权利关系的从属性质，将优先受偿权范围的确定标准及权限规定为"依照国务院有关行政主管部门关于建设工程价款范围的规定确定"。这意味着：①如果今后有关工程计价的行政规范性文件对建设工程价款范围及构成进行调整变化时，优先受偿权的范围随之变化；②依照上述计价规定可计入建设工程价款范围的价格调整或者追加付款部分，也应属于优先受偿权的范围，并不因当事人有无违约或者过错而一概适用该规定第二款加以排除。

同时，承包人优先受偿权的权利范围还应以其已经完成的合格工程量的价款数额为限。其中，建设工程经竣工验收或者视为验收合格的，工程价款的数额按照合同约定计算，即使施工合同无效的，因合同效力并非承包人享有工程价款权利的必备条件，承包人也应按照上述关于建设工程价款范围的规定，计算优先受偿的工程折价补偿款的范围；建设工程经验收不合格的，则按照修复后的建设工程有无经验收合格以及发包人对建设工程不合格造成的损失有无过错，依据《民法典》第七百九十三条第二款的规定分别予以处理；若双方当事人对实际完成工程量以及增减、变更等事项有争议而未能协商解决的，可通过司法鉴定并依鉴定情况确定建设工程价款数额及其优先受偿权。

最高人民法院在其审理的中建公司与锦某公司等施工合同纠纷〔（2022）最高法民终212号〕一案中认为，案涉工程停工后，双方未就工程价款数额达成一致，诉讼中双方同意按照司法鉴定程序由第三方专业鉴定机构通过司法鉴定确定案涉工程价款，因此中建公司起诉主张工程价款优先受偿权具有事实和法律依据。工程价款优先受偿权是为了保护施工方的合法权益，使其对于工程价款优先得到受偿的一项专门的法律制度。施工方能够优先获得工程价款，当然应以其所施工的工程符合质量要求为前提条件。如果其所施工的工程不符合质量要求，由此产生的修复费用当然应当由其承担，并且在其主张优先受偿权时也应予以扣除。因此一审判决关于工程价款优先受偿权的处理并无不当，中建公司和锦某公司的该项主张均不成立。

（二）垫资施工的工程款

承包人利用自有资金垫资施工的现象，在我国建设工程领域已成为常态，对施工合同中垫资条款效力的司法认定也经历了从无效到有效的演变过程，但为避免与有关行政主管部门禁止带资承包规定的冲突和社会负面作用，《建设工程施工合同解释（一）》第二十五条仍然对垫资利息的保护及其约定标准作出限制性规定，并且视当事人对垫资有无约定而区分处理。司法实践中，属于工程欠款的垫资，应当纳入优先受偿权的权利范围；而对被依法认定为拆借资金的垫资，则不能享有优先受偿的权利。

1. 垫资款按照工程欠款享有优先受偿权

根据大多数施工合同纠纷案件反映，承包人进场施工时，发包人往往只给予承包人少量预付款或施工准备金，多数情况下，承包人前期施工中的人材机费用均为自筹或者先行垫付。当工程建造到一定程度，发包人支付的进度款也只是承包人已完工作量的相应比例。在双方结清全部工程款之前，承包人为完成工程而需先行垫付各项投入已为不争的客观事实。因此，承包人垫资施工已是我国建筑市场中的通常惯例，发包人应付工程款的主要成分也就是承包人已经投入的垫资施工成本，该部分人材机等施工成本客观上已经物化于建设工程之中，并由发包人受益，如果承包人垫资投入的部分不能得到对应的权利保障，显然违反双方合同目的和权利义务对等原则。为此，《建设工程施工合同解释（一）》第二十五条不仅支持承包人请求按照约定返还垫资及其利息，还明确"当事人对垫资没有约定的，按照工程欠款处理"。

在《德州凯某仓储有限公司、德州振某建安集团有限公司建设工程合同纠纷二审民事判决书》[山东省高级人民法院（2017）鲁民终 1629 号]所涉案件中，山东省高级人民法院认为，享有优先保护的建设工程价款的范围应界定为已竣工工程的结算价；如工程未竣工应以施工预算价为基础进行评估确定工程价款，其中包含承包人的正常利润，也包括承包人的垫资款，但不包括承包人因发包人违约造成的损失。该案中，判决确定的工程款33170306.22 元及利息，系评估确定的工程价款，依法应享有优先受偿权。

在《浙江国某建设集团有限公司、泰州开某汽车城发展有限公司建设工程施工合同纠纷二审民事判决书》[最高人民法院（2019）最高法民终 314 号]所涉案件中，最高人民法院认为，双方签订《框架协议》《施工补充协议》及其他协议系双方当事人的真实意思表示，合法有效，对双方当事人均有约束力，应当作为认定双方权利义务的依据。合同中对国某公司需垫资施工 8000 万元以及返还垫资款相关事项进行了约定。在案涉工程施工中，国某公司垫资 8000 万元进行施工，且施工过程中双方对于 8000 万元垫资施工工程量、垫资款及利息结算支付进行了结算确认，故应以上述合同为工程款结算的依据。根据《合同法》第二百八十六条规定，建设工程价款可就该工程折价或者拍卖的价款优先受偿。国某公司在上述工程垫资款及进度款 1.3 亿元范围内对案涉工程折价或拍卖价款享有优先受偿权。

2. 垫资款支付给发包人而未直接投入施工的，不属于工程垫资款，不享有优先受偿权

在《中国轻某业武汉设计工程有限责任公司、武汉升某置业发展有限公司民间借贷纠纷二审民事判决书》[湖北省高级人民法院（2018）鄂民终 824 号]所涉案件中，湖北省高级人民法院认为，垫资是指承包方在合同签订后，不要求发包方先支付部分工程款，而是利用自有资金先进场施工，待工程施工到一定阶段或者工程全部完成后，由发包方再支付垫付的工程款。本案双方签订的《某住宅小区工程总承包合同》中虽然将 4000 万元约定为"垫资款"，但并未约定轻某公司利用自有资金先进场组织施工企业进行施工，待工程施工到一定阶段或全部完成后，再由升某公司支付垫付工程款；而是约定轻某公司事先将 4000 万元款项交付给升某公司使用，升某公司每年向其支付利息和管理费。并且，根据审理查明的事实，轻某公司虽参与了一定的工程管理，但并未履行工程总承包人应尽的对涉案工程设计、采购、施工监理等方面的管理职责，而是将涉案工程分包工程价格与采购价格的最终审定权交由发包人升某公司。双方之间多次往来函件仅就 4000 万元款项和孳息的归还时间、方式及数额进行协商，对于建设工程施工事宜双方在函件中并未提及。故从双方合同及相关补充协议的约定和实际履行情况来看，双方以"垫资"为名，行资金拆借之实，4000 万元不属于工程垫资款，而是借款。因此，一审判决认定升某公司与轻某公司之间系民间借贷法律关系，双方合同约定的每月 30 万元管理费，实为以借款本金4000 万元为基数，按年利率 9% 计取的资金利息，并无不当。轻某公司关于一审判决认

定法律关系错误，一审判决认定管理费为利息错误，4000万元为工程垫资款的上诉理由均不能成立，该院不予支持。

类似该案情形，承发包双方之间就该垫资行为形成的债权债务关系，并不具有施工工程款的法律特征，而是以工程垫资款为名的民间资金的拆借行为，与承包人用于建设工程项目的施工成本以及建筑工人的劳动报酬并无直接的关联，若赋予其优先受偿权，显然不符合《民法典》第八百零七条的立法目的。在实践中，还存在双方订立的施工合同中约定承包人垫付部分建设资金同时分配一定的房屋的情形，对此，司法实务中有观点认为是承包人的投资行为，也不应受优先受偿权的保护。

综上，对于承包人的垫资款是否属于优先受偿权的权利范围，首先应当研判确定其真实性质，只有当约定的垫资款已经物化于建设工程项目中，并且能够以发包人应当给付的全部建设工程价款覆盖，才能按照工程欠款处理，并根据相关法律规定行使优先受偿权。律师处理该事项时，需要注意以下几点。

（1）鉴于承包人垫资款性质的隐蔽性和司法认定的不确定性，实务操作中应当尽可能规避垫资款的用语或者类似约定，避免该方面风险。

（2）若施工合同约定承包人垫资施工的，应在合同中明确该垫资款属于工程价款的一部分，并且纳入结算价款。

（3）若发包人按照招标文件要求承包人给付垫资款的，建议对该垫资款直接按借贷关系处理并设定其他抵押物，约定归还期限尽可能早于工程竣工，不能与工程结算混为一谈。

（三）质量保证金

《建设工程质量保证金管理办法》第二条规定："质量保证金是指发包人与承包人在建设工程承包合同中约定，从应付的工程款中预留，用以保证承包人在缺陷责任期内对建设工程出现的缺陷进行维修的资金。"缺陷责任期一般为1年，最长不超过2年，由发、承包双方在合同中约定。《建设工程质量管理条例》第三十九条规定："建设工程实行质量保修制度。建设工程承包单位在向建设单位提交工程竣工验收报告时，应当向建设单位出具质量保修书。质量保修书中应当明确建设工程的保修范围、保修期限和保修责任等。"

根据上述法律规定，质量保证金或者质量保修金，是为了确保工程维修的资金能够及时到位，约束承包人履行维修义务的一种保证措施。在缺陷责任期限届满后，承包人依约履行维修义务的，发包人将预留或暂扣的质量保证金全部退还给承包人。在实务中，由于承包人履行该保证措施的方式并不相同，如提供工程质量保证担保或者工程质量保险、缴纳履约保证金或者在应付工程款中预留保证金，即使是预留保证金的，也有在进度付款中逐次预留或者在工程结算时一次性预留等方式，对质量保证金能否纳入优先受偿权的权利范围也有不同的影响。

1. 预交的质量保证金

在实务中，发包人在招标或者与承包人签订合同时，会要求投标人或者承包人预先交纳一定数额的保证金，作为承包人对其履约包括对其施工工程质量的保证。如《招标投标法》第四十六条规定："招标文件要求中标人提交履约保证金的，中标人应当提交"，第六十条规定："中标人不履行与招标人订立的合同的，履约保证金不予退还，给招标人造成的损失超过履约保证金数额的，还应当对超过部分予以赔偿；没有提交履约保证金的，应当对招标人的损失承担赔偿责任"。

可见，该预交保证金的性质属于承包人对其履约之债的一种担保方式，即履约保证金。承包人在履行合同义务后，享有的是对该保证金款项的返还请求权，与其对未受偿的工程款的请求权基础及范围不同。即使发包人将承包人预交的保证金用于工程建设，如购买建筑材料再提供给承包人，但作为甲供材的该部分材料价值并不属于承包人所有，该款项金额并不在发包人应付承包人工程价款范围内，承包人不能以该资金的最终用途来主张对其预交保证金的优先受偿权，其对预交保证金享有的仍然是返还请求权。因此，承包人对预交质保金不享有优先受偿的权利。

2. 预留的质量保证金

对发包人根据施工合同约定从应付工程款中预留的质保金，因该款项来源于建设工程价款，无论金额多少都是建设工程价款的一部分，并且其所对应的价值已经物化到承包人建设的工程之中，只是被发包人预先扣留，约束承包人履行维修义务，故而，当合同约定或者法律规定的缺陷责任期限届满后，并且承包人履行维修义务的，发包人应当将该预留的保证金退还给承包人。因此，预留的质保金作为工程价款不可分割的部分，应属于优先受偿权的权利范围，并且，在双方约定的保证功能根据合同履行事实消除后，自该质保金应予退还之日起，承包人可对该部分款项就其承建工程行使优先受偿权。

在《北京首某建设集团有限公司、通化市诚某房地产开发有限责任公司建设工程施工合同纠纷二审民事判决书》［最高人民法院（2020）最高法民终1192号］所涉案件中，最高人民法院认为，质保金属于建设工程价款的一部分，在其作为工程价款能够对施工工程取得优先受偿权上与工程款是一致的，但是该款项在功能上却发挥了保证金的作用。对于该保证金的返还日期，其具有区别于工程款支付期限的单独要求，需要基于合同的特殊约定来确定。因此，在质保金与工程价款存在上述功能上的区分的情况下，不应该以建设单位返还质保金作为应付工程款的时间。

3. 预交后转换的质量保证金

《建设工程质量保证金管理办法》第六条规定，在工程项目竣工前，已经缴纳履约保证金的，发包人不得同时预留工程质量保证金。采用工程质量保证担保、工程质量保险等其他保证方式的，发包人不得再预留保证金。

因此，发包人在工程竣工前已经收取承包人履约保证金或者承包人已经提供其他方式的工程质量保证措施的，不能再从应付承包人的工程款中扣留质量保证金，以避免承包人在工程竣工前同时交纳履约保证金与质量保证金，造成过高的资金压力，从而影响施工安全以及工程质量等，但是这并不意味着承包人无须再缴纳质量保证金。在工程竣工进入缺陷责任期后，如果缺少质量保证金的保障，将可能对发包人的合法权益造成损害。在实务中，为了交易的便捷，双方会将预先交纳的履约保证金转换为缺陷责任期间的质量保证金，而不再从应付承包人工程款中另外预留，在缺陷责任期满承包人履约完毕后返还给承包人。因此，预交后转换的质量保证金仍然独立于工程价款，不属于优先受偿权的权利范围。

律师处理该事项时，需要注意以下几点。

（1）质量保证金缴纳的方式决定其是否属于优先受偿权利范围。

（2）质量保证金退还的期限影响承包人行使优先受偿权的数额。

（3）承包人起诉时，如质保金已具备返还条件，应纳入未受偿工程款一并主张，无须单独提出返还质保金的诉请。

（四）工程奖励金

工程奖励金是指根据施工合同约定，承包人在实现发包人对工程的某项特定要求时，有权获得工程价款数额以外的奖励费用，包括工程质量、工期、合理化建议以及安全文明工地奖励金等。有观点认为，合同约定的工程造价涵盖了工程价款的各项组成费用，已经体现了承包人工程施工行为及其成果的对价，在此之外设定工程奖励金，系作为合同奖罚条款中的奖励部分，其作用应相对于工程违约金。即使承包人具备该奖励条件，有权获得奖励款项，但该奖励金款项也不属于工程价款从而不能得到优先受偿的权利保护。

笔者认为，如果双方合同明确约定奖励金属于工程价款，或者约定的固定价格组成中包含该等奖励金的，应当对当事人的意思自治予以尊重。尤其是承包人为了满足发包人设置该奖励金的特定要求，在原定施工方案和工艺措施基础上增加了施工成本，包括改进工艺、优化管理、增强施工人员和相应措施等，依约获得的奖励金可视为其追加施工投入的对价，属于应计入承包人工程款的组成范围，与其他工程价款一并获得优先受偿的权利。

鉴于此，当发包人对工程有特定要求并同意支付相应奖励金的，律师应建议承包人在签订的施工合同或者补充协议中，争取将该奖励金明确约定计入工程价款或者包干费用，而非违约奖惩条款；施工前以及完工结算时，应针对该奖励金对应的工程事项，编制提交相应的施工方案、工程费预算或结算以及实施依据，以证明承包人为实现该奖励目标而增加付出额外的施工成本的事实。

二、不属于优先受偿权的权利范围

（一）违约金、损害赔偿金及预期可得利益等损失

首先，违约金、损害赔偿金及预期可得利益等损失不属于建设工程价款的组成部分，也没有物化于建设工程当中，与完成的工程成果之间并没有对应的价值关系。其次，在一般情况下，承包人主张的违约金、损害赔偿金及未建工程部分的预期可得利益等损失，也很难得到发包人的认可并且以结算价款的方式体现，绝大多数需要通过司法审查后才能确认，其数额在很大程度上还受到裁判者对当事人过错性质和程度等判断因素的影响，并不符合优先受偿权的行使条件即可获得优先受偿的工程价款应当是客观发生、可以确定并已届清偿期的工程价款。再次，承包人的该部分利益既在工程价款之外，对保护建筑工人生存权也不具典型意义，若将违约金、损害赔偿金及预期可得利益等损失纳入优先受偿权的权利范围，不仅不符合优先受偿权制度的创设目的，实践中也难以操作和把控。

虽然《民法典》第三百八十九条规定："担保物权的担保范围包括主债权及其利息、违约金、损害赔偿金、保管担保财产和实现担保物权的费用。当事人另有约定的，按照其约定"，但是承包人建设工程价款为法定优先受偿，并不由当事人自行约定，其权利范围与担保物权存在本质上的区别，不同于抵押权、质押权及留置权等担保权利，并不适用上述规定。因此，违约金、损害赔偿金及预期可得利益等损失不属于优先受偿权的权利范围。

（二）逾期支付建设工程价款的利息

利息从应付工程价款之日开始计付，发包人未按约支付工程款，客观上会对承包人产生逾期收取工程款期间的资金成本损失，但该资金成本损失同前文所述违约金、损害赔偿金及预期可得利益等损失，并不属于建设工程价款的组成部分；而且，《建设工程施工合同解释（一）》第二十六条已将工程款利息作为法定孳息，规定："当事人对欠付工程价款利息计付标准有约定的，按照约定处理。没有约定的，按照同期同类贷款利率或者同期贷款市场报价利率计息。"以司法解释的方式明确了对欠付建设工程价款逾期利息的保护；同时，建设工程价款优先受偿权对发包人自身及其担保权人等第三方的合法权益影响非常大。《民法典》第八百零七条的立法目的是为平衡各方当事人的合法利益，通过保护承包人的基本权利从而保障建筑工人的合法权益，体现了法律在保护弱者的同时也注重维护各方利益的平衡。因此，建设工程价款逾期利息不属于优先受偿权的权利范围。

（三）实现建设工程价款权利的相关费用

根据《民法典》第八百零七条以及《建设工程施工合同解释（一）》第四十条的规

定，优先受偿权制度主要是为实现承包人的工程价款权利并保障建筑工人的生存权益，而非为满足承包人与工程合同相关的所有权利。由于该部分费用并非形成于承包人施工的工程成果中，而是在其实现工程款权利过程中才发生，更不属于国务院有关行政主管部门规定的建设工程价款组成项目，故也不应受到工程价款优先受偿权的保护。

三、有争议的优先受偿权利内容

根据《建设工程施工合同解释（一）》第四十条规定，除可以依照国务院有关行政主管部门的相关规定纳入建设工程价款范围的费用外，承包人主张的逾期支付工程款的利息、违约金、损害赔偿金等其他权利费用，均不属于优先受偿权保护范围。其已然明确了优先受偿权的权利内容和界定规则，但由于对工程价款费用项目组成的认定具有较强的专业性，且优先受偿权对实现当事人利益的影响极大，在实务中，就承包人主张的工程索赔费用，以及虽不在工程费用项目组成规定中但经双方约定计入工程价款的相关费用，仍然存在较大争议。

（一）工程索赔费用

综合《建设工程工程量清单计价标准》GB/T 50500—2024、《建设工程造价鉴定规范》GB/T 51262—2017 及《建设工程施工合同（示范文本）》GF—2017—0201 通用合同条款相关内容，承包人的工程索赔是指在工程合同履行过程中，承包人因非己方的原因而遭受损失，按合同约定或法律法规规定应由发包人承担责任，而向发包人提出追加付款和（或）延长工期的补偿要求。索赔内容包括以下几方面：因工程变更或者发包人要求导致承包人完成的工程内容或工程量数量变化的价款，非承包人原因工期延长期间材料、人工价格发生调整的价差，非承包人原因暂停施工期间的现场已完工程及材料设备的保护费用、机械租赁费、留场人员工资、复工费用等；因发包人违约导致合同解除后发生的临时设施、投标文件编制及保险费用等前期已投入费用的摊销、承包人已购材料设备款、撤场遣散费用以及预期可得利益等损失；发包人逾期支付工程款的利息及合同约定的违约金。其中，除法律已明确规定不属于优先受偿权范围的外，其他工程索赔费用能否得到优先受偿，实操中可从以下案例进行体会借鉴。

1. 若索赔费用系工程费用项目组成内容的，属于优先受偿权利范围

在《龙某建设集团股份有限公司、成都西南交某府河苑培训中心有限公司建设工程施工合同纠纷民事二审民事判决书》[最高人民法院（2022）最高法民终 24 号] 所涉案件中，最高人民法院认为，依照《建设工程施工合同解释（二）》（已废止）第二十一条的规定，享有优先受偿权的工程价款范围，根据国务院有关行政主管部门的规定确定。本案中由鉴定机构鉴定的停窝工费用，均为住建部、财政部规定的建筑安装工程费用项目，属于工程价款而非逾期支付工程价款导致的损害赔偿金，故该部分费用，应享有优先受偿

权，府河苑公司的该项上诉请求，本院不予支持。

在《中建某局第一建筑工程有限公司、苏州新某企业经济发展有限公司建设工程施工合同纠纷民事二审民事判决书》[最高人民法院（2021）最高法民终1263号]所涉案件中，最高人民法院认为，住房和城乡建设部、财政部印发的《建设工程费用项目组成》第一条第一款规定："建筑安装工程费用项目构成要素组成划分为人工费、材料费、施工机具费、企业管理费、利润、规费和税金。"该案中，鉴定报告所确认的2015年5月18日之前的索赔根据当事人约定未作调整，2015年5月18日之后的索赔具体构成属于实际发生的人工费、材料费、施工机具使用费、企业管理费、税金等。故一审法院认为，中建某局对鉴定报告确认的2015年5月18日之后的索赔金额享有优先受偿权。2015年5月18日之前的索赔中，关于工程款拖欠产生的利息5195400元，则不应属于优先受偿权范围。

2. 索赔费用若经双方确认已列入工程价款的，属于优先受偿权利范围

在《山东中某防科技发展有限公司、江苏省建某集团有限公司建设工程合同纠纷二审民事判决书》[最高人民法院（2019）最高法民终990号]所涉案件中，最高人民法院对于一审判决江苏某工享有工程价款优先受偿权的范围包括独立费是否正确，进行了裁决。涉案双方于2014年2月18日签订的《补充协议》第六条"付款方式（单体结算付款）"第8款约定的"因发包人不按合同约定付款，造成承包方在外高息借款、项目误工、租赁费、管理费等损失，工程预结算定额外建筑面积每平方米另增加500元"，系《工程造价鉴定报告》中"独立费"的计算依据。根据该案实际情况，独立费系因中某防公司未按合同约定付款造成相关施工费用支出增加而约定的对工程价款的补充，属于双方对施工过程增加的施工成本所作的约定。中某防公司主张独立费系双方自行约定的逾期支付工程款的违约损失，不应纳入优先受偿权范围，不能成立。一审法院对江苏某工享有工程价款优先受偿权的范围的认定，并无不当。

在《中国建筑第某工程局有限公司、四川秦某物流配送有限公司等建设工程施工合同纠纷民事二审民事判决书》[最高人民法院最高法民终9号]所涉案件中，最高人民法院认为，根据《建设工程施工合同解释（一）》及《建筑安装工程费用项目组成》的规定，建设工程价款优先受偿的范围包括人工费、材料费、施工机具使用费、企业管理费、利润、规费和税金。因此，除《竣工结算书》中载明的工程款68450756元属于建设工程价款优先受偿的范围外，2016年4～6月钢筋材料价格调整款1209416.40元、安全文明施工费率调差款2400000元及2017年9月20日以前的项目签证款823317元，均属于建设工程价款优先受偿的范围。一审未将案涉工程的钢筋材料价格调整款、安全文明施工费率调差款及项目签证款计入建设工程价款优先受偿范围内，有所不当，应予纠正。

3. 因发包人违约造成的损失不属于优先受偿权的权利范围

在《广西建工集团第某建筑工程有限责任公司、昆明全某房地产开发有限公司建设工程施工合同纠纷二审民事判决书》[最高人民法院（2019）最高法民终344号]所涉案件

中，首先，本案中，双方一致确认施工合同于 2016 年 11 月 3 日解除，且从《工程交工协议书》《工程款承诺书》《工程移交后遗留问题的处理办法》的内容能够证实合同解除的原因系全某公司未能按时支付工程款，在合同解除的原因不能归责于广西某建的情况下，应从合同解除之日（即 2016 年 11 月 3 日）时起算优先受偿权的期限，至广西某建 2017 年 5 月 4 日向一审法院提起诉讼时，尚未超过法定六个月除斥期间，故广西某建享有优先受偿权。其次，根据《最高人民法院关于建设工程价款优先受偿权问题的批复》（已废止）第三条"建筑工程价款包括承包人为建设工程应当支付的工作人员报酬、材料款等实际支出的费用，不包括承包人因发包人违约所造成的损失"的规定。该案中，广西某建依法享有优先受偿权的范围仅限于全某公司尚欠广西某建的工程款 28080534.33 元，其余不属于工程款范围内的应付款项，依法不属于优先受偿权的范围，一审法院不予支持，并无不当。

从上述最高院裁判观点，尤其在对优先受偿权不以施工合同有效为前提的情况下，就承包人对工程索赔费用主张优先受偿权的，也不应再以属于"因发包人违约造成的损失"而一概不予支持，而是应当以该工程索赔费用的费用内容及性质是否属于国务院有关行政主管部门规定的建设工程价款范围，是否已由承发包双方确认计入工程签证或者结算价款作为界定标准。

律师在代理承包人就工程索赔费用主张优先受偿权时，应当注意以下几点。

（1）承包人主张的索赔内容是否属于法律明令排除优先权的权利类别。

（2）建议承包人尽可能就索赔费用与发包人达成补充协议或者签证，并以工程费用加以体现，对较难列入分部分项工程费的，可协商争取作为"独立费"或者"其他项目费"。

（3）诉请中应将该部分金额直接列为应付未付工程款而避免使用"赔偿损失""违约损失"等字样。

（4）对该部分费用的举证，宜采用"费用清单汇总表 + 工程费计算式 + 相关证据 + 计价依据 + 典型案例"形式，以便于鉴定机构鉴定和法院审查确认。

（二）合同约定的承包人其他收入

该类情形多发生在所谓的"BT"工程建设项目中，双方施工合同约定发包人在工程建设期间不支付工程款，而在工程竣工后分数年支付完毕，同时计付建设期间和付款期间的工程款利息，或表述为承包人财务成本或者建设收益，部分合同还明确约定"工程价款 = 经审计部门审定的工程造价 + 财务成本或建设收益"。

根据《建筑安装工程费用项目组成》规定，利润是指施工企业完成所完成承包工程获得的盈利。在清单计价模式下，通过组成综合单价中的取费费率体现，但鉴于当前承发包双方的市场地位，承包人竞价中往往会压低报价预算中的利润、企业管理费，因此该综合单价组价中的利润率并不能真正反映承包人完成工程所能获得的利益。从广义上讲，承包人因履行施工合同义务、完成工程目标获得的经济收益都应纳入承包人的工程利润。

就承包人对该类收入能否主张优先受偿权的问题，尽管该类收入系由双方合同约定的承包人正常利益而并非《建设工程施工合同解释（一）》第四十条第二款列举的承包人逾期支付工程款的利息、违约金及损害赔偿金，但该款规定采用的是概括性列举并未穷尽不得优先受偿的承包人其他权利（譬如《建设工程施工合同解释（一）》第二十五条对垫资利息的规定），并且其第一款已经明确优先受偿权范围依照国务院有关行政主管部门关于建设工程价款范围的规定确定，该部分在工程计价以外另行约定的收入，虽然对应于承包人的施工成本即施工垫资的财务成本，也直接影响承包人的工程利润，但其约定的内容和计算的形式并不符合上述有关工程价款组成项目的规定范围，除非双方合同已将该类费用明确约定为工程价款的组成部分。

因此，律师应建议承包人对该部分费用争取在合同中以工程价款计价的方式予以约定，包括增加造价金额或者计价比率，并明确计入结算的工程价款中，避免因采用利息、投资收益、财务成本等敏感词语或者计算方式而被直接排除获得优先受偿权的可能。

第六节　优先受偿权的行使方式

《民法典》第八百零七条规定："发包人逾期不支付价款的，承包人可以将该工程与发包人协议折价或者请求法院依法拍卖，就折价或者拍卖的价款优先受偿。"该规定包括了承包人对优先受偿权的主张、发包人或者司法仲裁机构的确认和最终实现的权利行使进程。但是，除此之外，现行法律包括司法解释均未对承包人行使优先受偿权的方式予以具体规定。实务中，承包人行使优先权的方式，大致存在以下几种情形：①与发包人协议将工程折价；②通过诉讼或者仲裁请求确认；③未经诉讼或者仲裁确认直接在执行程序中主张；④在发包人破产程序中向管理人申报确认优先债权；⑤向发包人发函主张的方式。其中，最常见的是通过诉讼或者仲裁确认，对该种行使方式以及向发包人破产管理人申报确认的方式，实践中均认为是有效的行使方式，而对其他行使方式包括协议折价的有效性，以及还应具备何种条件，学界和实务中均有争议，并且，承包人优先权的最终实现也与其采用的权利行使方式密切相关，从事该类业务的律师在工作中应给予足够的关注。

一、诉讼或仲裁方式

承包人通过提起诉讼或申请仲裁的方式，请求确认在未获受偿工程价款范围内对其承建发包人的工程享有建设工程价款优先受偿权，是优先受偿权行使最为普遍的有效方式。

法院或者仲裁机构审查的是双方主体之间的法律关系、权利内容及价款金额、承建工程的范围及其质量和性质以及有无超过权利行使期限，并不涉及权利的行使方式。至于在部分案件中，裁判者还对工程有无办理商品房预售登记、有无抵押以及有无存在其他优先权利等事实进行审查，则为多余和不当。即使存在该部分权利冲突的问题，也应在对承包人主张的价款依法赋予优先受偿权后，就有关权利冲突和异议问题，在执行程序中依法进行审查和处理，而不宜直接在裁决中先行对承包人优先受偿权的权利金额及范围予以核减和限制。该等权利冲突，影响的是承包人已享有的优先受偿权最终能够实现的实际结果，对其应否享有优先权以及权利金额及范围等并不产生影响。

就诉讼或者仲裁中能否以调解书确认承包人优先受偿权的问题，曾经有观点认为承包人优先受偿权对发包人的全面偿债能力及其第三方债权人的影响极大，为防上承发包双方通过调解确认优先受偿权的方式损害第三方债权人利益，从谨慎角度不应以调解书确认承包人的工程款优先权。该种意见并无法律依据。在《深圳市茂某会小额贷款有限公司、吉安市卓某建筑工程有限公司债权人撤销权纠纷再审审查与审判监督民事裁定书》〔最高人民法院（2019）最高法民申 275 号〕所涉案件中，最高人民法院认为，建设工程价款优先受偿权是法定优先权，对于在人民法院调解书中明确建设工程价款享有优先受偿权的情形，法律及司法解释并未予以禁止。故原判决认定，相关民事调解书确认卓某公司对厂房基础的变卖、拍卖款享有优先受偿权并未违反法律、法规及司法解释的强制性规定，适用法律并无不当。

需要注意的是，即使在审理中承发包双方就纠纷解决已有一致意见的，审裁人员仍然应当要求当事人依法进行举证质证，陈述事实和发表诉辩意见，并根据法律规定对案件事实、请求事项、适用法律及双方调解意见进行实质性审查，尤其是对优先受偿权所涉各项要件，在形成内心认定或者合议意见后，促成或准予双方达成调解意见。因比，律师在代理中，对双方能够达成调解意见的案件，也应当预先做好准备，收集提交真实、充分的证据，以供审裁机构依法审查和认定，而不能掉以轻心。

二、破产程序中向管理人申报优先受偿权的方式

在发包人进入破产程序后，承包人向管理人申报债权时，可以对其中的工程价款一并主张享有优先受偿权，要求管理人依法确认为优先债权，并根据破产法规定的程序获得优先受偿。承包人向管理人申报工程款优先债权的，有以下几种情形。

一是已由生效裁决确认享有优先受偿权但尚未获得清偿的工程款，经管理人对其债权申报依据审查后，可予确认为优先债权。

二是债权申报时承包人虽已提起诉讼或者仲裁但尚未裁决的，因承包人行使优先权的法律结果尚未形成，管理人依法不能越权另行作出确认，故对承包人申报的该部分工程款优先债权应暂不予确认，但应在可分配的破产财产中预留相应数额的款项，待另案裁决生

效后再作处理。

以上两种情形，因承包人已通过另案对其工程价款优先受偿权进行了主张，故在债权申报中均不再涉及承包人权利行使方式包括行使期限的问题。

三是承包人未经诉讼或者仲裁，直接向管理人申报并要求确认其工程款优先权的，对此种方式行使优先权的，管理人应当对承包人的权利申报，依据《建设工程施工合同解释（一）》及相关法律法规的规定进行全面、实质的审查，经审查符合法律规定的工程款优先权的权利要件和行使条件的，确认其优先债权的性质及数额；发包人的其他债权人对管理人的该项确认有异议的，可以利害关系人的身份依法向破产案件受理法院提起撤销权之诉；对经管理人审查未予确认的，承包人亦可以依法提起确认之诉，有观点将该类诉讼称为别除权诉讼。

三、未经诉讼或者仲裁确认直接在执行程序中行使优先受偿权的方式

对承包人优先受偿权经生效法律文书确认后在执行程序中要求优先受偿，或者在发包人破产程序中向管理人申报要求确认并进行优先分配的，在司法实践中并无争议，但承包人若在其优先受偿权甚至工程价款数额尚未经生效法律文书确认情况下，能否在执行程序中直接行使并申请参与分配获得优先受偿的，实务中，对此存在认识上的分歧和模糊。

根据《民事诉讼法》第二百三十五条、第二百四十七条至第二百四十九条的规定，当事人申请执行应当向法院提交据以执行的已发生法律效力的判决、裁定或者调解书，包括依法设立的仲裁机构的裁决和公证机关依法赋予强制执行效力的债权文书，对后两种法律文书，若具有不予执行的法定情形的，法院应裁定不予执行。可见，承包人若未经诉讼或者仲裁确认，也未与发包人达成并经公证机关依法赋予强制执行效力的债权文书的，是无法向法院申请执行并行使工程价款优先受偿权的。

因此，本条所涉情形应当是指，承包人工程款优先受偿权虽未经诉讼或者仲裁确认，但在以发包人为被执行人的执行案件中，承包人可以作为案外人，根据《民事诉讼法》及《民事诉讼法司法解释》等相关规定，通过向执行法院提出书面异议或者申请参与分配的方式，行使工程价款优先受偿权，并不是争议的承包人能否以申请执行人的身份直接申请法院对发包人及其承建工程行使工程款优先受偿权的问题。

至于在执行过程中，承包人以案外人或者债权人身份对发包人被执行标的提出的优先权异议或者参与分配要求优先受偿的申请能否成立，则由执行法院依法审查，并根据最高人民法院《民事诉讼法司法解释》《执行若干问题的规定》以及《执行异议和复议规定》等相关规定进行处理。其中，被执行人即发包人对承包人提出的工程价款的金额无异议的，且经执行法院审查承包人提供的建设工程施工合同及相关材料合法有效，也未发现承包人和被执行人恶意串通的，应准许承包人享有优先受偿权；若被执行人或者其他债权人对承包人提出的建设工程价款金额等权利内容有异议的，经法院告知后，承包人则应另行

诉讼确定其优先受偿权，但该案执行分配程序应当待诉讼结束后方可继续进行。

律师在代理承包人时需要注意的有以下几点。

（1）如果因其他债权人申请，法院已经对发包人启动执行程序并可能对承包人承建工程采取强制执行措施的，需要及时向法院提出对执行标的的书面异议，或者对执行标的拍卖所得款项申请参与分配。

（2）如果承包人主张工程款及其优先权的证明材料较为复杂，不能直接经由形式审查加以确认，以及有其他因素可能不被发包人认可的，或者承包人行使优先权将对该案申请执行人产生极大不利影响的，应建议承包人直接另行提起诉讼或者仲裁，并将案件受理文书作为依据一并提交执行法院，申请执行法院对该执行案件中止执行分配程序或者预留执行分配款项。

四、向发包人发函催告的方式

如前所述，《民法典》第八百零七条及相关司法解释并未对优先受偿权的行使方式予以规定，因此不能直接从现行法律中找到承包人向发包人发函催告的方式是否属于有效行使优先受偿权的答案。

在《建设工程施工合同解释（一）》施行前，因《最高人民法院关于建设工程价款优先受偿权问题的批复》（已废止）对优先受偿权行使期限为六个月的规定过于严苛，且法律对承包人在此期限内以发函方式向发包人主张优先受偿权亦未禁止，兼之学界对工程款优先权有无担保功能及其是否适用保证期间内主张权利的规定等方面尚存争议，故而在实务中，部分法院尤其是最高人民法院部分判决认为，承包人虽未在法定期限内提起诉讼或者仲裁，但以发函催告方式向发包人主张优先受偿权或者发包人作出承认优先受偿的意思表示的，均作为承包人有效的权利行使方式。

最高院在其审理的天某公司与华某公司施工合同纠纷一案［（2012）民一终字第41号］中，最高人民法院认为，案涉工程在2008年2月4日竣工验收后，华某公司于同年5月12日以工作联系单方式向天某公司主张案涉工程的优先受偿权，并未超出法定的优先受偿权除斥期间。天某公司认为华某公司起诉时主张优先受偿权超出法定的期间缺乏事实和法律依据，不能成立。一审判决认定华某公司享有天某国贸中心8-24轴裙楼工程优先受偿权正确，应予维持。

在《中某建设集团有限公司、鹰潭市美某置业有限公司建设工程施工合同纠纷二审民事判决书》［最高人民法院（2019）最高法民终750号］所涉案件中，最高人民法院认为，美某公司主张建设工程价款优先受偿权的行使方式仅为向法院申请工程拍卖并主张优先受偿，于法无据，中某公司通过律师发函件给美某公司的方式主张优先受偿权不违反法律规定，一审判决确认中某公司享有建设工程价款优先受偿权并无不当。

在《山西龙某恒泰能源焦化有限公司、中某天工集团有限公司再审审查与审判监督民事裁定书》〔最高人民法院（2021）最高法民申 2026 号〕所涉案件中，最高人民法院认为，从原《合同法》第二百八十六条法条规定内容看，并未规定建设工程价款优先受偿权必须以何种方式行使。因此，只要中某天工在法定期间内向龙某能源主张过优先受偿的权利，即可认定其已经行使了优先权。龙某能源称中某天工仅在催款函中宣示优先受偿的权利，不属于建设工程价款优先受偿权的行使方式，没有法律依据。至于龙某能源所称涉案建筑物的后续处理问题属于执行中解决的问题，不影响案涉建设工程价款优先受偿权的认定。

但在同期，也有部分法院如浙江省高级人民法院、江苏省高级人民法院在其制订的有关工程款优先权的审理指南或者解答中均认为，建设工程款优先受偿权是否存在与行使，对抵押权人等众多利害关系人的权益影响甚巨。如果允许承包人以发函的方式行使权利，将使法律关系长期处于不确定状态，因此，对承包人在法定期限内仅以发函形式主张优先受偿权的，不认可其行使的效力，优先受偿权消灭。

在《重庆建工某业有限公司、重庆通某交通装备有限公司建设工程施工合同纠纷民事再审民事判决书》〔最高人民法院（2022）最高法民再 114 号〕所涉案件中，最高人民法院认为，根据《合同法》第二百八十六条"承包人可以与发包人协议将该工程折价，也可以申请人民法院将该工程依法拍卖"之规定，承包人直接向发包人主张工程款优先受偿权，应当以达成工程折价协议为必要，否则，承包人的单方主张并不能视为正确的行权方式，不能起到催告优先受偿权的法律效果。

虽然各地法院尤其是最高院在上述案件中对承包人以发函催告方式行使优先权的效力认定上存在冲突，但是需要注意的是，《建设工程施工合同解释（一）》不仅将优先权行使期限起算点已确定为"自发包人应当给付建设工程价款之日起算"，而且对行使期限也延至十八个月，完全修正了此前最高人民法院《优先权批复》规定的起算时间不合理、行使期限过短等不利于对承包人权利保护的缺陷。在此优先权法律体制下，这种对承包人行使方式过于宽松保护的认识和做法，既无依据，亦无必要，应当回归到建设工程价款优先受偿权制度的立法本意。承包人行使优先权的有效方式即为《民法典》第八百零七条规定的与发包人达成工程折价协议，或者通过司法途径予以确认及实现。后者包括提起诉讼或仲裁，提出执行异议或申请参与分配，以及在破产程序中向管理人申报确认优先债权。承包人发函催告只是其单方主张，即使其在发函中表达了催告"与发包人协议将该工程折价"的意思表示，也并非已与发包人达成工程折价协议的合意，其催告行为虽能中断其对工程价款的诉讼时效，但并不影响工程款优先权的除斥期间，依法不能产生《民法典》第八百零七条规定可优先受偿的法律效果。

律师在处理该类事项时，需要注意以下几点。

（1）发包人在合理期间未支付工程款，也未达成折价协议的，务必建议承包人在法定期间内通过司法程序主张工程价款及优先权。

（2）若承包人因特殊原因未能及时诉讼的，则建议先发函催告并表明行使优先权的意思，争取在法定期限内达成工程折价协议，否则仍应建议及时诉讼，以避免不必要的争议和失权风险。

（3）若承包人提出优先权诉讼请求时已经超过优先权法定期限的，律师应当提醒承包人收集此前在法定期限内向发包人发函催告或者以其他形式主张优先权的证据，并提交相关有利案例，以争取法院认可其已有效行使。

五、与发包人协议将工程折价的方式

根据《民法典》第八百零七条规定，发包人逾期未支付应付工程价款的，承包人可以与发包人协议将工程折价，承包人工程款以该工程折价所得价款优先受偿。该种由当事人自行协商解决欠付工程款的方式，不仅体现了法律对当事人意思自治的尊重，也便于承包人实现工程款权利，避免或减少矛盾和诉争。从法条内容来看，在具备工程款优先权行使条件的情形下，承发包双方既可以将该工程的全部或者部分协议折价用以抵偿发包人应付承包人的工程欠款，也可以约定将该工程出卖给第三人，由承包人对该出卖价款优先受偿。

现实中，前种情形更为多见，并常被通称为"以房抵债"。而对于"以房抵债"的协议性质到底是诺成性合同还是实践性合同，目前仍存有分歧，并由于工程款优先权源于法定并无需登记公示，其存在与否，对第三方债权人尤其是权利顺位在后的抵押权人影响极大，以致实务中对承发包双方签订的该类"以房抵债"协议能否产生"协议折价行使优先权"的效力，又产生新的疑惑和纷争。

建设工程施工合同履行中，承发包双方为解决工程款支付经协商一致签订"以房抵债"协议，其行为本身并不违反法律规定，但能否产生承包人"协议折价"行使工程款优先权的效力，就需要从双方签订该类协议的目的、协议的形式和内容等方面来审查是否具备法律规定的优先权行使条件。

首先，签订协议时，承包人应当已经具备主张工程款优先权的法定条件，包括与发包人订有施工合同，协议折价工程属于其承建工程并且质量合格，工程款业经双方结算并予确定，折价抵付的工程款清偿期限全部届满，并在承包人优先权行使期限内。上述条件均需满足，缺一不可。如果其他条件均已满足，仅约定的工程折价抵付价款超出《建设工程施工合同解释（一）》第四十条规定的优先权权利范围的，超出部分不产生优先受偿的效力，但不影响协议约定的其他部分。而双方施工合同中有关以建成后的房屋作价抵付相应工程款的约定，很显然，应属于双方对付款方式的约定，并不符合行使工程款优先权的条件。

其次，协议内容中，必须明确双方协议目的就是为行使和实现承包人工程款优先权的意思表示，而不存在其他目的。譬如，发包人将工程折价并签订协议为其工程款支付提供担保。其条款中应列明承包人已具备优先权行使的相关条件，以及其工程款权利通过该协议折价已获清偿等内容。如果承包人指定第三方受让该工程所涉商品房的，注意应当体现承包人以折价所得价款优先受偿的内容，而不是约定由承包人将工程款债权转让给第三方用以抵销该第三方应付发包人的购房款。该等偏离或者模糊行使优先权目的的约定，将可能对承包人优先权的行使效力产生不利影响。

再次，工程折价抵款协议应明确抵款房屋的价格、位置、房号、面积等具体内容，并且，与双方为实现抵债协议目的而签订的配套合约如网签备案合同中的价格等信息一致。其中，双方协议折价的房屋价格应当符合同期同地段市场销售单价，不能明显过低或者过高，根据最高人民法院《九民会纪要》第四十四条意见，法院对以物抵债协议的合法性应着重审查是否存在恶意串通损害第三人合法权益等情形，其重点参考的就是抵偿房屋的价格是否公允。

最后，需要注意的是，由于折价协议从签订到房屋办理过户登记，客观上会有中间过渡时间，在此期间可能会遭遇发包人其他债权人行使权利的影响。为避免该等风险，应在将工程协议折价前，查明该工程有无抵押、查封等权利受限情形。在协议签订后，要及时履行相关工程款结清的财务手续，开具工程款发票和收款凭据。若具备合法占有折价抵款房屋条件的，应尽可能形成实际占有、使用事实，并保存以自己名义支付水电、物业费用的交款票据。当然，为防止与其他债权人发生权利冲突以及发包人破产清算等风险，承包人更应在工程折价协议签订后，尽早办理配套手续，完成物权登记，以实现工程款优先权的最终目的。

如果发包人不履行工程折价协议，不配合承包人实现以工程协议折价方式行使优先权目的，承包人经催告未果后，应及时提起诉讼或者仲裁，要求发包人履行工程折价协议约定的交付房屋、协助办理权证等义务。若客观上该工程尚不具备交付、过户等条件，且不能强制执行的，承包人应主张解除折价抵债协议，要求发包人支付工程价款本息，承担违约责任，同时，请求确认对工程享有工程款优先受偿权。

第七节　优先受偿权的权利冲突、限制及放弃

自《合同法》第二百八十六条① 规定了建设工程价款优先受偿权制度以来，就优先受偿权的性质及效力、行使条件及期限、权利实现顺序等诸多事项，理论界和实务中存在诸多争议。其中，因优先受偿权系承包人直接依据法律规定享有的权利，不以登记和占有为生效和公示要件，且其待实现的权利金额较高。因此，在发包人同一建设工程或者房屋上有优先受偿权、担保物权等其他权利并存情况下，就承包人对承建工程的变价受偿顺序，

---

① 《合同法》于 2021 年 1 月 1 日废止，此条现为《民法典》第八百零七条。

必然会与其他权利人发生冲突，因此，如何界定优先受偿权与其他权利的受清偿顺序，尤其是相对于承包人优先受偿权受偿顺位在先的消费者购房权，以及对合同中约定承包人放弃或者限制优先受偿权等情形的处理，需要加以厘清和确定。

一、优先受偿权与消费者购房权的冲突

《民法典》施行前，就同一建设工程或者房屋上并存承包人优先受偿权、抵押权、消费者购房权等其他权利时的权利实现顺位问题，按照《优先权批复》的规定，应认定承包人优先受偿权优于抵押权和其他债权，但不得对抗已支付全部或者大部分商品房购房款的购房消费者。

而《民法典》施行后，最高人民法院一方面通过《建设工程施工合同解释（一）》第三十六条规定了承包人的优先受偿权优于抵押权和其他债权，另一方面又对《执行异议和复议规定》进行了修正。修正后的《执行异议和复议规定》第二十七条规定："申请执行人对执行标的依法享有对抗案外人的担保物权等优先受偿权，人民法院对案外人提出的排除执行异议不予支持，但法律、司法解释另有规定的除外"，并以第二十九条作为其中的除外规定，明确"金钱债权执行中，买受人对登记在被执行的房地产开发企业名下的商品房提出异议，符合下列情形且其权利能够排除执行的，人民法院应予支持：1. 在人民法院查封之前已签订合法有效的书面买卖合同；2. 所购商品房系用于居住且买受人名下无其他用于居住的房屋；3. 已支付的价款超过合同约定总价款的百分之五十"。

上述冲突解决机制，已然厘清了在同一建筑工程或者房屋上并存的消费者购房权、承包人优先受偿权、担保物权等其他债权之间的先后顺位，并且较之《优先权批复》还更明确了消费者购房权的界定标准。据此，如果存在权利冲突的建筑物并非发包人开发销售的商品房，则不涉及消费者购房权的冲突，承包人优先受偿权应优于并存的抵押权和其他债权。若该建筑物为发包人开发销售的商品房，那么符合《执行异议和复议规定》第二十九条规定情形的消费者购房人，可以向受理承包人执行案件的法院提出异议并排除对该建筑物的执行，且不需要以"在查封前已合法占有该不动产"为条件；而不属于消费者的其他购房人，包括经营、投资甚至以房抵债（非工程款优先债权）的购房人，作为一般不动产买受人，即使符合《执行异议和复议规定》第二十八条规定条件的，也并不享有对抗承包人优先受偿权的优先顺位。

在《齐某某、中国信某资产管理股份有限公司甘肃省分公司等申请执行人执行异议之诉民事二审民事判决书》［最高人民法院（2021）最高法民终 800 号］所涉案件中，最高人民法院认为，基于保护消费者生存权的考虑，《执行异议和复议规定》第二十九条规定，符合条件的商品房消费者可排除金钱债权甚至是享有抵押权等优先受偿权的金钱债权的执行，系《执行异议和复议规定》第二十七条中的除外规定。案涉房屋系商铺，不属于消费者生存权的保护范畴，不能参照适用《执行异议和复议规定》第二十九条的规定。《执行

异议和复议规定》第二十八条属于一般不动产买受人针对金钱债权提起的执行异议的处理，并不是《执行异议和复议规定》第二十七条的除外规定。齐某某主张其符合《执行异议和复议规定》第二十八条的规定，可以优先于信某公司的抵押权对案涉房屋优先受偿的意见，不予支持。

2023年4月20日施行的《商品房消费者权利保护批复》，除重申了承包人优先权、抵押权以及其他债权之间的权利顺位关系按照《建设工程施工合同解释（一）》第三十六条的规定处理外，特别明确了商品房消费者对其房屋交付请求权和价款返还请求权均具有优先权利。其中规定：商品房消费者以居住为目的购买房屋并已支付全部价款（包括在一审法庭辩论终结前已实际支付剩余价款），其主张的房屋交付请求权优先于工程款优先权、抵押权以及其他债权；在房屋不能交付且无实际交付可能的情况下，商品房消费者主张的价款返还请求权优先于工程款优先权、抵押权以及其他债权。

据此，符合法定条件的商品房消费者对其所购商品房，不仅享有对抗及排除承包人优先权、抵押权以及其他债权的优先权，而且在房屋不能交付且无实际交付可能情况下，还享有请求对其已付购房价款的优先返还权。消费者购房权的优先权范围，已从对特定商品房享有的"物权期待权"扩展到以该房企全部资产对其已付购房价款的"优先返还权"，故被称为"超级优先权"。

鉴于此，办理该方面业务的律师应当注意以下几点。

（1）该批复系为解决"人民法院在审理房地产开发企业因商品房预售逾期难交付引发的相关纠纷案件中涉及的商品房消费者权利保护问题"，其权利适用主体应当是向房开企业"以居住为目的购买房屋"的商品房消费者，不适用于非"以居住为目的购买房屋"的法人、非法人组织等。其中，"以居住为目的"应包括住宅房和具有居住功能的商住房、酒店式公寓以及能够证明系承载家人生存保障功能的商铺。至于所购房屋是否必须是购房人唯一住房，该批复未明确规定，从立法本意和利益平衡而言，倾向性认为所购房屋原则上必须是唯一住房，但实践中较难界定和把控。

（2）因该批复及现行法律未明确商品房消费者的价款返还请求权的受偿范围，从立法本意和利益平衡，可参照对工程款优先权范围的规定，商品房消费者价款返还的受偿范围应限于其向房企支付的购房款以及已向按揭贷款银行偿还的贷款本息，不包括因房屋不能交付产生的违约金及其尚未向银行偿还的按揭贷款等其他款项。至于其与银行及房企之间按揭贷款合同应依法解除，商品房消费者不负有继续向银行还贷付息的义务，否则将违反该批复制定目的，反而使得按揭银行未受偿的贷款债权获得该"超级优先权"的保护。

（3）"房屋不能交付且无实际交付可能"系商品房消费者行使价款返还优先请求权的前置条件，应如何准确、客观地认定该条件有无成就，实务中有建议认为：①房开企业未能重整或者重整未成功进入破产清算程序的；②房开企业不能举证证明房屋具备实际交付可能的；③结合房屋逾期交付期限以及楼盘化解方案的可行性等因素综合判断，以平衡商品房消费者、承包人、抵押权人以及其他普通债权人之间利益。

二、优先受偿权与抵押权的冲突

对此类冲突，应根据《建设工程施工合同解释（一）》第三十六条规定处理。

但需要注意的是，由于承包人的优先受偿权并未在不动产登记机构进行登记，也未通过占有等方式进行公示，在抵押权人对承包人承建的建设工程行使抵押权时，受理抵押权案件的人民法院以及办理不动产权属转移的不动产登记机构，对承包人有无行使优先受偿权并不明知或者应知，也无义务主动审查，承包人仍然应当根据《民事诉讼法》和《执行异议和复议规定》在抵押权案件执行程序终结前向执行法院提出异议。

在《河南恒某置业有限公司、中某建设集团有限公司建设工程施工合同纠纷二审民事判决书》〔最高人民法院（2019）最高法民终 255 号〕所涉案件中，最高人民法院认为，执行法院依其他债权人的申请，对发包人的建设工程强制执行，承包人向执行法院主张其享有建设工程价款优先受偿权且未超过除斥期间的，视为承包人依法行使了建设工程价款优先受偿权。发包人以承包人起诉时行使优先受偿权超过除斥期间为由进行抗辩的，人民法院不予支持。

鉴于此，建议律师应当提醒承包人以下几点。

（1）及时行使优先受偿权，并申请法院对承建工程采取诉讼保全措施，以限制发包人对工程办理权属转移或者抵押登记。

（2）密切关注发包人有无将承建工程抵押、出售给他人以及发包人涉诉信息，当获悉其他权利人对承建工程行使权利尤其是抵押权时，应及时向受案法院提出诉讼和异议主张或者申请参与分配，以避免其优先受偿权无法实现的风险和损失。

（3）在已有权利冲突情况下，更应严格审查主张优先受偿权的证据，使之符合法律规定的承包人优先权行使条件并足以对抗和排除抵押权。

三、优先受偿权与破产相关优先权的冲突

《企业破产法》第一百一十三条规定，破产财产在优先清偿破产费用和共益债务后，按照职工债权、社保费用及税款债权、普通破产债权的顺序清偿，破产财产不足以清偿同一顺序的清偿要求的，按照比例分配。虽然，法律没有直接规定承包人优先受偿权与破产费用、共益债务、职工债权、社保费用及税款债权的清偿顺位，但《企业破产法》第一百零九条和《破产法规定二》第三条规定，对债务人的特定财产在担保物权消灭或者实现担保物权后的剩余部分，在破产程序中可用以清偿破产费用、共益债务和其他破产债权，而根据《建设工程施工合同解释（一）》第三十六条有关承包人优先受偿权优先于抵押权及其他债权的规定，可知抵押权优先于破产费用、共益债务和其他破产债权，包括职工债权和税款债权。

但是，通常受理破产案件的法院均依据《企业破产法》第四十三条的规定，将破产费用、共益费用的偿付置于普通债权之前，包括一般情况下的消费者购房权和承包人优先受偿权，以推进破产工作的开展，对此，实务中似无争议。

而就职工债权、税款债权与担保物权之间的清偿顺位，法律层面尚存在例外规定和冲突，同样影响到承包人优先受偿权的清偿顺位。根据《企业破产法》第一百三十二条规定，《企业破产法》公布日（2006年8月27日）前的职工债权优先于担保物权，显然也应优先于承包人优先受偿权。而《税收征收管理法》第四十五条规定，纳税人欠缴的税款发生在纳税人以其财产设定抵押、质押或者纳税人的财产被留置之前的，税收应当先于抵押权、质权、留置权执行。对此可能产生的冲突问题，趋于一致的认为是，破产程序中的清偿顺序问题应适用《企业破产法》第一百零九条、第一百一十三条加以确定，而不适用《税收征收管理法》的一般规定，由此，可认为优先受偿权优先于税款债权的清偿顺位。

需要注意的是，根据《民法典》第八百零七条规定，承包人优先受偿权的实现系在其行使优先受偿权后以其承建工程这一特定财产折价或者拍卖的价款优先受偿，并不能溯及于发包人的其他财产，对承包人行使优先权之前发包人已经收取的已售房屋的房价款，包括其中已由购房人支付但尚在商品房预售资金监管账户上的资金，均不应作为承包人优先权实现的对象，优先满足承包人工程款的受偿。并且，因实务中对破产费用、共益债务的清偿顺位先于优先受偿权，通常会在优先受偿权对应的特定财产变价中计取相应数额来摊销破产费用和共益债务，因此，承包人的律师应加强与破产管理人的沟通联系，审查其摊销计取的测算方法和数额的合理性，以降低承包人的清偿损失。

四、当事人约定放弃或限制优先受偿权的效力和处理

《建设工程施工合同解释（一）》第四十二条规定："发包人与承包人约定放弃或者限制建设工程价款优先受偿权，损害建筑工人利益，发包人根据该约定主张承包人不享有建设工程价款优先受偿权的，人民法院不予支持"。

工程价款优先受偿权，作为法律赋予承包人对承建工程的优先变价受偿权利，承包人可以根据意思自治原则，在法律框架内自由处分，包括将该项权利劣后于特定的抵押权或者放弃所有的优先受偿顺位而成为普通的工程款债权。其表达方式可以通过承发包双方另行约定，也可作为施工合同中的条款，或者由承包人单方作出说明或承诺书。其约定的形成时间可以在施工合同签订之时，也可以在承包人优先受偿权行使条件具备之后。只要不违反《民法典》第一百四十三条或者具有《民法典》第一百五十四条规定的情形，该放弃或者限制其优先受偿权的约定，应当对承包人具有法律约束力，承包人不得在事后予以反悔。

因此，对于放弃或者限制优先受偿权约定的效力问题，应当考量个案的实际情况，结合《民法典》第八百零七条实质为保护建筑工人利益的立法本意，根据《民法典》第一百四十三条、第一百五十四条尤其是《建设工程施工合同解释（一）》第四十二条的规定，

确定个案中是否存在因承包人优先受偿权被放弃或者受限制而损害建筑工人利益的事实，且该行为系直接导致其建筑工人利益受损的主要原因，而不存在承包人恶意拖欠建筑工人工资报酬或者其他故意行为的事实。

若足以证明该项约定已经损害建筑工人利益的事实的，承包人的优先受偿权不受该项约定的约束，其优先受偿权仍然可以对抗发包人及其债权人、建设工程的抵押权人和受让人。若不足以证明上述无效情形，只是因承发包双方的不平等签约地位屈从所为，甚至就该项约定承包人尚有其他对价利益的，则不能主张该约定无效。

利辛县某融资担保有限公司、安徽某建设集团股份有限公司等第三人撤销之诉案［最高人民法院（2022）最高法民终 233 号、最高院指导性案例第 250 号］，法院认为，认定承包人放弃建设工程价款优先受偿权的行为是否无效，关键看其是否损害建筑工人利益。案涉《在建工程抵押建筑商声明书》虽是承包人安徽某建设公司向发包人的债权人某担保公司作出，并非直接向发包人龙某置业公司作出，但其核心内容仍是安徽某建设公司处分了建设工程价款优先受偿权，对其效力判断仍应适用前述司法解释的规定。从目的上看，安徽某建设公司向某担保公司承诺放弃建设工程价款优先受偿权，目的在于获取某担保公司为案涉项目建设贷款提供担保，以保障项目建设获得必要的资金支持，而这对安徽某建设公司自身以及建筑工人均是有利的，不具有损害建筑工人利益的非法目的。

同时，最高人民法院在该案中还认为，建设工程价款优先受偿权是为了保护建筑工人利益，赋予承包人的工程款债权，相较于发包人的普通债权乃至某些物权（如抵押权），就建筑物变价款优先受清偿的效力。其实质为，当建设工程上同时存在工程款债权、抵押权、普通债权等多种权利时，工程款债权所具备的相对优先清偿顺位。该案中，安徽某建设公司并未对龙某置业公司的其他债权人作出一概放弃优先清偿顺位的意思表示，而只是对特定抵押权人某担保公司承诺放弃对抵押房产的建设工程价款优先受偿权，因此，该放弃行为具有相对性和部分性，仅产生安徽某建设公司对案涉 108 套房产的工程款债权不得比某担保公司的抵押权优先受清偿的后果，但并不导致安徽某建设公司的建设工程价款优先受偿权绝对消灭，相对于龙某置业公司的其他抵押权人和普通债权人而言，安徽某建设公司仍享有并可以主张建设工程价款优先受偿权。

实务中，律师需要注意审查以下几项。

（1）该约定是否违反法律、行政法规的强制性规定，是否存在与发包人恶意串通、损害建筑工人利益的事实。

（2）就该约定是否损害建筑工人利益，应从承包人整体资产负债、现金流等情况分析，而不能以诉争单个工程的盈亏以及仅以拖欠该工程建筑工人的工资作为判断标准。

（3）若该约定是仅针对发包人的某一抵押权人作出，除该抵押权人外，发包人以及其他债权人不能以此约定对抗承包人优先受偿权。

（4）该约定的放弃或者限制优先受偿权是否附条件，以及该所附条件有无成就。

第八章

诉讼与仲裁

第一节 诉讼与仲裁时效

一、诉讼时效的起算、中断

（一）诉讼时效的一般规定

诉讼时效是指民事权利受到侵害的权利人在法定的时效期间内不行使权利，当时效期间届满时，裁判机构对权利人的权利不再进行保护的制度。根据《民法典》第一百九十二条规定，诉讼时效期间届满的，义务人可以提出不履行义务的抗辩。因此，我国在对待诉讼时效期间届满的法律后果上采取的是抗辩权发生主义，即诉讼时效期间届满，义务人可以提出不履行义务的抗辩。

根据《民法典》第一百八十八条的规定，诉讼时效分为普通诉讼时效三年、最长诉讼时效二十年、特别诉讼时效，如《民法典》第五百九十四条："因国际货物买卖合同和技术进出口合同争议提起诉讼或者申请仲裁的时效期间为四年"的规定就属于特别诉讼时效。

（二）诉讼时效的起算与中断

《民法典》第一百八十八条第二款规定："诉讼时效期间自权利人知道或者应当知道权利受到损害以及义务人之日起计算。"因此，诉讼时效的起算应同时满足以下几个构成要件：权利受到损害、权利人知道或者应当知道权利受到侵害、权利人知道或者应当知道具体义务人。《民法典》第一百九十五条规定："有下列情形之一的，诉讼时效中断，从中断、有关程序终结时起，诉讼时效期间重新计算：（一）权利人向义务人提出履行请求；（二）义务人同意履行义务；（三）权利人提起诉讼或者申请仲裁；（四）与提起诉讼或者申请仲裁具有同等效力的其他情形。"《最高人民法院关于审理民事案件适用诉讼时效制度若干问题的规定》第八条、第十条、第十一条、第十四条等内容，对于《民法典》第一百九十五条列举的情形又作出了具体规定，在此不再一一列举。

在司法实践中，律师作为代理人，对于诉讼时效的起算，主要是围绕相对方知道或应当知道提交证据、展开观点，同时也要关注司法裁判机关除了不保护"权利上的睡眠者"之外，还会兼顾合同的实际履行情况，追求公平，避免出现因诉讼时效经过造成一方的权利义务严重失衡。

此外，常见的建工案件的诉讼/仲裁请求为支付工程款、费用、利息、违约金、赔偿损失、工程款优先受偿权等，以上请求中除工程款优先受偿权外均受诉讼时效约束。

综上，实务中建议代理人关注如下几个问题。

1. 法院不应主动释明诉讼时效

《民法典》第一百九十三条规定："人民法院不得主动适用诉讼时效的规定。"《诉讼时效规定》第二条规定，当事人未提出诉讼时效抗辩，人民法院不应对诉讼时效问题进行释明。如果原审主动适用诉讼时效，代理人可以向上级法院主张原审法院适用法律错误，撤销原审裁判。

例如，益某国际控股有限公司、黑龙江省讷某市人民政府再审审查与审判监督一案［（2020）最高院行申 4312 号案］，最高人民法院认为，当事人在一审期间未提出诉讼时效抗辩，在二审期间提出的，人民法院不予支持，但其基于新的证据能够证明对方当事人的请求权已过诉讼时效期间的情形除外。根据一审卷宗中讷某市政府答辩状、庭审笔录以及二审卷宗记载，一审期间讷某市政府并未提出诉讼时效抗辩，二审期间讷某市政府亦未提供新的证据证明益某公司的请求权已过诉讼时效期间。二审法院主动适用诉讼时效的规定进行裁判，违反上述司法解释规定，属于适用法律错误。

例如，在《永康市鲁某工具厂、江苏锋某钻石工具制造有限公司侵害商标权纠纷二审民事判决书》［安徽省高级人民法院（2018）皖民终 193 号］所涉案件中，安徽省高级人民法院二审认为，关于争议焦点一（锋某钻石公司在一审中是否提出鲁某工具厂的起诉超过诉讼时效的抗辩）。该案中，锋某钻石公司未参加一审庭审，亦未提出诉讼时效抗辩，一审法院主动适用诉讼时效规定进行裁判不当。鲁某工具厂此节上诉理由成立，该院予以支持。

2. 确认合同无效不受诉讼时效限制，基于合同无效产生的债权请求权适用诉讼时效

例如，公报案例广西北某集团有限责任公司与北海市威某房地产开发公司、广西壮族自治区畜产进出口北某公司土地使用权转让合同纠纷一案［（2005）民一终字第 104 号］，最高人民法院认为，合同当事人不享有确认合同无效的法定权利，只有仲裁机构和人民法院有权确认合同是否有效。合同效力的认定，实质是国家公权力对民事行为进行的干预。合同无效系自始无效，时间的经过不能改变无效合同的违法性。当事人请求确认合同无效，不应受诉讼时效期间的限制，而合同经确认无效后，当事人关于返还财产及赔偿损失的请求，应当适用法律关于诉讼时效的规定。该案中，威某公司与北某集团签订的《土地合作开发协议书》被人民法院确认无效后，威某公司才享有财产返还的请求权，故威某公司的起诉没有超过法定诉讼时效期间。

3. 合同解除不受诉讼时效限制，基于合同解除产生的债权请求权，受诉讼时效的约束

合同解除属于形成权，形成权不受诉讼时效限制。对合同解除权行使期限，《民法典》第五百六十四条规定了三类：一是按照法律规定或者当事人约定的解除权的行使期限行使；二是在对方当事人催告后的合理期限内行使；三是自解除权人知道或者应当知道解

除事由之日起 1 年内行使。

例如，在《惠阳惠某实业有限公司、润某集团（深圳）有限公司与润某集团（深圳）有限公司、惠阳松某实业有限公司股权转让纠纷申请再审民事判决书》[最高人民法院（2015）民提字第 209 号] 所涉案件中，最高人民法院认为，合同解除权系形成权，不适用诉讼时效制度。《合同法》第九十七条规定："合同解除后，尚未履行的，终止履行；已经履行的，根据履行情况和合同性质，当事人可以要求恢复原状、采取其他补救措施，并有权要求赔偿损失。"基于合同解除产生的债权请求权，受诉讼时效的约束。该案中，惠某公司一审诉讼请求是确认案涉股权转让协议无效，后经一审法院释明，惠某公司将其诉讼请求变更为请求润某公司承担合同无法继续履行的责任，即返还惠某公司已支付的股权转让款并支付利息。惠某公司的这一请求是基于合同解除后的返还财产及损失赔偿请求权，该请求权的诉讼时效起算点应当为合同被解除之时。因此，该案惠某公司的起诉并未超过诉讼时效。

4. 诉讼时效届满后的义务人同意履行义务、自愿履行义务或达成协议的视为放弃诉讼时效抗辩

《诉讼时效规定》第十九条规定，诉讼时效期间届满，当事人一方向对方当事人作出同意履行义务的意思表示或者自愿履行义务后，又以诉讼时效期间届满为由进行抗辩的，人民法院不予支持。当事人双方就原债务达成新的协议，债权人主张义务人放弃诉讼时效抗辩权的，人民法院应予支持。

例如，在《黑龙江省宏某建筑工程有限公司、哈尔滨中某房地产开发有限公司合同纠纷民事申请再审审查民事裁定书》[最高人民法院（2021）最高法民申 7177 号] 所涉案件中，最高人民法院认为，中某公司于 2008 年 9 月 29 日向宏某公司出具的《说明》中载明"继续执行原合同"，表明中某公司同意继续履行案涉《合作协议》。此后，中某公司监事及股东刘某某多次在说明上签字确认并表明"该合同有效"。中某公司于 2014 年 9 月 30 日在《说明》上补盖印章，表明宏某公司持续向中某公司主张权利。中某公司对此知晓并同意履行《合作协议》。虽然刘某某非中某公司法定代表人，但在中某公司于 2014 年 9 月 30 日补盖印章前，案涉《说明》上已有多处落款日期在先的刘某某签字，中某公司补盖印章即视为对刘某某签字行为予以追认。同时，中某公司至本案诉讼前一直未向宏某公司明确表示解除《合作协议》或拒绝返还投资款项。因此，原审判决对中某公司关于诉讼时效经过的理由不予采信，并无不当。

5. 仲裁时效有规定从规定，无规定适用诉讼时效

《民法典》第一百九十八条规定："法律对仲裁时效有规定的，依照其规定；没有规定的，适用诉讼时效的规定。"在我国法律中，仲裁主要包括民商事仲裁、劳动仲裁和农村土地承包经营纠纷仲裁三种。民商事仲裁是平等主体的公民、法人和其他组织之间请求仲裁机构裁决合同纠纷和其他财产权益纠纷。

《仲裁法》第七十四条规定："法律对仲裁时效有规定的，适用该规定。法律对仲裁时效没有规定的，适用诉讼时效的规定。"如《民法典》第五百九十四条"因国际货物买卖合同和技术进出口合同争议提起诉讼或者申请仲裁的时效期间为四年"的规定就属于特别诉讼时效。

二、工程款纠纷的诉讼时效

工程款的支付时间应遵循有约定从约定，无约定从法定的原则进行判断。下面将司法实践中可能出现的几种情形进行简要分析：

（一）工程款未结算的诉讼时效

如双方并未完成最终的工程款结算，发包人提出时效抗辩的，一般法院不予支持。例如，在《大某市经济建设投资有限责任公司、北京城某一建设发展有限公司建设工程施工合同纠纷再审审查与审判监督民事裁定书》［最高人民法院（2017）最高法民申392号］，所涉案件中，最高人民法院认为，关于诉讼时效的问题。大某投资公司于2007年10月17日收到结算资料后，既未按照合同约定在28天内提出确认或修改意见，亦未提出拒绝付款的主张，并于2008年支付了部分工程款。鉴于涉案工程最终价款始终处于不确定状态，北京城某公司享有的债权数额及收款时间亦尚未确定，故北京城某公司可随时主张权利，不存在超过诉讼时效的问题。

例如，在《新余市暨某房地产开发有限公司建设工程施工合同纠纷再审审查与审判监督民事裁定书》［最高人民法院（2020）最高法民申112号］所涉案件中，最高人民法院认为，在诉讼标的为工程款的情况下，诉讼时效的起算日应为应付工程款之日，应付而未付，则诉讼时效开始起算。就本案而言，裕某公司与暨某公司签订三份《建设工程施工合同》，涉及三部分工程内容，其中两部分工程价款一直存有争议、未能确定，故谈不上工程款的应付时间，以及裕某公司知道或者应当知道其权利受到损害或者侵害的问题，且暨某公司已付1300万元工程费用亦未明确具体针对哪部分工程。一、二审判决据此将裕某公司向一审法院起诉，要求暨某公司支付工程款的时间，即2012年8月16日，作为暨某公司应付工程款之日，进而认定裕某公司的诉讼请求并未超过诉讼时效期间，并无不当。

（二）主张部分工程款的诉讼时效

《诉讼时效规定》第九条规定："权利人对同一债权中的部分债权主张权利，诉讼时效中断的效力及于剩余债权，但权利人明确表示放弃剩余债权的情形除外。"

例如，在《西宁电某实业总公司与西宁中某电力安装工程有限公司建设工程施工合同纠纷案申请再审民事裁定书》［青海省高级人民法院（2015）青民申字第140号］所涉案件中，青海省高级人民法院认为，本案中，中某公司与电某公司合作多年，就电某公司拖欠中某公司所有项目的工程款，中某公司已向法院起诉主张过部分权利，诉讼时效中断的效力应当及于本案，本案并未超过诉讼时效期间。电某公司的此项申请再审理由不能成立。

（三）进度款的诉讼时效

《民法典》第一百八十九条规定："当事人约定同一债务分期履行的，诉讼时效期间自最后一期履行期限届满之日起计算。"作为代理人需要关注如何界定"同一债务"，根据全国人民代表大会常务委员会法制工作委员会的观点，"何为'同一债务'，即对定期履行债务和分期履行债务作出明确区分。对非一次性完成的债务，根据发生的时间和给付方式的不同，可以分为定期履行债务和分期履行债务。定期履行债务是当事人约定在履行过程中重复出现、按照固定的周期给付的债务，如当事人约定房租3个月支付一次、工资一个月支付一次。债务人支付的每一期租金、用人单位支付的每一个月工资，都是其在一定时期内租赁房屋、用工的对价。定期履行债务的最大特点是多个债务，各个债务都是独立的。正是因为相互独立，每一个债务的诉讼时效期间应当自每一期履行期限届满之日起分别起算。分期履行债务是按照当事人事先约定，分批分次完成一个债务履行的情况。分期付款买卖合同是最典型的分期履行债务"。

例如，在《某酒店有限公司建设工程施工合同纠纷再审审查与审判监督民事裁定书》[最高人民法院（2018）最高法民申284号]所涉案件中，最高人民法院认为，工程进度款是工程款的一部分，因双方对结算有争议，案涉工程至今尚未结算。根据《诉讼时效若干问题的规定》，南某建设公司于2012年7月27日诉请支付工程结算款，重审中，于2015年9月1日变更为支付工程进度款，并未超过诉讼时效。

例如，在《成都大某置业有限公司、成都市某工程公司建设工程施工合同纠纷二审民事判决书》[最高人民法院（2016）最高法民终476号]所涉案件中，最高人民法院认为，工程进度款系分期支付，大某公司以部分逾期付款违约金超过诉讼时效作为抗辩，不予采纳。

（四）履约保证金的诉讼时效

履约保证金与工程款的诉讼时效分别计算，作为代理人应该及时主张履约保证金返还，避免结算时一并主张，否则可能存在诉讼时效经过的风险。

例如，在《厦门市建某装饰有限公司、永安燕某国际大酒店有限公司装饰装修合同纠纷再审民事判决书》[福建省高级人民法院（2016）闽民再340号]所涉案件中，福建省高级人民法院认为，因燕某国际公司未按合同约定履行退还合同履约保证金义务，按照合同约定，厦门建某公司最迟应在2010年10月13日知晓其权利受到侵害。其迟至2015年7月10日提起本案诉讼，且未能提交证据证明其在诉讼时效期间内有采取向燕某国际公司主张返还合同履约保证金等导致诉讼时效中止或中断的情形，故厦门建某公司的起诉已经超过法定二年诉讼时效，其有关燕某国际公司返还讼争130万元履约保证金并支付逾期违约金的诉讼请求依法应予驳回。原审关于合同履约保证金诉讼时效应当与工程价款结算支付的诉讼时效相同，厦门建某公司于2015年7月10日起诉并未超过法定二年的诉讼时效期间，燕某国际公司应当返还合同履约保证金的认定错误，再审予以纠正。

（五）质量保证金诉讼时效

《建设工程质量保证金管理办法》第二条规定："本办法所称建设工程质量保证金（以下简称保证金）是指发包人与承包人在建设工程承包合同中约定，从应付的工程款中预留，用以保证承包人在缺陷责任期内对建设工程出现的缺陷进行维修的资金。缺陷是指建设工程质量不符合工程建设强制性标准、设计文件，以及承包合同的约定。缺陷责任期一般为1年，最长不超过2年，由发、承包双方在合同中约定。"

《建设工程施工合同解释（一）》第十七条规定："有下列情形之一，承包人请求发包人返还工程质量保证金的，人民法院应予支持：（一）当事人约定的工程质量保证金返还期限届满；（二）当事人未约定工程质量保证金返还期限的，自建设工程通过竣工验收之日起满二年；（三）因发包人原因建设工程未按约定期限进行竣工验收的，自承包人提交工程竣工验收报告九十日后当事人约定的工程质量保证金返还期限届满；当事人未约定工程质量保证金返还期限的，自承包人提交工程竣工验收报告九十日后起满二年。发包人返还工程质量保证金后，不影响承包人根据合同约定或者法律规定履行工程保修义务。"

因此，笔者建议代理人计算工程质量保证金的诉讼时效，一般先根据当事人约定的工程质量保证金返还期限届满次日起算，没有约定的情形下根据《建设工程施工合同解释（一）》第十七条拟制的返还期限届满次日计算。对于工程竣工验收之日的界定可以根据《建设工程施工合同解释（一）》第九条的规定进行判断。

有观点认为，工程质量保证金返还与工程款分别计算诉讼时效。例如，云南某节能设备工程有限公司与德某集团有限公司建设工程施工合同纠纷一案［（2010）云高民三终字第62号］，法院认为，质量保证金是以缺陷责任期届满工程是否有缺陷，以及缺陷大小来确定该保证金是否返还或者返还的比例，即保证金对工程质量负有担保的功能，但工程款并无担保功能，其发放是以完成工程量的大小为结算依据，两种款项的性质并不相同，二者诉讼时效的起算时间也不同。故原告主张剩余工程款的诉讼时效应当从2005年12月16日起算，至起诉时已经届满，原告主张质保金的诉讼时效应从2007年12月15日起算，至其起诉时未届满。

（六）工程款利息的诉讼时效

诉讼时效的效力还体现在其效力范围上，即对从债权的约束。主债权诉讼时效期间届满的，诉讼时效的效力一般及于从债权。如本金诉讼时效期间届满的，利息的诉讼时效期间也届满。

例如，在《中国某建设集团有限公司与天津某农业贸易股份有限公司建设工程合同纠纷二审民事判决书》[天津市第一中级人民法院（2014）一中民一终字第1160号]所涉案件中，天津市第一中级人民法院认为，工程款利息属法定孳息，利息的权利人即为债权人，债权人是按照权利存续期间的日数而取得孳息。依据《诉讼时效规定》第十一条的规定，因工程款利息与工程款系同一债权，故工程款诉讼时效中断的效力及于其利息。因此，被上诉人主张的工程款利息未超过诉讼时效。

司法实践中也有认为本金与利息分别计算诉讼时效的案例。例如，在《大连仁某建设有限公司、中煤某建设（集团）有限责任公司建设工程施工合同纠纷再审民事判决书》[辽宁省大连市中级人民法院（2020）辽02民再126号]所涉案件中，大连市中级人民法院认为，仁某公司就案涉工程款本金提起诉讼时，则工程款本金诉讼时效中断，但因仁某公司未同时对案涉工程款本金及利息进行主张，故工程款本金诉讼时效中断之效力不及于工程款利息。仁某公司对案涉工程款本金及利息分别主张，系其对自身权利的处分，则其亦应就其上述处分行为承担相应法律后果。仁某公司关于工程款利息待工程款本金金额确定之后才可主张的再审理由，缺乏事实和法律依据。首先，即使工程款本金在起诉时尚不确定，但在审理过程中一经确定，工程款利息亦可在同案中确定，即工程款本金与利息并非仅应先后通过两个独立之诉分别加以确定。其次，仁某公司诉请案涉工程款利息的起算时间与其主张的工程款本金确定时间不一致，其关于案涉工程款利息的起算时间与其主张的诉讼时效起算时间相互矛盾。

代理人应当在主张工程款时一并主张利息，避免分别主张工程款与利息，造成单独计算利息致使超过诉讼时效。

（七）垫资利息的诉讼时效

关于垫资款利息及其诉讼时效的起算时间，已废止的广东省高级人民法院《关于审理建设工程施工合同纠纷案件若干问题的意见》第四条规定："当事人对违约金和垫资款利息的支付时间有约定的，应从约定支付之日起计算诉讼时效期间；如果当事人对违约金和垫资款利息的支付时间没有约定的，应从工程结算之日起计算诉讼时效期间。如双方未自行结算需委托中介机构进行造价鉴定的，从收到中介机构的鉴定报告之日起计算诉讼时效期间。"

例如，浙江中某建设集团有限公司、滨州市金某房地产开发有限公司建设工程施工合同纠纷一案[（2016）鲁民终2274号]，山东省高级人民法院认为，建设单位与建筑施工企业签订的《补充协议》对建筑施工企业在2012年6月至10月垫付资金利息、支付欠款的期限及逾期计算利息进行了约定，是双方当事人真实意思表示，建筑施工企业主张建设单位支付垫资利息，依法应予支持。《补充协议》中约定了支付垫付资金的期限和逾期支付利息的利率，一审判决建设单位向建筑施工企业支付垫资利息符合法律规定和协议约定。

虽然该规定已经废止，但是该规定代表司法实践中的常见观点，作为代理人仍然需要关注垫资利息的约定，按照有约定从约定，无约定从法定的原则及时告知当事人主张权利。

（八）无效施工合同工程款诉讼时效

建设工程施工合同无效时，诉讼时效如何起算在实践中存在较大争议，一般而言，《民法典》第一百五十五条规定："无效的或者被撤销的民事法律行为自始没有法律约束力。"因此合同无效，工程款的支付时间理论上应当也属于无效约定。但《民法典》第七百九十三条规定："建设工程施工合同无效，但是建设工程经验收合格的，可以参照合同关于工程价款的约定折价补偿承包人。"司法实践中对于"参照合同关于工程价款的约定"的范围存在争议，就工程款支付时间是否属于"工程价款的约定"，司法实践中存在以下观点。

1. 施工合同无效，但是关于工程款的支付时间属于当事人真实意思表示，可以参照适用

最高人民法院民一庭在所著的《最高人民法院新建设工程施工合同司法解释（一）理解与适用》一书中对于《建设工程施工合同解释（一）》第二十七条的解读持该观点（见本书第 282 页）。

例如，在《四川黄某台建筑工程有限公司青海分公司、四川黄某台建筑工程有限公司等建设工程施工合同纠纷民事二审民事判决书》[最高人民法院（2021）最高法民终 339 号]所涉案件中，最高人民法院认为，本案中，黄某台青海分公司与中某公司签订的《建设工程施工合同》因违反法律禁止性规定无效，但案涉工程款支付时间约定明确，意思表示清楚，应以该约定参照计算利息。对于案涉工程款的支付时间，在约定的基础上，按照双方当事人履行情况确定。故工程款利息的起算以应付而未付工程款的时间作为起算点，按照中国人民银行同期同类贷款利率的标准计算。原审判决对利息认定并无不当，应予维持。

2. 施工合同无效，工程款的支付时间视为没有约定，根据《建设工程施工合同解释（一）》第二十七条的"应付款时间"的规定起算

《建设工程施工合同解释（一）》第二十七条规定："利息从应付工程价款之日开始计付。当事人对付款时间没有约定或者约定不明的，下列时间视为应付款时间：（一）建设工程已实际交付的，为交付之日；（二）建设工程没有交付的，为提交竣工结算文件之日；（三）建设工程未交付，工程价款也未结算的，为当事人起诉之日。"有观点认为，合同无效时，可以将该司法解释规定的应付款时间作为工程款的支付时间。

例如，在《松桃某驱置业有限公司、杨某建设工程施工合同纠纷再审审查与审判监督民事裁定书》[最高人民法院（2021）最高法民申 3404 号]所涉案件中，最高人民法院

认为，因案涉《建设工程施工合同》无效，故《补充协议（一）》第十二条关于"工程预（结）算办理"的约定不能适用，应按工程款付款时间约定不明处理。依照《最高人民法院关于审理建设工程施工合同纠纷案件适用法律问题的解释》（已废止）第十七条"当事人对欠付工程价款利息计付标准有约定的，按照约定处理；没有约定的，按照中国人民银行发布的同期同类贷款利率计息"及第十八条"利息从应付工程价款之日计付。当事人对付款时间没有约定或者约定不明的，下列时间视为应付款时间：（一）建设工程已实际交付的，为交付之日；（二）建设工程没有交付的，为提交竣工结算文件之日；（三）建设工程未交付，工程价款也未结算的，为当事人起诉之日"的规定，案涉工程于 2017 年 3 月 20 日交付特某置业使用，应从 2017 年 3 月 20 日开始计息。特某置业关于所欠工程款利息应按判决生效之日起算的主张于法无据。

需要提醒代理人的是，最高人民法院民事审判第一庭编著的《最高人民法院新建设工程施工合同司法解释（一）理解与适用》一书中在对第六条进行解读时，认为合同无效时，参照范围应当仅限于计价标准，不包括付款时间、付款条件等事项，实际上对于参照范围作出了限缩解释。

3. 施工合同无效，工程款的支付时间视为没有约定，根据《民法典》《诉讼时效司法解释》的规定，按照没有约定或者约定不明进行处理

施工合同无效时，付款时间也属于无效约定，根据《诉讼时效规定》第四条规定，施工合同属于没有约定履行期限的合同时，可根据《民法典》没有约定或者约定不明的补救措施的规定进行判断；对于不能确定履行期限的，可以从权利人要求债务人履行期限宽限期届满或债务人拒绝履行之日起算。

例如，在《王某某、索某建设工程施工合同纠纷二审民事判决书》［最高人民法院（2017）最高法民终 548 号］所涉案件中，最高人民法院认为，2015 年 12 月 17 日，祁某县国土资源局向西某煤电发文载明西某煤电默勒综合治理土石方回填工程原则通过县级初验，故应以此时为王某某履行完毕《协议书》的时间。依据《最高人民法院关于审理民事案件适用诉讼时效制度若干问题的规定》（法释〔2008〕11 号）第六条"未约定履行期限的合同，依照合同法第六十一条、第六十二条的规定，可以确定履行期限的，诉讼时效期间从履行期限届满之日起计算"之规定，王某某、索某的起诉期限应当从 2015 年 12 月 17 日起算，王某某、索某向青海省高级人民法院起诉时并未超过诉讼时效。

三、工程质量纠纷的诉讼时效

（一）缺陷责任期与质量保修期内诉讼时效

建设工程施工质量缺陷的诉讼时效，在承包人应当承担相应责任的不同期限内，自施工质量缺陷发生之日起 3 年内。缺陷责任期或保修期内提出维修请求，诉讼时效中断。例

如，在《曲阜远某集团工程有限公司、一某实业集团有限公司建设工程施工合同纠纷二审民事判决书》[河北省石家庄市中级人民法院（2017）冀01民终11574号]所涉案件中，石家庄市中级人民法院认为，关于诉讼时效，被上诉人在2013年就工程质量问题向上诉人主张过权利，该权利不因上诉人是否收到相关函件而否定被上诉人主张权利的积极性，被上诉人未放弃自己的权利，在2013年诉讼时效中断后被上诉人于2014年提出反诉，未超过诉讼时效。原判在认定上诉人施工存在部分质量问题的基础上，引用《合同法》第一百一十一条处理质量违约承担责任方式的规定，适用法律正确。

（二）缺陷责任期相关请求权及诉讼时效计算

缺陷责任期内存在两种请求权。当存在质量瑕疵时，发包人对承包人享有违约请求权；当缺陷责任期满，承包人对发包人享有质保金返还请求权。

《建设工程施工合同（示范文本）》GF—2017—0201第14.4.1项规定："（1）除专用合同条款另有约定外，承包人应在缺陷责任期终止证书颁发后7天内，按专用合同条款约定的份数向发包人提交最终结清申请单，并提供相关证明材料。除专用合同条款另有约定外，最终结清申请单应列明质量保证金、应扣除的质量保证金、缺陷责任期内发生的增减费用。"

因此，缺陷责任导致的费用问题具有对应的结算条款，通过合同约定将所有的缺陷责任一次性结算完毕。故双方因缺陷责任产生的相应请求权利范围自双方最终结清结算时确定，诉讼时效自最终结清结算时起算三年。

（三）质量保证期相关请求权及诉讼时效计算

质量保证期内，可能存在两种相关的请求权，当相关保修义务是由于承包人原因引起，或虽由非承包人原因引起但承包人拒绝承担其保修范围内的保修义务的，发包人具有相应的违约请求权；保修义务是由非承包人原因引起，且承包人承担了保修义务的，承包人享有向发包人主张相关费用的支付请求权。

由于保修并非一个确定的、必然发生的费用，每一次保修行为均可以独立结算，并无必然的关联性；且保修费用不具有统一结算条款，故每一次保修责任均可独立存在。并非同一笔债务的，其诉讼时效应当单独计算。故保修责任应自保修事件结束起算三年，存在多个保修事件的，分别计算诉讼时效。

四、工期纠纷的诉讼时效

（一）逾期竣工违约金的诉讼时效

在实务中，在代理承包人向发包人主张工程款时，发包人往往会以承包人实际竣工日期超过合同约定的竣工日期为由向承包人主张逾期竣工违约金，由于逾期竣工违约金通常数额较大，所以承包人与发包人就逾期竣工违约金是否应当得到支持，尤其是围绕逾期竣工违约金的诉讼时效是否经过争议较大。根据不同情形，总结为以下几种观点。

1. 工程逾期，按日计算逾期竣工违约金，诉讼时效自工程竣工验收合格之日起算

工程验收合格后，发包人已经可以判断承包人是否存在工期延误，此时应当知道其权利是否受到损害。因此，发包人主张逾期竣工违约金的诉讼时效起算点应从工程竣工验收合格之日开始起算，逾期竣工违约金的权利行使与具体确定违约责任大小系两个层次的问题。实践中该观点有较多支持者。

例如，在《深圳市中某建设集团有限公司、重庆喜某实业有限公司装饰装修合同纠纷二审民事判决书》[最高人民法院（2018）最高法民终282号]所涉案件中，最高人民法院认为，一审法院查明《承包合同》第二十三条违约责任约定，工程不能按合同规定时间竣工验收合格，每逾期一天乙方承担10万元违约金；逾期达15天以上的，甲方可单方解除合同，甲方不解除的，则15日后乙方须每日按20万元计算累计向甲方支付违约金。关于中某公司应否向喜某实业公司支付逾期竣工违约金的问题。法院认为，诉讼时效期间自权利人知道或者应当知道权利受到损害以及义务人之日起计算。案涉工程于2011年7月29日竣工，此时，喜某实业公司应当知道其权利受到损害，亦能够向中某公司主张权利。但根据喜某实业公司二审庭审自认，其在2014年11月21日提起本案反诉之前，未向中某公司主张过逾期竣工违约金。一审判决认定其主张权利超过法律规定的诉讼时效期间，并无不当。逾期竣工违约金的权利行使与具体确定违约责任大小系两个层次的问题，喜某实业公司主张，在建设工程领域，双方进行工程结算时才对各自违约行为进行统计，确定违约责任，因而逾期竣工违约金的诉讼时效期间应从双方结算之日起算。该主张无法律依据，该院不予支持。喜某实业公司主张，根据《承包合同》约定，其有权在支付任何一笔应付工程款时，扣除逾期竣工违约金，此为双方关于诉讼时效期间的特别约定。该院认为，诉讼时效期间为法定期间，《承包合同》的相关约定实质系逾期竣工违约金如何支付的约定，并非对主张违约责任权利起算时间的约定。喜某实业公司该项主张，无法律和事实依据，该院不予支持。根据《合同法》第九十一条的规定，债务相互抵销是合同权利义务终止的情形，与债务已经按照约定履行具有相同效力。诉讼时效届满的，义务人可以提出不履行义务的抗辩，当然也可以提出不同意抵销的抗辩，喜某实业公司主张即使反诉超过了诉讼时效期间，其也可以直接行使抵销权，无法律依据。

2. 工程逾期，按日计算逾期竣工违约金，诉讼时效自工程结算完成之日起算

按照工程惯例，逾期竣工违约金通常在工程结算时纳入考虑，工程价款未结算完毕前，是否扣除存在不确定性，应从工程结算之日开始起诉。

例如，在《龙岩市烟某公司、厦门中某建设集团有限公司建设工程施工合同纠纷民事二审民事判决书》[福建省龙岩市中级人民法院（2021）闽08民终643号]所涉案件中，

福建省龙岩市中级人民法院认为，根据烟某公司和中某公司2004年7月1日签订的《补充协议》"因承包人因素导致合同工期延误，每延误壹天按3000元计算处以罚款，罚款从工程总价款中扣除"的约定，直至双方进入诉讼程序，中某公司和烟某公司对福建华某工程造价咨询有限公司的永定烟某大厦工程结算审核报告并没有再进行核定磋商，双方对案涉工程也没有进行最终结算，工期延误的违约金数额也未确定。因案涉工程没有进行最终结算，工期延误的违约金数额未确定，中某公司主张案涉工程逾期竣工违约金的诉讼时效于2010年8月31日已经届满，该主张没有事实依据。另中某公司主张逾期竣工违约金请求权与工程款请求权是分别独立的请求权，前者并非附属于后者的从债务，诉讼时效应分别起算，其中，逾期竣工违约金的起算日期应自竣工验收备案之日起开始计算，该主张没有法律依据。综上，中某公司认为烟某公司对工期延误违约金的主张已超过了诉讼时效的主张没有事实和法律依据，该院不予支持。

例如，金某天水利建设有限公司、广州开发区投某控股有限公司（原广州永某建设投资有限公司）建设工程施工合同纠纷一案〔（2019）粤01民终21316号〕，广州市中级人民法院认为，承包人违反合同条款第14款约定造成本合同工程不能按照协议书第4条约定的竣工日期竣工的，每逾期1天，承包人必须按本合同价款的1‰向发包人支付违约金，违约金不足以弥补发包人损失的，承包人还应负责赔偿。双方当事人对工期延误的违约金并未约定具体的支付时间，因此应从双方当事人确定工期延误的具体情况之日起算诉讼时效，而双方在结算过程中通常会对工程款金额、工期等情况进行最终确认，故工期延误的违约金应从工程结算之日起计算诉讼时效期间。鉴于案涉工程尚未结算，故金某天公司主张开发区投某公司起诉超过诉讼时效的意见不成立，该院不予采纳。

故对于约定按日计算逾期竣工违约金，可主张按日独立计算诉讼时效或整体计算诉讼时效。

按日累计的违约金来自债务未履行而引起的违约责任，属于派生的请求权，也属于继续性债权，只要违约状态持续，其金额一直累计计算。那么，这一请求权的诉讼时效如何确定？这里需要区分两个概念：违约金的起算时间和违约金的诉讼时效。违约金从违反主给付义务之日起算，而违约金的诉讼时效则从违约金产生之后起算，二者并不能等同。按日累计的违金的诉讼时效问题，理论上存在两种观点，实践中也主要有两种不同处理方式。

独立说，又称多个债权说，将每日产生的违约金作为一个债权单独适用诉讼时效，起算点为次日。按照该理论，违约金从债权人起诉之日倒推三年起计至实际履行之日止，超出起诉之日之前三年的违约金已经超过诉讼时效，不予支持。

例如，在《福建根某建筑有限公司、福建润某房地产开发有限公司建设工程施工合同纠纷民事二审民事判决书》〔福建省漳州市中级人民法院（2021）闽06民终1084号〕所涉案件中，一审法院认为，具体到本案，双方在合同专用条款第35.2条第三款约定"工期超过二个月的，承包人每延误一天，就应向发包人支付违约金5000元。"合同明确约定按日为单位累计计算违约金数额，属于继续性债权，应当以每个个别的债权分别单独适用诉讼时效。也就是说，润某公司主张违约金的二年诉讼时效期间至2017年10月1日还未届满，才能适用《民法总则》规定的三年诉讼时效，由此倒推润某公司主张违约金诉讼时效的最后时间为2015年10月1日。虽然润某公司于2018年1月23日提起诉讼未超过三年诉讼时效，但其主张违约金的诉讼时效仍应从2015年10月1日起算。润某公司主张2015年10月1日之前的逾期违约金，因未提供诉讼时效中止、中断情形的相关证据，应认定已超过诉讼时效，不予支持。故润某公司主张的违约金应从2015年10月1日起至2018年1月23日起诉之日止，根某公司违约天数共计841天。对于该案，漳州市中级人民法院二审维持原判。

整体说，又称单个债权说，将一直延续的同一违约行为产生的违约金作为一个整体，统一适用诉讼时效。

例如，泛某工程有限公司西南公司与中国人某保险（集团）公司商品房预售合同纠纷一案〔（2005）渝高法民初字第13号〕，重庆市高级人民法院认为，延迟交房的违约金是根据违约行为持续发生的状况而"累加计算"的，即相对于购房方来讲，主张自合同约定的逾期交房之日至实际交房之日的违约金，是双方当事人在合同中所确定的一个整体的合同权利，而不是按照违约的天数具体分割为若干分别计算诉讼时效的独立的权利，购房方可以在该项整体权利没能实现时提出主张。首先，如果将本案违约金请求权分割为若干独立的请求权，并以分别起算的诉讼时效予以限制，这必将改变本案双方当事人在合同中约定的"累加计算"的本意，违背当事人意思自治的基本原则；其次，本案中双方当事人在合同中仅约定了违约金的计算方法，并没有约定违约金的支付期限。对于没有支付期限的债务，债权人任何时候都可以主张，只有当债务人明确表示不履行时，才能认定债权人"知道或者应当知道权利受到侵害"，诉讼时效才可依法起算；再次，就本案的实际情况而言，要求购房方在房屋交付之前单独就违约金债权提起诉讼或申请仲裁，均不符合社会公众在日常生活中所遵循的公序良俗。最高人民法院维持原判，该案入选最高院公报案例，案号为〔最高人民法院（2005）民一终字第85号〕。

3. 工程逾期，逾期竣工违约金约定以结算金额作为计算基数的，自结算完成之日起算

例如，在《五指山丰某房地产开发有限公司与茂名市电某建筑工程总公司建设工程施工合同纠纷二审民事判决书》〔海南省第一中级人民法院（2017）琼96民终2726号〕所涉案件中，海南省第一中级人民法院认为，合同约定，工期每延误一天，按照总结算金额的0.1%扣罚。因此，根据合同的约定，工期延误违约金是根据结算总额确定后才能据此计算得出违约金数额，也就是工期延误违约金金额确定的前提条件是结算总额已经确定。因工程完工交付后，双方一直未进行结算，结算金额一直未确定，涉案工程造价结算总额的确定是在一审中通过委托鉴定机构进行司法鉴定后确定下来的。因此，右结算总额确定

之前，工期延误违约金数额计算是无法确定的，故工期延误违约金主张时效起算时间应当是鉴定结论确定之日。

例如，在《浙江昆某建设集团股份有限公司、天津瑞某置业有限公司建设工程施工合同纠纷一审民事裁定书》[天津市第一中级人民法院（2017）津01民初272号]所涉案件中，天津市第一中级人民法院认为，"备案合同约定，由于承包人原因造成工期延长，每延期一天工期承包人按照合同总价款的日万分之一支付违约金。……诉争工程并未最终结算，工期延误违约金问题与工程结算密切相关，基于合同基础纠纷双方未处理，工程并未最终结算，应视为双方就与结算金额相关问题一直处于磋商中，瑞某公司根据合同约定主张工期延误违约金不受诉讼时效约束。……本院结合对工期延误天数、工期延误责任的认定及经鉴定的工程总造价，分段确认中昆某公司应承担的工期延误违约金。"

4. 工程逾期，逾期竣工违约金诉讼时效自发包人主张之日起算

例如，在《济南某建集团工程有限公司等建设工程施工合同纠纷二审民事判决书》[山东省济南市中级人民法院（2018）鲁01民终15号]所涉案件中，济南市中级人民法院认为，专用条款第35条约定：如发包人延期付款，每拖期支付一天，发包人向承包人支付应付工程款万分之三的违约金。因承包人自身原因造成工期延误，每延误一天承担工程造价（承包人自行完成部分）万分之三的罚款。……某建公司逾期竣工违约事实存在，应当承担违约责任。诉讼时效应自权利人知道其权利受到侵害始计算，工程竣工之时，伟某公司应当知道因某建公司违约其权利受到侵害，违约诉讼时效应自此时计算。但基于伟某公司欠付某建公司工程款项，双方具有互付款项义务，违约金与工程款可相互抵销，在伟某公司欠付某建公司工程款的情况下，不能视为伟某公司逾期主张权利，超出诉讼时效。且涉案合同中亦没有明确约定逾期竣工违约金的履行期限，故一审认为伟某公司主张支付逾期竣工违约金，没有超过法律规定的诉讼时效期间，并无不当。某建公司主张伟某公司主张逾期竣工违约金超出了诉讼时效，证据不足，本院不予支持。

（二）建设工程工期索赔与诉讼时效

《民法典》第一百九十七条规定："诉讼时效的期间、计算方法以及中止、中断的事由由法律规定，当事人约定无效。当事人对诉讼时效利益的预先放弃无效。"诉讼时效放弃可以分为两种：一种是时效届满前预先放弃，另一种是诉讼时效届满后放弃。诉讼时效利益不得在时效期间届满前预先放弃。如果允许预先放弃时效利益，权利人可能会利用强势地位，损害义务人的权利。诉讼时效期间届满后，义务人取得拒绝履行义务的抗辩权。根据私法自治原则，当事人有权在法律规定的范围内，自由处分其权利或者利益，选择是否放弃诉讼时效利益。放弃诉讼时效是单方法律行为，自成立时发生法律效力。

因此，诉讼时效法定，时效利益预先放弃无效，事后可以放弃诉讼时效利益。司法实践中经常出现权利人未在索赔期限内主张索赔，对方提出抗辩的情形。如《建设工程施

工合同（示范文本）》GF—2013—0201 第 19.1 条规定：承包人应在知道或应当知道索赔事件发生后 28 天内，向监理人递交索赔意向通知书，并说明发生索赔事件的事由；承包人未在前述 28 天内发出索赔意向通知书的，丧失要求追加付款和（或）延长工期的权利。其第 19.3 条规定：发包人应在知道或应当知道索赔事件发生后 28 天内通过监理人向承包人提出索赔意向通知书，发包人未在前述 28 天内发出索赔意向通知书的，丧失要求赔付金额和（或）延长缺陷责任期的权利。《建设工程施工合同（示范文本）》GF—2017—0201，《建设项目工程总承包合同（示范文本）》GF—2020—0216 也有类似约定，对于如何处理工期索赔逾期的问题，司法实践中存在不同观点。

1. 该约定属于格式条款、事先放弃诉讼时效利益约定无效，当事人未丧失实体权利，可以主张索赔

理由如下：上述约定属于格式条款，发包人在合同中约定索赔逾期失权对承包人而言，"加重对方责任、排除对方主要权利"，属于无效条款；索赔期限属于诉讼时效，不能由当事人约定预先放弃，因此无效。

例如，在《山东民某建设有限公司与林芝华某房地产开发有限责任公司建设工程施工合同纠纷二审民事判决书》[西藏自治区高级人民法院（2018）藏民终 67 号]所涉案件中，西藏自治区高级人民法院认为，关于约定的违约索赔期限已过，是否适用诉讼时效的问题，民某公司在二审中提出，根据《建设工程施工合同（示范文本）》GF—2013—0201 通用合同条款第 19 条第（3）项约定发包人应在知道或应当知道索赔事件发生后 28 天内通过监理人向承包人提出索赔意向通知书，发包人未在前述 28 天内发出索赔意向通知书的，丧失要求赔付和（或）延长缺陷责任期的权利。华某公司提起的违约索赔诉讼，早已超过合同约定的期限，其诉讼请求应予驳回。对此，该院认为，《中华人民共和国民法总则》第一百九十九条规定："法律规定或者当事人约定的撤销权、解除权等权利的存续期间，除法律另有规定外，自权利人知道或者应当知道权利产生之日起计算，不适用诉讼时效中止、中断和延长的规定。"该院认为，根据该规定，适用除斥期间的权利为撤销权、解除权等形成权。该案中索赔权属于损害赔偿请求权，不属于除斥期间。因此，该案中，华某公司请求人民法院保护其民事权利属于诉讼时效期间。根据《中华人民共和国民法总则》第一百九十七条第二款规定，当事人对诉讼时效利益的预先放弃无效。《最高人民法院关于审理民事案件适用诉讼时效制度若干问题的规定》第四条规定，当事人在一审期间未提出诉讼时效抗辩，在二审期间提出的，人民法院不予支持。民某公司在一审中并未提出时效抗辩，对于民某公司的该项上诉请求，该院不予支持。

2. 约定有效，但当事人仅丧失"逾期视为认可"程序性权利，并未丧失实体性权利，在诉讼时效内仍可以主张索赔

权利方未在约定期限内主张权利，其因未能及时、有效举证丧失"逾期视为认可"的程序性权利，并非直接丧失实体权利。在诉讼时效内，仍有权索赔，但需对相关事实真伪

不明承担不利后果。

例如，在《四川雅某乐高速公路有限责任公司、攀枝花公某建设有限公司建设工程施工合同纠纷再审审查与审判监督民事裁定书》[最高人民法院（2017）最高法民申 1182 号]所涉案件中，最高人民法院认为，双方当事人虽在合同中约定"关于索赔：根据合同约定，承包人认为有权得到追加付款和（或）延长工期的，应按以下程序向发包人提出：1.承包人应在知道或应当知道索赔事件发生后 28 天内，向监理递交索赔意向通知书，并说明发生索赔事件的事由。承包人未在前述 28 天内发出索赔意向通知书，丧失要求追加付款和（或）延长工期的权利；2.承包人应在索赔意向通知书后 28 天内，向监理人正式提交索赔通知书。"但上述约定系当事人对于解决纠纷的程序性约定，并非权利的存续期间，雅某乐公司关于攀某公司未按合同约定在 28 天内主张即丧失索赔权的观点不能成立，原判决适用法律并无错误。

3.约定有效，如承包人未在约定时间内提出顺延申请，已经丧失胜诉权

持该观点的主要理由如下：①法律不保护躺在权利上睡觉的人，已经转化为自然之债，通用条款具有约束力；②从权利义务对等的民法原则看，通用条款也对发包人做出了同样的约定；③承包人在事件发生之时及时提出工期顺延要求，有利于发包人根据情况及时作出判断并予以答复，如进入司法程序，承包人才提出要求，司法机构难以查清事实。

例如，在《中某二十二局集团第四工程有限公司与安徽瑞某交通开发有限公司、安徽省某某公路控股集团有限公司建设工程施工合同纠纷二审民事判决书》[最高人民法院（2014）民一终字第 56 号]所涉案件中，最高人民法院在公报案例中认为，即使存在瑞某公司迟延支付工程预付款、应根据合同通用条款约定支付中某公司迟延利息的义务，中某公司还应根据合同通用条款第 53 条约定，在该索赔事件首次发生的 21 天之内将其索赔意向书提交监理工程师，并抄送业主；但是，中某公司并未提供证据证明其依据上述约定，向瑞某公司提出针对迟延支付工程预付款的利息索赔请求，故根据该条关于"如果承包人提出的索赔要求未能遵守本条中的各项规定，承包人无权得到索赔"的约定，中某公司也无权获得该部分利息的赔偿请求。

例如，在《中某十九局集团有限公司、哈密市和某工贸有限责任公司建设工程施工合同纠纷二审民事判决书》[最高人民法院（2020）最高法民终 348 号]所涉案件中，最高人民法院认为，根据案涉《施工承包合同》第 33.1 款关于"哈密和某公司有权指示中某十九局对工程或任何单位工程的形式、质量或数量作出变更"的约定以及第 34.1 款关于"如果中某十九局认为工程变更（包括设计变更和需另行计价的隐蔽工程）超出了其包干范围，应在工程变更确定后 14 天内，提出变更工程价款的报告，如中某十九局在双方确定变更的发生后 14 天内不向哈密和某公司和监理提出变更工程价款的报告时，视为该项变更不涉及合同价款的变更"的约定，中某十九局未能举证其在任务调整确定后的 14 日内，依据上述约定提出异议。中某十九局关于"哈密和某公司在 2011 年 9 月招标文件中

写明案涉工程施工五年，中某十九局按照穿爆工程量、剥离工程量的约定准备机械设备和人员，但从 2013 年 11 月 25 日开始，哈密和某公司开始下发调减年度生产计划文件，至 2016 年中某十九局共损失 23746235.32 元"的主张，该院不予采信。

4. 认为索赔期限类似权利失效制度。在遵守合同约定的情况下，仍需要进一步审查发包人是否以实际行为变更了施工合同约定或者承包人未申请工期顺延是否有合理抗辩，避免产生不公平的法律后果

最高人民法院民事审判第一庭编著的《最高人民法院新建设工程施工合同司法解释（一）理解与适用》（第 115 页）一书持上述观点。

因此，笔者建议代理人在提供工程咨询时，尽可能要求当事人在约定期限内索赔或在会议纪要、施工日志等文件材料中对索赔事件进行客观描述并表明要求主张权利。在诉讼或仲裁时如未在约定索赔期限内主张索赔，应当作出合理解释，并就索赔费用的产生原因、索赔费用的计算、相对方知晓或应当知晓索赔的产生进行充分举证。此外，鉴于索赔的要求更为严格，时间更短，程序更多，很容易产生权利失效的法律后果。笔者主张在工期违约时，代理人应该注意区分选择工期违约与工期索赔进行主张权利，避免因代理人的原因造成当事人失权。（详见本节工期纠纷的诉讼时效）

第二节　诉讼与仲裁管辖

一、诉讼管辖

（一）专属管辖的一般规定及争议管辖事项

根据《民事诉讼法》第三十四条的规定以及《民事诉讼法司法解释》第二十八条的规定"民事诉讼法第三十四条第一项规定的不动产纠纷是指因不动产的权利确认、分割、相邻关系等引起的物权纠纷。农村土地承包经营合同纠纷、房屋租赁合同纠纷、建设工程施工合同纠纷、政策性房屋买卖合同纠纷，按照不动产纠纷确定管辖"，建设工程施工合同纠纷的案件应由建设工程所在地人民法院专属管辖，根据《民事案件案由规定》建设工程合同纠纷的案由项下还具体包括建设工程施工合同纠纷、建设工程价款优先权受偿权纠纷、建设工程分包合同纠纷、建设工程监理合同纠纷、装饰装修合同纠纷、铁路修建合同纠纷、农村建房施工合同纠纷，上述纠纷均属于专属管辖范畴。对于建设工程案件的专属管辖，在司法实践当中已经形成共识，没有大的争议，当然专属管辖不能突破级别管辖。例外情形就是当事人可以通过约定仲裁管辖以规避法院的专属管辖，下一章节具体阐述。

但在建设工程案件实务中，管辖问题存在争议的情形也并不少见，下面就一些常见的管辖争议进行分析。

1. 建设工程中的劳务合同（劳务分包合同）纠纷司法实践中主流观点属于专属管辖

在实践中，如果建筑工程的施工单位与施工班组就劳务合同产生纠纷的，如何确定管辖？《民事诉讼法》第二十四条规定："因合同纠纷提起的诉讼，由被告住所地或者合同履行地人民法院管辖。"根据《民事案件案由规定》，劳务合同属于合同的一种类型，产生的纠纷应当属于合同纠纷，适用一般的合同纠纷管辖原则。但建设工程中的劳务合同纠纷与我们理解的一般的劳务合同纠纷法律性质上还是具有很大差别。《民事诉讼法司法解释》第二十八条关于建设工程专属管辖的范围，不限于《民事案件案由规定》中的"建设工程施工合同纠纷"，也包括了建设工程施工相关的案件。在最高人民法院民事审判庭在人民法院报发表的《关于民诉法解释中有关管辖若干问题的理解与适用》中，关于《民事诉讼法司法解释》第二十八条"建设工程施工合同纠纷"的范围，其认为："应当按照不动产纠纷由不动产所在地法院专属管辖的建设工程施工合同纠纷，不限于《民事案件案由规定》的建设工程合同纠纷项下的第三个第四级案由'建设工程施工合同纠纷'，应当包括该项下的建设工程施工相关的案件：'（5）建设工程分包合同纠纷'"。另外，从合同的主体和合同内容来看，合同主体身份地位平等独立，不具有劳务关系中支配与被支配关系；内容上，建筑劳务企业实质上履行了施工合同的部分内容，属于施工合同的范畴，该合同内容中往往涉及工程鉴定、勘察等因素，工程所在地法院管辖更有利于调取证据，查清案件事实，作出正确裁判。综合以上，工程劳务分包应当受《建设工程施工合同解释（一）》的调整，其实质为建设工程施工合同法律关系，属于施工合同的特殊类型，应当适用专属管辖的规定。

最高人民法院［（2017）最高法民辖终43号］裁定书认为，海某公司青海分公司系就海某新区某号公馆工程中的部分工程作为发包方与作为承包方的华某公司签订了《建筑工程劳务承包合同》，海某新区某号公馆工程属于建设工程，海某公司青海分公司与华某公司在《建筑工程劳务承包合同》中明确约定："依照《中华人民共和国合同法》和《中华人民共和国建筑法》，结合本工程的具体情况，经双方充分协商一致签订本合同"。因此，该合同系平等主体之间就建设工程设立民事权利义务关系的协议，而非用人单位与劳动者之间确立劳动关系的协议。故海某公司主张本案纠纷应适用劳动仲裁前置程序，缺乏事实和法律依据，本院不予支持。原裁定依照《民事诉讼法》第三十三条"下列案件，由本条规定的人民法院专属管辖：（一）因不动产纠纷提起的诉讼，由不动产所在地人民法院管辖"和《最高人民法院关于适用〈中华人民共和国民事诉讼法〉的解释》第二十八条第一款、第二款，"《民事诉讼法》第三十三条第一项规定的不动产纠纷是指因不动产的权利确认、分割、相邻关系等引起的物权纠纷。农村土地承包经营合同纠纷、房屋租赁合同纠纷、建设工程施工合同纠纷、政策性房屋买卖合同纠纷，按照不动产纠纷确定管辖"

的规定，结合本案工程施工地位于青海省的有关事实和相关规定，认为本案应按照不动产纠纷专属管辖原则确定管辖法院，确认青海省高级人民法院对本案具有管辖权是正确的。

当然也有观点认为应当适用普通管辖，根据《民事案件案由规定》第一百一十五条规定，建设工程分包合同与建设工程施工合同分属不同案由，二者是并列关系，因此工程劳务分包合同不属于建设工程施工合同范围，不适用专属管辖。另外从劳务分包合同内容来看，劳务分包对象为建设工程中的劳务作业，应属于劳务合同法律关系范畴，属于劳务合同纠纷并非施工合同纠纷，因此不应适用不动产专属管辖规定，而应遵循应诉管辖或当事人约定的法院管辖。例如，在《伍某某、伍某某等与重庆国某建筑劳务有限公司第某分公司建设工程施工合同纠纷民事裁定书》［最高人民法院（2019）最高法民辖 71 号］所涉案件中，最高人民法院认为应根据《民事诉讼法》第二十四条规定，因合同纠纷提起的诉讼，由被告住所地或者合同履行地人民法院管辖。被告住所地在重庆市渝北区人民法院对本案具有管辖权。

2. 根据行政管理权确定专属管辖

根据"百度百科"词条，"飞地"是一种特殊的人文地理现象，指隶属于某一行政区管辖但不与本区毗连的土地。如果某一行政主体拥有一块飞地，那么它无法取道自己的行政区域到达该地，只能"飞"过其他行政主体的属地，才能到达自己的飞地。比如位于安徽省境内的上海市军某湖监狱。

例如，在《浙江省东某建设有限公司与上海市军某湖监狱、上海市监某管理局建设工程施工合同纠纷民事裁定书》［最高人民法院（2019）最高法民辖 77 号］所涉案件中，最高人民法院认为，本案诉争工程虽位于安徽省境内的上海市军某湖监狱，但上海市军某湖监狱属于上海市在安徽省的"飞地"，由上海市行使行政管理权。在此情形下，本案不动产所在地认定为在上海市，较为符合客观实际。

因此，此类案件中应根据行政管理权确定专属管辖。

3. 建设工程施工合同中保证金返还的纠纷，应属于专属管辖

在律师代理建设工程案件实务中，遇到保证金返还的案例，比如双方建设工程施工合同已经签署完毕，承包人根据合同约定支付了履约保证金，但是发包人或承包人因为某种原因，没有实际开工，那么作为承包人主张保证金返还的纠纷，应当由哪个法院管辖存在过争议。一种观点认为，根据《民事诉讼法司法解释》第十八条第二款的规定："合同对履行地点没有约定或者约定不明确，争议标的为给付货币的，接收货币一方所在地为合同履行地；交付不动产的，不动产所在地为合同履行地；其他标的，履行义务一方所在地为合同履行地。即时结清的合同，交易行为地为合同履行地。"应当由接受货币一方所在地法院管辖，不属于《民事诉讼法司法解释》第二十八条中规定建设工程施工合同案件按照不动产专属管辖确定受诉法院的情形，应不限于《民事案件案由规定》的建设工程合同项下的第三级、第四级案由'建设工程施工合同纠纷'，还包括该项下的建设工程施工相关

案件。但就该问题最高人民法院有了明确意见："建设工程施工合同具有承揽合同性质，但合同目的就是要建设不动产，所以也将其列入不动产纠纷。"关于这个问题，笔者认为，既然合同中已经约定了需要支付保证金的条款，那么承包人支付保证金就可以被认为是开始履行合同，虽然并未开始实际施工，但施工和支付保证金均属于合同履行过程中必要的事项，所以将其视为"合同没有实际履行"确有不妥之处。

例如，在《湖北亿某金建设工程有限公司与上海神某建设工程有限公司、中某建设集团有限公司建设工程合同纠纷民事裁定书》［湖北省高级人民法院（2021）鄂民辖31号］所涉案件中，湖北省高级人民法院认为，本案形式上为建设工程履约保证金返还纠纷，其实质为履行建设工程施工合同中产生的纠纷，即本案法律关系为建设工程施工合同关系，该法律关系在原告亿某金公司的诉状中及神某公司的管辖权异议申请书中都得到了确认。且在三方当事人签订了《建设工程劳务合同》后，亿某金公司依约支付了履约保证金，因此该合同已部分履行。根据《最高人民法院关于适用〈中华人民共和国仲裁法〉若干问题的解释》第七条、《中华人民共和国民事诉讼法》第三十三条第（一）项、《最高人民法院关于适用〈中华人民共和国民事诉讼法〉的解释》第二十八条第二款的规定，案涉《建设工程劳务合同》第十五条关于"甲、乙双方在履行合同时发生争议，可以自行协商解决；否则，双方应在合同签订所在地劳动仲裁部门或人民法院解决"的约定无效，本案应参照不动产纠纷确定管辖即由不动产所在地人民法院管辖。该合同约定的工程地点为黄冈市黄州区，故黄冈市黄州区人民法院作为不动产所在地法院对本案享有专属管辖权。亿某金公司在纠纷发生后，向该院提起诉讼，符合法律规定。该院将享有专属管辖权的案件裁定移送武汉市武昌区人民法院处理不当。

此外，江苏省高级人民法院《2015年全省民事审判工作例会会议纪要》（苏高法电〔2015〕295号）中也明确规定："……对建设工程承包、转包、分包、挂靠等与建设工程有关的合同纠纷，以及尚未履行的建设工程合同纠纷，均应按照不动产纠纷确定管辖，即由工程所在地的人民法院管辖。"

4. 破产案件中，《民事诉讼法》关于建设工程施工合同案件专属管辖规定，与《企业破产法》集中管辖规定冲突时，应适用后者

《企业破产法》第二十一条规定："人民法院受理破产申请后，有关债务人的民事诉讼，只能向受理破产申请的人民法院提起。"因此，对于企业破产案件，应适用人民法院集中管辖的规定，但是在《民事诉讼法司法解释》第二十八条第二款中又规定："农村土地承包经营合同纠纷、房屋租赁合同纠纷、建设工程施工合同纠纷、政策性房屋买卖合同纠纷，按照不动产纠纷确定管辖。"那么，在建筑工程施工合同的案件中涉及企业破产清算时，怎样确定法院管辖呢？

《立法法》第一百零三条规定："同一机关制定的法律、行政法规、地方性法规、自治条例和单行条例、规章，特别规定与一般规定不一致的，适用特别规定；新的规定与旧

的规定不一致的，适用新的规定。"《民事诉讼法》与《企业破产法》均属全国人大及其常委会制定的法律，但前者关于不动产专属管辖系一般规定，后者关于涉破产企业案件的集中管辖系特别规定，故应适用后者规定。

例如，在《泸西县公某桥梁工程有限责任公司、华某建设股份有限公司建设工程施工合同纠纷二审民事裁定书》[最高人民法院（2018）最高法民辖终 129 号]所涉案件中，最高人民法院认为，根据《民事诉讼法》第三十三条"因不动产纠纷提起的诉讼，由不动产所在地人民法院管辖"及《最高人民法院关于适用〈中华人民共和国民事诉讼法〉的解释》第二十八条第二款"农村土地承包经营合同纠纷、房屋租赁合同纠纷、建设工程施工合同纠纷、政策性房屋买卖合同纠纷，按照不动产纠纷确定管辖"的规定，该案本应由不动产所在地人民法院管辖。但在泸西县路某公司起诉前，浙江省宁波市中级人民法院已裁定受理了华某建设的破产重整申请，根据《企业破产法》第二十一条"人民法院受理破产申请后，有关债务人的民事诉讼，只能向受理破产申请的人民法院提起"的规定，该案又应由浙江省宁波市中级人民法院管辖。由此，《民事诉讼法》的适用和《企业破产法》的适用产生冲突，而由于《企业破产法》属于特别的民事诉讼程序法，根据特别法优于一般法的法律适用原则，该案应优先适用《企业破产法》，由浙江省宁波市中级人民法院管辖。

5. 铁路专属管辖，不受立案在先及协议约定管辖影响

《最高人民法院关于铁路运输法院案件管辖范围的若干规定》的第三条中规定与铁路及其附属设施的建设施工有关的合同纠纷，由铁路运输法院管辖。这是铁路运输法院专属管辖的规定。那么，在建设工程施工合同履行过程中，当事人分别向不同法院起诉，《民事诉讼法》第三十六条规定："两个以上人民法院都有管辖权的诉讼，原告可以向其中一个人民法院起诉；原告向两个以上有管辖权的人民法院起诉的，由最先立案的人民法院管辖。"是否由先立案的法院管辖呢？此外，在双方约定了管辖法院的情况下，是否尊重当事人的约定呢？

《民事诉讼法》第三十五条规定，当事人可以约定管辖法院，但不得违反本法对级别管辖和专属管辖的规定。因此，在专属管辖和协议管辖发生冲突的时候，专属管辖优先。《民事诉讼法》第一百三十条第二款规定："当事人未提出管辖异议，并应诉答辩或者提出反诉的，视为受诉人民法院有管辖权，但违反级别管辖和专属管辖规定的除外。"因而，即使受诉法院先立案，也不影响专属管辖。

例如，在最高人民法院《关于济南铁路工程（集团）有限责任公司与贵州省铜仁市第二建筑工程公司铁路建设施工合同纠纷一案指定管辖的通知》中，法院认为，该案系当事人履行国家铁路重点建设项目路基工程施工合同发生的纠纷，依最高人民法院关于铁路运输法院相关专属管辖规定精神，作为该案合同履行地的贵阳铁路运输法院对该案有管辖权。铜仁法院在该案管辖权争议协商期间，抢先判决并执行，直接违反了最高院《关于在

经济审判工作中严格执行〈民事诉讼法〉的若干规定》（法发〔1994〕29 号）第三条、第四条规定，应予撤销，并将案件材料移送贵阳铁路运输法院审理。

6. 港口作业纠纷由港口所在地海事法院专属管辖

《民事诉讼法》第三十四条规定，因港口作业中发生纠纷提起的诉讼，由港口所在地人民法院管辖，对此，在《海事诉讼特别程序法》第七条中也有更为详细的规定，因沿海港口作业纠纷提起的诉讼，由港口所在地海事法院管辖。因此，港口作业纠纷属于法律规定的专属管辖案件。

例如，在《南京市浦口区宁某煤炭有限公司、南京港某有限公司第二港务分公司与南京市浦口区宁某煤炭有限公司、南京港某有限公司第二港务分公司民事裁定书》〔江苏省高级人民法院（2020）苏民辖终 99 号〕所涉案件中，江苏省高级人民法院认为：根据《最高人民法院关于海事法院受理案件范围的规定》第 32 条规定，港口货物堆存、保管、仓储合同纠纷案件，由海事法院专门管辖。《民事诉讼法》第二十三条规定，因合同纠纷提起的诉讼，由被告住所地或者合同履行地人民法院管辖。本案中，港某公司与宁某公司签订的港口装卸作业合同，约定宁某公司委托港某公司就其铁路到达及船舶到达的煤炭进行中转作业，具体包括货物卸载及货物堆放，故该案系港口作业纠纷，属于海事法院受案范围。因宁某公司住所地在南京，该案所涉合同履行地属江苏省行政区域内的港口，原审法院对本案有管辖权，原审法院裁定驳回宁某公司提出的管辖权异议，并无不当，应予维持。

7. 因挂靠合同产生的纠纷应适用于专属管辖的规定

"挂靠"的全称是企业挂靠经营，是一个行业术语，指机构或组织从属或依附于另一机构或组织。就建筑业而言，"挂靠"是指一个施工企业允许他人在一定期间内使用自己企业名义对外承接工程的行为。

根据《建设工程施工合同解释（一）》第一条第（二）项的相关规定，没有资质的实际施工人借用有资质的建筑施工企业名义的，即挂靠的工程合同是无效合同。对于挂靠行为，《建筑法》第六十六条中有规定，"建筑施工企业转让、出借资质证书或者以其他方式允许他人以本企业的名义承揽工程的，责令改正，没收违法所得，并处罚款，可以责令停业整顿，降低资质等级；情节严重的，吊销资质证书。对因该项承揽工程不符合规定的质量标准造成的损失，建筑施工企业与使用本企业名义的单位或者个人承担连带赔偿责任。"可见，挂靠行为有极大风险，但是在实践中，仍存在挂靠行为，也不可避免会产生纠纷。因此，在建筑工程施工合同中，当事人因挂靠协议产生的纠纷，是否属于建筑工程施工合同纠纷，进一步来说，是否适用于专属管辖的规定，虽然在《河北力某建筑劳务分包有限公司与邵某合同纠纷民事裁定书》〔最高人民法院（2020）最高法民辖12 号〕所涉案件中，最高人民法院认为，该案属于挂靠人与被挂靠人之间在挂靠过程中履行挂靠协议所发生的争议，并非发包人与承包人、转包人或分包人之间发生的建设工程施工合同纠纷，不适用有关专属管辖的规定，应当按照被告住所地和合同履行地的法定管辖原则确定管辖法院。但是实践中，建筑行业的挂靠纠纷主流观点还是建设工程施工合同纠纷，适用于专属管辖。例如，在《新乡市山某水利工程建筑有限责任公司、孙某建设工程合同纠纷民事管辖上诉管辖裁定书》[河南省南阳市中级人民法院（2021）豫13民辖终210号]所涉案件中，南阳市中级人民法院认为，涉案《内部承包合同》明确约定了项目名称、工程价款、承包范围及方式、管理费等内容，属于建设工程施工合同的内容，该案应由不动产所在地人民法院专属管辖。

（二）实务建议

律师代理建工案件时，非常重要的工作之一就是审查案件的管辖地。如上所述，建设工程施工合同一般管辖是工程项目所在地法院专属管辖，但是例外的情形也不在少数。特别是有的案件貌似建设工程施工合同纠纷，但是实际上有可能是合伙纠纷、劳务纠纷或者委托代建或案件已经进入破产程序，所以作为代理律师一定需要审查案件的法律关系，识辨案由。另外，还需要审查是否约定仲裁等。原告代理律师，则慎重确定案件的管辖地，作为被告代理律师则考虑是否需要提起管辖异议等。

二、仲裁管辖

（一）仲裁管辖的一般规定及瑕疵仲裁条款的效力

《民事诉讼法司法解释》第五百二十九条规定，根据《民事诉讼法》第三十四条和第二百七十三条规定，属于中华人民共和国法院专属管辖的案件，当事人不得协议选择外国法院管辖，但协议选择仲裁的除外。

仲裁机构取得建设工程施工合同纠纷案件的管辖权，有赖于有效的书面仲裁协议。根据《仲裁法》第十六条第二款规定，有效的仲裁协议必须具备三个要件：①请求仲裁的意思表示；②仲裁事项；③选定的仲裁委员会。实务中，仲裁约定存在瑕疵的情形多见，导致双方对仲裁约定的有效性存在争议，下面就一些常见的仲裁管辖争议进行分析。

1. 约定的仲裁委员会名称不准确的管辖

确定的仲裁机构是仲裁协议有效的核心要素。当事人在拟定仲裁条款时，因认识偏差、笔误等原因，经常出现选择仲裁机构时名称表述不准确的情形。依据《仲裁法司法解释》第三条规定，"仲裁协议约定的仲裁机构名称不准确，但能够确定具体的仲裁机构的，应当认定选定了仲裁机构"。常见的仲裁机构名称表述不准确但能够确定具体仲裁委员会的情形如下。

（1）仲裁机构名称中增加或者减少了文字，例如，将"某某仲裁委员会"写成"某某市仲裁委员会"，将"中国国际经济贸易仲裁委员会"写成"中国国际贸易仲裁委员会"。此类约定如果仍能确定具体仲裁委员会的，不影响仲裁约定的效力。如最高人民法院对中国国际经济贸易仲裁委员会的〔1998〕159号函复，"虽然当事人的仲裁条款中将你会名称漏掉'经济'二字，但不影响该仲裁条款的效力，你会具有管辖权"。

（2）将仲裁委员会名称简写或错写，例如，简写成"某某仲裁委"，错写成"某某仲裁委员会""某某仲裁机构"。该情形下的仲裁条款明显能够确定双方的仲裁意思，并能从条款中推断出明确具体的仲裁机构，应认定双方约定了明确的仲裁机构。

（3）使用仲裁机构变更前的名称，亦认定约定了明确的仲裁机构。

根据双方约定，能够推断出双方的意思表示为由某一特定仲裁机构仲裁的，则该仲裁条款可以约束双方当事人。

2. 约定某地仲裁机构的管辖

《仲裁法司法解释》第六条规定，"仲裁协议约定由某地的仲裁机构仲裁且该地仅有一个仲裁机构的，该仲裁机构视为约定的仲裁机构"。在实务中，以下几种情形属于符合该条司法解释规定的情形。

（1）能从文字和逻辑上确定仲裁机构的。例如，约定"南京市仲裁委员会""南京市政府所属的仲裁机构"或者"南京市所辖的有关部门仲裁"的，可以确定当事人约定的是"南京仲裁委员会"。

（2）如仲裁协议约定在某地仲裁，但是该地只有某仲裁机构的分支机构，应视为约定的是该分支机构。

例如，《余某某、中山市善某企业文化传播有限公司申请确认仲裁协议效力民事裁定书》［广东省中山市中级人民法院（2017）粤20民特63号］，即持该观点。中山市中级人民法院认为，双方约定"因合同引起的或与合同有关的任何争议均提请中山市仲裁委员会仲裁"，所约定的仲裁机构不准确，但双方属民商事纠纷，且中山市范围内受理民商事纠纷的仲裁机构只有中国广州仲裁委员会中山分会。因此，应当认定双方选定了仲裁机构及相应的仲裁规则，中国广州仲裁委员会中山分会对本案有管辖权。

（3）合同中约定"工程所在地仲裁机构管辖"，但工程所在地仲裁机构是合同生效后才设立的，该约定亦为有效约定。

例如，《中国电某集团港航建设有限公司、平某综合实验区土地储备中心建设工程施工合同纠纷二审民事裁定书》［最高人民法院（2019）最高法民终1500号］，即持此观点。最高人民法院认为，《BT项目合同》签订于2011年9月26日，该合同系双方真实意思表示，有效。双方订立仲裁条款的本意为发生纠纷时选择用仲裁的方式解决纠纷，且选择工程所在地的仲裁委员会为仲裁机构，当中某航公司于2019年2月向福建省高级人民法院提起诉讼时，工程所在地仲裁委员会即海峡两岸仲裁中心依法成立，是工程所在地唯一的仲裁机构，仲裁条款的不确定性已经消除，应当认定仲裁条款有效。双方就《BT项目合同》发生争议时，中某航公司应根据《BT项目合同》中仲裁条款的约定申请仲裁，故一审法院驳回其起诉并无不当。

同理，如订立仲裁协议时约定将争议交由当地仲裁机构仲裁，且当地当时仅有一个仲裁机构，仲裁协议生效后，当地又成立了新仲裁机构的，应认为双方约定的是签订仲裁协议时已成立的仲裁机构。

当仲裁协议只约定了由某地仲裁委仲裁，但是该地有两个以上仲裁该机构时，根据《仲裁法司法解释》第六条，当事人可以协议选择其中的一个仲裁机构申请仲裁；当事人不能就仲裁机构选择达成一致的，仲裁协议无效。

3. 选定 2 个或 2 个以上仲裁机构的管辖

仲裁协议约定两个以上仲裁机构的，当事人可以协议选择其中一家仲裁机构申请仲裁，当事人不能就仲裁机构选择达成一致的，仲裁协议无效。如果当事人没有选择仲裁机构而是径直向人民法院起诉，可以认定双方无法就仲裁机构达成一致。〔最高人民法院（2019）最高法民辖终 319 号〕裁定书持本观点，另外，最高人民法院《关于 RENT CORPORATION 诉中成宁某进出口有限公司、东莞市建某机械制造有限公司买卖合同纠纷一案人民法院能否受理的请示》的复函（〔2008〕民四他字第 4 号）也持本观点。

4. 债权转让或权利义务的概括转移的仲裁管辖

根据《仲裁法司法解释》第九条规定，债权债务全部或部分转让的，仲裁协议对受让人有效，但当事人另有约定、在受让债权债务时受让人明确反对或者不知有单独仲裁协议的除外。即在没有特殊情形下，债权转让或权利义务概括转移后，如果债权出让人与债务人之间有仲裁协议，则债权受让人受债权转让人与债务人的仲裁条款约束。〔南京市中级人民法院（2018）苏 01 民特 304 号〕案件持本观点。但是需要注意的是，债权转让后或权利义务概括转让后，转让方不再受仲裁条款的约束，除非转让方与受让方以及债务人重新达成仲裁条款。

5. 仅约定仲裁规则，没有约定仲裁机构的仲裁管辖

《仲裁法司法解释》第四条规定："仲裁协议仅约定纠纷适用仲裁规则的，视为未约定仲裁机构，但当事人达成补充协议或者按照约定的仲裁规则能够确定仲裁机构的除外。"根据该解释，仅约定适用规则，视为没有约定仲裁机构，但是当事人能够达成补充协议的，或者能够按照约定的仲裁规则确定仲裁机构的则按照能够确定的仲裁机构管辖。例如，《中国国际经济贸易仲裁委员会仲裁规则》第四条第（四）项规定："当事人约定按照本规则进行仲裁但未约定仲裁机构的，视为同意将争议提交仲裁委员会仲裁。"

6. 约定先审后裁，或先裁后审的管辖

在实践中，也会出现个别特殊合同条款，比如约定"先由人民法院审理，对人民法院审理不服再向仲裁委员会仲裁"或者约定逐级解决，"先向某某仲裁委员会仲裁，再向人民法院诉讼"。对于类似条款，管辖的确定，应当按照合同约定的优先顺位确定管辖；对于先裁后审的，可以确定仲裁管辖；对于先审后裁的，可以确定是诉讼管辖。上述条款不

属于约定不明，与或裁或审的条款有明显区别。

7. 约定仲裁，一方当事人向法院起诉的，分不同情形处理

双方当事人约定仲裁，一方当事人向法院起诉，另一方提出管辖异议的，法院应当作出驳回起诉的裁定；如果另一方进行了实体答辩的，则视为另一方认可了法院管辖。但原告又撤诉的，因撤诉的法律后果等同于未起诉，双方约定的仲裁协议仍然有效。如〔最高人民法院（2009）民一终字第46号〕裁定书即持该观点。

（二）实务中常见的仲裁管辖问题处理

1. 对仲裁协议效力的异议如何提出

《仲裁法》第二十条规定："当事人对仲裁协议的效力有异议的，可以请求仲裁委员会作出决定或者请求人民法院作出裁定。一方请求仲裁委员会作出决定，另一方请求人民法院作出裁定的，由人民法院裁定。当事人对仲裁协议的效力有异议的，应当在仲裁庭首次开庭前提出。"应当注意，该条规定的一方请求仲裁委员会作出决定，另一方请求法院作出裁定的情况下，由法院裁定，是有前提条件的，即请求法院作出裁定的，应当在仲裁机构对仲裁协议作出决定之前向法院提出申请。依据《仲裁法司法解释》第十三条第二款的规定，如果仲裁机构已经作出决定，仲裁协议的效力以仲裁机构的决定为准，法院不再受理。另外，依据《仲裁法司法解释》第十三条第一款的规定，当事人在仲裁庭首次开庭前没有对仲裁协议的效力提出异议的，将丧失申请确认仲裁协议无效的权利，之后，当事人不管是向仲裁委员会还是向法院申请确认仲裁协议效力，均不予受理。

鉴于仲裁协议一旦被认定为无效，仲裁委员会将失去管辖权。如果由仲裁委员会作出决定，可能存在一定的倾向性，且虽然仲裁委员会作出决定，但是一方当事人可能以仲裁条款无效为由申请撤销仲裁。因此，笔者建议对仲裁协议的效力有异议的，向法院申请确认仲裁协议无效为宜。

2. 黑白合同存在仲裁约定时如何判断管辖问题

建设工程领域黑白合同的表现形式多样，为简化分析模型，此处仅分析发、承包双方签订备案合同（白合同）后，又签订实际履行的合同（黑合同）的情形。

（1）白合同未约定仲裁，黑合同约定仲裁。

因黑合同是双方实际履行的合同，且签订时间在后，双方将履行工程建设合同产生的争议提交仲裁的意思表示明确、真实，黑合同约定的仲裁委员会有管辖权。

（2）白合同约定了仲裁。

情形一：白合同约定了仲裁，并明确白合同仅做备案、申领施工许可证用，但双方后未签订实际履行的其他合同，或者签订的实际履行合同仅约定了工期、质量、价款等条款，未重新约定争议解决条款，产生纠纷后，应向白合同约定的仲裁机构提起仲裁。

例如，《江苏江某建设集团有限公司与宜昌长某置业有限公司建设工程施工合同纠纷

二审民事裁定书》[最高人民法院（2016）最高法民终670号]，即持此观点。最高人民法院认为，虽然双方在《备忘录》中曾确认上述备案合同仅用于前期备案后及时获得施工许可证使用，不作为双方工程实施及今后结算付款的依据。双方最终执行（履行）的合同以备案合同之后双方另行签订的《工程补充协议》为准，即双方对工程的技术要求（包括施工工期、竣工验收等）及最终结算均以《工程补充协议》为准。但是，因工程的技术要求（包括施工工期、竣工验收等）及最终结算，并不包含争议解决方式，因此，《备忘录》并不能否认备案合同中仲裁协议的效力。而且，诉讼中，双方当事人均确认没有签订《工程补充协议》，也没有出现与双方2013年10月8日签订的备案合同不一致的情形。因此，仲裁协议有效。

情形二：白合同约定仲裁，后签订的黑合同重新约定其他仲裁机构，或约定向法院提起诉讼，根据《民法典》第五百四十三条"当事人协商一致，可以变更合同"的规定，应认为双方对争议解决达成了新的合意，应按黑合同约定的争议解决方式提起仲裁或诉讼。但如果黑合同的重新约定违反了专属管辖、级别管辖，或约定仲裁存在无效的情形，则仍应按白合同中的仲裁条款确定管辖。

3. 同一工程的多份合同约定了不同仲裁机构的，应区分情况确定管辖，观点上建议以最后约定为准

（1）不同合同约定的项目能够明确区分的，争议事项应向对应的仲裁机构提起仲裁申请。

如施工合同外，双方对签证、索赔项目签订了补充协议，并约定了仲裁，则就该签证索赔项目产生争议的，双方应将争议提交约定的仲裁机构。

（2）不同合同约定的项目不能明确区分，或不同合同项下的项目能区分，但因履行过程中未区分，导致合同无法分割的，应视为同一工程约定了多个仲裁，则应作为"交易的整体解释"。

例如，在《上海锦某建筑安装工程有限公司与昆山纯某投资开发有限公司建设工程施工合同纠纷二审民事判决书》[最高人民法院（2015）民一终字第86号]所涉案件中，最高人民法院认为，针对涉案工程双方当事人虽然签订了三份合同，但是从本案的实际情况看，本案41幢建筑单体是作为一个整体工程来施工的。结合《施工意向书》和双方当事人签订的合同以及2009年9月双方签订的《补充协议书》的内容，从工程的立项、规划设计、组织施工、工期的变更以及工程款的支付情况看，双方当事人对于系争工程是作为一个整体工程来履行合同义务的。一审判决亦认定，41幢楼分别单独竣工验收，付款时未区分合同和楼幢。在此情况下，锦某公司既无可能，也无必要在建设工程施工合同履行过程中主张优先受偿权。鉴于涉案工程为一个整体工程，应以工程的最后竣工日期，作为认定锦某公司是否丧失优先受偿权的起算点。

一个工程下多份合同约定不同仲裁机构，且该多份合同应作为"交易的整体解释"

的，根据《仲裁法司法解释》第五条规定，"仲裁协议约定两个以上仲裁机构的，当事人可以协议选择其中的一个仲裁机构申请仲裁；当事人不能就仲裁机构选择达成一致的，仲裁协议无效"，应认定双方没有有效的仲裁约定，纠纷由工程所在地法院管辖。

4. 实际施工人向发包人主张权利，大小合同存在仲裁约定，管辖问题的处理

（1）发包人与转包人或违法分包人之间的施工合同（大合同）约定了仲裁条款。

此情形下实际施工人应否受大合同仲裁条款约束，司法实务上存在分歧，如［（2014）民申字第1575号］裁定书、［（2019）湘民辖终791号］裁定书认为实际施工人不受大合同仲裁条款约束，而［（2016）黑民终183号］裁定书、［（2016）闽民辖终365号］裁定书则认为实际施工人应受约束，实际施工人不能起诉发包人。

笔者认为，实际施工人直接起诉发包人的，不应受大合同仲裁条款的约束，理由如下。

其一，实际施工人的诉权源于《建设工程施工合同解释（一）》第四十三条的规定，实际施工人与发包人之间没有合同关系，也不存在仲裁约定，仲裁机构没有管辖权。

其二，如果认为实际施工人受发包人与承包人之间的仲裁条款的约束，将导致《建设工程施工合同解释（一）》四十三条规定目的落空，发、承包双方可通过提前约定仲裁的方式，轻易规避实际施工人对发包人的法定诉权。

（2）转/分包合同（小合同）约定仲裁。

司法实务中，转/分包合同约定仲裁的，多数观点认为实际施工人的诉权应受该仲裁约定的约束，如［（2014）民申字第1591号］裁定书、［（2019）赣民终712号］裁定书均持此观点。但笔者认为，应区分情况而定。

①如果实际施工人仅起诉发包人的，则不受转分包合同的仲裁协议影响，理由与实际施工人不受大合同约定的仲裁协议影响一致。

②如果实际施工人以发包人、转包人或违法分包人为共同被告，如转包人或违法分包人提出管辖异议，则应驳回实际施工人对转包人或违法分包人的起诉，但实际施工人诉发包人的诉讼应继续审理。

5. 实际施工人提起代位权诉讼中的仲裁管辖问题处理

实际施工人依据《建设工程施工合同解释（一）》第四十四条规定，向发包人主张权利时，应当受发包人与转包人或违法分包人之间有关仲裁条款的约束。理由如下。

其一，《民法典》第五百三十五条第三款规定："相对人对债务人的抗辩，可以向债权人主张"。此处的抗辩不但包括实体上的抗辩，也包括程序上的抗辩，故在仲裁条款有效的情况下，实际施工人也应受发包人与转包人或违法分包人之间仲裁条款的约束。

其二，仲裁条款中存在的信赖利益，包括对合同相对方的人身信赖以及对申请仲裁后中立裁决者的信赖。发包人将工程价款的争议交付仲裁，是其合理的程序期待利益。

因此，实际施工人提起代位权之诉，受发包人与转包人或违法分包人之间仲裁约定的

约束，法院应当不予受理，已经受理的，应当裁定驳回实际施工人的起诉。

6. 确认仲裁协议效力案件的管辖法院，不仅是仲裁协议机构所在地的法院，一方当事人所在地的法院也有管辖权

对于确认仲裁协议效力的管辖法院，应当向仲裁协议约定的仲裁机构所在地的中级人民法院提起确认仲裁协议效力的申请；仲裁协议约定的仲裁机构不明确的，由仲裁协议签订地或者被申请人住所地的中级人民法院管辖。

《仲裁法司法解释》第十二条规定："当事人向人民法院申请确认仲裁协议效力的案件，由仲裁协议约定的仲裁机构所在地的中级人民法院管辖；仲裁协议约定的仲裁机构不明确的，由仲裁协议签订地或者被申请人住所地的中级人民法院管辖。"在大连市中级人民法院审理的申请人天津元某投资有限公司与被申请人卢某某申请确认仲裁条款效力案一审中，申请人向大连仲裁委员会所在地的大连市中级人民法院申请确认仲裁协议效力。对于向人民法院提起的仲裁协议效力的申请的程序是特别程序，一审终局，当事人或代理人对一审裁定不服，不得上诉、申请再审。

另外，容易被忽视的是当事人所在地的中级人民法院对仲裁协议效力的案件也有管辖权。最高人民法院 2017 年发布的《仲裁司法审查规定》第二条约定，申请确认仲裁协议效力的案件，由仲裁协议约定的仲裁机构所在地、仲裁协议签订地、申请人住所地、被申请人住所地的中级人民法院或者专门人民法院管辖。涉及海事海商纠纷仲裁协议效力的案件，由仲裁协议约定的仲裁机构所在地、仲裁协议签订地、申请人住所地、被申请人住所地的海事法院管辖；上述地点没有海事法院的，由就近的海事法院管辖。所以，当仲裁协议效力发生争议的情形下，不仅仲裁机构所在地中级人民法院有管辖权，申请人或被申请人住所地中级人民法院也有管辖权。

三、级别管辖

级别管辖是指人民法院系统内划分上下级人民法院之间受理第一审民事案件的分工和权限。级别管辖的确定，在我国立法上主要是以案件的性质、案件的影响的大小为标准。

我国级别管辖的特点，一是基层人民法院至最高人民法院依法受理第一审民事案件；二是级别管辖的重点在于区分基层人民法院和中级人民法院的分工；三是级别越低的法院受理的第一审民事案件量越大，级别越高的法院管辖的地域范围越广但实际受理的第一审民事案件量越小。

建设工程施工合同纠纷中关于专属管辖的规定应当是属于地域管辖项下的规定，不影响民事诉讼法中关于级别管辖的规定。建设工程施工合同纠纷中的级别管辖参照民事诉讼法的一般规定即可。因此，根据《民事诉讼法》的规定，基层人民法院管辖第一审民事案件，但法律另有规定的除外。中级人民法院管辖下列第一审民事案件：①重大涉外案件；②在本辖区有重大影响的案件；③最高人民法院确定由中级人民法院管辖的案件。高级人

民法院管辖在本辖区有重大影响的第一审民事案件。最高人民法院管辖下列第一审民事案件：①在全国有重大影响的案件；②认为应当由本院审理的案件。

此外，管辖权转移是对级别管辖的补充和变通规定，《民事诉讼法》第三十九条规定："上级人民法院有权审理下级人民法院管辖的第一审民事案件；确有必要将本院管辖的第一审民事案件交下级人民法院审理的，应当报请其上级人民法院批准。下级人民法院对它所管辖的第一审民事案件，认为需要由上级人民法院审理的，可以报请上级人民法院审理。"同样，管辖权转移的一般规定也适用于建设工程施工合同纠纷。

在级别管辖中，有两个问题需要注意。

（一）原告故意虚高诉讼标的额，抬高案件级别管辖的情形

在诉讼过程中，对于虚增诉讼标的额提高级别管辖的，法院应当进行实质审查，依法予以规制，故应由原受理法院审理；上级法院认为移送错误的情况下，可以依职权裁定撤销原裁定，指令原受理法院继续审理。

例如，在《潘某华、某某省人民政府建设工程施工合同纠纷二审民事裁定书》[最高人民法院（2017）最高法民辖终120号]所涉案件中，最高人民法院认定，人民法院在立案受理阶段，对于原告的诉讼请求，通常情况下，只作形式审查，不作实质审查。对原告诉请的标的额是否具有事实依据，应否予以支持，留待实体审理阶段审查认定。但是，在被告提出管辖异议，主张原告故意虚高诉讼标的额，抬高案件级别管辖的情况下，人民法院应当对原告的诉讼请求予以一定程度的实质审查。经审查属实，依法裁定将案件移送相关下级法院审理。上诉人（原审原告）潘某华提供的证据明显不符合常理，证据之间存在明显矛盾，其诉请的5亿元诉讼标的额缺乏证据支撑。其主观上虚构诉讼标的额、抬高案件级别管辖的意图明显。潘某华关于一审法院不应在立案阶段对其诉请的诉讼标的额进行审查的上诉理由，不能成立。

2015年4月15日，最高人民法院公布了《关于人民法院推行立案登记制改革的意见》，明确了立案登记制的改革。立案登记制是指法院对当事人的起诉不进行实质审查，仅仅对形式要件进行核对。那么，在立案受理阶段，被告提出管辖权异议，主张原告虚高诉讼标的额时，是否也适用形式审查规定？以[（2019）最高法民辖终249号]裁定书为例，在人民法院在立案受理阶段，对原告的诉讼请求，一般仅进行形式审查，不作实质审查。如被告提出管辖权异议，主张原告虚报诉讼标的额，规避案件级别管辖规定时，人民法院应当在立案阶段对案件进行一定的实质审查。

（二）原告增加诉讼请求金额以及被告反诉标的额超过本诉级别管辖标准的情形

在诉讼过程中，原告增加诉讼请求金额导致标的额超过了本诉法院级别管辖的范围，这种情况下，是否需要将案件移送至有管辖权的法院？《级别管辖异议规定》第三条中提

到："提交答辩状期间届满后，原告增加诉讼请求金额致使案件标的额超过受诉人民法院级别管辖标准，被告提出管辖权异议，请求由上级人民法院管辖的，人民法院应当按照本规定第一条审查并作出裁定。"据此，再参照《级别管辖异议规定》第一条规定，"被告在提交答辩状期间提出管辖权异议，认为受诉人民法院违反级别管辖规定，案件应当由上级人民法院或者下级人民法院管辖的，受诉人民法院应当审查，并在受理异议之日起十五日内作出裁定：（一）异议不成立的，裁定驳回；（二）异议成立的，裁定移送有管辖权的人民法院。"

同时，管辖权恒定原则也是民事诉讼中的重要原则。在被告提出反诉的情形中，在反诉金额超过本诉级别管辖标准的情况下，《民事诉讼法司法解释》第三十九条第一款规定："人民法院对管辖异议审查后确定有管辖权的，不因当事人提起反诉、增加或者变更诉讼请求等改变管辖，但违反级别管辖、专属管辖规定的除外。"值得注意的是，本条款针对的是本诉违反级别管辖、专属管辖规定的情形，不是指反诉。因此，对于有牵连关系的反诉，只要不违反专属管辖的规定，就应当与本诉合并审理，即使反诉的诉讼标的额超过本诉受诉法院的级别管辖标准，也不影响反诉与本诉合并审理。

例如，在《江苏省建某集团有限公司、呼和浩特市新某区保某少镇恼某村民委员会建设工程施工合同纠纷二审民事裁定书》[最高人民法院（2018）最高法民辖终75号] 所涉案件中，最高人民法院认为，在确定案件管辖权阶段，人民法院判断级别管辖的标准，通常以起诉人主张的诉讼请求标的额作为依据，至于诉讼请求是否能够得到支持或者部分支持，则应进入实体审理阶段后依法裁判。该案中，江苏某工起诉主张的诉讼请求标的额为197777990元，并提交了《呼市某区某镇某村新农村改造项目工程结算汇总表》《某村项目甲方已付工程款明细》等证据予以证明。通过对上述证据的初步审查，可以确定江苏某工诉讼标的请求额为197777990元。该案一方当事人住所地不在内蒙古，根据《最高人民法院关于调整高级人民法院和中级人民法院管辖第一审民商事案件标准的通知》，内蒙古自治区高级人民法院对案件有管辖权。一审法院径行以双方《建设工程施工合同》显示的合同价款作为结算依据，实际上系对双方究竟应当以合同约定价款还是实际工作量结算作了实体上的判断，并以此将当事人主张的诉讼标的额197777990元降低至7000万元，不符合管辖权阶段对证据形式审查的要求，应当予以纠正。此外，在内蒙古自治区高级人民法院对本案有管辖权的情况下，其不能以该案应当与呼和浩特市中级人民法院受理案件合并审理为由，突破级别管辖的规定，未报请上级人民法院批准，直接将案件交由下级人民法院审理。

在此附2021年10月1日《最高人民法院关于调整中级人民法院管辖第一审民事案件标准的通知》（法发〔2021〕27号）生效后的各地各级法院一审民事案件受理标准，仅作参考。

（1）当事人住所地均在或者均不在受理法院所处省级行政辖区的，中级人民法院管辖诉讼标的额 5 亿元以上的第一审民事案件。

（2）当事人一方住所地不在受理法院所处省级行政辖区的，中级人民法院管辖诉讼标的额 1 亿元以上的第一审民事案件。

（3）高级人民法院管辖诉讼标的额 50 亿元（人民币）以上（包含本数）或者其他在本辖区有重大影响的第一审民事案件。

第三节　财产保全

一、财产保全的一般规定

（一）财产保全定义及种类

《民事诉讼法》第一百零三条规定，财产保全是指人民法院根据当事人、利害关系人的申请或依职权，为防止判决难以执行或合法权益受到难以弥补的损害而采取的查封、冻结、扣押等保全措施。

财产保全分为诉前财产保全、诉中财产保全和执行前财产保全，诉中财产保全较为常见，诉前财产保全和执行前财产保全因其提起时间、适用条件等原因，在司法实践中适用较少。本节主要介绍诉中财产保全，为便于读者了解诉前财产保全和执行前财产保全的相关知识，笔者在下文对诉前财产保全和执行前财产保全的适用条件及注意事项作简单阐述。

（二）诉前财产保全和执行前财产保全适用条件及注意事项

1. 诉前财产保全

根据《民事诉讼法》第一百零四条规定，诉前财产保全的适用条件如下。

（1）申请人是利害关系人，即与被申请人发生争议，或者认为权利受到被申请人侵犯的人。

（2）原因是情况紧急，不立即采取相应的保全措施，可能使申请人的合法权益受到难以弥补的损失，通常表现为相关财产可能被转移、转让、隐匿等，从而影响到债权的实现。

（3）提交申请的法院为被保全财产所在地、被申请人住所地或者对案件有管辖权的人民法院提出申请。

（4）申请人必须提供担保。

司法实践中，不同的法院对于诉前财产保全可能有不同的要求。代理人在向法院申请诉前财产保全前，应及时与当地法院沟通联系，了解和掌握法院的具体要求，全面、及时、快速地准备材料，进行诉前财产保全。

代理诉前财产保全注意事项如下。

（1）司法实践中，由于在诉前财产保全程序中，人民法院没有职权对被申请人的财产进行调查和查询。因此，申请人申请诉前财产保全时必须提供明确、清晰的被保全财产线索。

（2）准备情况紧急的相关证据材料，比如在执行信息公开网查询的失信被执行信息，异常的大宗交易信息等，加强诉前财产保全成功立案的可能性。

（3）申请人应当在人民法院采取保全措施后三十日内依法提起诉讼或者申请仲裁，否则人民法院将解除保全。

2. 执行前财产保全

关于执行前财产保全，《民事诉讼法司法解释》第一百六十三条规定："法律文书生效后，进入执行程序前，债权人因对方当事人转移财产等紧急情况，不申请保全将可能导致生效法律文书不能执行或者难以执行的，可以向执行法院申请采取保全措施。债权人在法律文书指定的履行期间届满后五日内不申请执行的，人民法院应当解除保全。"根据上述规定，执行前财产保全的适用条件是：通常发生在法律文书生效后，进入执行程序之前，例如民事调解书中约定的付款期间尚未届满；原因是对方当事人转移财产等紧急情况，使生效法律文书不能执行或难以执行的情形，此时申请人向法院申请执行前财产保全；是否提供担保并未强制要求，可以不提供担保。

执行前财产保全注意事项如下。

（1）申请人一般需提交法院立案庭，由立案部门编立财保字案号进行审查并作出裁定。

（2）申请人应在法律文书指定的履行期间届满后五日内申请强制执行，否则法院将解除保全，当事人将面临无产可执的风险。

如何办理执行前财产保全，河南省林州市人民法院曾发布的林法〔2018〕73号《法律文书生效后进入执行程序前的财产保全办理规定》可供参考。

（三）仲裁财产保全规定及注意事项

最高人民法院《执行工作规定》第九条，在国内仲裁过程中，当事人申请财产保全，经仲裁机构提交人民法院的，由被申请人住所地或被申请保全财产所在地的基层人民法院裁定并执行。上述司法解释自2021年1月1日施行，明确了仲裁过程中财产保全管辖法院在被申请人住所地或被申请保全财产所在地的基层人民法院，填补了《民事诉讼法》和《仲裁法》中该部分的空缺。

然而，在某些省份仍沿用以往规定，由财产所在地的中级人民法院办理。江苏省高级人民法院《关于审理民商事仲裁司法审查案件若干问题的意见（2010修正）》第四十六条，仲裁机构根据仲裁法第二十八条的规定，提请人民法院采取财产保全措施的，由财产所在地的中级人民法院按照民事诉讼法的相关规定和《江苏省高级人民法院关于财产保全担保审查、处置若干问题的暂行规定》办理。

例如，南京仲裁委员会对于仲裁案件财产保全仍然在财产所在地中级人民法院办理，而常州仲裁委员会以及安徽省马鞍山仲裁委员会，目前仲裁财产保全由被申请人住所地或被申请保全财产所在地的基层人民法院办理。因此，为了增强法律服务的专业性、及时性，给客户留下好印象，笔者建议在办理仲裁案件财产保全时，提前联系每家仲裁委员会，询问具体要求及管辖法院。

二、财产保全程序

（一）财产保全申请

1. 财产保全申请要求

《财产保全规定》第一条规定，当事人、利害关系人申请财产保全，应当向人民法院提交申请书，并提供相关证据材料。申请书应当载明下列事项：①申请保全人与被保全人的身份、送达地址、联系方式；②请求事项和所根据的事实与理由；③请求保全数额或者争议标的；④明确的被保全财产信息或者具体的被保全财产线索；⑤为财产保全提供担保的财产信息或资信证明，或者不需要提供担保的理由；⑥其他需要载明的事项。法律文书生效后，进入执行程序前，债权人申请财产保全的，应当写明生效法律文书的制作机关、文号和主要内容，并附生效法律文书副本。

作为代理人，应当重点关注申请保全数额或者争议标的、明确被保全财产信息或具体的保全财产线索、提供担保财产信息三项工作，否则，可能存在无法保全的风险。法院在办理诉前保全案件中，由于案件未立案，无法依职权通过法院网络等渠道查询被保全人财产信息，因此，需要申请人提供具体明确的财产信息。申请人如无法提供，将面临法院不予受理保全申请的风险。例如，在［（2021）黔06财保2号］案件中，铜仁市中级人民法院认为，根据规定申请诉前财产保全，申请人应当提供被申请人明确的被保全财产信息或者具体的被保全财产线索，并提供相关证据予以证明。申请人何某某要求冻结被申请人账户资金的请求，但其至今未能提交需保全账户的相关信息，故其请求本院不予支持。同样，某些法院在诉中保全案件办理过程中，仍需当事人提供具体明确的财产线索。

2. 具体的被保全财产线索如何界定，如何查找

具体被保全财产线索如何界定，一直困扰法院和代理人，在此种情况下，秦皇岛市中级人民法院发布《关于办理财产保全实施案件流程指引（试行）》，其中第十条规定，当

事人、利害关系人申请财产保全，应当向人民法院提供明确的被保全财产信息。当事人在诉讼中申请财产保全，确因客观原因不能提供明确的被保全财产信息，但提供了具体财产线索的，可以依法裁定采取财产保全措施。对于是否属于"具体财产线索"，按以下标准进行审查：①房地产有明确的地址、房号；②银行账户、证券账户有明确的户名、开户机构营业网点；③工商股权有明确的企业名称；④机动车有明确的号牌；⑤机器设备有明确的存放地点；⑥第三人债权、应收账款有书面证据证明；⑦其他财产有明确信息可以证明确实存在的，该指引对具体财产线索如何判断作出较为详细的阐述，可供代理人参考。

如何查找具体的被保全财产线索，笔者在此简单介绍几种常用的查找方法。

（1）在经济活动及交往中注意收集被告的银行账号、应收账款等信息，例如签订的合同中是否有被保全人的账户信息，为被保全人开具的发票上的账户信息。

（2）到市场监督管理局查找被保全人的工商内档材料，通过工商内档材料找寻公司注册时的基本账号、对外股权投资、登记的大型设施设备等财产线索。

（3）向法院申请调查令前往不动产登记中心，查询登记在被保全人名下的土地使用权、房产、在建工程等信息。

（4）到车管所查询登记在被保全人名下的车辆。

（5）在"企查查"等查询网站，查询其是否有知识产权等无形资产。

3. 财产保全案件中的法院网络执行查控

《最高人民法院关于办理财产保全案件若干问题的规定》第十一条规定："人民法院依照本规定第十条第二款规定作出保全裁定的，在该裁定执行过程中，申请保全人可以向已经建立网络执行查控系统的执行法院，书面申请通过该系统查询被保全人的财产。申请保全人提出查询申请的，执行法院可以利用网络执行查控系统，对裁定保全的财产或者保全数额范围内的财产进行查询，并采取相应的查封、扣押、冻结措施。人民法院利用网络执行查控系统未查询到可供保全财产的，应当书面告知申请保全人。"

法院作出保全裁定后，代理人可以进一步申请网络查控，通过法院的网络查控系统进行保全，法院的网络查控功能相当强大，被保全人名下的银行账户、不动产、车辆、证券等信息都可查询到。部分法院在申请保全后，可以自动进行网络查控，而有些法院必须要求申请人在提供网络查控申请书后才能进行网络查控。代理人应当在办理案件保全过程中，就是否能够采取网络查控及是否需要提交申请材料，及时与承办法官联系。

（二）财产保全裁定

《财产保全规定》第四条规定，人民法院接受财产保全申请后，应当在五日内作出裁定；需要提供担保的，应当在提供担保后五日内作出裁定；裁定采取保全措施的，应当在五日内开始执行。对情况紧急的，必须在四十八小时内作出裁定；裁定采取保全措施的，应当立即开始执行。

根据上述法律规定，诉中保全案件，法院在收到申请人提交的保全申请五日内，即要依法作出裁定，并对被保全人采取保全措施，此时代理人需与法院保持及时的沟通，在第一时间了解到保全结果，对保全不足部分，可以向法院申请调查令，前往不动产登记中心、车管所、市场监管局等部门进一步查询财产线索。

《财产保全规定》第十八条规定，人民法院进行财产保全时，应当书面告知申请保全人明确的保全期限届满日以及前款有关申请续行保全的事项。但是实际操作中，法院主动提供上述保全明细材料较少，基本上只提供保全裁定书。代理人如只收到保全裁定书，应与承办法官沟通，领取财产保全反馈信息表等材料。

（三）财产保全解除

《财产保全规定》第二十三条规定，人民法院采取财产保全措施后，有下列情形之一的，申请保全人应当及时申请解除保全。

（1）采取诉前财产保全措施后三十日内不依法提起诉讼或者申请仲裁的。

（2）仲裁机构不予受理仲裁申请、准许撤回仲裁申请或者按撤回仲裁申请处理的。

（3）仲裁申请或者请求被仲裁裁决驳回的。

（4）其他人民法院对起诉不予受理、准许撤诉或者按撤诉处理的。

（5）起诉或者诉讼请求被其他人民法院生效裁判驳回的。

（6）申请保全人应当申请解除保全的其他情形。

人民法院收到解除保全申请后，应当在五日内裁定解除保全；对情况紧急的，必须在四十八小时内裁定解除保全。申请保全人未及时申请人民法院解除保全，应当赔偿被保全人因财产保全所遭受的损失。被保全人申请解除保全，人民法院经审查认为符合法律规定的，应当在本条第二款规定的期间内裁定解除保全。

上述法律规定详细规定了申请保全人在出现以上六种情形时，应及时向法院提交解除保全申请，如因申请保全人原因造成被保全人遭受损失的，应当赔偿被保全人因财产保全遭受的损失。例如，［（2021）陕民终1006号］案件中，陕西省高级人民法院认为，基于以上事实及法律和司法解释规定，程某对另案二审的审理范围、审理结果应有所预判，即另案二审判决对程某诉讼请求支持的金额不会超出一审判决。另案保全措施及保全数额系依程某的申请而作出，程某在一审判决数额与诉请数额差距较大且其未提起上诉的情况下，其理应对其之前的申请保全行为负责，主动向人民法院提出变更保全范围的申请，防止其给对方当事人造成不必要的损害。但程某直至另案执行终结也未主动向人民法院提出该项申请。因此，应认定程某对另案因超额保全给延某地产公司造成损害主观上存在一定过错，且其对该过错系明知，属于故意或重大过失。延某地产公司该项诉讼主张成立，予以支持。该案系申请人在一审判决作出后，未上诉间接认可一审判决结果的情况下，明确知晓了其保全超标的，在此情况下，申请人应主动向法院提交减少保全金额的申请。申请人未及时提交解除保全裁定的行为构成了对被保全人财产的损害，依法应向被保全人承担赔偿责任。

三、财产保全的范围、措施

（一）财产保全范围

《民事诉讼法》第一百零五条规定，保全限于请求的范围，或者与本案有关的财物。上述规定为财产保全的一般范围，即保全的范围应当限于当事人争执的财产，或者被告的财产，对案外人的财产不得采取财产保全措施。

被保全人对案外人享有的到期债权能否保全？《民事诉讼法司法解释》第一百五十九条规定，债务人的财产不能满足保全请求，但对他人有到期债权的，人民法院可以依债权人的申请裁定该他人不得对本案债务人清偿。该他人要求偿付的，由人民法院提存财物或者价款。在（〔2020〕湘执复10号）中，湖南省高级人民法院认为，本案系诉讼财产保全，对被保全人林某某在惠水时映公司处的财产实施查封冻结而产生的争议，依照《最高人民法院关于适用〈中华人民共和国民事诉讼法〉的解释》第一百五十八条的规定，人民法院对债务人到期应得的收益，可以采取财产保全措施。依照《最高人民法院关于适用〈中华人民共和国民事诉讼法〉的解释》第五百零一条第一款的规定，人民法院执行被执行人对他人的到期债权，可以作出冻结债权的裁定，并通知该他人向申请执行人履行。故案涉财产作为被保全人的收益或到期债权，人民法院实施查封冻结都是可以的。因此，代理人在承办案件过程中，如发现被保全人名下财产不能满足保全请求，且被保全人对案外人有到期债权的，代理人可以向法院申请，保全被保全人对案外人享有的到期债权。

（二）财产保全措施

《财产保全规定》第十五条规定，人民法院应当依据财产保全裁定采取相应的查封、扣押、冻结措施。根据该法律规定，财产保全可以采取的强制措施主要是查封、扣押、冻结。

（1）查封是指人民法院将需要保全的财物（如汽车、轮船、设备等动产）清点后，加贴封条、就地封存，或者向不动产登记部门下发查封房产、土地使用权、在建工程等不动产的通知，以防止任何单位和个人处分的一种财产保全措施。

（2）扣押是指人民法院将需要保全的财物移置到一定的场所予以扣留，防止任何单位和个人处分的一种财产保全措施，通常适用可移动的动产。

（3）冻结主要适用于无形存在的财产权利，是指人民法院依法通知有关金融单位或市场监督管理局等，不准被保全人提取或者转移其存款或转让股权等的一种财产保全措施。

（三）在建工程财产保全

近年来，众多房地产企业由于经济下行等因素，面临房屋无法交付，烂尾等困境。此种形势下，施工单位在起诉建设单位支付工程款案件中，往往对建设单位的在建工程进行查封。由于法律法规对查封在建工程的规定较为原则化，导致法院在办理在建工程查封时处理方式不尽相同。

1. 未办理预售许可证情形下在建工程查封

最高人民法院《执行中查封、扣押、冻结财产规定》第八条规定，查封尚未进行权属登记的建筑物时，人民法院应当通知其管理人或者该建筑物的实际占有人，并在显著位置张贴公告。在这一阶段，由于在建工程尚未得到不动产权证，且不动产登记部分也未登记房产信息，法院只能采取现场张贴公告的方式查封在建工程。然而，采取现场查封方式存在以下诸多问题，一是张贴的公告、封条受雨淋日晒等自然因素损坏。二是不动产登记部门对在建工程查封情况了解不及时，可能继续办理商品房预售许可证、不动产首次登记等手续。鉴于以上情况，申请人应当随时关注张贴公告、封条完好情况，发现已损毁或人为撕毁时，及时与法院联系，继续张贴公告、封条；同时，考虑联系法院向该项目的后续报批报建部门发送协助执行通知书，通知该部门中止为该项目办理商品房预售许可证等证照。

2. 办理预售许可证后在建工程查封

《最高人民法院、自然资源部、建设部关于依法规范人民法院执行和国土资源房地产管理部门协助执行若干问题的通知》第十五条规定："下列房屋虽未进行房屋所有权登记，人民法院也可以进行预查封：（一）作为被执行人的房地产开发企业，已办理了商品房预售许可证且尚未出售的房屋；（二）被执行人购买的已由房地产开发企业办理了房屋权属初始登记的房屋；（三）被执行人购买的办理了商品房预售合同登记备案手续或者商品房预告登记的房屋。"

被保全人取得商品房预售许可证后，申请保全人可通过不动产登记部门查询房产信息，申请保全人将查询到的房屋坐落、房号等信息后，将其作为财产线索提交法院，由法院审查后向不动产登记部门发送协助执行通知书，由不动产登记部门对申请保全的房屋进行预查封登记。登记后，该房屋将无法继续网签销售。预查封期间，房屋权属变更登记至被保全人名下的，预查封自动转为正式查封。

四、财产保全的注意事项

（一）财产保全期限及到期续封问题

根据《民事诉讼法司法解释》第四百八十五条规定，人民法院冻结被执行人的银行存款的期限不得超过一年，查封、扣押动产的期限不得超过两年，查封不动产、冻结其他财产权的期限不得超过三年。

《财产保全规定》第十八条规定，申请保全人申请续行财产保全的，应当在保全期限届满七日前向人民法院提出；逾期申请或者不申请的，自行承担不能续行保全的法律后果。人民法院进行财产保全时，应当书面告知申请保全人明确的保全期限届满日以及前款有关申请续行保全的事项。笔者在代理诸多保全案件中，法院主动书面告知保全结果及续行保全事项的较少，基本需要与法院多次沟通后，法院才会提供上述材料。

因代理人未关注保全期限，导致当事人保全的财产灭失被索赔的案件，近年来时有发生。笔者建议代理人在拿到保全结果材料后，及时告知当事人并将保全的财产对应的保全期限登记在电子表格中，并定期查看，在保全期限届满前七日前，务必向法院提交续保申请。

（二）在建工程预查封期限

《最高人民法院、自然资源部、建设部关于依法规范人民法院执行和国土资源房地产管理部门协助执行若干问题的通知》第十七条规定，预查封的期限为二年，该规定目前仍然有效。《民事诉讼法司法解释》第四百八十五条规定，查封不动产、冻结其他财产权的期限不得超过三年。《民事诉讼法》规定的查封不动产，笔者认为，查封应当包括预查封，关于在建工程预查封期限到底适用两年还是三年，司法实践尚存争议。笔者查询的部分案例法院仍然适用两年的查封期限，但近些年的主流司法观点认为应当适用三年的预查封期限。例如，（〔2020〕最高法执复70号）案中，最高人民法院在一审法院查明部分，2020年3月9日，广西壮族自治区高级人民法院作出（〔2020〕桂执保5号）《财产保全情况告知书》，告知当事人财产保全的情况：轮候查封金某库公司名下位于彰某城179处房产，预查封期限为三年。上述案例中，广西壮族自治区高级人民法院作出的财产保全告知书记载了预查封期限是三年，这与新《民事诉讼法司法解释》规定的三年相统一。因此，代理人在办理预查封案件时，应当就预查封期限问题与法官保持沟通，并在法院办理预查封事宜后及时索要书面的财产保全告知材料。

（三）超标的保全的救济

代理人在办理财产保全案件过程中，在涉及被保全人的土地使用权、房屋、在建工程等价值暂无法评估的情况下，为了申请人的利益，可能在诉争标的只有100万的案件中，保全被保全人名下几百万乃至上千万的厂房等不动产，法院往往在不加审查和评估的情形下，同意并作出保全裁定。被保全人由于仅欠付申请人100万，导致上千万的不动产被查封，进而影响银行贷款等正常经营活动，给公司造成重大损失。被保全人对于超标的保全又该采取哪些救济措施？

《财产保全规定》第二十五条规定，申请保全人、被保全人对保全裁定或者驳回申请裁定不服的，可以自裁定书送达之日起五日内向作出裁定的人民法院申请复议一次。第二十六条规定，申请保全人、被保全人、利害关系人认为保全裁定实施过程中的执行行为违反法律规定提出书面异议的，人民法院应当依照《民事诉讼法》第二百二十五条规定审查处理。根据上述法律规定，被保全人可以通过异议和复议的途径救济自己的权利。例如，〔（2019）最高法执复128号〕案件中，最高人民法院认为，本案申请人起诉的诉讼标的为7.7654257千万元，甘肃省高级人民法院在采取保全措施时，查封了庆阳特某公司名下5.269015万平方米房产，此后又查封了庆阳特某公司名下商铺、住宅共计****房产，以及应收账款448万元。庆阳特某公司在执行异议中曾提出甘肃省高级人民法院查封的以上房产均系现房，其中，商铺面积4162平方米，售价在1.6亿元左右，住宅楼售价为每平方米4500元价值3亿余元，明显高于诉讼标的，并提交了该公司就鑫某湾小区与多个购房人签订的商品房买卖合同、付款凭证等证据加以证明。但甘肃省高级人民法院在审查执行异议案件过程中对庆阳特某公司反映的被保全房产是否属于现房、备案价格多少、能否分别查封未予调查核实，导致关于被保全房产的整体价值是否高于诉讼标的额这一事实认定不清。

被保全人除了对超标的保全行为在收到保全裁定时及时采取异议与复议的方法寻求救济，还能对申请人提起诉中财产保全责任赔偿。例如，〔（2021）新民终61号〕案件中，新疆维吾尔自治区高级人民法院认为，黄某作为涉案建设工程的实际施工人，对自己进行施工部分的工程造价及收益应当有大致的预估及期望值，在已由另案生效判决确认其施工工程的造价后，仍仅凭未经天某公司确认的《工程造价结算书》再次主张支付欠付工程款38000000元，并拒不解除涉案部分财产的保全，已经超出了正常行使诉权的合理范围。根据上述事实，可以认定黄某在〔（2019）新民终317号〕民事判决作出后至江苏省建某公司账户解封期间，并未尽到合理审慎行使诉讼权利的注意义务，属于对申请财产保全具有过错的情形，黄某依法应当赔偿被申请人江苏省建某公司因该保全所遭受的损失。

第四节　证据

一、证据形式

《民事诉讼法》第六十六条规定："证据包括：（一）当事人的陈述；（二）书证；（三）物证；（四）视听资料；（五）电子数据；（六）证人证言；（七）鉴定意见；（八）勘验笔录。"实践中，虽然书证作为合同纠纷的主要证据形式，但在建设工程施工合同纠纷案件处理中其他七种形式证据的合理运用均应得到代理人的重视，其中包括不同形式证据提交法院的要求、举证责任等。

（一）当事人的陈述

当事人陈述作为法定的证据种类之一，在实践中主要为发包方、承包方等在法庭上对争议案件事实及反驳事实的陈述。根据《民事证据规定》第六十三条、六十四条、六十五条、六十六条规定，当事人的陈述应当是就案件事实作真实、完整的陈述，并有义务根据人民法院要求到场、签署并宣读保证书。另根据，《民事诉讼法》第七十八条第一款、《民事证据规定》第九十条第一项的规定，明确规定当事人的陈述不能单独作为认定案件事实的根据，需要其他的证据来进行补强。因此，通常情况下当事人的陈述这种证据形式，其证明力低于其他形式证据。但代理人需注意，根据《民事证据规定》第三条规定，在诉讼过程中包括在证据交换、询问、调查过程中，或者在起诉状、答辩状、代理词等书面材料中，当事人明确承认于己不利的事实的，一方当事人陈述的于己不利的事实，另一方当事人无需举证证明。

另需要注意，根据《民事诉讼法司法解释》第一百二十二条，将具有专门知识的人在法庭上就专业问题提出的意见，视为当事人的陈述。建设工程施工合同纠纷涉及造价、工期、质量等争议，常常需要启动司法鉴定。但鉴定意见作为一种专业证据，也需要进行质证后才能认定。如何对鉴定意见进行有效质证则在建设工程案件中变得重要。具有专门知识的人作为"鉴定人"制度的补充，能够助力当事人及代理人发现及理解鉴定意见中的问题，同时可减少民事审判中法官对鉴定意见的过分依赖，协助法官科学地作出事实认定，提高审判的准确性。

（二）书证

《建设工程施工合同解释（一）》第二十条规定，当事人对工程量有争议的，按照施工过程中形成的签证等书面文件确认。承包人能够证明发包人同意其施工，但未能提供签证文件证明工程量发生的，可以按照当事人提供的其他证据确认实际发生的工程量。施工合同履行最实质性的内容是工程价款，工程价款由工程量决定，最高人民法院对这个最重要的实质性内容发生争议的证据，首看"施工过程中形成的签证等书面文件"即书证，而民事诉讼的其他七种证据都被列入以书证为主的"其他证据"的范畴。因此，从施工企业的证据管理和实务操作角度来看，书证作为最主要的证据形式显得尤为重要。

1. 建设工程施工合同案件中书证的主要形式

常见的书证主要形式有招标公告、投标书、中标通知书组成的招标投标文件、施工合同及附件、补充合同、工程签证文件、会谈纪要、双方的往来信件、工程检验记录、工程洽商记录、工程决算书等。

2. 关于书证的提交要求

根据《民事诉讼法》第七十三条，书证应当提交原件。物证应当提交原物。提交原件或者原物确有困难的，可以提交复制品、照片、副本、节录本。提交外文书证，必须附有中文译本。这里指的困难在《民事诉讼法司法解释》第一百一十一条已经列举，包括以下几方面：①书证原件遗失、灭失或者毁损的；②原件在对方当事人控制之下，经合法通知提交而拒不提交的；③原件在他人控制之下，而其有权不提交的；④原件因篇幅或者体积过大而不便提交的；⑤承担举证证明责任的当事人通过申请人民法院调查收集或者其他方式无法获得书证原件的。江苏省高级人民法院民事审判第六庭关于印发江苏省高级人民法院《关于建设工程施工合同纠纷案件诉讼指引》的通知关于规范举证的要求中提及，第一，书证应当提交原件。提交原件确有困难的，可以提交复制件，但复制件应当完整、清楚。第二，持有书证原件提交复制件的，应当提供原件审查核对。第三，书证纸张与A4型纸不符的，建议用A4型纸复印。

3. 书证的收集

在实践中，无论代理建设单位或施工单位，代理人常会遇到部分重要的书证原件掌握在对方手中，而因为案件中双方正处于对抗地位而难以获得。这里，申请人可根据《民诉法司法解释》第一百一十二条规定、《民事证据规定》第四十五条规定，书面申请法院责令对方当事人提交书证，申请书应当将申请提交的书证名称或者内容、其证明的事实及事实的重要性、对方当事人控制该书证的根据以及应当提交该书证的理由。而如果出现控制书证的当事人否认持有的，人民法院应当根据法律规定、习惯等因素，结合案件的事实、证据，对于书证是否在对方当事人控制之下的事实作出综合判断。

代理人也应注重向法院提供对方持有书证的事实理由。根据《民事证据规定》第四十七条第一款的规定，控制书证的当事人应当提交书证的情形包括以下几方面：①控制书证的当事人在诉讼中曾经引用过的书证；②为对方当事人的利益制作的书证；③对方当事人依照法律规定有权查阅、获取的书证；④账簿、记账原始凭证；⑤人民法院认为应当提交书证的其他情形。而当被法院认定为应当提交书证的当事人，其无正当理由拒不提交书证的，根据《民事证据规定》第四十八条第一款规定，人民法院可以认定对方当事人所主张的书证内容为真实。

（三）物证

法学理论上说的物证有广义与狭义之分。广义的物证即等同于实物证据，包括了书证、物证、视听资料、电子数据、勘验笔录等，而本文提到的物证指的是狭义的物证，即《民事诉讼法》第六十六条第（三）项规定中的物证。民事诉讼中通常认为，狭义的物证指的是：能够以其存在形式、外部特征、内在属性证明案件真实情况或其他待证事实的实体物和痕迹。建设工程案件中物证常体现为合同的标的物，如已施工完成的建筑物、构筑物、工地施工的机械设备、建筑材料等。

1. 工程本身、已安装设备及产出物

现场的工程实体本质上就是一个巨大的物证，可以用来证明施工单位的施工质量、已完工程数量等事实。生产性的工程项目中已安装的设备及其产出物，往往也是用来证明工程设备尤其是工业设备是否满足合同技术要求。尤其大部分生产类工程需要承包人于投料试车系统出合格产品并考核达标后才符合办理工程竣工的条件。设备作为合同标的物，其本身就是证明履行是否符合合同约定的重要证据，但由于其形态过大问题及复杂的专业知识背景，无法当庭呈现且使法官自行感知并采信，故需要采用司法鉴定的方式进行转化，用以向法官呈现相关案件事实。

例如，在《郑州市夜某珠太阳能科技有限公司、许某集团有限公司建设工程施工合同纠纷民事申请再审审查民事裁定书》［最高人民法院（2021）最高法民申 2041 号］所涉案件中，夜某珠公司申请再审期间委托光伏行业专家在《质量鉴定分析报告》的基础上进行补充论证。与会专家出具《关于兰某县产业集聚区 18MW（一期 10MW）金某阳示范工程相关问题的专家意见书》，一致认为案涉光伏电站属于不合格工程。再审法院经审查认为，第一，从国家太阳能光伏产品质量监督检验中心作出的《质量鉴定分析报告》可知，案涉光伏电站发电项目存在严重的质量问题，且主要责任在于许某集团。

2. 建材封样

为固定大批量建材的品质水平，实践中创设了样品的报送与封存制度，通称"封样"，该封样可作为证明建材质量的重要物证。在《建设工程施工合同（示范文本）》GF—2017—0201 通用条款第 8.6.1 条中，就约定了样品的报送与封存制度，以此保证承包人提供的材料和工程设备符合工程设计和合同约定的标准。《建设工程施工合同（示范文本）》GF—2017—0201 通用条款第 8.6.1 条对封样也延续上述制度，对于需要封样的范围因具体工程而异，通常需要在订立合同时在专用合同条款中对于需要承包人报送样品的材料或工程设备的种类、名称、规格、数量等予以明确。

例如，在《大连双某置业有限公司与沈阳甲某装饰工程有限公司建设工程施工合同纠纷一审民事判决书》［大连经济技术开发区人民法院（2018）辽 0291 民初 2069 号］所涉案件中，原告诉请被告施工不符合合同约定，认为被告进场施工后，偷梁换柱，用染色石材代替天然石材。招标文件要求 1 号楼外石材幕墙的标准是采用天然石杖。为证明该事实，原告在法院组织证据交换和质证中提交石材封样照片、石材封样等，法院认为上述证据具有证明效力而予以采信并在卷佐证。

（四）视听资料

《民事诉讼法司法解释》第一百一十六条第一款规定，视听资料包括录音资料和影像资料。建工案件中视听资料主要为发包方与承包方之间有关工程方面的往来电话录音、对

施工现场的录影录像资料等。《民事诉讼法》第七十四条规定，人民法院对视听资料，应当辨别真伪，并结合本案的其他证据，审查确定能否作为认定事实的根据。这反映了最高人民法院对于视听资料这种证据形式的看法，相比其他证据形式而言，尤其重视其真实性。因此，《民事证据规定》第十五条第一款、第二十三条第一款都有此规定，无论是当事人提交视听资料作为证据的，还是法院对视听资料采取调查取证的，当事人和被调查人都应当提供存储该视听资料的原始载体。

在实践中，很多事实需要通过施工现场照片反映一定事实，但在向法院或仲裁委提交照片时应注意拍摄的载体、拍摄时间及拍摄地点。例如，在《陕西宽某实业有限公司、中某二十局集团第六工程有限公司建设工程施工合同纠纷再审审查与审判监督民事裁定书》[最高人民法院（2021）最高法民申 5428 号] 所涉案件中，宽某公司在二审开庭（2021年 1 月 19 日）前两天，即 1 月 17 日，由代理律师拍摄了一组 17 张的现场物证照片，并当庭出示了原件。二审判决认为该组证据未提交原件，也未显示拍摄时间和拍摄地点，对其真实性、关联性和证明目的均不予确认。再审法院关于宽某公司二审提交证据的认定问题，认为从该照片难以辨别拍摄时间，二审对其真实性、关联性和证明目的未予确认，并无不当。

例如，在《贵州省珠某源实业集团有限责任公司、四川鸿某达建筑劳务有限公司建设工程施工合同纠纷民事二审民事判决书》[贵州省高级人民法院（2021）黔民终 201 号] 所涉案件中，上诉人（一审被告）珠某源公司向一审法院提交了《监理工程质量整改通知》、现场施工照片复印件、《某景区提升改造工程项目建设景观工程施工合作协议》，拟证明工程施工存在质量问题，经修复后验收不合格无权请求支付工程款，或者应当减少工程款。一审认定如下：因珠某源公司未提交现场施工照片原始载体，故对其提交的照片复印件的真实性不予认可。二审阶段，二审法院认为关于工程质量缺陷问题，其一，珠某源公司仅提交了照片复印件，根据《最高人民法院关于民事诉讼证据的若干规定》第十五条"当事人以视听资料作为证据的，应当提供存储该视听资料的原始载体。当事人以电子数据作为证据的，应当提供原件。电子数据的制作者制作的与原件一致的副本，或者直接来源于电子数据的打印件或其他可以显示、识别的输出介质，视为电子数据的原件"规定，该院对该证据不予采信。

（五）电子数据

《民事证据规定》第十四条规定："电子数据包括下列信息、电子文件：（一）网页、博客、微博客等网络平台发布的信息；（二）手机短信、电子邮件、即时通信、通讯群组等网络应用服务的通信信息；（三）用户注册信息、身份认证信息、电子交易记录、通信记录、登录日志等信息；（四）文档、图片、音频、视频、数字证书、计算机程序等电子文件；（五）其他以数字化形式存储、处理、传输的能够证明案件事实的信息。"

1. 数码照片及录制视频

在工程施工现场用手机或者数码相机拍摄的照片和视频是建设工程类案件诉讼中的重要证据。通过照片及视频一方面可反映进场后施工条件是否满足施工要求；一方面可通过照片反映现场建设进度；同时，还可通过照片及视频反映签证索赔所需事项，如现场停工情况、业主未提供工作面情况等。

2. 电子邮件

在建设方与业主单位的沟通联系中，往往会通过电子邮件的方式进行，这些往来过程中的邮件也是能证明案件事实的重要证据，包括但不限于以下几方面：①通过电子邮件发送电子施工图；②通过电子邮件发送监理会议纪要、业主会议纪要；③通过邮件发送计量批复文件；④通过邮件发送期中付款证书等等。另外，如果在工程中向业主单位发送函件、指令单被拒收时，也可通过电子邮件发送过去，也可达到相同的法律效果。

3. 聊天记录

微信、QQ 等即时通讯软件的聊天记录也是可在诉讼过程中进行举证的电子数据证据种类，不管是与业主方联系人的一对一聊天还是在群聊中多方的谈话内容均能够作为举证类型。在施工过程中，业主方很可能通过即时通信软件向施工单位发送包括但不限于电子施工图、计量批复、工作指令等。

4. 系统数据

很多项目在施工过程中，业主方都会要求施工单位使用类似于 ERP（Enterprise Resovrce Planning）系统、OA（Office Automation）系统进行履约。通过给施工单位管理人员开设相应的权限，要求施工单位在系统中完成工程量的报送、签证单的报送、索赔的报送、工程款申请等。这些系统上报送的数据是可作为证据佐证案件事实的，平时也应注意对这一部分的留存。

（六）证人证言

证人证言是指证人就其所了解的案件情况向法院所作的陈述。在建设工程案件领域，主要指知道建设工程施工合同的订立、履行等事实的人员所作的陈述。

《民事诉讼法》第七十五条规定："凡是知道案件情况的单位和个人，都有义务出庭作证。有关单位的负责人应当支持证人作证。不能正确表达意思的人，不能作证。"《民事证据规定》第六十七条规定："不能正确表达意思的人，不能作为证人。待证事实与其年龄、智力状况或者精神健康状况相适应的无民事行为能力人和限制民事行为能力人，可以作为证人。"这说的是证人作证需要具备的基本条件，首先证人必须对案件事实有一定的感知，其次证人应当具备相应的作证能力，能够感知、记忆和叙述案件事实。原则上证人应当为自然人，但是我国《民事诉讼法》第七十五条将单位也列入了证人的范围。司法实践中当然基本以自然人为主，因为证人应当具备作证能力即能感知、记忆和复述案件事实，而单位显然不具备这样的能力。

需要代理人注意的是，根据《民事证据规定》第六十八条、第七十六条规定，证人作证除双方当事人同意证人以其他方式作证并经人民法院准许的以外，原则上都应当出庭作证，接受审判人员和当事人的询问，无正当理由未出庭的证人以书面等方式提供的证言，不得作为认定案件事实的根据。因此，如果证人确有困难不能出庭作证，应当及时向法院提出申请，决定是否同意以书面证言，视听传输技术或者视听资料等方式进行作证。此处的确有困难的情况如果符合《民事诉讼法》第七十六条规定的情形的，人民法院应当准许。其次，根据《民事证据规定》第九十条第三项规定来看，证人与当事人或代理人有利害关系的，其证言不能单独作为认定案件事实的根据。因此，与当事人存在利害关系的证人作出的证言其证明力要低于通常情况下的证人证言。

例如，在《熊某某与中某国华神木发电有限公司、福建龙某设备安装有限公司建设工程施工合同纠纷申请再审民事裁定书》[最高人民法院（2014）民申字第1454号]所涉案件中，再审法院认为，原判决没有采纳刘某治、郭某某、陈某某等人的证言认定熊某某及其施工队所承建的安装工程的工程量，进而据此确认其所应得工程款数额并无不当。熊某某无视国家有关建设工程领域的法律法规，在既不具备相应的施工资质，又未与任何单位签订建设工程施工合同的情况下即承接大型施工项目，对其行为应当给予否定性评价。其作为实际施工人所完成的工程量及其应得工程款的数额并非凭证人证言即可认定的事实。故其以陕西省高级人民法院在认定案涉工程款时未采纳其所提供的证人证言为由申请再审的主张，该院不予支持。该案中，再审法院支持陕西省高级人民法院未采信熊某某提供的证人证言有两个理由，证人与熊某某有利害关系，而且熊某某提供的证人证言意欲证明案涉项目的工程量以及熊某某与龙某环保公司存在事实上的合同关系均属于案件的基本事实，并非仅凭上述证人证言即可作出判断。

（七）鉴定意见

《民事诉讼法》第七十九条规定："当事人可以就查明事实的专门性问题向人民法院申请鉴定。当事人申请鉴定的，由双方当事人协商确定具备资格的鉴定人；协商不成的，由人民法院指定。当事人未申请鉴定，人民法院对专门性问题认为需要鉴定的，应当委托具备资格的鉴定人进行鉴定。"在建设工程案件中，主要是发、承包双方就工程造价、工期、质量等纠纷申请司法鉴定形成的书面鉴定意见。详细可参见本书第六章"司法鉴定"。

（八）勘验笔录

本书讨论的勘验笔录只包括法院委托的勘验人制作的对现场勘验的笔录。勘验笔录这一种证据形式被排列在《民事诉讼法》第六十六条规定的最后一项，在一般民事案件纠纷中较少涉及，属于由法院组织下制作形成的一种证据形式。

1. 勘验笔录与书证、物证的区别

在实践中，有以下几种情况。第一，勘验笔录除作为与书证、物证等并列的证据形式发挥一般证据作用外，由于勘验笔录形成程序有着严格的要求，且勘验要求勘验人（多数为审理法官）亲自前往现场，相较于书证、物证等对于工程实际情况有着更直观、全面的认识；第二，勘验笔录作为证据保全的方式之一，起到固定和保全证据的作用；第三，勘验笔录常与鉴定意见密不可分，发挥着相辅相成的作用；第四，勘验笔录通常也用于法院审查、鉴别其他证据的真实性。

2. 现场勘验的申请

当事人申请现场勘验。《建设工程造价鉴定规程》第4.6.1条规定："当事人（一方或多方）要求鉴定人对鉴定项目标的物进行现场勘验的，鉴定人应告知当事人向委托人提交书面申请，经委托人同意后并组织现场勘验，鉴定人应当参加"。该条规定当事人可申请勘验，但与司法鉴定的启动一样，现场勘验申请仍需法院审查同意后方可启动。

鉴定机构提请现场勘验。《建设工程造价鉴定规程》第4.6.2条规定："鉴定人认为根据鉴定工作需要进行现场勘验时，鉴定机构应提请委托人同意并由委托人组织现场勘验"。《民事证据规定》第三十四条第二款规定："经人民法院准许，鉴定人可以调取证据、勘验物证和现场、询问当事人或者证人。"为确保鉴定工作的顺利进行，规程赋予了鉴定机构提请现场勘验的权利。

3. 现场勘验的注意事项

①提前安排己方参加勘验的人员。通常情况下包括且不限于熟悉项目的管理负责人、实际参与项目施工的现场负责人。②准备相关资料。提前告知当事人携带或律师协助当事人准备相关资料，相关材料例如项目施工图纸、竣工图纸以及其他相关施工资料等，以便在勘验过程中存在疑问或者争议时，可以现场查看相关证据材料或核对图纸，及时向鉴定机构进行解释、说明。③注意安全。对烂尾等无人看管的工程应提前安排人员进场查看，排查现场是否存在安全风险。提前预备安全帽、手电筒等工具，方便现场查验、测量、取样工作。④勘验笔录签字。提醒己方参与人员认真核实现场勘验笔录，确保记录完整、与己方表述一致，与工程实况一致后，己方技术负责人和管理人签字后，律师再签字确认。

二、证据保全

（一）证据保全一般规定

《民事诉讼法》第八十四条规定："在证据可能灭失或者以后难以取得的情况下，当事人可以在诉讼过程中向人民法院申请保全证据，人民法院也可以主动采取保全措施。因情况紧急，在证据可能灭失或者以后难以取得的情况下，利害关系人可以在提起诉讼或者申请仲裁前向证据所在地、被申请人住所地或者对案件有管辖权的人民法院申请保全证据。证据保全的其他程序，参照适用本法第九章保全的有关规定。"

需要说明的是，证据保全是对当时事实状态的固定，虽不能解决工程纠纷关注的造价和质量的问题，但其是能够作为启动或者否决造价、质量相关司法鉴定的依据，是重要的证据准备工作。

1. 申请证据保全的条件

其一，申请保全的证据在形式上对于案件事实的证明有意义，即保全的证据与待证事实之间在形式上具有关联性。至于实质上是否相关联、证明价值大小，属于证据实质审查的问题，并不在人民法院审查证据保全申请考虑之列。

其二，证据有灭失或者以后难以取得的可能，即如不立即采取保全措施，证据将不复存在，或者即使存在也难以调取。

其三，申请应当在举证期限届满前以书面方式提出。当事人申请的行为，被视为当事人举证行为的一种特殊情况对待。因此，申请行为需要与举证行为一样遵守举证期限的要求。

2. 证据保全担保

《民事证据规定》第二十六条规定，当事人或者利害关系人申请采取查封、扣押等限制保全标的物使用、流通等保全措施，或者保全可能对证据持有人造成损失的，人民法院应当责令申请人提供相应的担保。担保方式或者数额由人民法院根据保全措施对证据持有人的影响、保全标的物的价值、当事人或者利害关系人争议的诉讼标的金额等因素综合确定。

根据该条规定，当采取限制保全标的物使用、流通等保全措施，或是保全可能对证据持有人造成损失的，人民法院应当主动责令证据保全申请人提供相应的担保。同时，人民法院根据保全措施对其持有人的影响、标的物价值等因素综合确定证据保全申请人提供担保的方式及担保数额。而该规定属于原则性规定，具体实践中需要人民法院根据个案情况具体把握和确定。

3. 诉前证据保全

《民事诉讼法》第八十四条规定："证据保全的其他程序，参照适用本法第九章保全的有关规定。"《民事证据规定》第二十九条规定："人民法院采取诉前证据保全措施后，当事人向其他有管辖权的人民法院提起诉讼的，采取保全措施的人民法院应当根据当事人的申请，将保全的证据及时移交受理案件的人民法院。"

诉前证据保全同诉前财产保全类似，申请人应在人民法院采取保全措施后三十日内依法提起诉讼或者申请仲裁的，不然证据保全措施将依法解除。

（二）公证机构保全证据

除申请法院采取保全证据措施外，当事人可采取保全证据公证。《公证法》第三十六条规定："经公证的民事法律行为、有法律意义的事实和文书，应当作为认定事实的根据，但有相反证据足以推翻该项公证的除外。"《民事诉讼法司法解释》第九十三条也规定，除相反证据推翻外，有效公证文书所证明的事实无需当事人举证证明。

保全证据公证有着较高的证明力，司法实践中法院基本给予了采信，因此在近些年被越来越多的当事人所采用。比起诉讼过程中的证据保全，保全证据公证有着高效、便捷的优势，可以减少当事人的维权成本，更有效地维护当事人的合法权益。

以在建工程的证据保全公证为例，应优先选择有工程保全证据公证经验的公证机构。在公证前代理人需清楚公证事项的证明内容与目的，在公证开始前与公证人员明确具体公证内容，并书面通知建设单位或施工单位、监理到场。另外，对工程量及计价有关的证据保全，应考虑安排造价人员和施工人员的参与，以便于现场与公证人员之间的沟通。

（三）工程质量保全

工程施工过程中对于已施工部分质量问题如何举证，尤其发包方为了工期不能采取停工等方式固定证据时，发包方可通过对项目施工现场不合格部位的现状以及现场取样的过程进行保全证据公证。

以某市公证处办理的公证案件为例，代理人称项目使用了某供货公司的水泥，后来发现水泥强度不够，不符合工程标准，需要重新采购更换新的水泥，一些部位甚至要将贴好的瓷砖剔凿并更换新的水泥和瓷砖，给申请人造成了损失。现在房屋交付期限已近，时间紧迫，为了能将房屋按时交付买方，需要立即返工，但又担心返工后证据全部灭失，对方不承认，所以需要立即办理保全证据公证。公证员及公证处工作人员使用公证处摄像设备对施工现场现状及从现场取水泥样品的过程和工作人员对现状的讲解过程进行了拍照、摄像。摄像机中生成若干段录像及照片。公证员将取得的水泥样品外盒上粘贴本处封条并加盖保全证据印章，并在印章相应位置确认签字。样品交由代理人杜某保存。封存好的水泥可以作为证物当庭进行提交，证明水泥系从施工现场提取，来源真实、可靠。取得的录像和照片可以证明不合格部位的现状，从而为法院认定事实提供证据。办理完公证、保留证据后可以马上进行返工，不耽误将房屋按期交付给买受人，也就不会造成更大的损失。公证机构保全证据，可以有效地防止证据灭失，为司法机关及时解决纠纷提供可靠证据。

例如，在《合肥达某建筑装饰工程有限责任公司、宁夏天某海世界黄河明珠旅游文化有限公司建设工程施工合同纠纷民事二审民事判决书》[宁夏回族自治区高级人民法院

（2021）宁民终 683 号〕所涉案件中，天某海公司为固定工程质量问题于 2020 年 5 月 28 日申请宁夏回族自治区银川市国某公证处对银川天某海世界中庭现状进行证据保全公证。公证书所附照片反映采光板有少部分未铺装，有部分材料在采光板上部未清理。

法院认为，天某海公司申请宁夏回族自治区银川市国某公证处对银川天某海世界中庭现状进行证据保全公证，并与宁夏郎某建筑工程有限公司（乙方）签订《天某海世界项目中庭顶棚维修加固工程施工合同》，由宁夏郎某建筑工程有限公司完成工作。天某海公司分别支付公证费 4800 元、维修款项 102000 元。合肥达某公司虽不认可，但天某海公司申请公证及维修加固的事实确实发生，且中庭施工工程造价也已认定为合肥达某公司应得工程款，故上述两笔款项应从合肥达某公司应得工程款中扣减。

（四）未完建设工程证据保全

未完建设工程主要是指由于建设单位与施工单位发生纠纷，导致工程停工，工程此时尚未完工，甚至很多工程完成量不到合同约定的一半。这种情况下为完成工程建设，防止工程烂尾，部分建设单位采取变更施工单位主体的做法继续进行后续施工。该行为将带来对工程量无法准确统计的后果，并且在工程质量认定、施工设备与材料交接等方面也存在问题。对于这种情况，无论是建设单位还是施工单位均可通过证据保全方式对在建工程现状予以固定，作为后期解决相关争议的依据。

公证机构保全在建工程现状证据，涉及专业技术鉴定、评估的事项，应当由当事人委托专业机构办理，或者征得当事人的同意由公证机构代为委托。建设单位与施工单位均可申请公证机构保全在建工程现状证据，申请人应当提供建设工程项目的相关批准文件、施工合同等与公证事项有利害关系的证明材料。办理保全证据公证，可以根据具体情况采取绘图、照相、录像、录音、复制、封存、非专业性鉴定和勘验、制作笔录等方法和措施，并制作详细的工作记录。

例如，在《刘某家、刘某阳建设工程施工合同纠纷二审民事判决书》〔江西省高级人民法院（2020）赣民终 930 号〕所涉案件中，二审法院认为，江西省庐山市公证处出具（〔2018〕赣浔庐证内字第 106 号）《公证书》，说明其应东某寺要求对《古建工程施工合同》现场情况进行证据保全公证。《公证书》载明：2018 年 4 月 4 日，工作人员来到施工现场，目视可见第 3 栋木框架已架设两层，第 6 栋木框架已架设一层，二层仅立了少量木柱，中间有部分未架设木架构。该院认为，在案证据可以证实刘某某、刘某某在建工程仅限于闭关栋 3 栋和 6 栋，且远未达到完工状态。

例如，在《田某某、新野龙某房地产开发有限公司建设工程施工合同纠纷二审民事判决书》〔河南省高级人民法院（2019）豫民终 825 号〕所涉案件中，2013 年 4 月 2 日，田某某以中某公司（乙方）委托代理人名义与龙某公司（甲方）签订了新野创意生活城项目施工协议书，承包建设本案工程。因双方产生纠纷，龙某公司于 2016 年 3 月 10 日申请河南省新野县公证处对新野县创意生活城项目现场施工情况进行证据保全，河南省新野县公证处采取现场勘验、现场记录、现场录像的方式进行了证据保全，并制作了《现场记录》《新野县创意生活城项目现场施工情况明细》，依据该情况明细记载的内容，A 区主体已封顶，B 区施工至主体一层，一层顶已浇筑完，C 区塔楼主体已封顶，裙楼施工至三层。A、B、C 区均有部分工程未施工完毕。后在法院委托鉴定中，河南省新野县公证处对新野县创意生活城项目现场施工情况做出的公证书经质证作为固定已完成工程量的重要证据及鉴定依据。

（五）停工窝工损失证据保全

工程现场如出现停工窝工必将造成相关单位经济损失，但随着工程的推进，停工、半停工造成施工中的许多痕迹将被掩盖或灭失。为此，通过证据保全的方式，将尽最大可能维护自己的合法权益，及时对与窝工事实相关的证据进行固定和保全，为日后提出赔偿留下了有力的证据。

发生停窝工时需采取证据保全的事项包括以下几方面。①通过证据保全措施对停窝工现场现状客观事实进行固定。②对导致停窝工的原因进行固定。《民法典》第八百零三条规定："发包人未按照约定的时间和要求提供原材料、设备、场地、资金、技术资料的，承包人可以顺延工程日期，并有权请求赔偿停工、窝工等损失。"因此，如发包人的原材料、水电、设备、场地、资金、技术资料未准备到位现状，承包人的设备、人员、物资、材料未进场未到位以及影响到项目工期关键线路的不可抗力现状进行保全和固定。③公证送达停工报告、签证联系单、发函并对内容进行固定，如对发函内容进行公证，增强法律证明力，防止普通邮寄情况下对方拒收的不利情况。④对停窝工时期人材机价格上涨的事实进行固定。⑤对已完工工程量（工程形象进度）进行证据保全，即对清单或图纸中反映的工程量进行证据保全或清点公证，留存证据，作为日后的结算依据。⑥对专业造价鉴定人员的工程勘验 / 测量 / 取证 / 统计等鉴定行为进行公证监督。

例如，在《眭某某、国某建设有限公司银川分公司建设工程施工合同纠纷二审民事判决书》[最高人民法院（2017）最高法民终 247 号] 所涉案件中，在眭某某撤出施工现场后，2012 年 3 月 13 日，经江某房地产公司申请，宁夏回族自治区石嘴山市公证处就遗留在现场的未使用钢材 381.719 吨进行了现场装车、过磅、清点，并就全过程制作了光盘和《物品清单》，据此出具了《公证书》，之后将现场遗留的钢材交由江某房地产公司。诉讼过程中，各方当事人对遗留现场未使用钢材为 381.719 吨均无异议，一审法院就钢材价格的确定问题，委托宁夏华某信工程造价咨询有限公司予以鉴定，鉴定结论为：涉案钢材价格为 2138794 元。

第五节　建设工程案件的审理

一、建工诉讼案件的代理注意事项

（一）注意案由的确定

民事案件案由是民事案件名称的重要组成部分，反映案件所涉及的民事法律关系的性质，是对当事人诉争的法律关系性质进行的概括，是人民法院进行民事案件管理的重要手段。法院立案确定案由时，根据原告的诉讼请求、主张的法律关系、提供的初步证据，审查后予以确定相应立案案由。在司法实践中，大量建设工程案件是以其他合同形式出现。例如，虽签订合作建房合同但实为建设工程施工合同的纠纷，还比如虽然签订的是建设工程施工合同，但实际上就是一个劳务分包合同。案由的选择或确定一定程度上可以直接影响案件的管辖，这就要求代理人在起诉时明确案由，明确管辖法院，加快案件办理进度。

1. 建设工程纠纷所涉及的一般案由

《民事案件案由规定》（法〔2020〕346号）第十条第115项："建设工程合同纠纷"为三级案由，一级案由为"第四部分 合同、准合同纠纷"，二级案由为"合同纠纷"，向下为9个四级案由：①建设工程勘察合同纠纷；②建设工程设计合同纠纷；③建设工程施工合同纠纷；④建设工程价款优先受偿权纠纷；⑤建设工程分包合同纠纷；⑥建设工程监理合同纠纷；⑦装饰装修合同纠纷；⑧铁路修建合同纠纷；⑨农村建房施工合同纠纷。

建设工程案件的法律关系一般可归纳为上述9个四级案由。但也有些建设工程纠纷案件法律关系复杂，无法归入上述9个四级案由的案件中，故对这类建设工程纠纷案件总的定为建设工程合同纠纷案由。

2. 因挂靠协议产生纠纷适用的案由

对于挂靠人与被挂靠人因履行挂靠协议所发生的争议应定为何种案由，实务中观点不一，主要有以下两种观点。

第一种观点认为，挂靠协议不涉及工程验收、工程款结算支付等内容的，挂靠协议不属于建设工程合同，应当按照合同纠纷确定管辖。基于该观点，挂靠人与被挂靠人因挂靠协议的约定产生纠纷，一方因多承担支付责任而引发追偿权纠纷之诉。

例如，在《河北力某建筑劳务分包有限公司与邵某合同纠纷民事裁定书》〔最高人民法院（2020）最高法民辖12号〕所涉案件中，最高人民法院认为，力某公司与邵某之间更符合挂靠特征。综上，该案属于挂靠人与被挂靠人之间在挂靠过程中履行挂靠协议所发生的争议，并非发包人与承包人、转包人或分包人之间发生的建设工程施工合同纠纷，不适用有关专属管辖的规定，应当按照被告住所地和合同履行地的法定管辖原则确定管辖法院。该案被告住所地位于江苏省镇江市丹徒区，江苏省镇江市丹徒区人民法院对案件有管辖权，其将案件移送安徽省淮北市杜集区人民法院不当。

第二种观点则认为，履行挂靠协议产生的纠纷，究其原因是履行建设工程合同而产生的纠纷，因此，因挂靠协议产生的纠纷均属于建设工程纠纷。

例如，在《新乡市山某水利工程建筑有限责任公司、孙某建设工程合同纠纷民事管辖上诉管辖裁定书》〔河南省南阳市中级人民法院（2021）豫 13 民辖终 210 号〕所涉案件中，南阳市中级人民法院认为，孙某依据其与新乡市山某水利工程建筑有限责任公司签订的《挂靠协议》及相关手续等证据材料，诉请新乡市山某水利工程建筑有限责任公司归还工程款，该案为建设工程施工合同纠纷。民事诉讼法相关规定，涉案《内部承包合同》明确约定了项目名称、工程价款、承包范围及方式、管理费等内容，属于建设工程施工合同的内容，该案应由不动产所在地人民法院专属管辖。涉案项目所在地位于河南省邓州市辖区，故河南省邓州市人民法院作为不动产所在地人民法院对该案享有管辖权。

3. 虽签订的是买卖合同，但实际为建设工程施工合同关系的案由

建设工程案件合同有其特殊性。合同性质的认定不能仅凭合同名称而定，而应当根据合同的内容、特征、主要条款所涉法律关系，即通过合同双方当事人设立的权利义务关系进行全面理解和准确判定。

例如，在《新疆吉某管业有限公司、托某县水利局建设工程施工合同纠纷民事二审民事判决书》〔新疆维吾尔自治区吐鲁番市中级人民法院（2022）新 21 民终 124 号〕所涉案件中，新疆维吾尔自治区吐鲁番市中级人民法院认定本案的法律关系为建设工程施工合同。该案中，新疆德某水泥制品有限公司与托某县水利局签订的合同虽名为《产品销售合同》《管道购销合同的补充协议》，但综合分析《托某县阿拉沟 10000 亩农业高效节水灌溉工程管道购销合同的补充协议》《工程单价确认函》的内容可得出：发包人托某县水利局、新疆德某水泥制品有限公司、托某县阿拉沟 10000 亩农业高效节水灌溉工程总承包人新疆泓某节水设备制造有限公司协商一致，同意将新疆德某水泥制品有限公司出具的《工程单价确认函》所包含的内容交由新疆德某水泥制品有限公司完成，即将灌溉工程的部分工程（管道安装）交由新疆德某水泥制品有限公司完成，并明确约定了具体工程量、工程总价、工程款支付方式等内容。据此，该院认定本案法律关系为建设工程施工合同，确定案由为建设工程施工合同纠纷。

（二）注意案件管辖地的判断

前文已经对建设工程案件管辖问题进行详细叙述，在此不再赘述。代理人应当根据双方合同约定进行甄别，如果合同约定仲裁管辖，且仲裁管辖有效，则应当向约定的仲裁机

构申请仲裁，而不必向法院提起诉讼。反之，未约定仲裁管辖或者仲裁管辖约定无效的，代理人应该着手准备向法院提起诉讼，但应该注意适用一般合同管辖还是适用专属管辖，在此不再赘述。特别需要注意的是作为被告或被申请人的代理人，需要考虑原告或申请人提起诉讼或仲裁的管辖地是否有问题，是否需要启动提起管辖异议的程序。

（三）追加当事人的注意事项

《民事诉讼法司法解释》第七十三条规定："必须共同进行诉讼的当事人没有参加诉讼的，人民法院应当依照《民事诉讼法》第一百三十五条的规定，通知其参加；当事人也可以向人民法院申请追加。人民法院对当事人提出的申请，应当进行审查，申请理由不成立的，裁定驳回；申请理由成立的，书面通知被追加的当事人参加诉讼。"《建设工程施工合同解释（一）》第四十三条规定："实际施工人以转包人、违法分包人为被告起诉的，人民法院应当依法受理。实际施工人以发包人为被告主张权利的，人民法院应当追加转包人或者违法分包人为本案第三人，在查明发包人欠付转包人或者违法分包人建设工程价款的数额后，判决发包人在欠付建设工程价款范围内对实际施工人承担责任。"

根据上述规定，建设工程案件中实际施工人以诉讼方式索要工程款可能以合同相对方即转包人、违法分包人等为被告起诉也有可能以发包人或承包人为被告起诉，这时人民法院为查明事实，可能会依职权追加转包人或者违法分包人为第三人，当然实际施工人也可以在起诉时直接将转包人或者违法分包人列为共同被告或第三人参与诉讼。特别是作为被告的代理人，应审查原告起诉的主体，考虑作为被告是否需要向法院申请追加第三人参与诉讼。

目前建工案件司法实践中有以下几种情形可以追加第三人参与诉讼。

①原告作为实际施工人，仅起诉发包人的，人民法院应当追加转包人或违法分包人作为本案的第三人；②仅仅为查明案情事实追加第三人；③承包人债权转让给实际施工人的，则实际施工人作为受让人起诉发包人的，应当将债权转让方列为第三人参与诉讼；④关于原告已经申请追加第三人，是否追加由人民法院决定。上述问题详见第一章第三节。

（四）抗辩权的行使

代理人在代理建设工程施工合同纠纷诉讼被告时，应当在接受委托后，在全面了解案件事实和对方的诉求后，进行分析和预判，必要的情况下进行法律检索和类案梳理，向当事人出具应诉方案。特别是针对原告的起诉，作为被告代理人需要就原告主张的事实是否有误、法律关系是否准确、诉请事项有没有请求权基础等各方面进行抗辩。

1. 诉讼主体不适格的抗辩

在诸多工程案件中，原被告的身份有时候比较复杂或混乱，作为代理人，可以以主体不适格进行抗辩。比如，原告以实际施工人身份向发包人主张欠付工程价款责任，但原告并没有证据证明其是实际施工人，他可能就是一个班组长，则被告可以抗辩原告并不是适格主体，不应当承担给付价款的责任。

2. 时效和除斥期间的抗辩

时效的抗辩也是作为被告经常使用的一种抗辩方式，根据《民法典》的规定，普通的诉讼时效是三年。作为被告可能会抗辩认为原告主张工程价款或索赔款或损失赔偿等权利已超过诉讼时效，因而取得抗辩权。本章第一节具体阐述了各种情形的时效问题。

此外，除斥期间，是代理人容易忽视的问题，除斥期间是法律规定的某种民事实体权利存在的期间，权利人在此期间内不行使相应的民事权利，则在该法定期间届满时该民事权利归于消灭。《民法典》第一百九十九条规定："法律规定或者当事人约定的撤销权、解除权等权利的存续期间，除法律另有规定外，自权利人知道或者应当知道权利产生之日起计算，不适用有关诉讼时效中止、中断和延长的规定。"存续期间届满，撤销权、解除权等权利消灭。

3. 合同效力的抗辩

在代理被告或被申请人时，比如针对原告或申请人关于继续履行合同、承担违约责任等请求，以及其他请求，对被告或被申请人不利的情形，笔者会考虑涉案合同是否违反法律禁止性规定而无效。如果存在《民法典》第一百五十三条第一款规定"违反法律、行政法规的强制性规定的民事法律行为无效。但是，该强制性规定不导致该民事法律行为无效的除外"，以及《建设工程施工合同解释（一）》第一条规定"建设工程施工合同具有下列情形之一的，应当依据民法典第一百五十三条第一款的规定，认定无效：（一）承包人未取得建筑业企业资质或者超越资质等级的；（二）没有资质的实际施工人借用有资质的建筑施工企业名义的；（三）建设工程必须进行招标而未招标或者中标无效的。承包人因转包、违法分包建设工程与他人签订的建设工程施工合同，应当依据民法典第一百五十三条第一款及第七百九十一条第二款、第三款的规定，认定无效"等情形的，则可以抗辩涉案合同系无效合同。在无效合同的情形下，被告或被申请人就不存在继续履行合同、承担违约责任等法律责任，当然不排除需要承担其他的法律责任。

4. 工程款不具备支付条件的抗辩

当承包人主张工程款及利息的诉请时，发包人可以抗辩工程没有通过竣工验收或者验收不合格或者承包人主张工程款尚达不到合同约定的支付条件等等。比如双方约定委托第三方审计，但是第三方还在审计中；比如背靠背条款，发包人没有将工程款支付给承包人，承包人则尚不具备支付给分包人；比如工程停工，但是双方均没有解除合同，则承包人无法主张工程结算款。

5. 先履行抗辩权

承包人主张工程款时，发包人也可以依据承包人未施工完成或施工进度未达到付款条件进行抗辩而拒付工程款。《民法典》第五百二十六条规定："当事人互负债务，有先后履行顺序，应当先履行债务一方未履行的，后履行一方有权拒绝其履行请求。先履行一方履行债务不符合约定的，后履行一方有权拒绝其相应的履行请求。"承包人在工程质量及竣工期限的履行上存在违约情况，发包人针对工程款支付条件存在瑕疵可以拒绝支付，发包人可以行使先履行抗辩权。

（五）反诉的注意事项

反诉，是指在正在进行的诉讼中，本诉的被告以本诉的原告为被告提起的诉讼，反诉的是为了吞并本诉的请求。提起反诉是本诉被告所享有的重要权利，代理人应根据对案件的法律分析，对是否提起反诉向当事人提出意见和建议，并最终尊重当事人的意见予以处理。大多数工程价款案件是承包人起诉发包人、分包人起诉承包人，在收到起诉状后，被告在进行答辩后往往会提起反诉，反诉涉及请求诸如承担质量赔偿责任、承担工期违约责任或者返还超付的工程款等等。根据《建设工程施工合同解释（一）》第十六条规定，发包人在承包人提起的建设工程施工合同纠纷案件中，以建设工程质量不符合合同约定或者法律规定为由，就承包人支付违约金或者赔偿修理、返工、改建的合理费用等损失提出反诉的，人民法院可以合并审理。

另外，作为代理人需要注意的是，反诉最迟应当在法庭辩论终结前提起。《民诉法司法解释》第二百三十二条规定："在案件受理后，法庭辩论结束前，原告增加诉讼请求，被告提出反诉，第三人提出与本案有关的诉讼请求，可以合并审理的，人民法院应当合并审理。"可以看出，反诉应当在法庭辩论结束前提出。

（六）建设工程案件中反诉与抗辩的难点

在司法实践中，对发包人以工程质量为由拒付工程款或减少工程价款到底是抗辩还是需要反诉，在实务界曾经存在一定的争议，但目前为止就工程领域对抗辩与反诉的适用大部分法院意见较为统一，具体总结为以下两点。

（1）尚未竣工验收或使用的建设工程，承包人主张工程价款，发包人以工程质量不符合合同约定或者国家质量标准为由，主张减少工程价款或者扣除修复费用的，属于抗辩。发包人要求承包人支付违约金或者赔偿修理、返工或改建的合理费用等损失的，属于反诉。

（2）工程已经竣工验收合格，发包人又以工程质量不合格为由，主张承包人承担违约责任的，应当提起反诉。

北京市最高人民法院《关于审理建设工程施工合同纠纷案件若干疑难问题的解答》（京高法发〔2012〕245号）第28条规定："承包人要求支付工程款，发包人主张工程质量不符合合同约定给其造成损害的，应按以下情形分别处理：（1）建设工程已经竣工验收合格，或虽未经竣工验收，但发包人已实际使用，工程存在的质量问题一般应属于工程质量保修的范围，发包人以此为由要求拒付或减付工程款的，对其质量抗辩不予支持，但确因承包人原因导致工程的地基基础工程或主体结构质量不合格的除外；发包人反诉或另行起诉要求承包人承担保修责任或者赔偿修复费用等实际损失的，按建设工程保修的相关规定处理。（2）工程尚未进行竣工验收且未交付使用，发包人以工程质量不符合合同约定为由要求拒付或减付工程款的，可以按抗辩处理；发包人要求承包人支付违约金或者赔偿修理、返工或改建的合理费用等损失的，应告知其提起反诉或另行起诉。（3）发包人要求承包人赔偿因工程质量不符合合同约定而造成的其他财产或者人身损害的，应告知其提起反诉或另行起诉。"

江苏省高级人民法院《建设工程施工合同案件审理指南》第八条第（一）项规定："发包人工程质量问题的主张，有的属于反诉，有的属于抗辩。发包单位（发包人）以工程质量问题为由要求施工单位（承包人）支付违约金或赔偿金的，应当提起反诉。发包人以质量不符约定为由仅请求拒付或减付工程款的，或者合同中明确约定可以直接将工程质量违约金或赔偿金从应付工程款中扣减的，属于抗辩，无需反诉。"

安徽省高级人民法院《关于审理建设工程施工合同纠纷案件适用法律问题的指导意见（二）》第六条规定："尚未竣工验收或使用的建设工程，承包人主张工程价款，发包人以工程质量不符合合同约定或者国家质量标准为由，主张减少工程价款或者扣除修复费用的，属于抗辩。工程已经竣工验收合格，发包人又以工程质量不合格为由，主张承包人承担违约责任的，应当提起反诉。"

二、建工仲裁案件的审理与裁决

本章第二节谈到了建工案件仲裁管辖的问题，目前鉴于建设工程案件因其标的大、时间跨度较长、技术难点多、专业要求高、案件涉及众多当事人等综合因素较多而显得异常复杂，长期以来是我国仲裁案件中的重头戏，各地建设工程施工合同大量选择仲裁管辖。关于仲裁管辖的优缺点，在第八章第二节当中也予以阐述，在此章节就不再赘述。下面就建工案件在仲裁审理中，代理人需要注意以下几个问题。

（一）关于选定仲裁员的问题

仲裁制度优于法院审理的一个重要制度，就是当事人双方可以根据案件和专业的需要选定一名仲裁员作为案件审查的边裁，各方选定的边裁一定程度上会为选定的一方提供一定的对己方有利的观点和支持。根据《仲裁法》第三十一条规定，当事人约定由三名仲裁员组成仲裁庭的，应当各自选定或者各自委托仲裁委员会主任指定一名仲裁员，第三名仲裁员由当事人共同选定或者共同委托仲裁委员会主任指定。第三名仲裁员是首席仲裁员。当事人约定由一名仲裁员成立仲裁庭的，应当由当事人共同选定或者共同委托仲裁委员会主任指定仲裁员。

在仲裁实践中，独任仲裁员一般情况下是仲裁委员会指定；对于不是独任仲裁员案件，须有三名仲裁员，申请人和被申请人各自选定一名仲裁员，仲裁委指定首席仲裁员。故对于边裁仲裁员的选定也是我们建工律师具备的一项技能。除了遵守相应的回避或披露制度外，拟选的边裁应当对建工案件有一定的专业背景，比如，笔者代理的案件类型主要是质量纠纷，那么笔者需要选定的仲裁员应该具备建工质量纠纷的专业知识，最好在仲裁员名录中寻找具有工程质量研究经验的专业人员，比如质监站的人员或质量鉴定机构的专业人员。

（二）关于追加当事人问题

追加当事人程序是民事诉讼中的一个重要程序，根据《民事诉讼法》第五十九条规定和《民事诉讼法司法解释》第七十三条和第七十四条规定，人民法院根据案件情况依职权追加当事人，当事人也可以根据案件情况申请法院追加第三人参加。但是《仲裁法》当中并没有规定第三人制度，也没有追加当事人的制度设定。目前根据一些仲裁机构的仲裁规则，是允许追加当事人，比如，《中国国际经济贸易仲裁委员会仲裁规则》（2015版）第十八条追加当事人规定："（一）在仲裁程序中，一方当事人依据表面上约束被追加当事人的案涉仲裁协议可以向仲裁委员会申请追加当事人。"在仲裁庭组成后申请追加当事人的，如果仲裁庭认为确有必要，应在征求包括被追加当事人在内的各方当事人的意见后，由仲裁委员会作出决定。所以仲裁程序当中也是允许追加当事人的。具体的追加程序，根据各家仲裁机构的仲裁规则进行。

仲裁程序的追加，是在一个已经依据仲裁规则开启的仲裁程序中，基于已有案件当事人的申请，在满足相应条件下，追加一个或多个新的当事人进入仲裁程序。在建设工程案件中，比如，施工方作为申请人将发包方作为被申请人提起仲裁，要求其支付工程款，案件已经被受理。而案外人作为工程款的连带支付方（在有仲裁条款的合同中盖章签字并实质性地承担支付责任，抑或需要承担支付责任且受仲裁条款约束的联合体成员），申请人主张将其追加为案件当事人，承担费用支付责任。

在仲裁程序中，追加申请人或被申请人需要满足以下几个条件。

（1）受仲裁协议约束。

依据《中国国际经济贸易仲裁委员会仲裁规则》，在仲裁程序中，一方当事人依据表面上约束被追加当事人的案涉仲裁协议可以向仲裁委员会申请追加当事人。《深圳国际仲裁院仲裁规则》第二十条规定，已经进入仲裁程序的任何一方当事人可以依据相同仲裁协议书面申请追加当事人。是否接受，由仲裁庭作出决定；仲裁庭尚未组成的，由仲裁院作出决定。

上述仲裁规则都要求被追加的当事人表面上受案涉仲裁协议约束，或要求当事人根据相同的仲裁协议提出追加申请。当然最终是否决定同意追加，也要看仲裁庭或仲裁机构的意见。所以，代理人在建工仲裁案件中不能随意追加当事人，不能随意突破合同相对性。

（2）取得各方当事人一致同意。

如果追加的当事人不受案涉仲裁协议的约束的情况下，根据当事人与案外人一致同意，案外人也可以申请加入案件或由当事人申请追加案外人作为当事人。但实务中通常会要求各方订立一份新的仲裁协议。否则，追加当事人在程序上不被允许。

能够同时满足以上条件允许被追加当事人的案件在仲裁实践中并不是很多。建设工程案件因为复杂的法律关系，涉及发包人、承包人、转包人、违法分包人以及实际施工人，导致实践中往往一个原告会将几个被告共同起诉到法院，特别是实际施工人可以突破合同相对性向发包人主张权利。那么，在仲裁审理中，应严格遵守合同相对性，如果实际施工人只与分包人或转包人约定仲裁管辖，而没有与发包人约定仲裁管辖，是不能在同一个仲裁案件中突破合同相对性向发包人主张权利。所以，当律师作为实际施工人代理人时，需要慎重选择与转包人或违法分包人约定仲裁管辖条款。

（三）关于仲裁案件的财产保全问题

根据《仲裁法》第二十八条规定，一方当事人因另一方当事人的行为或者其他原因，可能使裁决不能执行或者难以执行的，可以申请财产保全。当事人申请财产保全的，仲裁委员会应当将当事人的申请依照民事诉讼法的有关规定提交人民法院。

（1）财产保全申请的提交。对于需要财产保全的案件，代理律师在申请仲裁时一并向仲裁委员会提交财产保全申请书以及相应的财产线索。

（2）财产保全的管辖法院，为被申请人住所地或被申请保全的财产所在地。《执行工作规定》第十一条规定，在国内仲裁过程中，当事人申请财产保全，经仲裁机构提交人民法院的，由被申请人住所地或被申请保全的财产所在地的基层人民法院裁定并执行。

（3）向法院提交的财产保全资料。当事人的财产保全获得仲裁委的允许后，仲裁委需要向管辖地法院提交保全申请的函件，然后由代理律师另外备齐向管辖法院申请财产保全所需要的申请书、证据资料以及保全担保的保单或相应财产。

代理律师需要注意的是仲裁财产保全，必须存在被申请人住所地或者被保全财产所在地两个要素之一，相应法院才具有管辖权。因此，与诉讼财产保全相比，法院对仲裁财产保全地域管辖的审核相对严格。在实务中，很多法院以各种理由拒绝仲裁案件财产保全的也不在少数，比如被保全申请人是辖区内重要纳税大户或者被保全申请人没有具体财产可以保全等。

（四）关于仲裁裁决撤销或不予执行的问题

1. 仲裁裁决被撤销的情形

根据《仲裁法》第五十八条规定，当事人提出证据证明裁决有下列情形之一的，可以向仲裁委员会所在地的中级人民法院申请撤销裁决："（一）没有仲裁协议的；（二）裁决的事项不属于仲裁协议的范围或者仲裁委员会无权仲裁的；（三）仲裁庭的组成或者仲裁的程序违反法定程序的；（四）裁决所根据的证据是伪造的；（五）对方当事人隐瞒了足以影响公正裁决的证据的；（六）仲裁员在仲裁该案时有索贿受贿，徇私舞弊，枉法裁决行为的。"人民法院经组成合议庭审查核实裁决有前款规定情形之一的，应当裁定撤销。人民法院认定该裁决违背社会公共利益的，应当裁定撤销。

在司法审判实践中，有大量的仲裁案件被当事人诉至人民法院申请撤销裁决。郑州市中级人民法院审理的中某十五局集团有限公司与苏某某、陈某某申请撤销仲裁裁决特殊程序民事裁定书中，认为郑州仲裁委员会作出的［（2014）郑仲裁字第 821 号］仲裁裁决所依据的证据是伪造的为由而申请撤销裁决的案件，而法院最终根据《仲裁法》第五十八条第一款第（四）项的规定撤销仲裁裁决。海口市中级人民法院［（2012）海中法仲字第 19 号］裁定书中，认为海南仲裁委作出的［（2011）海仲字第 252 号］裁决书，未能按规定提前送达开庭通知，导致仲裁程序违反法定程序，裁决被法院裁定撤销。

作为建工案件的代理人，发现仲裁裁决存在上述《仲裁法》第五十八条规定的情形时，可以依照法律程序代理当事人向人民法院申请撤销裁决。但如果作为申请人的代理人，在裁决有利于己方的情形下需要避免裁决书被撤销的法律风险。

2. 仲裁裁决不予执行的情形

《民事诉讼法》第二百四十八条有如下规定：

对依法设立的仲裁机构的裁决，一方当事人不履行的，对方当事人可以向有管辖权的人民法院申请执行。受申请的人民法院应当执行。

被申请人提出证据证明仲裁裁决有下列情形之一的，经人民法院组成合议庭审查核实，裁定不予执行：

（一）当事人在合同中没有订有仲裁条款或者事后没有达成书面仲裁协议的；

（二）裁决的事项不属于仲裁协议的范围或者仲裁机构无权仲裁的；

（三）仲裁庭的组成或者仲裁的程序违反法定程序的；

（四）裁决所根据的证据是伪造的；

（五）对方当事人向仲裁机构隐瞒了足以影响公正裁决的证据的；

（六）仲裁员在仲裁该案时有贪污受贿，徇私舞弊，枉法裁决行为的。

人民法院认定执行该裁决违背社会公共利益的，裁定不予执行。

裁定书应当送达双方当事人和仲裁机构。

仲裁裁决被人民法院裁定不予执行的，当事人可以根据双方达成的书面仲裁协议重新申请仲裁，也可以向人民法院起诉。

根据上述规定，撤销裁决的情形与申请法院裁定不予执行仲裁裁决的情形基本是一致的。

例如，在《浙江建某实业集团股份有限公司建设工程合同纠纷执行裁定书》[上海市第二中级人民法院（2014）沪二中执异字第19号]所涉案件中，上海市第二中级人民法院认为，仲裁期间，相关鉴定机构的鉴定程序违反法律规定，不符合鉴定规则，故该鉴定结论本身就是伪证，仲裁将其作为证据定案违反了法定程序；建某公司向仲裁庭提供的《关于大车库施工有关要求的通知》是建某公司伪造的。请求对上述仲裁裁决不予执行。法院经审查后认为，仲裁庭在审理案件过程中，对双方当事人提供的证据及依法委托的鉴定机构作出的鉴定结论的采信，属于仲裁庭对案件的实体审理范畴，虹某公司以对仲裁庭采信的证据有异议为由，申请不予执行仲裁裁决，不属于《民事诉讼法》第二百三十七规定的应当裁定不予执行的情形。虹某公司关于鉴定机构的鉴定程序不符合鉴定规则，故该鉴定结论本身就是伪证的意见，缺乏事实及法律依据，法院不予采纳。

另外，也有建设工程案件被法院裁定不予执行后，当事人又重新起诉的人民法院进行审理。故作为代理律师，应在代理仲裁案件过程中对仲裁审理程序的每个细节给予高度关注。建设工程案件原本审理时间长、争议大，当事人好不容易拿到裁决书并已经进入执行程序，如果又面临被法院撤销裁决的风险，对代理律师或当事人来说都非常煎熬。

参考文献

［1］ 张卫平. 仲裁案外人权益的程序保障与救济机制［J］. 法学评论（双月刊），2021（3）：34–46.

［2］ 汪蓓. 仲裁第三人程序准入制度的检视与完善［J］. 华东政法大学学报，2021（3）：130–143.

［3］ 周利明. 解构与重塑　建设工程合同纠纷审判思维与方法［M］. 北京：法律出版社，2019.

［4］ 最高人民法院民事审判第一庭. 民事审判实务问答［M］. 北京：法律出版社，2021.

［5］ 肖峰，韩浩. 建设工程价款结算及其优先受偿权的若干实务问题［J］. 人民司法，2021（22）：37–43.

［6］ 潘军锋. 建设工程价款结算审判疑难问题研究［J］. 法律适用，2019（5）：73–81.

［7］ 刘力，禄劲松，杨劭禹. 论无效建设工程施工合同的折价补偿——《民法典》第793条第1款评释［J］. 法律适用，2022（2）：80–93.

［8］ 最高人民法院民法典贯彻实施工作领导小组. 中华人民共和国民法典合同编理解与适用［M］. 北京：人民法院出版社，2020.

［9］ 常设中国建设工程法律论坛第八工作组. 中国建设工程施工合同法律全书　词条释义与实务指引［M］. 北京：法律出版社，2019.

［10］ 王毓莹，史志军. 建设工程施工合同纠纷疑难问题和裁判规则解析［M］. 北京：法律出版社，2022.

［11］ 常设中国建设工程法律论坛第八工作组. 中国建设工程施工合同法律全书　词条释义与实务指引［M］. 2版. 北京：法律出版社，2021.

［12］ 韩世远. 违约金的理论问题——以合同法第114条为中心的解释论［J］. 法学研究，2003（4）：15–30.

［13］ 王洪亮. 违约金请求权与损害赔偿请求权的关系［J］. 法学，2013（5）：116–125.

［14］ 李志增，徐卫岭. 合同解除后主张赔偿损失与适用违约金条款探析：以《民法典》第566条为视角［J］. 中国应用法学，2021（6）：37–47.

［15］ 最高人民法院民事审判第一庭. 最高人民法院新建设工程施工合同司法解释（一）理解与适用［M］. 北京：人民法院出版社，2021.

［16］ 张勇健. 建设工程施工合同案件审理中应注意的问题［J］. 人民法院报，2018–

09–05（7）.

［17］ 杨临萍，最高人民法院第六巡回法庭．最高人民法院第六巡回法庭裁判规则［M］．北京：人民法院出版社，2022.

［18］ 最高人民法院民事审判第一庭．民事审判实务问答［M］．北京：法律出版社，2021.

［19］ 黄薇．中华人民共和国民法典总则编解读［M］．北京：中国法制出版社，2020.

［20］ 最高人民法院．关于济南铁路工程（集团）有限责任公司与贵州省铜仁市第二建筑工程公司铁路建设施工合同纠纷一案指定管辖的通知〔2004〕民立他字第14号［J］．立案工作指导·诉讼管辖，2004（9）：124.

［21］ 姚宝华，冯小光．起诉后又撤诉对仲裁条款效力的影响［J］．人民司法案例，2009（20）：38–41.

［22］ 崔建远．先签合同与后续合同的关系及其解释［J］．法学研究，2018（4）：69–82.